全国高等农林院校"十一五"规划教材

生物安全学

张　伟　主编

中国农业出版社

图书在版编目（CIP）数据

生物安全学 / 张伟主编 . —北京 ： 中国农业出版
社，2011.2（2018.1重印）
全国高等农林院校"十一五"规划教材
ISBN 978 - 7 - 109 - 15412 - 4

Ⅰ.①生…　Ⅱ.①张…　Ⅲ.①生物技术-安全管理-
高等学校-教材　Ⅳ.①Q81

中国版本图书馆 CIP 数据核字（2011）第 015670 号

中国农业出版社出版
（北京市朝阳区农展馆北路 2 号）
（邮政编码 100125）
责任编辑　刘　梁

北京中兴印刷有限公司印刷　新华书店北京发行所发行
2011 年 5 月第 1 版　2018 年 1 月北京第 3 次印刷

开本：787mm×1092mm　1/16　印张：19.5
字数：483 千字
定价：37.50 元
（凡本版图书出现印刷、装订错误，请向出版社发行部调换）

编 写 人 员

主　编　张　伟（河北农业大学）

副主编　宋小玲（南京农业大学）

参　编（按姓名笔画排列）

马晓燕（河北农业大学）

王　羽（河北农业大学）

王晶钰（西北农林科技大学）

曲　波（沈阳农业大学）

刘　哲（河北农业大学）

李英军（河北农业大学）

汪世华（福建农林大学）

张利环（山西农业大学）

陈　静（河北农业大学）

赵秀云（华中农业大学）

施　慧（河北农业大学）

袁红莉（中国农业大学）

蔡永萍（安徽农业大学）

前　言

生物安全学是一门研究由于生物技术的研究、开发、使用和转基因生物跨国越界过程对生物多样性、生态环境及人类健康造成危害或具有的潜在危害的学科。当前，生物安全学在理论研究上取得了重大进展，在工农业生产的应用上也取得了重大突破。这就进一步显示出生物安全学与人类生活有着密切的联系。特别是近十几年，基因工程取得了令人瞩目的成就，"克隆"逐渐被非生物学学者和老百姓所接受。现代生物技术为人类解决粮食、药品和环境等问题开辟了一条新的途径，其已广泛应用于农业、医药、林业、水产、食品、环保等行业和领域。随着现代生物技术的快速发展，同时也引发了关于基因工程潜在风险的广泛争论。

近年来，随着国际社会对转基因生物的研究深入，研究人员更多地着力于研究转基因生物对目标生物、人类健康及生态环境的影响，生物安全受到重视，并被列为生物工程、生物技术专业的重点课程。编者在总结了自己二十多年的教学经验和科研成果的基础上，参考了大量科技文献资料，编写了这本《生物安全学》以飨读者。本教材详尽地分析了各类转基因生物、转基因生物制品和转基因食品的安全性问题，并阐述了生物多样性、实验室的安全问题及如何防御生物恐怖事件。本教材具有以下几个突出的特点：一是向读者系统详尽地介绍了当前生物安全的主要问题；二是为了便于读者理解和实践应用，注重理论和实践相结合；三是力求通俗易懂，深入浅出。本教材适合于相关专业本专科生及从事生物工程的技术人员使用，既可以作为理论课的教材，也可以作为技术参考书。

本教材编写分工为：第一章由马晓燕（河北农业大学）、陈静（河北农业大学）、刘哲（河北农业大学）编写，第二章由宋小玲（南京农业大学）编写，第三章由王羽（河北农业大学）、施慧（河北农业大学）编写，第四章由汪世华（福建农林大学）编写，第五章由赵秀云（华中农业大学）编写，第六章由王晶钰（西北农林科技大学）编写，第七章由张利环（山西农业大学）编写，第八章由袁红莉（中国农业大学）编写，第九章由曲波（沈阳农业大学）编写，第十章由蔡永萍（安徽农业大学）编写，全书由张伟、宋小玲、王羽、刘哲、李英军审定、校阅。

本教材由集体编写而成，倾注了每位编者的心血，但由于编写时间有限，书中难免会出现缺陷和疏漏，衷心希望读者和同行专家批评指正。

编　者

2010 年 10 月于河北保定

目　　录

前言

第一章　绪论 ……………………… 1

第一节　生物技术 ………………… 1
一、生物技术的发展趋势 ………… 1
二、生物技术存在的问题 ………… 4

第二节　生物安全 ………………… 7
一、生物安全学概述 ……………… 7
二、生物安全性评价 ……………… 9
三、生物安全控制措施 …………… 12
四、生物安全管理体系 …………… 14

第三节　国内外生物安全
　　　　法规及管理 ……………… 16
一、中国的生物安全法规及管理 … 17
二、美国的生物安全法规及管理 … 19
三、欧盟的生物安全法规及管理 … 21
四、英国的生物安全法规及管理 … 23
五、德国的生物安全法规及管理 … 24
六、澳大利亚的生物安全
　　法规及管理 …………………… 25
七、日本的生物安全法规及管理 … 26

思考题 ……………………………… 27

第二章　转基因植物的安全性 …… 28

第一节　转基因植物概况 ………… 28
一、转基因植物简介 ……………… 28
二、转基因作物的应用情况 ……… 28
三、抗除草剂转基因植物 ………… 29
四、抗虫转基因植物 ……………… 34
五、抗病转基因植物 ……………… 40
六、抗逆境转基因植物 …………… 43
七、转基因植物的优势 …………… 44

第二节　转基因植物安全性评价
　　　　的必要性和可能引起的
　　　　生态风险 ………………… 45
一、安全性的含义 ………………… 45

二、安全性评价的必要性 ………… 45
三、转基因植物的生态风险 ……… 46

第三节　转基因植物的安全性
　　　　评价概况 ………………… 54
一、转基因植物的安全性评价简介 … 54
二、转基因植物杂草化的安全性评价 … 56
三、转基因植物抗性基因漂移的
　　安全性评价 …………………… 59

第四节　主要转基因植物的
　　　　安全性评价 ……………… 66
一、转基因水稻的安全性评价 …… 66
二、转基因油菜的安全性评价 …… 69
三、转基因棉花的安全性评价 …… 72
四、转基因大豆的安全性评价 …… 73

第五节　转基因植物的
　　　　安全管理 ………………… 73
一、国外的安全管理 ……………… 73
二、国内的安全管理 ……………… 75

思考题 ……………………………… 77

第三章　转基因动物的安全性 …… 78

第一节　转基因动物概况 ………… 78
一、转基因动物的发展概况 ……… 78
二、转基因动物的安全性问题 …… 82

第二节　转基因动物的安全性
　　　　评价概况 ………………… 86
一、受体动物的安全性评价 ……… 86
二、基因操作的安全性评价 ……… 87
三、转基因动物的安全性评价 …… 89
四、转基因动物产品的安全性评价 … 94
五、转基因动物食品的安全性评价 … 97
六、其他安全性评价 ……………… 101

第三节　转基因动物的安全管理 … 101
一、国外的安全管理 ……………… 101
二、国内的安全管理 ……………… 103

思考题 ……………………………… 106

第四章 转基因水生生物的
    安全性 …………… 107

  第一节 转基因水生生物概况 ……… 107
    一、转基因水生生物的发展概况 …… 107
    二、转基因水生生物的类型 ……… 110
  第二节 转基因水生生物的
      安全问题 …………… 117
    一、转基因水生生物的安全性评价 … 118
    二、转基因水生生物的安全管理 …… 128
  思考题 ……………… 132

第五章 动、植物用转基因
    微生物的安全性 ……… 133

  第一节 动、植物用转基因微
      生物概况 …………… 133
    一、动物用转基因微生物的发展概况 … 133
    二、植物用转基因微生物的发展概况 … 135
  第二节 动物用转基因微生物的
      安全性评价概况 ……… 138
    一、受体微生物的安全性评价 …… 138
    二、转基因操作的安全性评价 …… 143
    三、动物用转基因微生物的
      安全性评价 …………… 151
    四、动物用转基因微生物产品的
      安全性评价 …………… 157
  第三节 植物用转基因微生物的
      安全性评价 …………… 158
    一、受体微生物的安全性评价 …… 159
    二、基因操作的安全性评价 …… 162
    三、植物用转基因微生物的
      安全性评价 …………… 168
    四、植物用转基因微生物产品的
      安全性评价 …………… 171
  第四节 动、植物用转基因微
      生物的安全管理 ……… 171
    一、国外的安全管理 …………… 171
    二、国内的安全管理 …………… 172
  思考题 ……………… 174

第六章 兽用基因工程生物制品的
    安全性 …………… 175

  第一节 兽用基因工程生物

      制品概况 …………… 175
    一、兽用基因工程疫苗的分类 …… 175
    二、兽用基因工程疫苗的开发与应用 … 175
  第二节 兽用基因工程生物制品的
      安全性 …………… 180
    一、受体细胞的安全性 …………… 180
    二、基因操作的安全性 …………… 184
    三、兽用基因重组活疫苗的安全性 … 185
    四、兽用 DNA 疫苗的安全性 …… 189
    五、兽用基因工程生物制品工业化
      生产的潜在危害 …………… 191
  第三节 兽用基因工程生物制品的
      安全性评价概况 ……… 193
    一、危害性分类标准 …………… 193
    二、安全性评价标准 …………… 193
    三、复核检验 …………… 196
  第四节 兽用基因工程生物制品的
      安全管理 …………… 196
    一、国外的安全管理 …………… 196
    二、国内的安全管理 …………… 198
  思考题 ……………… 199

第七章 转基因食品的安全性 …… 200

  第一节 转基因食品概况 ………… 200
    一、转基因食品的分类 …………… 200
    二、转基因食品的现状 …………… 202
    三、转基因食品的安全性问题 …… 202
  第二节 转基因食品的安全性
      分析原则 …………… 204
    一、基因供体分析 …………… 204
    二、基因修饰插入 DNA 分析 …… 204
    三、受体分析 …………… 205
    四、实质等同性分析 …………… 205
  第三节 转基因食品的安全性
      评价概况 …………… 208
    一、过敏性评价 …………… 208
    二、毒性评价 …………… 213
    三、抗生素标记基因的安全性 …… 214
    四、重组微生物基因的转移和致病性 … 215
    五、转基因动物食品与激素 …… 215
  第四节 转基因食品的安全管理 …… 216
    一、国外的安全管理 …………… 216

二、国内的安全管理 …………… 224

思考题 ………………………… 225

第八章　生物多样性的安全性 …… 226

第一节　生物多样性概况 ………… 227
一、世界生物多样性概况 ………… 227
二、中国生物多样性概况 ………… 229
三、生物多样性的功能价值 ……… 233
第二节　生物多样性受到的
　　　　威胁及原因 …………… 235
一、植物多样性受到的威胁 ……… 235
二、动物多样性受到的威胁 ……… 238
三、生物多样性受威胁的原因 …… 239
第三节　生物多样性的安全管理 …… 242
一、物种保护 …………………… 243
二、外来物种入侵的安全管理 …… 245
思考题 ………………………… 250

第九章　实验室生物安全 ……… 251

第一节　实验室生物安全概况 ……… 251
一、实验室生物安全的概念 ……… 251
二、实验室生物安全的发展概况 … 251
三、实验室生物安全的意义 ……… 252
第二节　实验室生物危害的
　　　　来源及分级 …………… 252

一、细菌危害 …………………… 252
二、真菌危害 …………………… 253
三、病毒危害 …………………… 253
四、实验室生物危害的分级 ……… 253
五、与操作相关的实验室危害 …… 256
第三节　生物安全实验室的
　　　　分级和要求 …………… 256
一、Ⅰ级生物安全实验室 ………… 257
二、Ⅱ级生物安全实验室 ………… 257
三、Ⅲ级生物安全实验室 ………… 258
四、Ⅳ级生物安全实验室 ………… 261
第四节　生物实验室的
　　　　废物处理 …………… 263
一、生物实验室废物一般处理 …… 263
二、生物实验室三废处理 ………… 264
思考题 ………………………… 265

**第十章　生物恐怖的危害和
　　　　防御** ………………… 266

一、生物恐怖的基本特征 ………… 266
二、生物剂 ……………………… 272
三、生物恐怖的危害 …………… 278
四、生物恐怖的防御 …………… 284
思考题 ………………………… 298

主要参考文献 …………………………………………………… 299

第一章 绪 论

第一节 生物技术

生物技术是一项以基因工程、细胞工程、微生物工程和蛋白质工程为主体，满足人类生产和生活需求的高新技术，其核心是以 DNA 重组技术为中心的基因工程，是一个国家生产力发展水平的重要标志。生物技术，可视为一种运用生物体来制造产品的技术，虽然生物技术这一专有名词是在 20 世纪 70 年代才开始正式出现，但生物技术的应用却可追溯至远古时代。

一、生物技术的发展趋势

从 19 世纪达尔文的进化论、孟德尔的遗传理论、巴斯德的发酵的生物学本质和灭菌的细菌做疫苗，到 20 世纪摩尔根的染色体基因再到后来的抗生素；从 DNA 双螺旋模型结构到生物基因工程、单克隆抗体，一直到 20 世纪 90 年代初出现的第一个基因工程产品——人的重组胰岛素——以及现代人类基因组计划后的新诊断技术、基因治疗。生物技术经历了从分类、生理、胚胎、细胞形态观测与描述到后来的遗传学、细胞生物学、生物化学、生物物理学、微生物学的巨大发展。1953 年诞生的分子生物学，是其走向真正的机理性研究的标志。现代的基因工程和生物技术实现了基因组学（包括蛋白质组学）、生物信息学、神经生物学、发育生物学、生态学等前沿研究。回顾生物技术的每一步发展都为人类做出了巨大的贡献。21 世纪全球面临的问题很多，例如，世界人口、疾病、寿命、营养保健、农业可持续发展、资源再利用、大气污染、世界公害、洁净新能源等，而这些问题的解决将有赖生物技术发挥特定作用。在当今生物技术迅速发展转化为商品的新生物技术时代，据预测，将来在农业、工业、医学领域 20%～30% 的化学工艺过程将会被生物技术过程所取代，生物技术产业将成为 21 世纪的重大技术产业。

(一) 国外发展现状

据美国著名咨询研究机构 Ernst & Young 公司 2004 年和 2005 年分别发布的第 18 次、第 19 次全球生物技术年度报告分析：全球生物技术产品销售额年增长率高达 25%～30%。2004 年，全球生物技术产品营业收入达 546 亿美元，由于营业收入中有 50% 以上再投资于研发活动，因此全球研发支出额亦提高 34%，达 220 亿美元。到 2006 年，经初步统计，全球生物技术产品的销售额为 620 亿美元，其中医药生物技术产品为 400 亿～450 亿美元。此外，转基因作物种植面积达 1.02 亿 hm^2，种植户数量首次超过 1 000 万户。生物技术已成为世界各国重点战略性高技术领域，生物技术产业已成为新的经济增长点，生物安全已成为国家安全的重要组成部分。一些发达国家和发展中国家高度重视生物技术的研究，美国批准每年举办生物科技周；欧洲联盟（简称欧盟）第六框架计划中生物技术研究开发经费占 46%；英国 2000 年发表生物技术制胜战略报告；法国提出

2002 年生物技术发展规划，加快生物技术产业化；德国先后提出 BioFuture、BioRegion、BioChance 等计划；日本提出生物产业立国口号，并作为四大新兴产业之一；印度立志成为生物技术大国，成立世界上第一个国家生物技术部，并投入巨资，抢占农业生物技术制高点和发展产业的主动权。

美国作为世界上生物技术发展最早的国家，也是世界生物技术的龙头，其市场份额占全球市场的 47%，大大高于欧洲的 29% 和亚太地区的 24%。美国拥有世界上约一半的生物技术公司和一半的生物技术专利，产出占全球营业收入的 70%，研发支出占 70% 以上。到 2002 年年底，美国已拥有生物技术公司 1 460 多家，产值 300 亿美元，从业人员 14 万。目前，美国拥有领先世界的波士顿、旧金山、圣迭戈、华盛顿和北卡罗来纳五大生物产业基地，它们不仅已成为地方经济的支柱，而且是美国生物技术产业规模化的基础。2004 年美国的生物技术产业收入为 427 亿美元，约占全球的 78%。美国转基因作物种植面积约占世界转基因作物种植总面积的一半以上，是转基因作物的最大产地和市场，种类包括大豆、玉米、棉花、甜菜、南瓜和木瓜等。此外，生物性杀虫剂也是美国农业生物技术市场重要组成部分，约占 15.7%，2000 年的市场约 2.7 亿美元。全世界 2000 年转基因作物产品的价值为 30 亿美元。

（二）国内发展现状

我国一直高度重视和关注生物技术的发展，"863" 计划、国家科技攻关计划、"973" 计划等都将生物技术作为最重要的内容之一。改革开放 30 多年来，我国生物技术由起步阶段迅速进入蓬勃发展阶段，在研究开发和产业化方面取得了显著进展和令人瞩目的成就，整体水平在发展中国家处于领先地位，并开始步入国际先进行列。

我国的生物技术产业已初具规模，2001 年总销售额已达 1 000 亿元人民币。从生物技术企业研究、开发和生产所属领域来看，目前我国生物技术主要应用于医药、农业方面。2004 年中国生物产业发展战略研究课题组对 1 035 家生物技术企业进行调查，医药生物技术产业的产值达 200 亿元，已拥有生物技术企业 270 家，共批准了 21 种基因工程药物和疫苗，基因工程药物和疫苗的销售额为 20 亿元，诊断试剂产品的销售额为 30 亿元，生化制药工业年产值为 40 亿元左右；农业生物技术的发展也带来了巨大的经济效益，仅转基因抗虫棉就累计为农民增收 50 多亿元；工业生物技术产业中氨基酸的年销售额已逾 100 亿元，发酵有机酸以柠檬酸产业为主，其产量占世界总产量的 1/3，出口量一直居世界第一；天然药物的市场容量近 400 亿元；保健品的年销售额近年来由于市场整顿，由 20 世纪 90 年代中期的 500 亿元降到 2001 年的 175 亿元，但整体市场前景还是非常广阔；其他如生物能源、生物材料、组织器官工程等都给人类的生活带来了巨大的变化，产生了巨大的经济效益。根据 2005 年国际农业生物工程应用技术采购管理处公布的数据表明，我国的转基因作物发展迅速，其中主要是棉花等作物。此外，我国种植面积较大的转基因作物品种有抵抗害虫的玉米、抵抗杀虫剂的大豆、抵抗病虫害的棉花、富含胡萝卜素的水稻、耐寒抗旱的小麦、抵抗病毒的瓜类和控制成熟速度的番茄等。1996 年以来，我国已批准 6 件转基因植物商品化，其中 5 件是我国自主开发的，即转基因棉花（2 种）、转基因耐贮番茄、转基因抗黄瓜花叶病毒甜椒、抗病毒番茄。我国也是世界上第一个商品化种植转基因作物（抗黄瓜花叶病毒和抗烟草花叶病毒双价转基因烟草）的国家。到 1997 年底，小麦、水稻等双单倍体新品种推广面积达 153.3 万 hm²，增产粮食 7 亿 kg 以上。我国正在研究的转基因生物至少有 36 科，130 种以上，特别是在转基因抗虫棉、转基因水稻、基因工程疫苗等方面的研究已居世界前列。农业微生物基因工程供试微生物达 31 种，涉及的基因约 56 种；转基因鱼、畜禽动物，包括正在研究的已达 30 余种；研究成功的两系法杂交水稻已经为粮食增产做出了重大贡献，累计推广面积已达 66.7 万 hm^2，创造产值 10 多亿元。根据联合国粮农组织的数据，2002 年由于我国转基因作物种植面积突破 210 万 hm^2，已成为继美国、加拿大、巴西、阿根廷之后名列世界第 5 位的转基因种植大国。

国内外实践表明，生物技术具有广阔的市场前景，能为解决农业、工业发展中的许多问题开拓新思路，现代生物技术的发展在医药、农牧业和食品业等方面具有巨大的经济效益和社会效益，将成为人类彻底认识和改造自然界，解决自身所面临的人口膨胀、粮食短缺、环境污染、疾病危害、能源和资源匮乏、生态平衡破坏及生物物种消亡等一系列重大问题的可靠手段和工具。

（三）生物技术发展趋势

1. 基础理论研究进一步加强 《国家中长期科技发展规划纲要（2006—2020 年）》指出："生物技术和生命科学将成为 21 世纪引发新科技革命的重要推动力量，基因组学和蛋白质组学研究正在引领生物技术向系统化研究方向发展。基因组序列测定与基因结构分析已转向功能基因组研究以及功能基因的发现和应用；药物及动植物品种的分子定向设计与构建已成为种质和药物研究的重要方向；生物芯片、干细胞和组织工程等前沿技术研究与应用，孕育着诊断、治疗及再生医学的重大突破。必须在功能基因组、蛋白质组、干细胞与治疗性克隆、组织工程、生物催化与转化技术等方面取得关键性突破。"

2. 研究领域进一步拓宽 生物技术已成为解决人类面临的人口、能源、环境、粮食等重大问题的有效手段，将为保障粮食安全、能源安全、公共卫生安全、食品安全和国家安全提供重要的科技支撑。坚持原始创新与二次创新相结合、生物技术与常规技术相结合、技术突破与集成应用相结合、产品研制与产业推进相结合、社会效益与经济效益相结合、政府投资与社会融资相结合的方针发展生物技术，在国民经济和社会发展中具有重要战略地位。要通过加强源头创新，实现生物技术跨越式发展，由跟踪研究向自主创新的根本转变，在生物技术关键性、战略性技术上取得重大突破。要使资源优势转化为产品优势，生物技术研究领域应不断拓宽，包括前沿共性技术、医药生物技术、农业生物技术、工业生物技术、环境生物技术和海洋生物技术。

3. 生物技术的产业化 生物技术的产业化是生物技术大规模地从潜在生产力向现实生产力转化的过程，是将科技成果在生产建设领域的推广应用和现代高新技术融合而形成的一种新兴产业。生物技术产业发展的趋势是专业化、规模化、市场化。

近年来人们逐渐认识到现代生物技术的发展离不开化学工程，生物化工技术为生物技术提供了高效率的反应器、新型分离介质、工艺控制技术和后处理技术，使应用范围更加广阔，产品的下游技术不断更新，大大提高了生物技术的产量和质量。随着基因重组、细胞融合、酶的固定化等技术的发展，生物技术不仅可提供大量廉价的化工原料和产品，而且还有可能革新某些化工产品的传统工艺，出现少污染、省能源的新工艺，甚至一些不为人所知的性能优异的化合物也将被生物催化所合成。生物技术的开发在国际上已从医药领域逐步转向目标产品，以开发的技术项目为基础，以产品为龙头，围绕生物化工产品进行相关的研究与开发，这是产业蓬勃发展的必由之路。

生物技术产业具有高技术、高收益、高投入、高风险、区域性等特点，发展生物技术产业，充分发挥生物技术在医药、农业、环境、能源等领域的渗透、扩散作用，有利于尽快解决世界性的人口、能源、环境、粮食等重大问题。

4. 高度重视生物技术的安全性问题　生物技术安全性问题主要在食品、药品、环境等方面。食品安全性方面，主要是生物技术产品的营养成分是否有缺陷、毒性、过敏性；经遗传工程修饰的基因片段导入能否引发基因突变或改变代谢途径等问题。药品安全性方面，主要是这种药物是否具有毒性，当确认其无毒害作用后，进入人体是否存在致癌、致畸和致突变的可能性或者食用该药物的动物健康是否受到影响等问题。环境安全性方面，主要是生物技术在改造生物体的同时对生态环境的影响，包括转基因生物对农业和生态环境的影响，对病虫害的影响，非目标生物漂移的可能性，是否存在致使其他生物产生畸变或灭绝等问题；疫苗对环境质量或生态系统的影响；对生物多样性的影响等。因此，生物技术的研究必须充分认识到可能对食品安全、生态环境和生物多样性的影响。生物技术研究的同时必须加强生物科学知识的普及，引导公众正确认识生物技术产品的安全性，切实加强生物技术的安全性研究，逐步建立、健全生物技术安全性的科学管理体系，及时评估和监测可能引起的风险，研究制定有效的防范措施和补救措施，以确保生物技术沿着健康、持续的道路发展。

二、生物技术存在的问题

人类利用转基因技术，如今已经能够改变许多动植物的基因构成，从而深深改变了医学和应用科学的发展进程。但是生物技术不一定总会给人类带来福音。科学技术历来是一把"双刃剑"，生物技术同样存在一定的问题。

（一）产品本身的问题

1. 基因对产品本身品质的影响　比如外来基因的移植很可能会破坏食品中的有益成分，降低食品的营养质量。如目前已经批准商品化生产的可延迟成熟期的转基因番茄，虽然延长了货架期，但由于外源基因的导入，番茄的品质下降，口感变差。

2. 转基因产品的安全性　即转基因产品对人畜是否有害，主要集中在以下几点：①转基因产品是否有毒；②人畜食用转基因产品后是否产生过敏反应；③转基因产品的营养物质含量是否受影响；④转基因作物经常采用抗生素作为抗性标记进行筛选，是否会影响人畜体内的病毒、病菌等对抗生素的抗性，从而使抗生素失效。例如，2002 年 10 月，美国农业部在刚收获的大豆中发现混入了少量的转基因玉米，该种玉米是作为植物反应器生产一些能够治疗疑难病症的药物的，可以预见到如果携带生产某种药物的转基因的花粉传播到非转基因作物的柱头上，就会使正常的粮食受到污染，药物会以这种作物为媒介进入人类的一日三餐中，形成难以预计的伤害。

（二）环境安全问题

环境安全问题主要是由转基因逃逸引起的，这种逃逸主要通过花粉传播或者种苗的散失以及残存组织的再生 3 种途径实现的，其对生态环境的影响主要包括以下几个方面：①对非靶标生物的不利影响；②加速靶标生物的抗性进化；③转基因生物杂草化或致使转基因生物的野生近缘种变为超级杂草；④产生新病毒；⑤基因漂移；⑥破坏生物多样性和遗传资源。

（三）相关的社会学问题

1. 知识产权保护问题　生物技术产业是一个高投入、高产出的产业，竞争十分激烈。

转基因作物的商品化生产所取得的效益非常明显，为了保护知识产权，更好地保护遗传工程技术公司的利益，Delta and Pine Land（DPL）公司和美国农业部已在多个国家联合申请了终止子技术专利，该专利技术可使作物种植后得到的种子是不育的，收获的种子不能留种再种，从而使转基因的水稻、大豆、棉花、小麦等非杂交种得到专利保护。但该技术引起了人们的强烈反应，最后于 1998 年 10 月由国际农业研究磋商小组（CGIAR）在华盛顿会议上提出 5 点理由要求禁止使用该技术。但联合国生物多样性公约的科学顾问们提出了一种既保护知识产权，广大农民又相对能接受的技术——特殊性状的遗传利用限制技术（T-Gurt）。T-Gurt 种子是经过遗传修饰后产生的具特殊性状的种子，农民若想活化这种种子的性状，就必须到有关公司购买化学品去喷洒种子。

2. 社会伦理问题　生物技术的发展打破了物种间的界限，20 世纪 70 年代以来，生命科学的每一项重大进展无不使整个世界感到震惊。自然界的固有秩序决定了人类社会的固有秩序，形成了传统的伦理与道德观。而转基因生物技术的出现对其产生了巨大的冲击。如克隆技术与试管婴儿的出现对传统的两性生殖提出挑战；器官移植与代理母亲等现象将人的身体当作商品买卖，这些都将严重冲击人类千百年来形成的道德底线。以转基因技术为代表的生物技术问题日益引起社会公众的普遍关注。特别是在欧洲，甚至掀起了抵制转基因食品的运动，反映了现代生物技术的影响已经不仅限于人类生活的物质层面，而且涉及人类的精神领域。

（四）生物技术产业存在的问题

经过多年的研究开发，我国的生物技术有了很大发展，但是在产品种类、产量以及产业规模等方面，与发达国家还有很大差距。仅从产品销售额来看，1996 年我国现代生物技术产品销售额大约是 114 亿元人民币，而同年美国的销售额已达 101 亿美元，约合 860 亿元人民币。我国的生物技术，特别是产业发展，大体上还是模仿多、创新少、规模小、效益低，技术手段和生产装备落后，产业发展整体环境有待完善。

1. 自主知识产权过少，产业化能力很低　当前我国生物技术发展中存在的主要问题是技术储备相对不足和创新性不够。生物技术产业是一种具有高技术、高投入、高风险、高附加价值特征的产业，知识和技术是其主要的投入要素，技术创新能力的形成是其生存和发展的关键。创新性成果总是与扎实深厚的基础研究工作分不开。只有基础性研究积累达到一定程度，一项新技术才可能应运而生。

创新是生物技术发展的灵魂和基本立足点。由于生物技术在经济效益上的巨大潜力，也成为国际知识产权竞争的焦点之一。据统计，全世界每年授予的 1 万多项专利技术中，近 1/3 出自生物技术。目前全世界 3 000 多个生物技术公司中，能够在竞争中占据主导地位的，无一不是掌握了专利技术和专利产品。由于我国生物技术的创新能力不高，相当一段时期内还要采取吸收与创新相结合的发展模式。

目前，我国生物技术产业及产业发展所需的重要仪器、设备、试剂主要依靠国外进口。生物技术产业的技术与装备还相当欠缺，尚不具备自主研制和生产，并占有国际市场的能力。我国的生物技术产业和其他发达国家的生物技术产业比较起来技术水平还很低，并且很多的研究成果都还是在实验室，还没有走出转化为现实生产力的大门。如何加快将开发研究出来的生物技术成果转化为现实的生产力，提高产业化能力，是当前我国生物技术产业要充分重视的一个大问题。

2. 资金投入严重不足，投入渠道单一　生物技术产业是资金密集型产业，是高投入、高风险和高回报的产业，因此，资金短缺是首先要解决的问题。在国家加大生产技术投资力度的同时，还要充分利用银行贷款以及尚待健全的风险资金市场，寻找各种资金渠道。政府应制定优惠政策，鼓励企业参与生物技术的研究与开发。目前，我国企业资本融通渠道只有创业者个人出资，上市公司、民营企业投资，政府的风险投资，国家科学技术部的中小企业担保基金，中小企业科技创新基金 5 种。其中上市公司、民营企业的投资因为上面所说的缺乏对无形资产的认识和认可，导致他们常常希望在所投资的企业中依靠他们所提供的有形资本来控股，严重地打击了创业者的积极性。

3. 上游与下游衔接问题有待解决　生物技术这一高技术产业的发展，需要上游的研究开发，还需下游的技术和规模生产与之衔接。在我国生物技术产业发展中，上游与下游衔接不畅的问题十分突出。

就生物制药领域来看，主要表现为下游技术（包括分离、提取、纯化、复性等）薄弱。近两年一些有实力的公司的兴起和先进设备的引进，使这种状况有所改观，但从人才和技术储备的角度来讲，仍存在上游研究力量较强，下游技术开发较弱的状况。在轻工、化工领域，上下游衔接则是另一种表现，在工艺设备研究开发方面有一定能力，但上游的研究开发（如用基因工程和细胞工程技术改良菌种以及发现新的生产菌种等）却很薄弱。看上去这好像是各自领域的问题，实际上是我国生物技术及产业发展还不够系统，市场化和社会化程度不高的表现。

生物技术产业发展面临的国际化问题已经受到关注，但社会化问题尚未引起重视。由于缺乏社会化意识和氛围，加上其他原因，不少新兴生物技术企业仍是从研究开发到生产销售，一条道走到底，步履维艰。其实不一定最终产品才能商品化，从研究到最终产品形成之前，许多环节也可成为商品走进社会。专业化的小企业不仅能为相关研究单位和企业提供高水平的服务，也提高了技术及产业发展的效率。生物技术研究开发活动的市场化和社会化是成熟的市场经济的一种表征。积极提倡和通过政策引导，促进市场化和社会化发展，将有助于我国生物技术产业变得更加活跃兴旺。

4. 产业化人才缺乏，研发与产业化脱节　生物技术产业的发展离不开人才的培养。由于研究开发人员培养周期长，大量优秀的科研人员滞留在国外，国内缺乏优秀人才，尤其缺少技术兼经营型人才。此外，我国现有生物技术人才偏重于理论研究，产业化人才相对缺乏，在我国生物技术产业发展中，常出现实验室里的科研成果难以产业化，或产业化成本很高而无价值的问题。统计表明我国生物技术产业科研成果转化率普遍不到 15%，西部地区更低，如陕西的科研成果产业化率不到 5%。

（五）政策措施与建议

1. 健全和完善管理体制　发展我国的生物技术产业，必须结合我国具体国情，同时运用政府和市场两种资源配置的调节手段，盘活我国技术、设备与设施、人才等方面的存量，使各方面的优势系统有效地集成。要同时调动国家、地方和企业以及科技人员的内动力和凝聚力，须下决心解决部门地方条块分割、低水平重复的顽症。为此，建议国家适时成立全国性的组织管理机构，对全国生物技术产业及产业发展进行总体规划和协调指导，从而做到整体协调，避免多头指挥和政出多门，实现决策、协调和实施系统的统一、简便和高效。

2. 进行战略布局调整，以市场为主导，加强企业队伍建设　根据目前我国生物技术产业及产业发展情况，结合现有国家级高技术产业开发区，可选择技术力量比较雄厚、投资环境好，并已有一定生物技术产业基础的地方作为生物技术产业化基地，给予更为优惠的财政和税收扶持政策，培养专门的企业人才，成立专门的开发生产企业或机构。就生物技术来说，我国已经有了很大成绩，但是在研究、开发、生产、销售4个环节中，研究和开发环节还存在很大的缺陷。因此需要下力气建立一支强大的研究、开发队伍。努力开拓生物技术产品市场，开发和生产符合生物技术市场需求的产品。生物技术市场对生物技术产品的需求将会极大地促进生物技术产业的迅速发展。世界生物技术都在迅猛发展，但是不同的国家有不同的研究重点和方向。就以我国来说，我国的生物技术最有权威的是植物细胞工程育种、植物快繁和脱毒苗生产等植物生物技术上。发挥我国的优势，保持技术的最前沿，可以大大地促进生物技术产业的发展。

3. 加快自主创新，实施知识产权战略　密切关注现代农业生物技术领域日益显现的研究成果商品化、研究方式规模化和基因资源争夺白热化的趋势，加强技术创新，向核心技术进攻，协调各研究机构、企业，充分调动有利资源，开发具有自主知识产权的核心技术和产品，要提高产权意识，建立以基因为核心的知识产权保护体系，加快科技成果的转化，充分利用我国的生物资源优势，选择拥有我国自主知识产权的项目，研究开发出具有市场竞争力的生物技术农产品，尽快形成以优势产品为核心的龙头企业或企业集团，从而获得参与国内、国际市场竞争的实力，确保我国在国际生物技术中占有一席之地。

4. 加大投资力度，建立多渠道的投、融资体系　生物技术产业是资金密集型产业，具有高投入、高风险、高增值和高回报的特点，投资不足很难使成果进一步转化为产品并形成产业，制约了生物技术的发展。我国生物技术产业发展的资金来源单一，主要依靠国家财政投入。要建立多元化、多渠道、多层次的投、融资体系，首先是要鼓励各种资金参与风险资本，发展、壮大风险资本基金规模；其次是放宽对生物技术产业开发的政策性拨款和贷款政策，放宽条件限制，积极引导企业参与技术开发的投资；最后还要协调有关部门的相关政策，保证技术拥有者、经营者以智力投入能够获得相应报酬或相应权益，从政府直接投资转变为建立新型的投、融资体制。

5. 确立企业技术创新主体地位并加强与科研机构的合作　通过与研究开发机构建立广泛的联系，并有力地引导企业介入，密切生物技术产业上下游的结合，有效地使单一技术向产业进行技术转移和辐射，从而加速具有商业前景的技术和产品尽快形成商品化和产业化。政府要制定一系列保护和鼓励生物技术发展的政策和法规。通过制定法律来加强合作研究、鼓励发明创新和促进技术转移。可以通过融资渠道来实现对生物技术产业的扶持，其中包括拨款或资助、大公司出资、成立基金会、贷款、风险投资等。政府直接投资导致的变化是调整研发投入结构，提高民用研究与发展投入，特别是民用高技术开发投入，以提高经济竞争力。投入的重点是风险大、民间投资有困难的重大长期研究课题。另外，政府对生物技术产业的扶持还有一个非常重要的方面，就是促进合作研究开发。

第二节　生物安全

一、生物安全学概述

联合国粮农组织（FAO）对生物安全的定义是："避免由于对具有感染能力的有机体或遗传修饰有机体的研究和商品化生产对人类的健康和安全以及对环境的保护带来风险

(the avoidance of risk to human health and safety, and to the conservation of the environment, as a result of the use for research and commerce of infectious or genetically modified organisms)."即：转基因生物技术及其遗传修饰产品在其研究、生产、开发和利用的全过程中可能对植物、动物、人类的身体健康和安全、遗传资源、生物多样性和生态环境带来的不利影响和危害及其研究，并避免这种可能带来危害的方法、程序以及法律措施（王超等，2006）。生物安全强调的是有关转基因生物技术及其经遗传修饰产品（GMO）的安全问题。

生物安全指的是生物技术从研究、开发、生产到实际应用整个过程中的安全性问题。广义的生物安全是指在一个特定的时空范围内，由于自然或人类活动引起的外来物种迁入，并由此对当地其他物种和生态系统造成改变和危害；人为造成环境的剧烈变化而对生物的多样性产生影响和威胁；在科学研究、开发、生产和应用中造成对人类健康、生存环境和社会生活有害的影响。生物安全的科学含义就是要对生物技术活动本身及其产品（主要是遗传操作的基因工程技术活动及其产品）可能对人类和环境的不利影响及其不确定性和风险性进行科学评估，并采取必要的措施加以管理和控制，使之降低到可接受的程度，以保障人类的健康和环境的安全。

生物安全概念刚提出的时候只涉及重组 DNA 材料的实验室外逸或扩散到环境中可能会导致人类的某些疾病（如癌症）的灾难。同时也有更多的安全问题是为生物工程实验室工作人员的安全操作而考虑的。如在 Asilomar 会议上曾进行的关于生物防护的讨论，就是生物学家希望通过物理的防护来保证实验室工作人员不受实验室中的细菌或病毒感染，阻止细菌或病毒从实验室逃逸而危害其他生物和环境所进行的努力。例如，实验操作者穿隔离衣，戴手套、口罩等，防止与实验中的细菌和病毒等接触。而在实验进行过程中，一些危险性的操作应在密闭的无菌箱中进行，各个实验环节都要有严格的灭菌措施。同时，防止细菌和病毒等微生物的外逸而进行生物防护，生物防护是指从生物学角度来设计构建实验室中使用的细菌或病毒，使它们只能在实验室的条件下存活，一旦离开实验室特有的条件，这些微生物就会死亡。这样才不会导致实验室的细菌和病毒逃逸并危害自然环境。

20 世纪 90 年代以来，多种转基因生物和基因工程药物进入大规模商业化应用阶段，这对于转基因生物的安全性评价提出了新的要求，毕竟大规模商业应用不同于小范围的田间或室内试验，一些在小范围试验中不显著的问题会在大面积种植和大规模使用中暴露出来，并会对人和环境产生直接或间接的影响。随着转基因生物的不断出现和大规模应用，转基因产品引起的经济利益冲突、知识产权和专利的保护，加之各国政治理念的不同和贫富的巨大差别而导致的对转基因产品的安全管理条例在各国的差异以及进出口贸易涉及的转基因产品标志、海关检测检疫等问题，使得生物安全的含义远远地超出了它最初的定义，而变成了一个错综复杂、包罗万象的复合概念。因此，生物安全的现代概念所涉及的内容是很广泛的。很显然，如何监测、管理和防范转基因生物的生物性安全问题是我们在未来时代面临的一项重大课题。

生物安全的评估和控制，通常根据所涉及生物安全等级（主要根据其对人及环境的危险性大小以及可能造成后果的可控程度）设定不同的生物安全水平。某一生物安全水平实际由生物技术机构的实践和技术、安全设备以及所拥有的设施几方面的要求共同组成，以适应对特定的生物进行安全的操作和处理。生物安全的法律、法规通常都包括生物安全等级、控制措施和管理体系 3 个主要部分。

二、生物安全性评价

(一) 生物安全性评价的目的

现代生物技术以重组 DNA 技术为代表，特别是基因工程技术，如利用载体系统的重组 DNA 技术以及利用物理、化学和生物学等方法把重组 DNA 分子导入有机体的技术。生物技术在为人类的生活和社会进步带来巨大利益的同时，也可能对人类健康和环境造成不必要的负面影响。所以，生物安全的管理受到世界各国的高度重视。生物安全管理一般包括安全性的研究、评价、检测、监测和控制措施等技术内容。其中，安全性评价是安全管理的核心和基础，其主要目的是从技术上分析生物技术及其产品的潜在危险，确定安全等级，制定防范措施，防止潜在危害，也就是对生物技术研究、开发、商品化生产和应用的各个环节的安全性进行科学、公正的评价。为有关安全管理提供决策依据，使其在保障人类健康和生态环境安全的同时，也有助于促进生物技术的健康、有序和可持续发展，达到趋利避害的目的。

1. 提供科学决策的依据 生物安全性评价是进行生物技术安全管理和科学决策的需要。虽然对于安全性的理解和要求可能因人而异，但是，对于每一项具体工作的安全性或危险性进行科学、客观的评价，划分安全等级，在技术上是可行的。安全性评价的结果是制定必要的安全监测和控制措施的工作基础，也是决定该项生物技术工作是否应该开展或者应该如何开展的主要科学依据。

2. 保护人类健康和环境安全 生物安全性评价是保障人类健康和环境安全的需要。通过安全性评价，可以明确某项生物技术工作存在哪些主要的潜在危险及其危险程度，从而可以有针对性地采取与之相适应的监测和控制措施，避免或减少其对人和环境的危害。

3. 回答公众疑问 生物安全性评价是回答公众有关生物技术安全性疑问的需要。考虑到现代生物技术对基因操作的强大能力和人类目前对于自然的认识水平有限的现实，社会各界对于生物技术安全性的高度关注和种种疑虑是必然的、可以理解的。对有关生物技术，特别是转基因产品向自然环境中的释放和生产应用进行科学、合理的安全性评价，有利于消除公众由于缺乏了解而产生的种种误解，形成对生物技术安全性的正确认识，既不走"谈基因色变"一概拒绝的一个极端，也不是不予理会，丝毫没有安全意识的另一个极端。

4. 促进国际贸易，维护国家权益 生物安全性评价是促进国际贸易和维护国家权益的需要。随着全球经济一体化的发展，国际贸易日益发达，国际竞争日趋激烈，这一点在 21 世纪的生物技术产业可能会表现得尤其突出。生物技术及其产品的安全水平与其用途、使用方式及其所处的环境具有极其密切的关系，在一个国家比较安全的生物产品，在另一个国家就可能不安全甚至是十分危险的。因此，对进、出口产品生物安全性评价和检测的水平，不仅关系到国际贸易的正常发展和国际竞争力，而且关系到国家形象和权益。

5. 促进生物技术可持续发展 生物安全性评价是保证和促进生物技术稳定、健康和可持续发展的需要。生物技术的安全问题是自现代生物技术兴起以来一直备受世人关注和争论的焦点。随着生物技术在医药、农业、食品等领域产业化进程的飞速发展及其展现出来的巨大应用前景，其安全问题日益突出。出于不了解或其他目的，一些团体和个人组织的反生物技术、反转基因的抗议与破坏活动在一些国家时有发生，很不利于生物技术的健康发展。通过对生物技术的安全性评价，科学、合理、公正地认识生物技术的安全性问题，及时地采取适当的措施对其可能产生的不利影响进行防范和控制，生物技术对人类健康和生态环境的潜在危险是可以避免或者降低到可接受程度的。只有这样，生物技术才能逐渐被社会公众普遍接受，生物技术作为一个有巨大应用前景的产业才能走上健康、有序和持续发展的道路。

（二）生物安全性评价的程序和方法

1. 安全性的分级标准 目前世界各国对生物技术的定义有所不同，对生物安全性的理解和要求也存在明显差异，因此，还没有国际统一的生物安全分级标准。但是，一般都按照对人类健康和环境的潜在危险程度由低到高的顺序，将生物技术的安全性分为 4 个安全等级。我国对生物技术安全管理的重点在基因工程。1993 年国家科学技术委员会发布了《基因工程安全管理办法》，按照潜在危险程度，将基因工程工作分为 4 个安全等级（表 1-1）。

表 1-1 基因工程工作安全等级的划分标准

（引自国家科学技术委员会，1993）

安全等级	潜在危险程度
I	对人类健康和生态环境尚不存在危险
II	对人类健康和生态环境具有低度危险
III	对人类健康和生态环境具有中度危险
IV	对人类健康和生态环境具有高度危险

2. 安全等级的划分程序 基因工程工作安全性评价的主要任务是根据受体生物、基因操作、遗传工程体及其产品的生物学特性、预期用途和接受环境等，综合评价基因工程工作对人类健康和生态环境可能造成的潜在危险，确定其安全等级，提出相应的监控措施。由于基因工程工作所涉及的生物及其基因种类、来源、结构、功能、用途、接受环境等，可以说是千差万别，所以其安全性评价一般都采取个案评审的原则，即针对每项基因工程工作的具体情况确定其安全等级。目前进行安全性评价的一般程序可分为 7 个步骤（表 1-2）。

表 1-2 安全性评价的程序和结果

程 序	目 的	结 果
第一步	确定受体生物的安全等级	安全等级 I、II、III 或 IV
第二步	确定基因操作对安全性的影响类型	安全等级 I、II 或 III
第三步	确定遗传工程体的安全等级	安全等级 I、II、III 或 IV
第四步	确定遗传工程产品的安全等级	安全等级 I、II、III 或 IV
第五步	确定接受环境对安全性的影响	
第六步	确定监控措施的有效性	
第七步	提出综合评价的结论和建议	

在上述各个步骤中，每一步都要从以下 3 个方面进行分析：

（1）是否有任何潜在的危险。

（2）危险程度，包括发生危险的可能性多大，会引起哪些可能的不良后果，其不良后果的影响范围、发生频率和严重程度等。

（3）监控措施，包括有哪些措施可以预防和减少可能发生的潜在危险，如何确保或提高监控措施的有效性等。

（三）生物安全性评价的内容与步骤

1. 生物安全性评价的内容　随着生物技术的进一步发展和广泛应用，人类对生物安全性的认识水平不断提高，对安全性的评价也会提出新的要求。生物安全性评价的内容包括对人类健康的影响和对生态环境的影响两个方面，而每一个方面的具体评价内容则取决于对安全性的理解和要求。这是一个不断发展变化和逐步完善的过程。不同国家、不同行业的要求各不相同。现以我国对生物基因工程工作的安全性评价为例子来说明。

（1）受体生物的安全等级。根据受体生物的特性及其安全控制措施的有效性将受体生物分为 4 个安全等级（表 1-3）。其主要评价内容包括：受体生物的分类学地位、原产地或起源中心、进化过程、自然生境、地理分布、在环境中的作用、演化成有害生物的可能性、致病性、毒性、过敏性、生育和繁殖特性、适应性、生存能力、竞争能力、传播能力、遗传交换能力和途径、对非目标生物的影响、监控能力等。

表 1-3　受体生物的安全等级及划分标准

安全等级	受体生物符合的条件
I	对人类健康和生态环境未曾发生过不良影响；或演化成有害生物的可能性极小；或仅用于特殊研究，存活期短，实验结束后在自然环境中存活的可能性极小等
II	可能对人类健康状况和生态环境产生低度危险，但通过采取安全控制措施完全可以避免其危害
III	可能对人类健康状况和生态环境产生中度危险，但通过采取安全控制措施基本上可以避免其危害
IV	可能对人类健康状况和生态环境产生高度危险，而且尚无适当的安全控制措施来避免其在封闭设施之外发生危害

（2）基因操作对受体生物安全性的影响。根据基因操作对受体生物安全性的影响将基因操作分为 3 种安全类型（表 1-4）。其主要评价内容包括：目的基因、标记基因等转基因的来源、结构、功能、表达产物和方式、稳定性等，载体的来源、结构、复制、转移特性等，供体生物的种类及其主要生物学特性，转基因方法等。

表 1-4　基因操作的安全类型及划分标准

安全等级	受体生物符合的条件
1	增加受体生物的安全性。如去防致病性、可育性、适应性基因或抑制这些基因的表达等
2	对受体生物的安全性没有影响。如提高营养价值的储藏蛋白基因，不带有危险性的标记基因等的操作
3	降低受体生物的安全性。如导入产生有害毒素的基因，引起受体生物的遗传性发生改变，会对人类健康或生态环境产生额外的不利影响，或对基因操作的后果缺乏足够了解，不能肯定所形成的遗传工程体其危险性是否比受体生物大

（3）遗传工程体的安全等级。根据受体生物的安全等级和基因操作对受体生物安全的影响类型和影响程度将遗传工程体分为4个安全等级（表1-5）。其分级标准与受体生物的分级标准相同。其安全等级一般通过将遗传工程体的特性与受体生物的特性进行比较来确定，主要评价内容包括：对人类和其他生物体的致病性、毒性和过敏性，育性和繁殖特性，适应性和生存、竞争能力，遗传变异能力，转变成有害生物的可能性，对非目标生物和生态环境的影响等。

表 1-5　遗传工程体的安全等级与受体生物安全等级和基因操作安全类型的关系

受体生物安全等级	基因操作的安全类型		
	1	2	3
Ⅰ	Ⅰ	Ⅰ	Ⅰ，Ⅱ，Ⅲ，Ⅳ
Ⅱ	Ⅰ，Ⅱ	Ⅱ	Ⅱ，Ⅲ，Ⅳ
Ⅲ	Ⅰ，Ⅱ，Ⅲ	Ⅲ	Ⅲ，Ⅳ
Ⅳ	Ⅰ，Ⅱ，Ⅲ，Ⅳ	Ⅳ	Ⅳ

（4）遗传工程产品的安全等级。由遗传工程体生产的遗传工程产品的安全性与遗传工程体本身的安全性可能不完全相同，甚至有时会大不相同，例如，防治植物、畜禽和人类病害的疫苗等微生物制剂，在分别作为活菌制剂和灭活制剂应用时，其安全性显然是不一样的。遗传工程产品的安全等级一般是根据其与遗传工程体的特性和安全性进行比较来确定的。其分级标准与受体生物的分级标准相同。主要评价内容为：与遗传工程体比较，遗传工程产品的安全性有何改变。

（5）基因工程工作安全性的综合评价和建议。在综合考查遗传工程体及其产品的特性、用途、潜在接受环境的特性、监控措施的有效性等相关资料的基础上，确定遗传工程体及其产品的安全等级，形成对基因工程工作安全性的评价意见，提出安全性监控和管理的建议（刘谦等，2002）。

2. 生物安全评价的步骤　安全评价及安全等级是根据以下5个步骤确定的。
①确定受体生物的安全等级。
②确定基因操作对受体生物安全等级影响的类型。
③确定转基因生物安全等级。
④确定生产、加工活动对转基因生物安全性的影响。
⑤确定转基因产品的安全等级。

三、生物安全控制措施

生物安全控制措施是针对生物安全所必须采取的技术管理措施。为了加强生物技术工作的安全管理，防止基因工程产品在研究开发以及商品化生产、储运和使用中涉及对人体健康和生态环境可能发生的潜在危险所采取的有关防范措施。通过这些防范措施，将生物技术工作中可能发生的潜在危险降低到最低程度已为世界各国所公认。如前所述，生物安全性评价是生物安全控制措施的前提。按照权威部门对某项基因工程工作所给予的公正、科学的安全等级评价，在相关的基因工程工作的进程中采取相应的安全控制措施。具体地说，在开展基因工程工作的试验研究、中间试验、环境释放和商品化生产前，都应该通过安全性评价，并采取相应的安全措施。

（一）生物安全控制措施的类别

1. 按控制措施性质类别（表1-6）

表1-6 按性质类别分类的生物安全控制措施

类 别	方法含义	举 例
物理控制措施	系指利用物理方法限制基因工程体及其产物在控制区外的存活和扩散	如设置栅栏、网罩、屏障等
化学控制措施	系指利用化学方法限制基因工程体及其产物在控制区外的存活和扩散	对生物材料、工具和有关设施进行化学药品消毒处理等
生物控制措施	系指利用生物措施限制基因工程体及其产物在控制区外的生存、扩散或残留，并限制向其他生物转移	设置有效的隔离区及监控区，消除试验区或控制区附近可与基因工程体杂交的物种以阻止基因工程体开花授粉或去除其繁殖器官
环境控制措施	系指利用环境条件限制基因工程体及其产物在控制区外的繁殖	如控制温度、水分、光周期等
规模控制措施	系指尽可能地减少用于试验的基因工程体及其产物的数量或减少试验区的面积以降低基因工程体及其产品迅速广泛扩散的可能性，在出现预想不到的后果时，能比较彻底地将基因工程体及其产物消除	如控制其试验的个体数量或减少试验面积、空间等

2. 按工作阶段（表1-7）

表1-7 按工作阶段分类的生物安全控制措施

类 别	措施要求
实验室控制措施	相应安全等级的实验室装备；相应安全等级的操作要求
中间试验和环境释放控制措施	相应安全等级的安全控制措施
商品储运、销售及使用	相应安全等级的包装、运载工具、储存条件、销售、使用具备符合公众要求的标签说明
应急措施	针对基因工程体及其产物的意外扩散、逃逸、转移，应采取的紧急措施，含报告制度、扑灭、销毁设施等
废弃物处理	相应安全等级，采取防污处置的操作要求
其他	长期或定期的监测记录及报告制度

中间试验，系指在控制系统内或者控制条件下进行的小规模试验。

环境释放，系指在自然条件下采取相应安全措施所进行的中规模试验。

（二）生物安全控制措施的针对性

生物安全控制措施具有很强的针对性，所采取的措施必须根据各个基因工程物种的特异性采取有效的预防措施，尤其要从我国的具体国情出发，研究采取适合我国社会经济和科技水平的切实有效的控制措施。例如，繁殖隔离问题，植物、动物、微生物的生境情况差异极大，同属于植物由于物种起源等原因，相应安全等级的转基因植物其时空隔离条件要求也很不相同；又如微生物的存活变异以及转移形态和介体，不同的物种差异也很大。因此，当参考、借鉴国外的经验和做法时要经过周密的研究。

（三）生物安全控制措施的有效性

生物安全控制措施的实效如何，取决于安全控制措施的有效性。安全控制措施的有效性，决定于下列条件：

①安全性评价的科学性和可靠性。

②根据评价所确定的安全性等级，采取与当前科学技术水平相适应的安全控制措施。

③所确定的安全控制措施是否认真贯彻落实。

④设立长期或定期的监测调查和跟踪研究。

四、生物安全管理体系

（一）生物安全管理体系的意义及重要性

生物技术，特别是生物基因工程的操作及其产品的研究与开发涉及诸多行业与学科，对其实行安全管理一定要有系统的思想，不能局部地、孤立地观察、研究和分析问题，而应该看成一个系统。综合考虑系统内相互作用、相互制约的各种因素以及与系统外部环境的各种相互关系，看问题才能全面，思路才能更清晰，认识才能更深化，问题才会解决得更好，工作才能顺利地开展。因此，根据生物安全管理的内在要求与外部联系，建立一个完整的管理体系是十分必要的。由于各国生物技术发展不平衡，在发达国家，大量的生物技术、基因工程产品已从试验研究进入中间试验和环境释放阶段；而在发展中国家，生物技术尚处于起步阶段。综上所述，为了对生物安全实行管理，发达国家较早地就制定了生物安全管理的法规性文件。例如，1976 年 7 月美国首先就制定颁布了由美国国立卫生研究院（NIH）制定的《重组 DNA 分子研究准则》，随后英、法等国亦相继加强了生物安全的管理工作。1986 年我国将生物技术的研究开发，列入国家"863"计划，1989 年国家科学技术委员会根据科学家的建议即着手组织起草《基因工程安全管理办法》，揭开了生物安全管理的篇章。随着生物技术的发展，各国都根据具体国情逐步建立和加强相应的生物安全管理体系。

（二）生物安全管理体系的内涵

世界各国对生物技术都倾注了很大的兴趣并寄予高度的希望。但对基因工程工作及其产品的安全性也同样采取十分谨慎的态度。主要是对基因改性产品的安全性具有相对的不确定性而涉及人体健康、环境保护以及公众伦理、宗教等影响。转基因产品跨越政治界限的生态影响和地理范围，在一国或地区表现安全的基因产品在另一地区是否安全，既不能一概肯定，也不能一概否定，需要经过研究，实施规范管理。随着世界市场的开放及其影响范围的扩大，转基因产品已超越本国的影响限度，这就带来无可回避的风险问题。

各国经验表明，生物安全管理的法规体系建设应涵盖如下事项：

①建立、健全生物安全管理体制的法规体系，明确规定将生物技术的试验研究，中间试验，环境释放，商品化生产、销售、使用等方面的管理体制纳入法制轨道。

②建立、健全生物技术的安全性评价检测、监控的技术体系，制定能够准确评价的科学技术手段。

③建立、完善和促进生物技术健康发展的政策体系和管理机制，保证在确保国家安全的

同时，大力发展生物技术，进一步发挥生物技术创新在促进经济发展，改善人类生活水平和保护生态环境等方面的积极作用。

④建立生物技术产品进出口管理机制，管理国内外基因工程产品的越境转移，有效地防止国外生物技术产品越境转移导致的国内人体健康和生态环境的危害。

⑤提高生物安全的国家管理能力，建立生物安全管理机制和机构设置，加强生物安全的监测设施建设，构建生物安全管理信息系统，增强生物安全的监督实力，培训生物安全方面的人力资源。

总之，生物安全管理的总体目标是：通过制定政策和法律规定建立相关的技术准则，建立、健全管理机构并完善监测和监督机制，积极发展生物技术的研究与开发，切实加强生物安全的科学技术研究，有效地将生物技术可能产生的风险降低到最低程度，以最大限度地保护人类健康和生态环境安全，促进国家经济发展和社会进步。

(三) 我国生物安全管理的原则

生物安全管理体制体现国家意志，展示国家的形象，关系国家综合国力的增长。安全管理实施原则有以下 6 种。

1. 预防为主原则 其指的是"为了保护环境，各国应按照本国的能力，广泛采用预防措施。遇有严重或不可逆转损害的威胁时，不得以缺乏充分的科学证据为理由，延迟采取符合成本效益的措施防止环境恶化"（《环境与发展的里约宣言》，简称《里约宣言》）。随着转基因生物安全问题的出现，这一原则的内涵不断深化。发展生物技术必然走产业化的道路。不同的生物技术产品其受体生物、基因来源、基因操作、拟议用途及商品化生产和商业营销等环节在技术和条件上存在多种差异，要按照生物技术产品的生命周期，在其试验研究、中间试验、环境释放、商品化生产以及加工、储运、使用和废弃物处理等诸多环节上防止其对生态环境的不利影响和对人体健康的潜在隐患。特别是在最初的立项研究初、中试阶段一定要严格地履行安全性评价和相应的检测工作，做到防患于未然。

2. 研究开发与安全防范并重原则 生物技术产业在解决人口、健康、环境与能源等诸多社会经济重大问题中将发挥重要作用，将成为 21 世纪的经济支柱产业之一。一方面要采取一系列政策措施，积极支持、促进生物技术的研究开发和产业化发展；另一方面要高度重视生物技术安全问题的广泛性、潜在性、复杂性和严重性。同时充分考虑伦理、宗教等诸多社会经济因素，以对全人类和子孙后代长远利益负责的态度开展生物安全管理工作。坚持在保障人体健康和环境安全的前提下，发展生物技术及其相关产业，促进生物技术产品的开发和应用。

3. 国家干预原则 环境问题的外部不经济性使得国家在环境保护中扮演重要的角色。对于生物技术及其产品的管理，国家干预更是必不可少。生物技术不同于传统技术，它与核技术类似，一旦爆发危机，危害范围广、延续时间长、损失巨大、难以解决，并且不是环境本身可以容纳、调节和化解的。国家既有雄厚的经济后盾又能够提供强大的技术支持。同时国家可以通过行政、法律、经济等各种手段，将环境不经济性内部化，能有效地解决市场失灵的问题。国家干预作为一种宏观调控，能够在较高层次上，统筹兼顾各方利益，照顾到全局利益和长远利益。

4. 公正、科学原则 生物技术工作是以分子生物学为基础与专业技术学科紧密结合的高科技。基因工程产品的研制与生产属于科技创新领域。其产品具有明显的技术专利性，知识产权应予以保护。随着改革和发展的深刻变化，经济成分和经济利益的多样化，社会生活方式的多样化，生物安全管理必须坚持公正、科学的原则。其安全性评价必须以科学为依据，站在公正的立场上予以正确评价，对其操作技术、检测程序、检测方法和检测结果必须以先进的科学水平为准绳。对所有释放的生物技术产品要依据规定进行定期或长期的监测，根据监测数据和结果，确定采取相应的安全管理措施。国家生物安全性评价标准与检测技术不仅在本国应该具备科学技术的权威性，而且在国际上应具有技术的先进性，其科学水平应获得国际社会的认可。因此国家应大力支持与生物安全有关的科学研究和技术开发工作，对评估程序、实验技术、检测标准、监测方法、监控技术以及有关专用设备等的研究应优先支持。对生物安全的科研工作和能力建设应列入有关部门的规划和计划，积极组织实施。

5. 控制原则　控制原则包括适度控制原则和全过程控制原则。适度控制原则是指在对生物安全进行法律控制的过程中，应当适度把握法律控制与科学研究之间的平衡关系。既不能制定过于严格的法律、法规限制，禁止正常的科学研究活动，阻碍生物技术的研究和发展，也不能不顾生物安全，一味地进行生物技术的开发。全过程控制原则是指对生物安全实施法律控制，应该从有关生物技术的研究、开发、使用开始，到一般转基因生物体的使用、释放、处置，以及转基因生物产品的市场化等诸环节，进行全过程规范和控制。我国在进行生物安全管理的过程中，应当借鉴发达国家的经验，摒弃传统的环境立法中"先污染，后治理"的末端控制的落后模式，采取从实验室到释放，再到商品化全过程的规范和控制。

6. 公众参与原则　公众参与原则是指社会公众有权了解有关转基因生物安全的信息并参与相关活动。我国是一个社会主义法治国家，民主是宪法赋予公民的权利，而公众参与原则正是民主在转基因生物安全立法中的具体表现。转基因技术、生物及其产品的越境转移、释放，特别是商业化过程对于生态环境和人类健康带来的风险直接关系到社会公众的切身利益，所以公众在不违反国家秘密和商业秘密的前提下，有权了解转基因生物安全的任何信息，维护公众的知情权。提高社会公众的生物安全意识是开展生物安全工作的重要课题，必须给予广大消费者以知情权，使公众能了解所接触、使用的生物技术产品与传统产品的等同性与差异性，对某些特殊的新产品应授以消费者接受使用或不使用的选择权。同时在普及科学技术知识的基础上，提高社会公众生物安全的知识水平。

第三节　国内外生物安全法规及管理

世界上越来越多的国家开始关注生物安全问题，并把生物安全与国防安全、政治安全、经济安全、金融安全等放在同等重要的战略地位。生物安全的核心是安全评估和风险控制。任何一种技术都不可能绝对安全，对安全性的不同理解和要求必然导致不同的管理政策和控制措施。对安全性要求既不能过高，也不能过低：要求过高、控制过严，会妨碍生物技术的发展；要求过低、控制过松，甚至不加管理，则会使人类健康和生态环境遭受严重威胁。这就要求对生物安全的管理必须在保障人类健康和环境安全的同时推动生物技术的发展，使之为人类创造最大的利益。生物安全法规和管理的根本目的就是使这两个目标达到一种高度的和谐，因此管理法规和体系的建立受到各国政府的高度重视。至今，已有20多个国家开展生物技术的安全性研究，并陆续制定了有关生物技术实验研究、工业化生产和向环境释放等一系列安全准则、条例、法规或法律，联合国工业发展组织（UNIDO）还一直致力于形成生物安全的国际性法规。

20世纪80年代后期，不少转基因生物陆续在实验室水平取得成功，一部分通过了中间试验，有的甚至可以向环境大规模释放进行商业化生产。与此同时，人们高度关注转基因生物及其产品的商业化生产以及跨国转移，可能对环境产生的不良后果，影响到生物多样性保护和持续利用以及人类健康等问题。1992 年联合国环境与发展大会上，由各国政府首脑共同签署的《保护生物多样性公约》，要求每一个缔约国制定或采取措施管制、管理或控制由生物技术改变的活生物体在使用和释放时可能对环境和人体健康产生的不良影响，并要求各缔约国防止引进、控制或消除那些威胁生态系统、生境或物种多样性的外来物种。2000 年 1 月 29 日，在加拿大蒙特利尔召开的《保护生物多样性公约》（以下简称《公约》）缔约方大会上通过了《卡塔赫纳生物安全议定书》（以下简称《议定书》）。《议定书》是在《公约》下为解决转基因生物安全问题而制定的有法律约束力的国际文件。其以生物安全为其规范的核心，要求任何含基因修饰生物体（GMO）的产品均须粘贴"可能含 GMO"的标签；对某些产品，出口商须事先告知进口商他们的产品是否含 GMO；政府或进口商有权拒绝进口这类产品。协议所指的 GMO 产品包括转基因种子和鱼，以及由含 GMO 的原料制成的产品，如烹调油、番茄酱和其他预加工的食品等。现在全球已有133 个国家签署了《议定书》，保证了其合法性和权威性，促进了《议定书》在转基因生物安全管理工作中发挥作用。

各国的生物安全法规、条例、准则千差万别，但通常都包括生物安全等级、控制措施和管理体系 3 个部分。对生物安全的管理也主要分为三大类：一类是以产品为基础（product-based）的管理模式，以美国、加拿大等国为代表，其管理原则是，转基因生物与非转基因生物没有本质的区别，监控管理的对象应是生物技术产品，而不是生物技术本身。另一类是欧盟等以技术为基础（technology-based）的管理模式。欧盟对农业基因生物的管理比较严格，采用的是以工艺工程为基础的管理模式，认为重组 DNA 技术本身具有潜在的危险性，由此只要与重组 DNA 相关的活动．都应进行安全性评价和监控并接受管理。第三类是介于美国和欧盟之间既不宽松也不严厉的管理模式——日本模式，由日本科学技术厅、农林水产省和厚生省等共同管理。

随着生物技术的发展、贸易全球化及生物安全基本问题的研究和阐明，生物安全问题在不久的将来必然要达成一定程度的多边和国际协定，以及统一的生物安全技术准则和管理标准。到那时，各国的生物安全问题除自己控制和管理以外，由相关的国际生物安全组织来监督和评估，现代生物技术将能更规范、更安全地造福全人类。

一、中国的生物安全法规及管理

1975 年前后我国开始开展基因工程研究，生物技术取得了飞速的发展，而有关生物安全的立法工作却相对滞后，在相当长的一段时期内实际上处于无人管理的状态。

1989 年 9 月，国家科学技术委员会生物工程开发中心成立了法规起草的工作班子。1990 年 3 月，国家科学技术委员会会同农业部、卫生部和中国科学院等部门，立足我国国情和重组 DNA 技术研究发展的趋势，借鉴国外已有的准则或条例，一起成立了我国《重组 DNA 工作安全管理条例》领导小组，负责条例的制定。我国第一个有关生物安全的标准和办法是 1990 年制定的《基因工程产品质量控制标准》，该标准规定了基因工程药物的质量必须满足安全性要求，但对基因工程试验研究、中间试验及应用过程等的安全并未作具体规定，因此只具有有限的指导价值。

1993 年 12 月，国家科学技术委员会发布了《基因工程安全管理办法》，目的是从技术角度对转基因生物进行宏观管理与协调。该办法是一个对全国转基因生物工程安全管理的总纲，分总则、安全等级和安全性评价、申报和审批、安全控制措施、法律责任和附则 6 个部分，该办法对从事基因工程工作的单位、上级主管部门和全国基因工程安全委员会的职责作了明确的划分和规定，并将国外有关机构中的安全委员会职能赋予了各单位的学术委员会。明确规定要求在国内从事的任何基因工程工作，包括试验研究、中间试验、工业化生产、基因工程体的释放以及国外引进的基因工程体的试验或释放，都要遵照此办法实行统一管理。管理办法将基因工程划分为 4 个安全等级并实行安全等级分类控制和归口审批的制度。另外管理办法还规定了有关申报手续、安全控制措施和法律责任，并决定成立全国基因工程安全委员会，负责基因工程安全监督和协调。此管理办法为全国第一个对转基因生物安全管理的部门规章，除了起到类似 NIH 准则的技术指南作用外，更重要的是为我国基因工程安全管理建立了一个明确、有效的管理框架。从本质上说，它是我国的生物技术管理的协调大纲，是我国有关生物安全的纲领性文件，对我国生物技术的健康发展具有重大的历史意义。但由于操作性不强，客观上并未真正实施。

1996 年 7 月，农业部颁布《农业生物基因工程安全管理实施办法》，对转基因生物的安全性评价和控制措施进行了详细的规定，并于 1996 年 11 月 8 日正式实施。该办法内容具体、针对性强、涉及面广，对转基因生物工程体及其产品的试验研究、中间试验、环境释放及商品化生产过程中的安全性评价都作了明确的说明，评价的内容包括人体健康和生态环境两方面。同时，对外国研制的农业生物遗传工程体及其产品在我国境内进行中间试验、环境释放或商品化生产的问题也作出了具体规定，具有较强的操作性。另外，在管理机构上设立了农业生物基因工程安全管理办公室及农业生物基因工程安全委员会，负责全国农业生物遗传工程体及其产品的中间试验、环境释放和商品化生产过程中的安全性评价工作。

2001 年 5 月公布实施的《农业转基因生物安全管理条例》明确了要对外来转基因农业生物进行管理，目的是为了加强农业转基因生物安全管理，保障人体健康和动植物、微生物安全，保护生态环境，促进农业转基因生物技术研究，这是我国生物安全管理政策的进一步发展和完善。该条例对于农业转基因生物研究与试验、生产与加工、经营、进出口、监督检查、法律责任等作了详尽的规定。对农业转基因生物建立了 4 项管理制度：第一，农业转基因生物安全管理部际联席会议制度。该机构由农业、科技、环境保护、卫生、外经贸、检验检疫等有关部门的负责人组成，负责研究、协调农业转基因生物安全管理工作中的重大问题；第二，农业转基因生物安全分级管理评价制度，农业转基因生物按照其对人类、动植物、微生物和生态环境的危险程度，分为 Ⅰ、Ⅱ、Ⅲ、Ⅳ 4个等级，由国务院农业行政主管部门制定具体划分标准；第三，农业转基因生物安全评价制度；第四，农业转基因生物标识制度，实行标识管理的农业转基因生物目录，由国务院农业行政主管部门及国务院有关部门制定、调整并公布。在法律责任方面，规定了行政责任（如第五十五条）、民事责任（如第五十四条）、刑事责任（如第五十三条）。该条例作为我国第一部国家层次的生物安全法规，标志着我国对农业转基因生物安全开始进入全过程管理的阶段。

2002 年 3 月起，我国逐步实施了一系列农业转基因生物管理办法，包括《农业转基因生物安全评价管理办法》、《农业转基因生物进口安全管理办法》、《农业转基因生物标识管理办法》、《关于对农业转基因生物进行标识的紧急通知》等。此3部管理办法分别对农业转基因生物的安全评价规程、进口安全管理和标签制度作了较为具体的规定，基本上体现了对转基因生物安全的全程管理和控制的理念，操作性强，在实践中效果明显。我国逐步建立健全生物安全管理法规体系，明确规定将生物技术的试验研究、中间试验、环境释放、商品化生产、销售、使用等方面的管理纳入法制化轨道，特别是对农业转基因生物实施标识管理，是大多数国家加强农业转基因生物安全管理的通行做法，也是消费者的普遍要求。

1990年，卫生部颁布的《人用重组DNA制品质量控制要点》。该规定对医药生物技术的基本管理政策与美国食品和药物管理局（FDA）类似，强调管理应着重于产品本身的特性和危险性，而非生产过程。规定经过几年实践，并遵照国家《基因工程安全管理办法》指导原则，又制定了《新生物制品审批办法》。《新药评审办法》和《新生物制品审批办法》是卫生部新药评审中心管理医药生物技术产品的法规依据。2002年7月，卫生部制定了旨在对转基因食品进行监督管理，保障消费者健康和知情同意权的《转基因食品卫生管理法》。

1997年，中国轻工总会根据《基因工程安全管理办法》原则，组织专家编制《轻化食品生物技术产品安全管理细则》。

我国还以科学的、建设性的态度，积极参与国际社会制定《生物安全议定书》的历次会议和谈判。中国在签署《国际植物保护公约》、《保护生物多样性公约》及《议定书》后，为认真履行有关公约，在全球环境基金和联合国环境规划署的支持下，由国家环境保护总局联合农业部、科技部、教育部、中国科学院、国家食品药品监督管理局等部门于2000年编制完成了《中国国家生物安全框架》，提出了中国生物安全政策体系和法规体系的国家框架方案。在政策体系框架中首先规定了中国生物安全管理的总体目标，即通过制定政策、法规以及相关的技术准则，建立管理机构和完善监督机制等各个方面，保证将现代生物技术活动及其产品可能产生的风险降低到最低程度，最大限度地保护生物多样性、生态环境和人类健康，同时促使现代生物技术的研究、开发与产业化发展以及产品的越境转移能够有序地进行。接着框架提出了生物安全管理的主要原则、对象和方法、现代生物技术产品市场开发指导方针与政策及释放的环境管理制度。在法规体系框架中，首先评述了法规现状和法规体系，接着规定了国家生物安全法律、法规的主要内容和制定原则。另外，框架还规定了转基因活生物体及其产品风险评估和风险管理的技术准则框架以及生物安全管理的国家能力建设等方面的内容。

除此之外，为加强病原微生物实验室生物安全管理，保护实验室工作人员和公众的健康，国务院总理温家宝于2004年11月12日签署了第424号令公布了《病原微生物实验室生物安全管理条例》，并于当日起施行。在此基础上，2006年3月2日，国家环境保护总局通过了《病原微生物实验室生物安全环境管理办法》，于2006年5月1日起施行。

二、美国的生物安全法规及管理

美国在生物技术研究领域处于世界先进水平，也是最早研究生物安全并率先对此进行立法的国家。经过长期的实践，确立了以产品为切入点的转基因生物安全管理模式，其法规体系和管理体系比较完善，并为世界上很多国家开展本国转基因生物安全立法活动提供了宝贵的经验。

早在1975年2月24～27日，一些生物学家就在美国的加利福尼亚举行了著名的Asilomar 会议，在世界上第一次讨论转基因生物安全问题。1976 年，美国颁布了由美国国立卫生研究院（NIH）制定的《重组 DNA 分子研究准则》，成为第一个对生物技术安全管理的法规。该准则是对转基因生物技术及制品进行建构和操作实践的详细说明，包括了一系列安全措施。该准则将重组 DNA 实验按照潜在危险性程度分为 4 个生物安全等级，并设立了重组 DNA 咨询委员会、DNA 活动办公室和生物安全委员会等各类机构为重组 DNA 活动提供咨询服务，监督安全措施的实施等。随着生物技术迅速从实验室走向工业化，有关的争论日益高涨。

美国对转基因食品安全管理的基本态度主要体现在 1986 年美国白宫科技政策办公室颁布的《生物工程产品管理框架性文件》中，主要内容如下：①转基因作物或产品与非转基因作物或传统产品并没有本质上的区别；②应该管理的是产品而不是生产过程；③管理应该以最终产品和个案分析为基础；④现存的法律对于转基因技术产品安全性提供了充分的保证。

1987 年，美国科学院提出，遗传工程体同非遗传工程体以及传统遗传技术生产的生物体对环境的风险性是属于一种类型的指导性原则，该原则已经成为美国针对转基因食品进行审批管理的基础。

1986 年，美国又颁布《生物技术管理协调大纲（Coordinated Framework）》（以下简称《大纲》），《大纲》是美国生物安全管理的法律框架，占有基础性指导地位，是美国开展生物安全各项立法的参照和依据，即所有转基因作物及其下游产品的商业化都要符合联邦法规所确定的标准。

《大纲》规定了美国生物安全涉及的管理部门、协调机制，对基因工程生物的管理进行比较全面而严格的规定。《大纲》明确国家生物安全的管理主要由食品和药物管理局（FDA）、美国农业部（USDA）、环境保护局（EPA）、职业安全与卫生管理局（OSHA）和国立卫生研究院（NIH）5 个部门协调管理，各部门均在《大纲》中阐述了各自的管理政策，根据管理职能制定了有关的实施细则。

目前生物安全的焦点问题是向环境中释放遗传工程体。随着基因治疗和人类基因组计划的开展，有关人类基因操作的管理也日益受到重视。美国负责生物技术安全的部门有各自的管理职能和政策、法规，分别介绍如下。

（一）食品和药物管理局（FDA）

FDA 主要负责确保食品、化妆品的安全性以及药品、生物技术产品和医疗仪器的安全性和有效性。FDA 认为"杂交是包括了完整染色体上大量基因的重组，而 DNA 重组技术是用于对单个或几个特定的基因进行转移或改变"，两者间没有本质区别，现代生物技术只是原有遗传学操作的简单扩展或修饰，其产品应与其他产品接受相同的管理。因此，FDA 一直没有制定有关转基因生物安全方面的管理法规，而主要依据《公共卫生服务法》、《联邦食品、药品和化妆品法》（FFDCA）进行管理，要求所有产品必须符合同样严格的安全标准，而不考虑其生产方法。FDA 对产品中的新成分、过敏原的存在、主要营养成分的改变和毒性增加等均有严格的管理规定，只要生物技术产品能通过上述检测就不会有更严格的审查。

（二）美国农业部（USDA）

USDA 的管理目的是确保基因修饰生物体的安全种植。有两个机构涉及该项工作，即动植物检疫局（APHIS）和食品安全及检查局（FSIS）。动植物检疫局依照《植物病虫害法》和《植物检疫法》对转基因作物进行管理，防止病虫害的引入和扩散，确保美国农业免受病虫害的侵害。同时负责对转基因植物的研制与开发过程进行管理，评估转基因植物对农业和环境的潜在风险，并负责发放转基因作物田间试验和转基因食品商业化释放许可证。1997 年 APHIS 公布了《基因工程生物及其产品》管理条例，该条例简化了申报要求和程序，进一步放宽了对转基因生物安全的管理，十分有利于美国转基因生物技术产业的发展。

(三) 环境保护局 (EPA)

EPA 主要负责植物和微生物的生物安全，根据《联邦食品、药品和化妆品法》、《联邦杀虫剂、杀真菌剂、杀啮齿类动物药物法》(FIFRA) 和《毒物控制法》(TSCA) 等对农药（包括植物农药，即转抗病、虫基因产生的蛋白质）进行管理。EPA 下设农药办公室和毒物办公室。在 TSCA 的授权下，EPA 的 TSCA 生物技术项目管理那些用于商业化应用的、含有或表达新的特性组合的微生物。这包括利用转基因技术开发的转基因微生物。此外，任何抗虫和抗除草剂转基因作物的田间释放都必须向 EPA 提出申请。1997 年 4 月，EPA 发布了《生物技术微生物产品准则》、《关于新微生物申请的准备要点》，要求用于商业目的的微生物研究、开发和生产活动均须通报 EPA，并为此条例规定了一系列通报制度和一些特定的豁免情况。

(四) 职业安全与卫生管理局 (OSHA)

OSHA 负责保护美国雇员的安全和健康。OSHA 认为现有的联邦法规同样可以保证生物技术领域雇员的安全和健康，不需制定额外的条例。OSHA 制定了部门的《生物技术准则》(Agency Guidline on Biotechnology)。

(五) 国立卫生研究院 (NIH)

NIH 主要负责管理实验室阶段涉及重组 DNA 的活动，同时为基因治疗的管理活动提供咨询和建议，NIH 制定的准则是美国各主管部门制定生物技术管理条例的基础和范本，其核心内容还被世界其他国家参照采用。NIH 是国际上首屈一指的医学研究机构，包括 17 个独立的卫生研究所、国家医学图书馆和国家人类基因组研究中心。作为一个研究机构，NIH 在生物技术领域具有很高的学术地位，能较好地把握学科和技术的发展方向。NIH 准则是对重组 DNA 技术以及含有重组 DNA 分子的生物和病毒进行构建和操作实践的详细说明，其中包括了一系列安全措施。NIH 的管理政策以从事研究活动的个人的自觉性为基础，明确指出"与重组 DNA 有关活动的安全性取决于从事这些活动的个人，准则不可能预见每一种可能发生的情况"。NIH 强调在开始实验前进行全面、良好的风险评估是保证生物安全的根本。同时，NIH 也强调单位对确保其重组 DNA 活动在准则下进行的权利和责任。NIH 在准则中明确了项目负责人、单位生物安全官员、生物安全委员会 (IBC) NIH 重组 DNA 咨询委员会 (RAC) 和 NIH 主任的职责，并由此形成涉及重组 DNA 分子研究活动的生物安全管理网络。

三、欧盟的生物安全法规及管理

(一) 法规体系

欧盟对基因修饰生物体 (GMO) 和转基因微生物 (GMM) 的定义是：在未经过天然交配或者天然重组的情况下，基因物质 (DNA) 被修改了的生物和微生物 (Bergmans, 1999)。该技术通常称作现代生物技术、基因技术、重组 DNA 技术或者基因工程。

　　欧盟有关转基因生物安全方面的立法不同于美国产品管理的模式，而采取了基于生物技术管理的模式，经过长期的实践形成了较为完善的法规体系。欧盟有关转基因生物安全的有关法规主要包括两大类：一是水平系列法规，主要包含转基因生物体的隔离使用（90/219/EEC）、转基因生物体的目的释放（90/220/EEC）、从事基因工程工作人员的劳动保护（90/679/EEC、93/88/EEC）。本类法规管理的机构是环境、核安全和公民保护总司。二是与产品相关的法规，主要包含欧盟关于转基因生物及其产品进入市场的决定、转基因生物体的运输、饲料添加剂、医药用品和新食品方面的法规，例如，1997 年 1 月颁布的关于新食品和新食品成分的 258/97 /EEC 号指令，1998 年 5 月颁布的关于转基因生物制成特定食品的 79/112 号指令，2000 年 1 月颁布的关于含有转基因成分或转基因生物制成的添加剂和调味剂的食品及食品成分的 50/2000 号条例。

　　欧盟 90/220/EEC 指令规定，任何转基因生物、转基因产品或含有转基因生物的产品在环境释放或投放市场之前，必须对其可能会给人类健康和环境所带来的风险进行评估，并且依据评估结果对其进行逐级审批。90/220/EEC 指令包括 4 部分 24 条款和 4 个附录，分别阐述了指令的适用范围、定义以及成员国义务，转基因生物的上市要求，有关知识产权、信息、交换等方面的规定。该指令确立了个案评估的原则，在转基因生物体释放到环境和投放市场之前，必须一例一例地进行环境、人类健康和生物安全的风险评估。90/220/EEC 指令还规定，制造商或者进口商在转基因生物体释放到环境或投放市场前，必须向准备首先投放市场的欧盟成员国的主管部门提出申请。收到申请的成员国对申请进行评估，若评估结果不好则不予批准；若评估结果很好，则将申请提交给欧盟委员会和欧盟其他成员国，若在规定时间内没有反对意见，则最初接受申请的成员国颁发许可，该转基因生物可以在所有欧盟国家上市；若有国家反对，则由欧盟委员会向科学委员会咨询后草拟一份决议提交由欧盟成员国代表组成的立法委员会表决。欧洲议会和部长委员会于 2001 年 3 月通过了经过更新修改的有关转基因生物释放的欧盟 2001/18/EEC 指令，并于 2002 年 10 月 17 日正式生效。

　　目前，共有 8 种转基因植物，即 4 种转基因玉米、3 种转基因油菜和 1 种转基因大豆，根据欧盟 90/220/EEC 指令规定获准用于生产饲料。根据欧盟现行的风险评估程序，转基因生物的安全性取决于植入基因、所产生的最终生物及其应用的特性。风险评估的目的：一是识别和评价转基因生物的潜在不良影响，不管是直接的还是间接的，也不管是即将发生的还是以后将要发生的；二是充分考虑转基因生物的释放或投放市场可能会给人类健康和环境所带来的累积性和长期性影响；三是审查转基因产品的培育方法、与产品基因（如有毒的或者具有变应性的蛋白质）相关的风险以及展出（如对抗生素有抗性的基因）转移的可能性。

　　风险评估的具体方法如下：

　　①识别转基因生物可能造成不良影响的所有特性。

　　②评价每种不良影响的潜在后果。

　　③评价已经识别的每种潜在不良影响发生的可能性。

　　④预测已经识别的转基因生物每种特性可能造成的风险。

　　⑤应用针对转基因生物释放或投放市场所造成风险的管理策略。

　　⑥确定转基因生物的总体风险。

（二）管理机构体系

欧盟负责生物安全水平系列法规管理的机构是第十一总司；环境、核安全和公民保护，产品相关法规的管理机构为工业总司、农业总司；GMO 的运输由运输总司管理；科学、研究与发展总司，欧盟联合生物技术及环境系统、信息、安全联合研究中心为研究开发工作提供服务；消费者政策与消费者健康保护、植物科学委员会负责用于人类、动物及植物相关科技问题以及可能影响人类、动物健康或环境的非食品（包括杀虫剂）的生产过程。

（三）科技咨询机构

1997 年 6～10 月，欧盟改革其整个科技咨询系统，成立了一个科技指导委员会和 8 个新的科学委员会。委员会为欧盟理事会提供一切可能影响消费者健康的新科技应用的科学咨询。这里的消费者健康是一个广泛的概念，包括可能危及人类、动物、植物以及环境等范围。8 个科学委员会是：食品科学委员会，动物营养科学委员会，动物健康与福利科学委员会，与公共健康有关的兽医药科学委员会，植物科学委员会，化妆品和其他可能用于消费者的非食品商品科学委员会，医药和医疗器械科学委员会，毒件、生态危害和环境科学委员会。

（四）信息及技术支撑机构

信息服务包括：CORDIS 提供欧盟资助的研究开发活动的信息；EUROPA 提供欧盟政策以及战略目标方面的信息；EUROP 即欧盟官方出版社。

技术支撑机构包括：EMEA，总部位于伦敦的医药产品评价机构；EEA，与环境有关的技术与政策服务；植物多样性办公室，暂设于布鲁塞尔负责实施植物多样性方面事务的独立于欧盟的机构；欧盟劳动研究所，为欧盟及其成员国提供相关科技、经济信息，位于西班牙的该研究所目前的目标是建立欧盟成员国劳动保护信息网络。

与美国的转基因生物安全法律体系相比，欧盟的法律体系更为完善，层次更为清晰，调整范围更为明确，各个部门之间的职权划分也更加清晰。美国管理转基因生物安全适用的一些法律年代已经久远，即便随着实践的发展不断修改完善其调整空间也十分有限，而欧盟现有的法律基本上都是专门针对转基因生物安全进行的专门立法，操作性更强，这种针对转基因技术进行管理的法律体系更加适合保护公众健康和生态安全的需要，非常值得我国借鉴。

四、英国的生物安全法规及管理

（一）法规与机构

早在 1978 年英国就开始对基因工程的安全性控制制定条例，当时的《卫生与安全法》规定，任何从事遗传操作的单位都必须向卫生与安全管理局（HSE）报告。作为欧盟的成员国，它还必须遵守欧盟的指令。

英国现行法规主要有《GMO 的释放和市场化的管理条例》、《GMO 的隔离使用管理条例》、《新食品和新食品成分管理条例》、《环境保护法》等。另外一些与 GMO 有关的法律包括：《卫生与安全法》和 1971 年欧盟议会 EEC/2309/93 指令有关人畜药物部分，《野生动物及乡村保护法》的引种部分，《食品与环境保护法》有关杀虫剂部分，《动物法（科学规程）》的转基因部分，以及《植物健康》及《植物健康（林业）》两个法规的植物病害、遗传修饰材料及植物材料部分。

管理机构也设置完善。国务大臣，负责涉及人类健康和安全的 GMO 释放或市场化许可的审批。卫生与安全管理局，主要负责 GMO 隔离使用管理，参与 GMO 的释放和市场化管理。环境、运输及政区部，在 GMO 的释放和市场化管理以及隔离使用管理过程中起协调作用。农、渔、食品部和卫生部，共同对新食品和新食品成分进行管理。

（二）安全管理

英国的转基因生物的安全管理分为 3 部分，即 GMO 的目的释放、GMO 的隔离使用（contained use）和新食品（包括 GMO 及其产品）安全管理。

1. GMO 的目的释放　根据 1990 年制定的《环境保护法》，在英国 GMO 的释放或上市需向国务大臣提出申请，其程序由 1992 年制定的《GMO 释放和市场化的管理条例》规定。国务大臣负责 GMO 释放或市场化许可，在批准前要征得卫生与安全管理局等部门的同意。对于 GMO 释放的申请，其内容包括：提供有关 GMO 释放的信息，包括生物体的情况等；GMO 释放对人体健康与环境的影响与风险评估的声明；已有的关于待释放 GMO 及其释放目的报道与发表的文献，主要涉及知识产权问题；内容总结（SNIF），以利于欧盟成员国之间的交流。申请者向国务大臣提交申请书，并在得到确认通知后，10d 以内在释放地有影响的报纸刊登有关申请的信息。同时应将有关申请内容通知申请释放地点的所有者、自然保护组织、国家河流管理机构、申请者所组建的安全委员会的每个成员。

2. GMO 的隔离使用　卫生与安全管理局和环境、运输及政区部依照《GMO 的隔离使用管理条例》。卫生与安全管理局具有强制执行 GMO 隔离使用法规的权利。卫生与安全管理局在国务大臣授权下，可以针对从事 GMO 工作的人、单位对某种 GMO 解除法规限制，并颁发证书，同时它可以规定解除的条件和时间，以及有权随时撤销解除证明。另外，还需每 3 年向欧盟汇报执行指令情况，使欧盟依此出版总结报告。

3. 新食品安全管理　农、渔、食品部和卫生部依照《新食品和新食品成分管理条例》共同管理。新食品指以前在欧盟范围没有用于食品消费，包括含有 GMO 或由其生产的食品。

五、德国的生物安全法规及管理

德国是少数几个以法律形式管理生物技术的国家之一。1990 年 7 月德国《基因工程法》正式生效，其目的是保护人类和环境免遭基因工程可能带来的危害，并为基因工程技术的研究、开发以及利用和促进的协调发展建立法律框架。

《基因工程法》将有关活动分为两类进行管理：开展基因操作工作的设施，包括以研究和生产为目的的早期和后期活动；遗传工程体的释放及含有遗传工程体或由其构成的产品上市。根据现有的科学知识水平，将基因工程工作分为 4 个安全等级：级别 I 的基因工程工作对人类和环境没有任何危险；级别 II 的工作具有低度危险；级别 III 的工作具有中度危险；级别 IV 的工作具有高度危险。条文中对类别的划分以及相应的控制等级和措施进行了详细规定。GMO 的释放和基因工程产品的上市，由联邦卫生局（BGA）负责审批。BGA 必须在 3个月内对申请给出答复，若申请符合与安全性相关的一定先决条件，则可给予许可的法律决定。联邦卫生局设有生物安全中央委员会，负责提供与安全事务相关的专家意见，特别是对有关活动的控制等级划分和释放的风险评估提供咨询。该委员会由 10 名专家和来自职业安全、贸易联盟、工业、环保和研究资助机构的专业人士共同组成。基因工程设施的建设和运行必须申请许可。该许可为综合性，同时包括了在该设施内开展特定活动的许可，以及符合其他法律条款的决定。开展属于控制等级Ⅰ的研究活动的设施可以例外，通报主管部门即可。在已获得许可或已通报备案的设施内开展超出原有范围的进一步活动，应遵守：研究工作，如属于安全等级Ⅱ、Ⅲ、Ⅳ必须通报主管部门；商业性工作，属于安全等级Ⅰ的必须通报，其他等级则应申请许可。但如该进一步活动的控制等级高于原有的工作，则该设施必须申请新的许可。

德国《基因工程法》还对公众参与作出规定，制定了一套听证程序。凡从事商业性活动的基因工程设施，在建造前必须经过听证程序；安全等级Ⅰ的活动一般不包括在内，但若属于《联邦泄漏控制法》要求提出许可申请的活动，则也应经过听证程序。

德国生物安全主管部门除联邦卫生部外，还有 Robert Koch 研究所、联邦农林部生物学研究中心和联邦环境局。Robert Koch 研究所主要受理医药产品的许可申请，联邦农林部生物学研究中心和联邦环境局参与审批遗传工程体向环境释放的申请。

六、澳大利亚的生物安全法规及管理

澳大利亚现行的生物安全法规由两方面组成：一是基因操作咨询委员会制定的技术指南，基因操作咨询委员会的指南不涉及产品审批，而只侧重于技术方面，目前包括，小规模遗传操作工作指南、大规模遗传操作工作指南、可能造成 GMO 无意释放活动的工作指南和GMO 目的释放工作指南，如 2000 年《基因技术法》（Gene Technology Aet，2000）。二是产品法规，即已有的政府有关机构所管理的各种相关产品，食品、药品、农产品、兽药、化学品等方面的法规，如药品管理法、检验检疫法、食品法和食品标准等。

澳大利亚有比较合理的生物安全管理机构设置。该机构的核心是基因技术管理执行官及其办公室，主要起协调各部门的作用。执行官直接对议会负责，每个季度向议会汇报一次基因管理、实施和有关法规执行的情况。执行官设有办公室，下设多个工作小组，一部分负责与各部门联络与协调，另一部分负责与各种生物安全相关协会的联系，收集民众意见，还有一部分负责检查国家基因技术法律法规执行、遵守的情况。

基因技术部长委员会是澳大利亚最高的生物安全管理机构，由各相关部门部长、地方首脑组成，为政府的生物安全管理提供指导思想和纲领性文件。其常设机构——基因技术常务委员会负责基因技术部长委员会的日常工作，对基因技术管理执行官及其办公室有指导和监督的职能。

此外，联邦工业药品委员会基因技术分委会，基因技术咨询委员会，基因技术伦理委员会，州、领地技术管理咨询委员会，基因技术社区咨询委员会等，由各部门专家组成，负责各自领域的基因技术咨询工作和提出有关意见和建议；环境部、药品管理局、澳大利亚新食品标准局、国家卫生医药管理委员会、国家商标局、国家工业化学标准局、检验检疫局、地方委员会等行政部门负责与本部门有关的基因技术管理工作。澳大利亚 GMO 的产品的审批主要涉及 4 个现行相关产业管理部门，即国家注册局、治疗用品管理局、澳大利亚新食品管理局、国家工业化学品通告评估署，其中国家注册局负责农用化学品方面。对于某一种转基因生物，其审批可能会涉及几个部门。澳大利亚对活的生物体、生物制品和食品的进口由检验检疫局和基因操作咨询委员会执行机构共同负责。

七、日本的生物安全法规及管理

日本采取了基于生产过程的管理措施，其管理模式介于欧盟和美国之间，形成了由科学技术厅、通产省、农林水产省和厚生省 4 个主管部门参与管理的模式，建立了比较系统的转基因生物安全的法律体系。

（一）法规与机构

日本在 1979 年制定《重组 DNA 实验管理条例》，开始生物技术的安全管理。日本制定了两个针对重组 DNA 试验的准则：《综合性大学研究设施中重组 DNA 试验准则》（教育厅制定）和《重组 DNA 试验准则》（科学技术厅制定，适用于除大学以外的其他所有研究机构）。有 6 个针对工业应用的准则正在实施中，分别是：《重组 DNA 生物在农业、渔业、林业、食品工业和其他相关工业中的应用准则》、《重组 DNA 生物在饲养业中应用的安全评估准则》、《重组 DNA 技术在饲料添加剂中应用的安全评估准则》、《重组 DNA 技术生产的食物和食品添加剂准则》、《重组 DNA 技术在制药等行业中的应用准则》、《重组 DNA 技术工业化准则》。

1. 科学技术厅　1987 年由科学技术厅颁布了《重组 DNA 试验准则》，负责审批试验阶段的重组 DNA 研究。该准则详细规定了在控制条件下的重组 DNA 研究以及获得批准后负责人的责任。

2. 厚生省　1986 年厚生省颁布了《重组 DNA 准则》，成立了有关生物技术委员会，负责重组 DNA 技术生产的药品和食品管理。

3. 通产省　1986 年通产省颁布了《遗传工程体工业化准则》，负责重组 DNA 技术成果应用于工业化的活动。主要依据对受体的安全性，所重组的 DNA 分子的特性以及 GMO 受体性质的比较，按照评价项目逐一评价以便进行安全性分类。该准则涉及遗传工程体的安全评价；控制设备、设施、操作的规定；相关的管理、责任体制，如法人、经营者、业务主管、工人、安全生产委员会、安全主任的职责以及培训教育和健康管理的相关规定。

4. 农林水产省　依照《农、林、渔及食品工业应用重组 DNA 准则》，负责管理 GMO 在农业、林业、渔业和食品工业中应用，包括：在本地栽培的 GMO，或进口的可在自然环境中繁殖的这类生物体；用于制造饲料产品的 GMO；用于制造食品的 GMO。准则也适用于在国外开发的 GMO。

（二）安全评价和管理

农林水产省规定：任何个人或机构试图生产 GMO，或出售这类生物用于工农业生产，或用于 GMO 生产有关物质（不包括以前已在自然环境中应用的），必须根据所用的受体、重组 DNA 分子和载体的特性对 GMO 进行全面的安全性评价。应用转基因植物，首先要经过田间试验。田间试验肯定了安全性的转基因植物，才可以在开放系统中应用。

安全性评价所需要的资料包括应用转基因植物的目的，受体所属的生物学分类地位、应用的情况和在自然环境中的分布，繁殖特性和遗传特性；供体 DNA 是否已鉴定，其结构、来源及功能，载体名称、来源和特性；转基因植物的构建方法、转化方法及培育过程，重组 DNA 分子在受体上的位置、表达及稳定性，转基因植物和受体植物的异同，其繁殖、遗传及生理特性等。

◆ 思考题

1. 简述生物技术存在的问题及对策。
2. 什么是生物安全性评价？生物安全管理体系的主要内容是什么？
3. 与其他国家相比我国在生物安全管理中有什么优势？

第二章　转基因植物的安全性

第一节　转基因植物概况

一、转基因植物简介

采用基因工程手段将不同生物中分离或人工合成的外源基因在体外进行酶切和连接，构成重组 DNA 分子，然后导入受体细胞，使新的基因在受体细胞内整合、表达，并能通过无性或有性增殖过程，将外源基因遗传给后代，由此获得的基因改良生物称为转基因生物。若转基因的受体为植物，则这种基因改良体称为转基因植物（transgenic plant 或 genetically modified plant，GMP）。

自世界首例转基因植物——转基因烟草于 1983 年问世和 1986 年抗虫和抗除草剂转基因棉花进行田间试验以来，科学家已在 200 多种植物中实现了基因转移。这包括粮食作物（如水稻、小麦、玉米、高粱、马铃薯、甘薯等）、经济作物（如棉花、大豆、油菜、亚麻、甜菜、向日葵等）、蔬菜（如番茄、黄瓜、芥菜、甘蓝、胡萝卜、茄子、生菜、芹菜、甜椒等）、瓜果（如苹果、核桃、李、番木瓜、甜瓜、草莓、香蕉等）、牧草（如苜蓿、白三叶等）、花卉（如矮牵牛、菊花、玫瑰、香石竹、伽蓝菜）以及造林树种（泡桐、杨树）等。

转基因植物中成功表达的有实用价值的目的基因克隆越来越多，其中有抗除草剂基因、抗虫基因、抗病毒基因、抗真菌病害基因、抗细菌病害基因、抗旱和碱等环境胁迫的基因、改良品质的基因、控制雄性不育的基因、控制果实成熟的基因和改变花色的基因等。应用这些目的基因已培育出了众多的具有丰产、优质、抗病虫、抗除草剂、抗寒、抗旱、抗盐碱等优良性状的植物新品种。

二、转基因作物的应用情况

在转基因植物中对人类贡献最大的是转基因作物。环境破坏，污染加重，使人类可利用的耕地面积越来越少，这与人口不断增长的趋势形成了很大的矛盾。转基因作物的诞生在很大程度上有效地缓解了这一矛盾，使人类在仅靠传统农业不能有效解决粮食问题的难题前看到了光明。由于转基因作物的应用大大提高了农业生产效益，所以受到了广大农民的欢迎，种植面积一直不断上升。1996 年，世界范围内只有 6 个国家种植了 170 万 hm^2 转基因作物，到 2005 年猛增到 21 个国家，总的转基因作物面积增加到了 9 000 万 hm^2。2006 年是转基因作物商业化生产的第 11 年，这一年全球转基因作物种植面积共计增加 1 200 万 hm^2，使全球转基因作物种植总面积首次突破 1 亿 hm^2，达到 1.02 亿 hm^2，种植国家也达到了 22 个。2010 年，全球 29 个国家共种了 1.48 亿 hm^2 的转基因作物。从 1996—2010 年，全球转基因作物的面积增加了 87 倍，其中美国、阿根廷、巴西、加拿大、印度以及中国依然是全球转基因作物的主要种植国。

　　美国是世界范围内转基因作物种植面积最大的国家。自 1996 年第一个转基因作物商业化种植以来，转基因作物种植面积从 150 万 hm^2 扩大到 2004 年的 4 470 万 hm^2，8 年间增长了 29 倍，2005 年和 2006 年的种植面积分别是 4 980 万 hm^2 和 5 460 万 hm^2，2006 年比 2005 年的转基因作物种植面积增长了 480 万 hm^2，增长幅度是 9.6%，是所有国家中面积增加量最大的。2010 年美国以种植面积 6 400 万 hm^2 居首，其中抗（耐）除草剂仍然是最主要的转基因特性，包括耐除草剂大豆、玉米、油菜、棉花以及 2006 年在美国首次批准种植的耐除草剂的紫花苜蓿。其次是抗虫转基因作物。阿根廷是世界上应用转基因技术较早的国家之一，1999 年的种植面积就达到了 670 万 hm^2，以后一直在不断增加，2005 年和 2006 年的种植面积分别是 1 710 万 hm^2 和 1 800 万 hm^2，2010 年转基因作物的种植面积达 2 290 万 hm^2。目前，阿根廷的转基因玉米、棉花的种植面积仍在增加，其境内种植的大豆均为转基因大豆。巴西从 2003 年开始种植转基因作物，当年种植面积就达到 300 万 hm^2，到 2006 年达到了 1 150 万 hm^2，2010 年转基因作物的面积居第 2 位，达 2 540 万 hm^2，主要作物是转基因大豆和棉花。加拿大近年来的种植面积不断上升，2006 年的种植面积是 610 万 hm^2，2010 年的种植面积为 880 万 hm^2，主要是转基因油菜、玉米和大豆。

　　我国作为一个农业大国，政府十分重视生物技术的研究与应用。在国家重大科技计划中，加强了对农业生物技术研究的支持。经过 20 多年的快速发展，我国生物技术正在实现从跟踪仿制到自主创新，从实验室探索到产业化，从单项技术突破到整体协调发展的根本性转变，我国的农业生物技术研究与开发已经走在发展中国家的前列，在某些领域达到了国际先进水平。目前已自主克隆重要功能基因 400 多个。其中，抗虫相关基因近 50 个、抗病相关基因近 60 个、抗非生物逆境基因 160 多个、生长发育相关基因近 80 个、品质与高产相关基因 70 多个、抗除草剂基因 4 个。共申请专利近 300 项，在这些基因中，已有转化植株并对植物优质、高产、抗逆及生长发育调控等具有重要应用前景的功能基因有近 50 个。自主研制的转基因抗虫棉，特别是双价抗虫棉的育成，标志着我国转基因植物的研究进入世界先进行列。我国的转基因作物主要是抗虫棉，种植面积占全国棉花种植面积的 66%。除了在棉花种植中应用生物技术外，我国安全生产委员会还在 2006 年批准了抗环斑病毒的转基因番木瓜在我国种植。2010 年我国共种植了 350 万 hm^2 转基因植物，包括棉花、木瓜、白杨、番茄和甜椒。

　　转基因作物可提高农作物产量，减少除草剂、杀虫剂等农药的使用量，既保护了环境又节省了大量劳动力，给人类带来了巨大的经济和社会效益。农业生物技术应用国际服务组织（ISAAA）主席詹姆斯估计，在今后 10 年的商业化过程中，转基因作物种植范围还会进一步扩大，到 2025 年将有 40 多个国家的 2 000 多万农户种植 2 亿 hm^2 的转基因作物。

三、抗除草剂转基因植物

（一）抗除草剂转基因植物的研究和应用情况

　　杂草是粮食安全生产的巨大影响因子。全世界每年因杂草造成的作物产量损失约占作物总产量的 11%。自 1942 年发现了具有里程碑意义的化学除草剂 2, 4-滴（2, 4 - D）以来，化学除草剂作为农药研究与应用的一个重要部分得到了迅速壮大和发展，它的应用对人类有效防除杂草、提高粮食产量起到了重要作用。化学除草剂的分类方法很多，按照它的选择性可以分为选择性除草剂（selective herbicide）和灭生性除草剂（non-selective herbicide）。选择性除草剂就是在一定剂量范围内能杀死杂草而对作物无毒害，或毒害很低。除草剂的选择性是相对的，只在一定的剂量下，对作物特定的生长期安全。施用剂量过大，也会对作物产生药害。所以这类除草剂只能在特定的作物田中防除部分杂草。如 2，4 -滴只能用于禾本科作物田防除阔叶杂草。灭生性除草剂又称为非选择性除草剂，它对植物的伤害无选择性，草苗不分，能同时杀死杂草和作物。草甘膦（glyphosate）、克无踪等均属于此类。这类除草剂多用于茶桑、果园、咖啡、橡胶等经济作物或荒地防除杂草，同时也可以在较高大的农作物田（如棉花）实行行间定向喷雾杀死行间杂草或种植前除草，一般不能直接用于农作物田防除杂草。无论是哪类或哪种除草剂都有它的局限性，很难找到一种能杀死所有杂草而对作物安全的除草剂，到目前还没有一例这样的除草剂问世，这给防除农田杂草带来了难题。

科学家在科研实践过程中发现一些土壤微生物或植物能够产生分解某种除草剂的酶类，使除草剂分解从而失去对植物的毒性，或者产生某种突变，使植物对除草剂不敏感。这一发现为转基因抗除草剂作物的培育提供了思路。通过基因工程技术可以将抗除草剂的基因克隆到作物中，赋予作物抗除草剂的新特性，使其获得或增强对除草剂的抗性。这样就使得由于对作物的伤害不能在某一特定作物田中应用的除草剂可以安全地使用。

自 1983 年第一例抗除草剂转基因烟草问世以来，抗除草剂转基因作物的研究和应用都得到了飞速发展，到目前已有近 300 种植物先后培育出抗除草剂品种。已开发成功并商业化的作物主要有玉米、大豆、油菜、棉花、苜蓿、甜菜、亚麻、烟草、水稻、小麦、向日葵等。涉及的除草剂种类主要有草甘膦、草丁膦（glyphosinate）、阿特拉津（atrazine）、溴苯腈（bromoxynil）、2，4 -滴、咪唑啉酮（imidazolinone）和磺酰脲类（sulfonylurea）等近十种。抗除草剂转基因作物的开发和研究主要集中在国外各大公司，其中美国一公司以其拥有广谱、高效除草剂"农达"（有效成分草甘膦）的优势而率先开始抗除草剂品种的开发，先后开发出一系列抗"农达"的作物以及品种，包括大豆、棉花、玉米、油菜、向日葵和甜菜。另一公司也培育出了抗草胺磷的大豆、玉米、油菜、甜菜、棉花与水稻。同时，其他公司培育出了抗咪唑啉酮类的玉米、油菜、甜菜、小麦与水稻等。我国抗除草剂基因工程的研究始于 20 世纪 80 年代，由中国科学院遗传所与中国农业科学院作物科学研究所合作获得转基因抗阿特拉津的大豆，这是我国获得最早的抗除草剂转基因作物。目前我国已获得的抗除草剂转基因作物有抗草胺磷水稻和小麦、抗 2，4 -滴棉花、抗阿特拉津大豆以及抗溴苯腈油菜和小麦。

由于抗除草剂转基因作物给农民带来了巨大的经济效益，从 1996 年转基因作物商业化以来其种植面积一直在不断增加，而且抗除草剂特性也一直是最主要的特性。2006 年全世界抗除草剂转基因作物的种植面积达 6 990 万 hm^2，占全球 1.02 亿 hm^2 转基因作物总种植面积的 68%，其中有 1 900 万 hm^2（19%）种植了抗除草剂转基因作物，另 1 310 万 hm^2（13%）种植了兼备抗虫和抗除草剂特性的复合性状作物。2005—2006 年，复合性状产品是增长最快的一个种类，增长率达 30%，2010 年，有 11 个国家种植的转基因作物拥有 2 个或以上性状叠加，占全球转基因作物的 22%。2010 年，抗除草剂性状占全球 1.48 亿 hm^2 的转基因作物面积的 61%，主要的抗除草剂作物是大豆，其次是油菜和玉米，还有棉花、甜菜和苜蓿等。

由于抗除草剂转基因作物向作物中转入除草剂抗性基因，使其获得或增强对除草剂的抗性，从而解决除草剂在使用过程中出现的选择性问题。如导入的基因对灭生性除草剂有抗性，就使得原来在农田不能直接使用的灭生性除草剂可以在这种抗性作物田中应用，并能有效杀死田间绝大多数杂草，如抗草甘膦或草丁膦作物就属于这一类。还有的除草剂只能在特定的作物田中杀死特定的某一类杂草，如果在作物中导入抗性基因，就能使这类除草剂在原来不能使用的作物田中应用，如抗 2，4-滴转基因作物。抗除草剂转基因作物的大面积种植，将使许多灭生性除草剂得以广泛使用，也使许多选择性除草剂的使用范围进一步扩大。抗除草剂转基因作物的推广，产生了极大的经济和社会效益：①简化了除草作业，提高了产量；②因免耕或少耕技术的应用，避免了土壤侵蚀，节约了能源、化肥和水，具有一定的生态效益；③随着抗除草剂作物的推广，原有的许多除草剂可用于杂草防除，降低了除草剂开发费用。同时随着农药创制行业的发展，会有越来越多的除草剂品种被开发出来，也就会发现更多的抗性基因，从而开发出更多的转基因作物。

（二）抗除草剂转基因作物的抗性机理

1. 提高靶标酶或靶蛋白基因的表达量　将除草剂作用靶标酶或蛋白质的基因转入植物，使其拷贝数增加，提高植物体内此种酶或蛋白质的含量，从而产生抗性。例如，灭生性除草剂草甘膦的作用机理是抑制植物体内芳香族氨基酸合成的关键酶磷酸烯醇式丙酮酸莽草酸合成酶（5-enolpyruxylshikimate-3-phosphate synthase，EPSPS），当该酶的活性受到抑制，植物体内会积累大量的莽草酸（催化过程中的重要中间产物），最终可导致细胞死亡。植物细胞可以通过 EPSPS 的过量表达对一定量的草甘膦产生抗性。如携带 EPSPS 基因多拷贝质粒的大肠杆菌（*Escherichia coli*）细胞过量生成 5～17 倍的 EPSPS，对草甘膦的抗性至少增加 8 倍。

2. 产生对除草剂不敏感的原靶标异构酶或异构物　通过基因突变的方法使靶标酶上与除草剂的结合位点的氨基酸发生突变，使其丧失与除草剂的结合能力，从而产生抗性。磺酰脲类除草剂和咪唑啉酮类除草剂均为植物体内支链氨基酸生物合成的抑制剂，其作用靶标是乙酰乳酸合成酶（acetolactate-synthase，ALS）。从烟草和拟南芥分离出的 *ALS* 基因的单突变基因，基因表达产生了异构的 ALS，其活性不再受磺酰脲类除草剂的影响。另外从肺炎克氏杆菌（*Klebsiella pneumoniae*）分离出了对草甘膦具有抗性的株系 SM-1，其中编码 EPSPS 的 *aroA* 基因发生突变，使 EPSPS 第 96 位的甘氨酸被丙氨酸置换，从而使其对草甘膦敏感性下降到 1/8 000。

3. 产生可使除草剂发生降解的酶或酶系统　将以除草剂或其有毒代谢物为底物的酶基因转入植物，该基因编码的酶可以催化降解除草剂而起到保护作用。从微生物人苍白杆菌（*Ochrobactrum anthropi*）分离出编码草甘膦氧化还原酶（GOX）基因，该基因的产物可使草甘膦降解为无毒成分。将其导入作物中，获得了抗草甘膦作物。水解溴苯腈的腈水解酶基因（*bxn*）和解毒 2，4-滴的 2，4-滴单氧化酶基因（*tfDA*）也在作物中获得成功表达。

（三）主要抗除草剂转基因作物所抗除草剂的毒害机理和抗性机理

1. 草丁膦的毒害机理和抗草丁膦转基因作物的抗性机理　草丁膦属有机磷类除草剂，是灭生性除草剂 Liberty（商品用名还有 Basta、Ignite、Challenge 等）的活性成分，也被称为 phosphinothricin（PPT，γ-羟基甲基亚膦基-酪氨酸，膦化麦黄酮，也称膦丝菌素）。双丙氨膦（bialaphos）是由链霉菌素属（*Streptomyces*）的一些小种中的 2 个 L-丙氨酸残基合并与 PPT 相连组成。完整的三肽不具离体抑制活性。通过植物体中的肽酶去除 2 个 L-丙氨酸残基后，在细胞内释放出的 PPT 才有活性。

Basta 于 1984 年首先在德国注册，目前已在 50 多个国家被登记注册。Basta 包含草丁膦的 2 种同分异构体，其中 D-草丁膦并不具有除草剂活性。L-草丁膦强烈抑制细菌和植物的氨基酸生物合成酶——谷氨酰胺合成酶（glutamine synthetase，GS）。L-草丁膦是 L-谷氨酸的结构类似物，在植物细胞内与 L-谷氨酸竞争谷氨酰胺合成酶，导致 NH_4^+ 无法与 L-谷氨酸结合形成谷氨酰胺，NH_4^+ 的积累最终使植物细胞的生长受到抑制或死亡。

GS 在生物界中广泛存在，目前已从细菌、真菌、植物和动物中分离获得。GS 在植物氨同化及氨代谢调节中起重要作用，它是植物中唯一的解毒酶，以解除由硝酸还原作用、氨基酸降解及光呼吸中释放的氨的毒性。草丁膦通过植物的叶片或其他绿色部分快速吸收而抑制 GS 的活性，导致细胞内氨的含量迅速积累，而氨的积累直接抑制光系统和光系统反应，减少跨膜 pH 梯度，使光合磷酸化解偶联，随之叶绿体结构解体，最后整个植株死亡。

Bar 基因（Balaphos resistant gene）是从合成双丙氨膦的吸水链霉菌（Streptomyces hygroscopicus）中分离出来的，是吸水链霉菌避免自身产生双丙氨膦毒害的保护基因，编码 PPT 乙酰转移酶（PAT），PAT 催化乙酰辅酶 A 的乙酰基转移到 PPT 的氨基上，形成乙酰 PPT 而使 PPT 失活。Bar 基因能在整株水平上提供对 PPT 的抗性，这在大豆、烟草、水稻和其他植物的转基因试验中得到充分证实。Pat 基因的 Bg/11-Ss II 片段编码 PAT。可见 Bar 和 Pat 基因表达产物均被称为 PAT。两种 PAT 具有相似的催化能力，氨基酸序列具有 86% 的同源性。

通过农杆菌介导法、基因枪法和电击法等基因转移技术将 Bar 基因或 Pat 基因导入作物，目前草丁膦的抗性基因已导入水稻、油菜、玉米、小麦、大麦、烟草、马铃薯、番茄、高粱、燕麦、甘蔗、番木瓜、菜豆、豌豆、棉花和荞麦等作物和蔬菜中。如 AgrEvo 公司 1995 年培育出的抗草丁膦油菜、抗草丁膦玉米，1998 年培育出了抗草丁膦大豆、甜菜。Dekalb Genetics 公司 1996 年培育出的抗草丁膦玉米，导入的都是来源于绿色产色链霉菌（Streptomyces viridochromogenes）的草丁膦乙酰转移酶基因 Pat 基因。AgrEvo 公司 1998 年培育的抗虫、抗草丁膦玉米中的 Bar 基因来源于吸水链霉菌。1997 年中国水稻研究所黄大年等人成功地将 Bar 基因导入到杂交水稻恢复系中，使其后代获得抗除草剂特性，并同时保持了原品种的主要农艺性状，用这样的转基因恢复系配制的杂交稻种，能快速检测和保证杂交稻种的纯度。同时转 Bar 基因直播稻解决了直播（或抛秧）田的草荒问题。

2. 草甘膦的毒害机理和抗草甘膦转基因作物的抗性机理 草甘膦，商品名 Dupound，属有机磷类内吸传导型的灭生性除草剂，是高效、对人畜低毒、低残留、不破坏生态环境而对绝大多数植物具有灭生性的最优良的除草剂品种之一，有很高的商业价值。该药可被植物吸收，并能在体内输导到地下根、茎，导致植株死亡，并失去再生能力。草甘膦作用靶标酶是 EPSPS。它是细菌和植物体内芳香族氨基酸——色氨酸、酪氨酸和苯丙氨酸生物合成过程中的关键酶。研究发现，使用草甘膦后植物体内莽草酸大量积累，而莽草酸是 EPSPS 合成酶催化植物芳香族氨基酸生物合成过程中重要的中间产物。生物体耐草甘膦主要有 3 条途径：一是过量表达 EPSPS 基因。早期研究证明了携带 EPSPS 基因多拷贝质粒的 E. coli 细胞质过量生成了 EPSPS，对草甘膦耐性至少增加了 8 倍，以后又在拟南芥、酵母、假单胞菌、烟草和胡萝卜等生物中证实了 EPSPS 的过量生成与耐草甘膦的关系。二是 EPSPS 基因发生突变，使得 EPSPS 对草甘膦的亲和力减弱。通过化学诱变，从鼠伤寒沙门氏菌及大肠杆菌中得到了抗草甘膦菌株，将抗性菌株的 EPSPS 基因克隆，进行核苷酸序列分析，结果表明抗性菌株的 EPSPS 氨基酸序列产生了变异，101 位的 EPSPS 氨基酸序列由脯氨酸突变成了丝氨酸。肺炎克氏杆菌 aroA 基因突变使得 EPSPS 第 96 位的甘氨酸被丙氨酸代替，影响了与草甘膦的结合。此外生物体也可将草甘膦代谢为磷酸、甘氨酸和一氧化碳等化合物，如土壤微生物可将草甘膦降解为氨甲基磷酸，这些能将草甘膦代谢为无毒化合物的酶可归为解毒酶，而将氧化酶基因和磷酸转移酶基因转入植物，使植物抗草甘膦这一事实间接证明了解毒酶的作用。

目前抗草甘膦转基因育种主要通过 3 条途径：①转入经过修饰的或突变的靶酶基因，第一个抗草甘膦转基因作物的例子是将鼠伤寒沙门氏菌的突变 *aroA* 基因转入烟草中，产生了抗草甘膦的转基因烟草，随后获得了抗草甘膦的番茄。如 1995 年 Monsanto 公司培育出的转 *EPSPS* 基因，来源于农杆菌（*Agrobacterium* sp. *strain* CP4），1998 年培育出的抗草甘膦玉米转入了来源于玉米的经过修饰的 *EPSPS* 基因。②转入过量表达的靶酶基因，用 CaMv35S 启动子和卡那霉素选择标记构件一个嵌合 *EPSPS* 基因，得到质粒 pMON546 转入根瘤农杆菌中，再转化矮牵牛属的叶盘，转化了的叶盘形成耐卡那霉素的愈伤组织，该组织能生长在含 0.5 mol/L 的草甘膦的培养基中，愈伤组织的 EPSPS 的活性提高了 40 倍。③转入草甘膦代谢酶基因，现已将氧化酶基因、磷酸转移酶基因和 *igrA* 基因克隆转入植物中，因为这些基因表达的酶能将草甘膦代谢为无毒化合物，转基因植物表现了不同程度的抗草甘膦特性。1996 年 Monsanto 公司培育出抗草甘膦玉米，转入了来源于农杆菌（*Agrobacterium* sp. *strain* CP4）的草甘膦氧化还原酶基因，1998 年 Monsanto 公司培育出抗草甘膦甜菜就是转入了头部修饰的草甘膦氧化还原酶基因，其来源于人苍白杆菌（*Ochrobactrum anthropi*）。由于作物获得了对草甘膦的抗性，当草甘膦应用于这些作物田时，就不会对抗性作物造成伤害，只是杀死田间杂草，从而有效控制杂草的发生。

3. 溴苯腈的毒害机理和抗溴苯腈转基因作物的抗性机理　溴苯腈（商品名 Buctril，3，5-二溴-4-羟基苄青）属于选择性除草剂。它是 PSⅡ 电子传递链的抑制剂，可抑制光合作用过程的电子传递，适用于小麦、大麦、玉米、高粱等禾本科作物田防除阔叶杂草，是苗后触杀型除草剂。Calgene 公司的研究者在 1985 年发现一种土壤细菌可利用这种除草剂作为氮源，近一步研究发现这种细菌可合成一种特殊的水解酶，将溴苯腈分解为无毒的物质，使其失去除草活性。这种特殊的水解酶就是腈水解酶。1987 年分离克隆了编码腈水解酶的 *Bxn* 基因，并在大肠杆菌中进行了表达研究，证明该基因可稳定表达腈水解酶。1988 年将该基因导入烟草、番茄等植株体内，获得了抗溴苯腈的转基因番茄和烟草，田间试验效果很好。1994 年 Calgene 公司培育出抗溴苯腈棉花，导入的腈水解酶基因来源于克氏杆菌（*Klebsiella pneumoniae* subsp. *ozaenae*），使原来不能在棉花田应用的溴苯腈可以在抗性棉花田中使用，并有效防除该田中的阔叶杂草。

4. 磺酰脲类和咪唑啉酮类除草剂的毒害机理和抗磺酰脲类和咪唑啉酮类除草剂转基因作物的抗性机理　磺酰脲类和咪唑啉酮类除草剂都属于内吸传导性的非选择性长残效除草剂。磺酰脲类种类很多，可以在多种作物田中使用。如应用于小麦、亚麻田中的绿磺隆（chlorsulfuron）、甲磺隆（metsulfuron），应用于大豆田中的氯嘧磺隆（chlorimuron），应用于玉米田中的烟嘧磺隆（nicosulfuron）以及水稻田中的苄嘧磺隆（bensulfuron-methyl）等。咪唑啉酮类主要有咪草烟（imazethapyr）（又名普施特、普杀特、豆施乐、豆草除等），主要用于大豆、苜蓿，之外还有灭草喹（imazaquin）（又名杀草喹），用于大豆、烟草、豌豆、苜蓿等。这两类除草剂的活性极高，用量特别低，每公顷的施用量只需几克到几十克，被称为超高效除草剂。此类除草剂能有效地防除阔叶杂草，其中有些除草剂对禾本科杂草也有较好的抑制效果。它们的作用机理是抑制植物体内的乙酰乳酸合成酶（acetolactate synthase，ALS），ALS 是细菌及植物支链氨基酸——缬氨酸、亮氨酸、异亮氨酸生物合成中的重要酶。这 3 种氨基酸的生物合成开始阶段均需 ALS 催化。抗磺酰脲类和咪唑啉酮类除草剂的机理有两个方面，一是通过导入除草剂作用靶标（如 ALS）或蛋白的基因，使之产生过量的靶标或蛋白；或导入由抗性突变体（微生物或植物体）克隆的突变基因，使之产生的靶标对除草剂的敏感性发生改变。如烟草 ALS 突变体 C_3 由 Pro_{196} 变为 Gln，将变异植株的 ALS 基因转入烟草，这一转基因植物产生了对除草剂的抗性。烟草的 SURB _ Hra 基因也可以在某些变异种的细胞或整体植株上转移，产生对磺酰脲类除草剂的抗性。二是导入外源基因，其表达产物可以使除草剂解毒，如调控和表达细胞色素 P450、谷胱甘肽 2S2 转移酶系（GSTS）、谷胱甘肽（GSH）等代谢酶系表达的基因，可快速代谢降解除草剂，形成低毒或无毒的代谢物，提高植物体的抗药性。现已推广的抗磺酰脲类除草剂的转基因作物有美国杜邦公司的大豆、棉花、甜菜等；抗咪唑啉酮类除草剂的转基因作物有美国氰胺公司的玉米、油菜、甜菜、水稻、小麦等。

5. 2，4-滴的毒害机理和抗 2，4-滴转基因作物的抗性机理 2，4-滴是 20 世纪中叶发现的一类激素型除草剂，通过与植物细胞膜上的生长素受体结合，引起多种毒性反应，用于禾谷类作物田防除阔叶杂草。1989 年发现了真氧产碱杆菌（*Alcaligenes eutrophus*）的 2，4-滴单加氧酶可以使 2，4-滴失活，克隆了该基因并转入棉花中，使转基因棉花可以忍受正常浓度的 50～100 倍。

6. 阿特拉津的毒害机理和抗阿特拉津转基因作物的抗性机理 阿特拉津又称莠去津，属于三氮苯类的内吸传导型选择性除草剂，可通过抑制光合作用中的电子传递，有效控制玉米田中绝大多数一年生的单、双子叶杂草。但由于阿特拉津在土壤中持效期较长，如用药量高时其在土壤中的残留易伤害后茬敏感作物（如大豆、油菜、棉花、甜菜等）。

科学家发现在植物叶绿体类囊体膜上一分子质量为 32ku 的蛋白质（QB）是由叶绿体的 *psbA* 基因编码的，它参与光诱导的电子转移过程，是作用于 PSⅡ 的三氮苯类除草剂的靶点。抗阿特拉津植物与 *psbA* 基因突变有关，其中至少有 5 个位点的氨基酸残基发生了变异。将突变了的 *psbA* 基因导入大豆中，获得了转基因抗阿特拉津大豆。这样使原来在大豆田中不能使用的阿特拉津可以在大豆田中安全使用了。

四、抗虫转基因植物

（一）抗虫转基因植物的研究和应用情况

作物在种植过程中受到的第一大危害就是来自于害虫的为害。每年为了控制害虫的为害都不得不大量使用化学杀虫剂，不但成本高，而且污染环境。因此科学家一直致力于培育抗虫转基因作物。目前抗虫转基因作物的研究主要集中在棉花、玉米、马铃薯和水稻等作物上。

棉花不仅是重要的纺织原料，而且是一种战略物资，自古以来就广受重视。美国转基因抗虫棉的研发最早，1987 年美国 Agracetus 公司首次报道将外源苏云金芽孢杆菌（*Bacillus thuringiensis*）（简称 *Bt*）杀虫晶体蛋白基因转入棉花，但其抗虫效果不理想。1988 年 Monsanto 公司对 *Bt* 基因的结构进行了改造，并将该基因导入棉株，获得了多个转化系，在美国植棉带进行了多点试验，均表现出较好的抗虫性。1995 年正式申请并通过美国环保局的批准登记。1988 年美国就开始有抗虫转基因棉花的专利申请，1995 年以后一路领先其他国家，其专利申请数量更是稳步增长，美国具备了在该领域最强的研发实力。随后包括我国在内的其他国家也开始了相关研究。目前，已获得转 *Bt* 基因抗虫棉的国家有美国、中国、澳大利亚、埃及、法国、印度、俄罗斯、泰国等一些国家。

我国是植棉、产棉、耗棉大国，棉花生产对于国民经济发展具有举足轻重的作用，一直备受国家关注。栽培面积最高时达 670 多万 hm^2。20 世纪 90 年代前期，我国北方棉区棉铃虫（*Heliothis armigera*）连年大暴发，造成重大经济损失。棉铃虫灾害致使长江流域棉产区减产 30% 以上，黄河流域棉产区减产 60%~80%，部分地区甚至绝产。由此每年给国家造成几十亿元甚至上百亿元的经济损失。仅 1992 年，全国为防治棉铃虫共消耗约 15 万 t 纯农药，占当年我国纯农药产量的约 3/4。然而，长期使用农药控制棉铃虫，使棉铃虫对这些农药产生了抗药性，农民为了防治棉铃虫不得不加大用药量，但效果仍然微乎其微，反而严重破坏了生态环境，损害了棉农的身心健康。因此，进行棉花抗虫基因的转化一直是国内科学家努力的方向。为解决棉铃虫对棉花生产带来的危害，在国家"863"计划、"973"计划、国家高新技术产业化及农业部发展棉花生产专项资金等重大项目和资金的支持下，1990 年中国农业科学院生物技术中心从苏云金芽孢杆菌亚种中分离、克隆了 *Bt* 基因，但抗虫效果不太理想。我国科学家对 *Bt* 基因和启动子进行改造，在国内首次合成了 *BtCry*ⅠA 杀虫晶体蛋白结构基因，与 1990 年的基因相比，该基因的核苷酸序列更适用植物，并能在棉花植株中高效表达。1993 年将人工合成的 *Cry*ⅠA 杀虫基因导入中棉 12、泗棉 3 号等我国主栽品种中。分子生物学检测为阳性，生物杀虫试验表明，抗虫能力可达 90% 以上，在国内首先获得了我国自主研制的高抗虫的转基因棉花株系，使我国成为世界上人工合成杀虫基因，并成功导入棉花的第 2 个国家，达到了国际同类研究的先进水平。为防止棉铃虫对单一杀虫蛋白产生抗性，我国科学家又将人工合成的 *Cry*ⅠA 基因与修饰后的 *CpTI*（豇豆胰蛋白酶抑制剂）基因组合在一起导入棉花，研究成功能同时产生两种杀虫蛋白的双价抗虫棉，并首次在国际上开发应用。通过科研、生产、推广部门和企业等的互相配合、共同努力，国产转基因抗虫棉技术创新与产业化发展取得了重大进展，并取得了大量的研究成果。自 1997 年农业部批准转基因抗虫棉在国内进入商业化生产开始到现在，培育出具有国际竞争力并通过商品化生产审批的转基因棉花品种近 60 个，包括单价和双价抗虫棉。

目前中国、美国、印度、阿根廷、南非、墨西哥、澳大利亚及哥伦比亚共 8 个国家种植了转基因抗虫棉。其中我国是世界上抗虫棉种植面积最大的国家。1998 年，我国黄河流域棉区开始推广转基因抗虫棉，当年种植面积 27 万 hm^2，只占棉花种植总面积的 5.4%。1999 年以后，转基因抗虫棉种植面积迅速扩大。1999—2003 年，抗虫棉播种面积分别为 65 万 hm^2、120 万 hm^2、193 万 hm^2、287 万 hm^2 和 307 万 hm^2，分别占当年棉花种植总面积的 17%、31%、40%、45% 和 60%，年均增幅超过了 10%。到 2005 年，全国转基因抗虫棉种植面积达 330 万 hm^2。我国累计推广 600 万 hm^2，带来直接经济效益 150 亿元；每公顷增收 10 元左右；每年减少化学农药用量 2 万~3 万 t。困扰我国棉花生产的棉铃虫问题成为历史，转基因棉花新品种的培育，使国产抗虫棉的市场份额由 1998 年的 5% 发展到 2005 年的 70% 以上。

玉米螟（*Ostrinia furnaculis*）是世界性的主要玉米害虫，每年因玉米螟为害的产量损失在 5% 左右。玉米又是重要的饲料作物，因此国内外对于改良玉米的抗虫性都寄予了高度重视。但玉米的内源抗性是受多基因控制的，且心叶期和穗期的抗性基因各自独立遗传，用常规育种的方法培育抗螟虫玉米不仅周期长，而且很难获得兼抗两个世代玉米螟的亲本。因此各国致力于培育转基因抗虫玉米。美国的各大公司投入了大量的人力、物力和财力研究开发抗虫转基因玉米，使抗虫转基因玉米于 1996 年在美国被批准正式进入大田生产，并在其他国家逐渐投入商业种子市场，种植面积也在不断增加，2005 年全世界的种植面积达到了 1 130万 hm²。我国是亚洲玉米螟的多发和重发区，20 世纪 70 年代以来，几乎每两年大发生一次，因此我国也很重视抗虫转基因玉米的培育，从 1989 年开始转基因抗虫玉米育种。中国农业大学玉米转基因抗虫研究课题组将 *Bt* 毒蛋白基因转入玉米，获得了有抗虫性的转化体，并在后代中分离出了正常遗传的家系。此外国内许多研究单位从事抗虫转基因玉米研究，大量的抗虫新杂交种正在参加各种环境释放和中间试验。我国在 1997 年正式批准美国孟山都的转 *Bt* 基因玉米在我国境内进行中间试验和环境释放试验。

水稻是我国粮食作物之首，我国每年仅用于控制水稻上二化螟（*Chilo suppressalis*）、三化螟（*Tryporyza incertulas*）、稻纵卷叶螟（*Cnaphalocrocis medinalis*）等害虫的杀虫剂及施药费用在 10 亿元人民币以上。为了有效控制水稻害虫的为害，中国农业科学院生物技术研究所和华中农业大学合作成功地获得了转 *Bt* 基因杂交水稻，对二化螟、三化螟和稻纵卷叶螟的毒杀效果达到 95%。浙江农业大学（现已并入浙江大学）也成功地将 *Bt* 基因导入水稻早稻品种，还将豇豆胰蛋白酶抑制剂基因进行修饰，提高其表达产物在植物细胞中的积累和表达的水平。应用修饰后的豇豆胰蛋白酶抑制剂基因（SCK）转化水稻，筛选获得高抗水稻鳞翅目害虫的株系，并应用于水稻杂交育种，获得抗虫杂交水稻新品种。我国转基因水稻的技术已很成熟，出于安全性考虑，目前我国尚未批准抗虫转基因水稻的商业化种植。

此外，复旦大学遗传所研制的转基因抗褐飞虱水稻、中国科学院微生物研究所和中国林业科学研究院林业研究所研制的抗虫转基因杨树也都进入环境释放阶段。

（二）抗虫转基因植物的抗性机理

目前应用最广并已投入生产的转基因抗虫棉所用的基因是 *Bt* 杀虫蛋白基因和豇豆胰蛋白酶抑制剂（cowpeatrypsin inhibitor，*CpTI*）基因，其他还有植物凝集素基因、来自动物的蝎昆虫毒素基因和蜘蛛毒素基因等。

1. Bt 毒蛋白基因 苏云金芽孢杆菌属于细菌目，芽孢杆菌科，芽孢杆菌属，是一种革兰氏阳性、需氧型芽孢杆菌。1911 年，Berliner 在德国的苏云金地区从一批染病的地中海粉螟（*Ephestia kuhniella*）中分离出一种致病杆菌，并命名为苏云金芽孢杆菌（*Bacillus thuringiensis*），简称 *Bt*。1938 年，Sporeine 作为苏云金芽孢杆菌的第一个商业制剂在法国问世，并用于防治地中海粉螟。苏云金芽孢杆菌在自然界中广泛分布，从昆虫、土壤、储藏品及尘埃、污水和植被等来源上均已分离到，据估计全世界已分离保存的 *Bt* 菌株有60 000多个。由于它对鳞翅目、鞘翅目、双翅目等 9 个目的昆虫和螨类等节肢动物，以及动植物寄生线虫、原生动物、扁形动物等有特异性毒杀作用，具有对人畜安全、害虫不易产生抗性、易于工业化生产等优点，在农业、林业和卫生害虫的防治上得到了广泛应用。*Bt* 制剂作为一种生物杀虫剂在农业上应用已有 30 余年的历史，进入 20 世纪 90 年代，*Bt* 产品占全世界生物农药的 90% 以上。

苏云金芽孢杆菌在其芽孢形成过程中，能产生杀虫晶体蛋白（insecticidal crystal protein，简称 ICP）。*Bt* 杀虫蛋白可分为 α-外毒素、β-外毒素、σ-内毒素等。典型的 ICP 相对分子质量为 1.3×10^5 左右，由两部分构成，N 端的活性片段和 C 端的结构片段，带有结构片段的 ICP 称原毒素，经蛋白酶消化后，产生有活性的毒性肽。ICP 为碱溶性蛋白，被敏感昆虫取食后，进入昆虫中肠道，在碱性条件下由于消化酶的作用，晶体溶解，在昆虫肠道内被蛋白酶水解成活性毒素分子，并从晶体点阵结构中释放出来，作用于昆虫中肠上皮细胞。

活性毒素分子与中肠道上皮细胞纹缘膜上的特异性受体结合，使细胞膜穿孔，消化道细胞的离子、渗透压平衡遭到破坏，最终导致昆虫死亡。ICP 的杀虫特异性受 ICP 的溶解性和昆虫消化酶体系的影响。大部分 Bt 杀虫晶体蛋白有杀虫专一性和高度选择性，对植物和人、畜无毒害。

虽然 Bt 具有专一性强、效果好、对人畜安全等优点，但在自然界易被阳光钝化、雨水冲淋，从而限制了其在生产上的广泛应用。随着科学的发展，人们从苏云金杆菌中分离出能控制其合成不同结构特性的伴胞晶体毒素蛋白的 Cry 基因。迄今有近 180 个不同的 Bt 基因被克隆和测序。目前已发现了 4 种功能不同的结晶蛋白，Cry I 型抗鳞翅目某些昆虫，Cry II 型则能抗某些鳞翅目和双翅目害，Cry III 型则抗鞘翅目害虫及 Cry IV 型只能抗某些双翅目害虫。但获得转基因抗虫棉的 Bt 基因已见报道的仅有 Cry I A（b）、Cry I A（c）Cry II A 和 Cry IV A 等少数几种。20 世纪 80 年代以来，Bt 毒蛋白基因被先后转入棉花、玉米和马铃薯等植物中。Bt 植物的问世，给害虫防治工作带来了一条崭新的途径。

2. 蛋白酶抑制剂基因　　植物在长期进化过程中形成了一套防御害虫侵袭的天然免疫体系，该免疫体系之一就是植物组织中储存着相当丰富的蛋白酶抑制剂（proteinase inhibitor, PI）。蛋白酶抑制剂能与蛋白酶的活性部位和变构部位结合，抑制酶的催化活性或阻止酶原转化为有活性的酶，在调节蛋白酶活性和蛋白质代谢等方面起着重要的作用。在一定光照和温度条件下，植物组织受到损伤（如昆虫噬咬或机械损伤）时，蛋白酶抑制剂表达量剧增，当昆虫食用这些植物组织时，植物组织中的蛋白酶抑制剂就会抑制昆虫体内生理代谢过程中所必需的、负责裂解和消化食物中蛋白质的蛋白酶活性，如胰蛋白酶、胰凝乳蛋白酶等，并过度刺激胰腺合成和分泌大量对抑制剂敏感的蛋白酶，当昆虫体内的这些蛋白酶受到抑制时，昆虫就不能消化食物中的蛋白质，引起某些必需氨基酸的缺乏，扰乱昆虫的正常代谢，最终导致昆虫发育不正常甚至死亡。

植物蛋白酶抑制剂是自然界含量最为丰富的蛋白种类之一，它广泛存在于多种植物体内，特别是豆科和茄科植物。在植物各种组织及器官中，以种子与块茎中的含量最高，可达总蛋白含量的 1%～30%。

蛋白酶抑制剂的种类很多，到目前为止，自然界共发现 4 类蛋白酶抑制剂，分别是丝氨酸蛋白酶抑制剂、金属蛋白酶抑制剂、巯基蛋白酶抑制剂和酸性蛋白酶抑制剂。其中丝氨酸蛋白酶抑制剂与人类的关系最为密切，这是因为大多数昆虫（如大部分鳞翅目、直翅目、双翅目、膜翅目以及某些鞘翅目）所利用的正是丝氨酸蛋白酶。大部分鞘翅目，尤其是谷仓害虫，利用的是巯基蛋白酶。人们希望将控制其合成的基因分离克隆出来以用于植物抗虫基因工程培育转基因抗虫植物。自 Hilder 等（1987）首次将豇豆胰蛋白酶抑制剂基因导入烟草以来，蛋白酶抑制剂在抗虫植物基因工程中的应用已有 20 多年。目前已从豇豆、大豆、番茄、马铃薯、大麦等植物中分离纯化出多种蛋白酶抑制剂，并相继克隆了多种蛋白酶抑制剂基因或 cDNA，如番茄、马铃薯、豇豆的蛋白酶抑制剂基因，并把不同的蛋白酶抑制剂基因导入到了 10 余种植物中，获得了稳定表达并抗虫的转基因植株。

蛋白酶抑制剂基因在棉花上的应用也较多，目前用于转基因抗虫棉培育，并已获得转化植株的蛋白酶抑制剂基因有：豇豆胰蛋白酶抑制剂基因、大豆胰蛋白酶抑制剂（soybean trypsin inhibitor，STI）基因、慈姑蛋白酶抑制剂（arrowhead proteinase inhibitor，API）基因和马铃薯蛋白酶抑制剂-II（PI-II）基因等几类。

CpTI 是从尼日利亚豇豆品种 TVu2027 的种子中提取得到的。尼日利亚国际热带农业研究所从 5 000 多个豇豆材料中筛选出了一个对四纹豆象抗性较强的材料，其中 CpTI 占种子蛋白的 0.92%，比一般品种高 2～4 倍。后来研究证明：CpTI 是一种小分子多肽，约含 80 个氨基酸，由一个小的多基因族编码。CpTI 具有广泛的抗虫谱，对棉铃虫、棉蚜、红铃虫、棉象鼻虫、玉米螟等鳞翅目、直翅目、鞘翅目的害虫都有毒杀作用。在 1987 年获得了转 CpTI 基因的烟草植株后，美国 Monsanto 公司也将 CpTI 基因导入陆地棉栽培品种中。目前获得了转 CpTI 基因植物的种类很多，据不完全统计有苹果、油菜、水稻、番茄、向日葵、甘薯、烟草、马铃薯等 10 余种。

我国转 CpTI 基因棉花的研究已开展多年，并先后获得了转 CpTI 基因和转 Bt＋CpTI 双价基因棉花。中国农业科学院生物技术研究中心将改造后的 CpTI 基因和人工合成的 Bt CryIA 杀虫基因重组，成功地构建了双向双价基因的高效植物表达载体，并导入到棉株中，获得了十几个转 Bt＋CpTI 双价基因抗虫棉优良品系，试验表明抗虫效果显著，开始大面积试种示范。

为了延缓转 Bt 基因抗虫棉所引起的害虫抗药性，科学家希望将作用机理不同的两种抗虫基因转入作物体内。通过体外操作，对 CpTI 进行修饰，获得了一个融合蛋白基因（sck）。该基因是在 CpTI 基因的基础上，在其 5′端添加了信号肽编码序列，在 3′端添加了内质网滞留信号编码序列，提高 CpTI 蛋白在内质网的积累量，并且使其免于被胞浆内的蛋白酶分解，从而提高外源蛋白在细胞内的积累。将 sck 基因和 Bt 基因这两种抗虫机理不同的抗虫基因联合，既赋予转基因植株更好的抗虫性，又能延缓害虫产生耐受性。南京农业大学棉花所通过花粉管通道法将 Bt＋ sck 双价基因导入陆地棉（Gossypium hirsutum）——苏棉 16 中，并对获得的转化植株进行了卡那霉素抗性筛选、分子杂交验证及抗虫测定，通过两代自交，在 T_2 代获得了转基因纯系。

大豆胰蛋白酶抑制剂在大豆中的各部位均有分布，但主要存在于大豆的种子中。大豆种子中胰蛋白酶抑制剂的含量可达总蛋白的 6%～8%。胰蛋白酶抑制剂是相对分子质量较小的、具有生理活性的功能性蛋白质，大豆中胰蛋白酶抑制剂可分为以下两类：一是库尼兹（Kunitz）类抑制剂，主要对胰蛋白酶直接地、专一地起作用，这类抑制剂与胰蛋白酶的结合是定量地进行的。二是包曼·伯克（Bowman Birk）类抑制剂，可分别与胰蛋白酶和糜蛋白酶结合，由于抑制剂分子内有两个活动中心，故被称为双头抑制剂。这两类抑制剂是大豆中最主要的两类胰蛋白酶抑制剂，它们在大豆中的含量分别为 1.4% 和 0.6%。大豆 Kunitz 型胰蛋白酶抑制剂（SKTI）基因是到目前为止人们发现的抗虫效果较好的胰蛋白酶抑制剂基因，它对棉铃虫等棉花害虫的抗性比豇豆胰蛋白酶抑制剂基因强。SKTI 应用于抗虫基因工程的最主要优点在于其抗虫谱广泛，其中包括鳞翅目、直翅目及鞘翅目等给农业生产造成重大经济损失的主要害虫。目前，人们已获得转 SKTI 基因的转基因棉花。

慈姑蛋白酶抑制剂基因，慈姑块茎中富含蛋白酶抑制剂，它对胰蛋白酶和胰凝乳蛋白酶均有不同程度的抑制作用。慈姑蛋白酶抑制剂分为 A 型和 B 型两种，与其他蛋白酶抑制剂相比，对胰蛋白酶、胰凝乳蛋白酶、激肽释放酶等多种蛋白酶都有很强的抑制作用。目前，这两种抑制剂的基因及其 cDNA 均用 PCR 方法克隆得到。目前人们已分离出这两类基因并导入到了棉花植株体内，获得了稳定表达的能抗棉铃虫、棉蚜等棉田害虫的转基因棉花，其后代在大田中的表现研究正在进行之中。

马铃薯蛋白酶抑制剂-Ⅱ（PI-Ⅱ）基因，在马铃薯中有一类具有损伤诱导功能的蛋白酶抑制剂，当该植物受到害虫攻击或机械损伤时，叶组织中能诱导表达一系列的蛋白质，其主要成分是蛋白酶抑制剂。人们很重视该类基因的分离和克隆工作，以便能培育出害虫诱导表达抗虫性的转基因棉花。

植物蛋白酶抑制剂在抗虫转基因植物中占有重要地位，是一种比较理想的抗虫基因，这是与其自身特点分不开的。首先，从杀虫机理上看，其基因产物作用于昆虫消化酶的活性中心，这是酶的最保守部位，害虫通过突变产生抗性的可能性极小；其次，蛋白酶抑制剂的抗虫谱广泛；另外，蛋白酶抑制剂来源于植物自身，而且由于人畜和昆虫的消化机制不一样，对人畜无副作用。但是蛋白酶抑制剂基因要想达到理想的抗虫效果，就必须要求转基因植物蛋白酶抑制剂的表达量远远高于转 Bt 基因植株的表达量，这也给抗虫基因工程带来了一定的困难。

3. 外源凝集素基因 外源凝集素（lectin）是一组广泛存在于植物组织中的蛋白质成分，有 10%～40% 的植物具有凝集素活性，其中豆科蝶形花亚科是凝集素分布最广的一个亚科。植物各器官凝集素含量不同，以种子中的含量最高，茎、根、叶等器官中较低。外源凝集素对植物有许多很重要的生理作用，其中在植物生长的各个阶段，外源凝集素以不同的方式保护植物免受害虫的侵害。外源凝集素主要存在于植物细胞的蛋白粒中，一旦被害虫摄食，外源凝集素便会在昆虫的消化道内释放出来，并与肠道围食膜上的糖蛋白相结合，影响营养物质的正常吸收。同时，还可能在昆虫的消化道内诱发病灶，促进消化道内细菌的增殖，对害虫本身造成伤害，从而达到杀虫的目的。因而引起了人们对探讨外源凝集素基因在抗虫植物基因工程中应用的极大兴趣。

1995 年 Gatehouse 首次报道了菜豆（kidney bean）对豆类上的四纹豆象（*Gallosobruchus maculatus*）幼虫有强烈的毒杀作用。之后筛选出多种植物凝集素，包括雪花莲凝集素（*Galanthus nivalis* agglutinin，GNA）、麦胚凝集素（wheat germ agglutinin，WGA）和豌豆外源凝集素基因（pea lectin，P - Lec）。其中雪花莲凝集素在体外和转基因植物的抗虫实验中，已证实对某些咀嚼式和刺吸式口器的昆虫有效。

目前人们已分离出多种外源凝集素基因，然而由于多种外源凝集素对人和哺乳动物有较强的毒副作用，因而在生产上应用较少。但豌豆外源凝集素和雪花莲外源凝集素对人的毒性极低，但对害虫却有极强的抑制作用，因而备受人们的重视。现已证明 GNA 对稻褐飞虱、黑尾叶蝉有极强的毒杀作用，同时还能抑制蚜虫的生长。蚜虫是棉花的主要害虫之一，尤其是在我国目前最主要的棉区，棉蚜的为害更是严重，由其造成的危害已远远超过棉铃虫等其他害虫的危害。而目前种植的转基因抗虫棉均是转 Bt 基因抗虫棉，其仅对棉铃虫、红铃虫等鳞翅目害虫有效，而对棉蚜类刺吸式害虫无效。因而转 *GNA* 基因抗虫棉的培育更显迫切和重要。目前，我国已开始这方面的工作，可望在不久的将来有所突破，培育出对棉蚜等刺吸式害虫产生高抗的转基因棉新品种。

4. 动物毒素基因 蝎毒是储存于蝎子尾刺毒囊的毒液，是蝎子捕食御敌的武器。从蝎毒中分离得到的抗昆虫神经毒素（简称抗昆虫蝎毒素），含有丰富的对兴奋膜离子通道有选择作用的神经毒素成分，多数能专一作用于昆虫，导致昆虫快速的兴奋性收缩麻痹（excitory paralysis contraction）和松弛性抑制麻痹（flaccid paralysis depressant），最终死亡。国内外学者已从 10 多种蝎子的毒液中分离得到 40 多种抗昆虫蝎毒素成分，目前有多个抗昆虫蝎毒素基因通过基因工程技术，利用杆状病毒、植物等进行了表达，并应用于抗虫植物的研究与应用。

蜘蛛都有一对毒腺，常位于其头部螯肢末端，其开口常位于螯牙末端。当蜘蛛捕食时，通过螯爪把毒液注入猎物的体内，起到麻醉或杀死猎物的作用。蛛毒中含有杀虫肽，因而具有较强的杀虫作用，可迅速杀死农林害虫，这在农林业的生物防治方面有重要的应用前景。将杀虫肽基因导入农作物，可增强其抗病虫害的能力。

五、抗病转基因植物

（一）抗病转基因植物的研究和应用情况

由真菌（fungi）、细菌（bacteria）、病毒（virus）、类病毒（viroid）、植原体（phytoplasma）或类菌原体（mycoplasma-like organism，MLO）及线虫（nematode）等病原物引起的病害是植物生产最大的威胁之一。植物病害给人类带来巨大的危害，人类与植物病害的斗争贯穿于农业发展与进步之中，20世纪40年代，育种学家就利用常规育种手段获得了各种抗病作物品种，并在生产实践中得到了广泛应用。但利用常规育种方法培育抗病品种不但经历的时间长，而且许多抗病性不稳定，从而使其应用前景受到很大限制。自1986年获得第一株转烟草花叶病毒（TMV）外壳蛋白（CP）烟草以来，以基因工程为手段的植物抗病育种一直在不断发展，并取得了显著成效。将病毒、细菌、真菌等病原菌抗性基因或抑制酶基因导入作物使其产生抗性物质，有效抑制或杀死病原菌。目前已培育出抗病转基因植物有抗叶枯病水稻，抗马铃薯Y病毒和马铃薯卷叶病毒的双抗性马铃薯，抗烟草花叶病毒的烟草和番茄，抗枯萎病棉花，抗黄萎病、赤霉病、纹枯病、根腐病小麦等。但抗病转基因植物在田间释放的种类，主要是抗病毒转基因植物。目前美国已批准转基因抗病毒马铃薯、西葫芦、番木瓜品种进行商业化生产，我国也已有转基因抗病毒烟草、番茄、甜椒和番木瓜品种获得了商业化应用许可。

（二）抗病基因的抗性机理

1. 植物抗病基因　植物抗病基因（resistance gene）是在植物抗病反应过程中起抵抗病菌侵染及扩展的有关基因，存在于植物特定品种中，在植物生长的整个周期或其中某个阶段为组成型表达的植物抗病品种所特有的一类基因。植物抗病基因工程所首选的最佳目的基因是来自植物自身的抗病基因。但由于植物的基因组十分庞大，加之人们对抗病基因产物的功能了解甚少，以及克隆手段的限制，直到1992年以后，才出现成功克隆抗病基因的报道，使植物抗病基因工程出现了质的飞跃。到目前为止已利用不同的方法从各种粮食、经济作物和其他植物中克隆出48个抗病基因。如玉米的 $Hm1$ 和 $Hm2$ 基因 [抗玉米圆斑病（*Colchliobolus carbonum*）]；番茄的 Pto 基因 [抗番茄细菌性斑点病（*Pseudomonas syringae* pv. *tomato*，Pst）] 和 $Cf-2$、$Cf-4$、$Cf-5$ 和 $Cf-9$ 基因 [分别抗叶霉病（*Cladosporium fulvum*）的 avr2、avr4、avr5 和 avr9 基因]；亚麻的 $L6$ 基因和 M 基因 [抗亚麻锈病（*Melampsora lini*）]；拟南芥的 $RPS2$、$RPM1$ 基因 [抗细菌性斑点病（*Pseudomonas syringae*）] 和 $RPP5$ 基因 [抗霜霉病（*Peronospora parasitica*）]；烟草的 N 基因 [抗烟草花叶病毒（tobacco mosaic virus，TMV）]；水稻的 $Xa-1$、$Xa-21$、$Xa-21D$ 基因 [抗水稻白叶枯病（*Xanthomonas oryzae* pv. *oryzae*）] 和 $Pi-b$、$Pi-ta$ 基因 [抗稻瘟病（*Magnaporthe grisea*）]；小麦的 $Cre3$ 基因 [抗小麦胞囊线虫（*Heterodera avenae*）] 和 $Lr10$ 基因 [抗小麦叶锈病（*Puccinia recondita* var. *tritici*）]；大麦的 mlo 基因 [抗禾谷类白粉菌大麦专化型（*Erysiphe graminis* sp. *hordei*）] 和 $Rar1$ 基因 [抗大麦黄矮病毒（barley yellow dwarf virus）、$Rh2$ [抗大麦云纹病（*Rhynchosporium secalis*）] 等。

2. 抗真菌病害的机理　抗真菌病害除了抗病基因之外，很重要的就是植物防御反应基因。防御反应基因的特点是在抗病和感病品种中均存在，其差异主要体现在基因表达的时间、空间及产物含量的不同，为组成型或诱导型表达的一类基因。

（1）病程相关蛋白（pathogenesis-related protein，PR）基因。植物产生的 PR 蛋白通常具有几丁质酶或 β-1，3 葡聚糖酶活性，属内源水解酶，位于植物的液泡内，可分别催化几丁质和 β-1，3 葡聚糖的水解反应，而这两类物质又是真菌细胞壁的主要组分，由于在植物体内并不含此类成分，因此 PR 蛋白在植物抗真菌病害过程中发挥了重要作用，是目前研究报道最多的一类抗真菌蛋白。现已在许多植物中发现了 PR 蛋白的存在，并从烟草、马铃薯、水稻、菜豆等植物中克隆了编码 PR 蛋白的基因。中国农业科学院生物技术研究中心与作物所合作，将几丁质酶和葡聚糖酶双价基因导入小麦，育成双价抗病转基因小麦，抗赤霉病（*Fusarium graminearum*）、纹枯病（*Fusarium solani*）和根腐病（*Bipolaris sorokinianum*）等真菌性病害。还有研究者将几丁质酶和葡聚糖酶双价基因导入烟草，获得抗真菌性病害的烟草。

（2）核糖体灭活蛋白（ribosome-inactivating protein，RIP）基因。植物核糖体灭活蛋白能够破坏真核或原核细胞的核糖体大亚基 RNA，使核糖体失活而不能与蛋白质合成过程中的延伸因子相结合，从而导致蛋白质合成受到抑制，不同的核糖体对不同 RIP 的敏感性不同。纯化的离体大麦 RIP 就具有抑制真菌病原生长的作用，RIP 与几丁质酶、β-1，3 葡聚糖酶及细胞壁降解酶协同作用时，可显著增强抑菌效果。1992 年，Logemann 等利用大麦 RIP 抗真菌的特性，培育出了抗立枯丝核菌（*Rhizoctonia solani*）的转基因烟草。利用转 RIP 基因防治真菌病害将是今后的发展方向。

（3）植物凝集素蛋白基因。植物凝集素（lectin）可与几丁质特异性结合，因此除了在抗虫转基因植物中得到了应用，在抵抗植物真菌性病害中也发挥了作用。20 世纪 90 年代以后，克隆植物凝集素蛋白编码基因的工作开始起步，陆续从雪花莲、大蒜、洋葱等植物中获得了凝集素蛋白的 cDNA 克隆。目前，发掘新的植物凝集素，成为探索利用转凝集素基因植物防治真菌病害的新途径。

（4）植物抗病次生代谢关键酶基因。植物保卫素（phytoalexin）简称植保素是植物遭受病原物侵染后或受到物理和化学因子刺激后产生并积累的低相对分子质量的抗菌性次生代谢产物，它们大多为类萜或黄酮类化合物。已在 10 多种植物中发现了 150 多种植保素，其中以豆科、茄科、锦葵科、菊科、旋花科植物产生的植保素较多。通过基因工程手段导入植保素合成关键酶基因，提高植物体内植保素的合成水平，可以增强植物对病菌的抵抗能力。

（5）真菌酶、毒素抑制剂基因。植物病原菌的毒素和降解酶是最重要的致病因子，如果植物能降解病原菌在致病过程中产生的毒素和酶，就能有效地抵抗病菌的侵染。从产毒病原菌或其他微生物中分离并克隆降解毒素和酶的基因，并将其导入植物中，就能提高植物的抗病性。目前已分离到部分此类基因，并已将其构建到质粒载体上，现正在向植物中导入基因。

多聚半乳糖醛酸酶（polygalacturonase，PG）是病原菌产生的植物细胞壁降解酶，在病菌致病过程中起着十分重要的作用。人们在双子叶植物中发现了能抑制多聚半乳糖醛酸酶活性的蛋白（polygalacturonase inhibitor protein，PGIP），通过基因导入的方法，将 *PGIP* 基因整合到植物基因组中，使其组成型表达，也是提高植物抗病性的有效途径。目前已经克隆到菜豆和梨的 *PGIP* 基因，现正在进行转基因植物防治真菌病害的研究。

3. 抗细菌病害的机理　抗菌肽（antimicrobial peptide）是具有抗菌活性的短肽的总称。目前已发现抗菌肽或类似抗菌肽的小分子肽类广泛存在于生物界，包括细菌、动植物和人类。这种内源性的抗菌肽经诱导而合成，在机体抵抗病原的入侵方面起着重要的作用，更被认为是缺乏特异性免疫功能生物的重要防御成分，它的开发利用也日益受到重视。抗菌肽分子可以在细菌细胞质膜上穿孔形成离子孔道，造成细菌细胞膜结构破坏，引起细胞内水溶性物质大量渗出，而最终导致细菌死亡。中国农业科学院生物技术研究中心人工合成抗菌肽基因导入作物，培育出抗青枯病转基因马铃薯，已获得国家专利。抗菌肽基因已供给国内外10多个研究单位，进行抗水稻白叶枯病，花生、番茄青枯病，大白菜软腐病，柑橘溃疡病，桑树和桉树青枯病、根肿病等基因工程研究。

溶菌酶（lysozyme）是广泛存在于自然界的酶，能特异性地水解细菌细胞壁的肽葡聚糖。转鸡卵溶菌酶基因的烟草植株可以抵抗几种细菌病害。

4. 抗病毒病害的机理

（1）病毒外壳蛋白介导的基因工程抗病性。外壳蛋白（coat protein，Cp）是形成病毒颗粒的结构蛋白，它的功能是将病毒基因组核酸包被起来，保护核酸，与宿主互相识别，决定宿主范围并参与病毒的长距离运输等。1986年，美国科学家第一次将烟草花叶病毒外壳蛋白（$TMV-Cp$）基因插入修饰过的农杆菌质粒中，经农杆菌侵染后将 $TMV-Cp$ 基因转入烟草，并在烟草中表达 $TMV-Cp$，结果表明转基因烟草能够抑制 TMV 的复制，在一定程度上降低或阻止 TMV 的系统侵染并延迟发病。这一突破性的研究成果标志着植物抗病毒基因工程的诞生。自此科学家继续用黄瓜花叶病毒（CMV）、马铃薯病毒 X 和 Y、大豆花叶病毒（SMV）、苜蓿花叶病毒（AiMV）等病毒的外壳蛋白基因导入植物体后，均得到类似的实验结果，使转基因植物获得对该病毒的抗性。至今世界各地科学家已在15个病毒组的30多种病毒中，证实了由病毒外壳蛋白介导的抗病性，许多抗性工程植物相继进入大田试验。目前外壳蛋白介导的抗病性是比较成熟的植物抗病毒基因工程策略。

（2）复制酶介导的抗病性。植物 RNA 病毒的复制酶是依赖于 RNA 的 RNA 聚合酶（RNA-dependent RNA polymerase，RdRp），是病毒基因组编码的自身复制不可缺少的部分，特异地合成病毒的正、负链 RNA。复制酶基因是病毒非结构蛋白基因，一般是在病毒核酸进入寄主细胞并结合到寄主核糖体之后形成的。复制酶介导抗性机理主要是源于病毒的复制酶基因干扰病毒的复制。1990年，科学家将 TMVU1 株编码的复制酶的一部分基因序列转入烟草中得到的工程植株，该植株用高浓度的 TMVU1（500μg/mL）及 TMV RNA（300μg/mL）接种时，均表现出比一般转外壳蛋白基因的植物介导的抗病性高得多的抗性。随后研究表明复制酶基因介导的抗性强，对完整的病毒粒子和裸露的病毒 RNA 都具有高度抗性或免疫，对高剂量接种也有抗性，而且抗性水平与整合到染色体上的基因拷贝数无关。目前已在13种病毒（分属10个植物病毒属）中进行研究。

（3）卫星 RNA 介导的抗病性。卫星 RNA 是独立于病毒基因组之外，依赖于其辅助病毒复制的小分子 RNA，是病毒分子寄生物。1986年，英国科学家首次将 CMV I-17N 卫星 RNA 以双联体基因形式转入烟草，并得到抗 CMV 的工程植物。此后陆续将烟草环斑病毒和 CMV 的卫星 RNA 转入烟草和番茄中并得到抗病植株。一般认为由卫星 RNA 介导的抗病机制是卫星 RNA 与病毒 RNA 竞争复制酶，从而干扰病毒基因组的复制，使表达卫星 RNA 工程植株得到保护。因具卫星 RNA 的病毒数量很少，使卫星 RNA 介导的抗病性的应用受到限制。我国自1981年首次在国际上开展了利用卫星 RNA 防治病毒病害的研究工作，结果表明黄瓜花叶病毒（CMV）卫星 RNA 作为生物防治因子能有效地防治由强毒株系CMV 引起的严重病害。

（4）失活的病毒运动蛋白（movement protein，MP）介导的抗性。植物病毒侵染宿主植物后在体内的运转方式主要有两种，一是通过植物微管组织进行的系统转移，二是通过胞间连丝在细胞之间的移动。病毒在细胞间的移动是一主动的过程，需要病毒编码的蛋白参与，这种蛋白称为运动蛋白。运动蛋白基因介导的抗性机理：主要是利用编码失去活性的病毒移动蛋白的基因干扰病毒的扩散和移动。运动蛋白基因介导的抗性目前也日益引起人们的关注。

（5）病毒基因相关序列介导的抗性。主要是利用病毒基因反义基因（antisense gene）、核酶（ribozyme，Rz，一种能特异性切割 RNA 的 RNA）基因等抑制病毒基因的复制、剪接和表达。反义 RNA 对基因表达具有一定的抑制作用。如马铃薯卷叶病毒（potato leaf roll virus，PLRV）基因的反义序列通过对病毒基因进行突变改造后，再转入植物中从而得到抗病植物，这种方法目前也得到广泛应用。核酶是一种高效特异的 RNA 内切酶，其结构包括一个几乎完全相同的 17 个高度保守核苷酸序列，其中有 3 对碱基配对形成的茎和环结构，整个结构很像一个锤头，具自我切割的活性，锤头结构是自身切割活性的结构基础。只要已知某一 RNA 的序列，就可以设计出用于不同目的核酶进行特异地切割。因为植物病毒大多数是 RNA 病毒，并且许多已被测序，可以设计出特定的核酶，切割病毒 RNA 基因，从而破坏其生存的功能，达到抗病毒的目的。目前由核酶介导的抗病毒策略也有成功的报道。但是也存在一定的危险性，核酶也有可能将生物体内的有用的 RNA 作为靶子进行切割，破坏正常细胞的生理功能。以反义 RNA 和核酶介导的抗性还有待于进一步的研究。

另外还有非病毒来源的基因介导的抗性，如源于植物本身的抗性基因、植物抗体（plantibody）基因、核糖钝化蛋白（ribosome inactivating protein，RIP）$2'，5'$寡聚腺苷（$2'，5'$ - oligo - adenylate，$2-5A$）系统等。

此外还有一些其他抗病毒策略正在研究之中，如植物抗体基因策略、缺陷 RNA 策略等。

六、抗逆境转基因植物

绝大多数植物对盐碱、干旱、低温等逆境的耐受性差，不能在这些逆境下正常生长。随着人口增加和耕地减少，培育抗逆境的植物具有极其重要的现实意义。我国是一个水资源紧缺的国家，干旱和半干旱耕地面积约为 0.4 亿 hm^2，占全国总耕地面积的 38%。其次，低温冷害是我国南北方农业生产长年发生的灾害，严重限制着早春作物的种植和晚秋作物的收获。除此之外，我国还有大片的盐渍土壤等待进一步的开发利用。这些都严重制约我国的粮食生产。因此对我国而言，培育抗逆境转基因作物尤为重要。然而植物的抗逆特性是由多基因控制的数量性状，其生理生化过程是基因间相互协调作用的结果，这无疑给研究植物抗逆基因表达调控等带来困难。现已开展的主要研究包括两大类：一是成功克隆了相当数量的逆境相关物质基因；另一类研究则是在逆境胁迫的条件下，基因之间通过信号传导作用，启动某些相关基因的适时表达，从而达到抵抗逆境、保护细胞正常活动的目的。前者研究得较为深入，对后者的研究较为落后，但近年也有了显著的进展。

目前已分离出大量与抗逆代谢相关的基因，包括与抗（耐）寒有关的脯氨酸合成酶基因、鱼抗冻蛋白（AFP）基因、拟南芥叶绿体 $3'$-磷酸甘油酰基转移酶基因，与抗旱有关的茧蜜糖合成酶基因及一些植物去饱和酶基因等。根据作物的抗逆机理将抗逆基因导入作物使其对干旱、低温、高盐等环境的胁迫具有较高的耐性。已获成功的转基因作物有抗寒苜蓿、草莓，抗旱水稻、小麦、大豆，耐盐玉米、烟草、番茄、苜蓿、小麦和草莓等。我国在抗逆基因的分离、克隆和转化等方面的研究已取得一定进展，克隆了耐盐碱相关基因，通过遗传转化已获得了耐 NaCl 溶液的苜蓿（*Medicago sativa*）和烟草，还获得了耐盐性明显提高的转基因玉米、番茄和小麦以及耐干旱和盐碱的水稻。抗逆基因工程作物已进入田间试验阶段。

七、转基因植物的优势

（一）改善植物的性状

在雄性不育的育种中，有关核基因（NMS）由于获得的不育株的百分率低而很少利用，转基因技术将使之成为可能。目前，已获得一批雄性不育的转基因植物，如烟草、玉米、油菜和马铃薯等。

（二）改善植物产品品质

品质改良主要涉及蛋白质的含量、氨基酸的组成、淀粉和其他多糖化合物以及脂类化合物、维生素、微量元素等的含量和组成。富含蛋氨酸的转基因烟草、直链淀粉含量降低的转基因水稻、月桂酸含量高达 40% 的转基因油菜都相继成功，有的已进入大田试验。其改良途径主要有：①将编码氨基酸组成或高含硫氨基酸的种子贮藏蛋白基因导入植物，如将玉米醇溶蛋白基因导入烟草、马铃薯等以改善其蛋白质的营养品质等；②将某些蛋白质亚基基因导入植物，如将小麦高相对分子质量谷蛋白亚基基因导入小麦以提高其烘烤品质等；③将与淀粉合成有关的基因导入植物，如将支链淀粉酶基因导入水稻以改善其蒸煮品质等；④将与脂类合成有关的基因导入植物，如将脂肪代谢相关基因导入大豆、油菜以改善其油脂品质等。

（三）改善花色

花卉的观赏性主要在于花色是否鲜艳、形态是否优美和花期的长短等。其中花色是决定花卉观赏价值的重要因素，因为人们看到花后首先感受到的是花的色彩，因此改变花色一直是花卉研究最为热门的内容。目前观赏植物基因操作中，研究得较为深入的也是花色基因工程修饰。植物基因工程的发展为更直接、更有目的、更省时省力地改变花色，提供了一条可行的途径。在 1987 年世界上首例基因工程技术改造花色的矮牵牛诞生之后，还培育出了改变花色的蔷薇、玫瑰、金鱼草等。利用基因工程改变花色的基本原理主要包括直接导入外源结构基因法、反义 RNA 技术和抑制法。其中，直接导入外源结构基因法是针对单基因控制的花色，如果物种或品种本身缺乏该基因，可直接导入外源结构基因改变花色。世界上首例基因工程改变花色的实验就是采用的这种方法。反义 RNA 技术即将某一基因反向插入植物表达载体后，导入植物体内，这种"错误"的 DNA 转录成 RNA 后与内源的互补 mRNA 结合形成复合物，然后这种复合物或被迅速降解，或在核内加工过程中被破坏，或使 mRNA 的翻译受到阻遏，进而形成花色的突变。抑制法就是通过导入 1 个或几个内源基因额外的拷贝，并抑制该内源基因转录产物的积累，进而抑制该内源基因的表达。

（四）利用转基因植物作为生物反应器

自 20 世纪 90 年代初开始进行生物反应器研究，至今已育成表达多种外源基因的转基因植物，如烟草、番茄、马铃薯、油菜、玉米。由于植物作为生物反应器具有其自身的优势，如不含有潜在的人类病原、上游生产成本低、转基因植物自交后代的遗传性状稳定等，近年来有关转基因植物反应器的研究与应用也发展得很快。转基因植物作为生物反应器可以生产细胞素、激素、单克隆抗体、营养蛋白、酶、疫苗、各种生长因子及其他一些药物。1989年用转基因芜菁生产出用于抗病毒的干扰素；1993 年用转基因烟草生产人类的表皮生长因子；1995 年用拟南芥生产人类生长激素；1997 年通过转基因玉米生产鸡蛋抗生素白蛋白，并已进入商业化生产。已经用转基因植物生产乙肝疫苗、肠毒素 B 亚单位疫苗、链球菌表面蛋白疫苗和一些兽用疫苗等一大批产品。用转基因植物生产出的疫苗根据需要有的要经过提纯加工后使用，也可以直接用来做食品疫苗或家畜食用的饲料疫苗。此外，利用转基因植物生产糖类物质、可降解塑料等方面的研究也十分活跃。随着转基因技术的不断发展，作为生物反应器的植物将有可能成为药物、食品的主要生产者。

第二节　转基因植物安全性评价的必要性和可能引起的生态风险

一、安全性的含义

安全性的含义是指某一事物在一定的条件下所造成的危害程度和公众对风险的接受程度。我们需要权衡利弊，搞清它们对人类和环境有益还是有害，如果有害，发生危害的可能性有多大？危害的程度是否在可接受水平上。

二、安全性评价的必要性

1983 年自人类首次获得转基因植物以来，植物基因工程技术的发展日新月异，转基因植物的研究和开发取得了令人瞩目的进展，已成功培育出了一批抗虫、抗病、抗除草剂和高产优质的农作物新品种。这些基因工程作物在农业生产中的应用会引起农业生产方式的巨大变革和经济效益的大幅度提高，并为人类解决目前所面临的人口膨胀、环境恶化、资源匮乏和效益衰减等问题提供了一条新的思路和途径。然而基因工程研究是一个新领域，目前的科技水平还难以完全准确地预测转基因在受体生物遗传背景中的全部表现。这是因为转基因作物与常规育种所采用的基因来源有很大不同。在常规有性杂交中，由于受亲和性的限制，基因来源一般局限于种内。除有性杂交外，在育种上又出现了许多新技术，如物理和化学诱变、细胞融合等，尽管这些技术的发展拓宽了常规育种的基因源，但它仍局限于近缘种属。重组和转基因技术的发展，使基因在动物、植物、微生物之间相互转移，甚至可以将人工设计合成的基因导入植物体中实现表达。因此转基因植物的基因来源之广是常规有性杂交所不可比拟的。人们对于转基因生物出现的新组合、新性状及其潜在危险性还缺乏足够的预见能力。因此，必须采取一系列严格措施，对农业生物遗传工程体从实验研究到商品化生产进行全程安全性评价和监控管理，在发展农业生物基因工程技术的同时，保障人类和环境的安全。之所以要对转基因生物进行安全性评价是因为：①目前科学的水平还不可能完全精确预测一个基因在一个新的遗传背景中会产生什么样的相互作用，而且转基因作物中基因的表达受环境等多种因素的影响，此外还有基因多效性（pleiotropy）、异位显性（epistasis）等问题，因此要完全精确预测转基因植物可能产生的所有表型效应尚有困难。②转基因植物研究的飞速发展，使得大量转基因农作物进入商业生产阶段。转基因植物的大面积释放，就有可能使得原先小范围不太可能发生的潜在危险得以表现。③目前虽已制定了有关生物安全管理法规，但还不完善，执行中受到了来自企业、科研单位及有关组织等方面的反弹，因而有必要通过对转基因植物客观、全面的评估，为相关法规的制定和执行提供明确的依据。④由于对生物技术缺乏了解，一些人对生物技术产品持保留态度，并提出了各种各样与安全性有关的疑问。因而有必要通过科学的安全性评估资料，向社会证明转基因植物建立在坚实的科学基础上，并在严格的管理监督下有序、安全地进行。⑤转基因技术还没有完全精准到可以将单个或多个基因插入到基因组中的某一特定位点。而是可能会插入多个拷贝，插入的基因方向可能会是正向或反向，并且可能包含所用载体的基因片断，还可能出现植物基因的缺失、重排和复制。这些因转入基因引起的变异可能发生在插入的部位或是整个基因组。不论插入基因的最初来源是什么，这类影响都可能发生。

三、转基因植物的生态风险

转基因植物释放到农田生态系统及自然生态系统中后可能带来的影响以及对造成影响的过程分析如表 2-1 所示。

表 2-1　转基因植物释放到环境后潜在的危险

(引自钱迎倩等，1998)

	对环境有害的影响	造成影响的过程
	增加杀虫剂的使用	抗性的选择和运输到可兼容植物中
	产生新的农田杂草	基因流和杂交
农田生态系统	转基因植物自身变为杂草	插入性状的竞争
	产生新的病毒	不同病毒基因组和蛋白质衣壳的转移
	产生新的作物害虫	病原体-植物相互竞争
		食草动物-植物相互竞争
	对非目标生物的伤害	食草动物的误食
	侵入新的栖息地	花粉和种子的传播
		失调
		竞争
	丧失物种的遗传多样性	基因流和杂交
		竞争
自然生态系统	对非目标物种的伤害	改变了互惠共生关系
	生物多样性的丧失	竞争
		环境的胁迫
		增加的影响（基因、种群、物种）
	营养循环和地球化学过程的改变	与非生物环境的相互作用
	初级生产力的改变	改变了物种的组成
	增加了土壤流失	增加的影响（与环境、物种组成的相互作用）

从表2-1中可以看出转基因植物释放到环境后潜在的危险主要包含农田生态系统和自然生态系统，主要的风险包括转基因植物可能会成为杂草、转基因植物通过基因漂移对近缘物种潜在的威胁、对非靶标有益生物直接和间接的影响、害虫对转抗虫基因植物产生抗性等。

（一）转基因植物的杂草化

1. 杂草的概念　杂草作为一个名词，其意思几乎人人皆知，但要给这类植物下一个确切的定义却是个难题。随着对杂草的深入观察和研究，许多学者从杂草本身的特性出发定义了杂草。如杂草是既不为栽培植物，也不为野生植物的一类特殊的植物，它既有野生植物的特性，又有栽培植物的某些习性；杂草是能以种群侵入栽培的、人类频繁干扰或人类占据的环境，并能抑制或取代栽培的或生态的或审美目的的原植物种群的植物；杂草是并非为了自己的目的而栽培的，但它们在漫长的演化过程中适应了在耕地上生存并给耕地带来危害的植物；杂草是一类适应了人工生境，干扰人类活动的植物等。从这些定义中归纳出杂草具有3个基本特性：适应性、危害性、持续性。这3个特性是杂草不同于一般意义上的植物的基本特征。一方面，杂草能够在人工生境中持续下去的，只是具有许多良好适应性特征的种类。另一方面，可以在人工生境中不断繁衍持续下去的杂草，就必然会为争取生长空间及其他生长要素干扰和影响人工生境的维持，因而有了危害性。显然，适应性是持续性的先决条件和前提，而危害性是持续性的必然结果。其中，杂草能够在人工生境的持续性是杂草3个基本特性的主体，是杂草不同于一般意义上的野生植物和栽培作物的本质特征。野生植物是不能在人工生境中繁衍持续的，而栽培作物则需要在人们农作活动作用下才能在人工生境中持续下去。针对上述分析，强胜（2002）提出了杂草的定义：杂草是能够在人类试图维持某种植被状态的生境中不断自然延续其种族，并影响到这种人工植被状态维持的一类植物。简而言之，杂草是能够在人工生境中不断繁衍种族的一类植物。美国杂草科学委员会将杂草定义为："对人类行为或利益构成有害或有干扰的任何植物。"杂草具有下列几个特点。

（1）杂草有旺盛而顽固的生命力。同其他植物相比杂草具有非常强的竞争能力和抗逆能力。在同一生长环境下，杂草的生长能力远远超过其他植物。杂草对各种逆境包括干旱、高温、盐碱等的抵抗能力也超过其他植物，使其能在原有栖息地不断繁衍扩大种群，并入侵其他栖息地。

（2）杂草的可塑性非常大。可塑性是指植物在不同生境下对其个体、数量和生长量的自我调节能力。可塑性使得杂草在多变的人工生境中能不断延续后代。例如，杂草从营养生长到开花的时间可根据环境条件进行自我调节。在环境条件好、营养供应充分的条件下，可以保持较长的营养生长时期，营养条件不良或在逆境条件下，可以在非常短的时间内完成其生活，以保证种子的形成。再如在低密度的情况下能通过其个体结实量的提高来产生足量的种子。

（3）杂草还具有繁衍滋生的复杂性与强势性。首先，表现在杂草的结实量非常惊人。绝大多数杂草的结实力高于作物的几倍或几百倍。许多杂草都尽可能多地繁殖种群的个体数量，来适应环境，繁衍种族。杂草大量结实的能力，是一年生和二年生杂草在长期竞争中处于优势的重要条件。其次，表现在种子的寿命长，相对作物而言，所有杂草的种子可以存活多年。这也是杂草强适应性表现之一。第三，表现在杂草种子的成熟度和萌发时期参差不齐。作物的种子一般都是同时成熟的，而杂草的种子成熟期参差不齐。杂草种子陆续成熟，分期分批散落在田间，第二年杂草的萌发时间也不整齐。这为杂草度过不利环境，如人工防除提供了很好的适应机制。第四，表现在杂草的繁殖方式多样。多年生植物，往往有旺盛的营养繁殖或再生的能力。杂草在种群数量大的情况下保持异花授粉的方式，来提高种群的变异从而更好地适应环境条件；种群数量小，就从异花授粉转变为自交授粉来确保种群的繁衍，因此杂草的繁殖能力非常强。

2. 杂草化 植物杂草化（weediness）是指那些原本自然分布的或是被栽培的植物，在新的人工生境中能自然繁殖其种群而转变为杂草的演变过程。植物杂草化的潜力（weediness potential）是一种植物演化为杂草的潜在能力。对转基因植物进行杂草化的风险评估就是通过各种试验数据评估它们杂草化的潜力大小，以便为转基因植物的风险管理提供科学依据。

转基因植物是通过基因工程手段获得的，在获得转基因植物时就需要导入新的 DNA 片断，这些新的的 DNA 片断就有可能改变转基因植物的生存竞争能力，使这些转基因植物有更强的适应环境的能力，一旦把获得这种新基因的植物释放到环境中，就有演化为杂草的可能性。因为通过转入短 DNA 片断所产生的新性状，可能会导致生态系统中关系链的新变化。从理论上来说许多性状的改变都可能增加转基因植物杂草化的趋势。例如，对有害生物和逆境的耐性提高、种子休眠期的改变、种子萌发率的提高等都可能促使转基因植物生存和繁殖能力的提高，使转基因植物具有竞争优势，并可能入侵人工生境，导致杂草化。转基因作物杂草化的事例已经有报道。1998 年，在加拿大艾伯塔（Alberta）省的转基因油菜田间发现了同时含有抗草甘膦、抗草丁膦和抗咪唑啉酮类 3 种除草剂的油菜（*Brassica napus*）自生苗。其中，抗草甘膦和草丁膦的特性来自转基因油菜，而抗咪唑啉酮类除草剂的特性来自传统育种培育的抗性油菜。1999 年，在加拿大萨斯喀彻温省的种植抗除草剂转基因油菜地相邻的小麦地也发现了抗除草剂转基因油菜自生苗。2002 年 1 月，《English Nature Research Reports》报道了加拿大出现抗 3 种除草剂油菜自生苗的案例，并再次提出了当心"超级杂草"。转入植物的新基因也可能不影响其生存能力。Crawley 等（2001）报告了 4 种转基因作物，包括耐草丁膦的油菜和玉米、耐草甘膦的甜菜、两种表达杀虫 *Bt* 毒素（insecticidal *Bt* toxin）和豌豆凝集素（pea lectin）的抗虫棉和它们相应的非转基因常规品种在 12 种生境下 10 年的生存扩散能力，研究者未发现转基因植物比非转基因植物有更大的入侵性和长期定居性。也有学者认为转基因植物品种与常规栽培品种一样，不可能变成杂草。显然，就转基因作物自身能否杂草化，目前的研究结果还不足以得出一致的结论。遵循转基因生物安全评估的个案原则，必须对每一种新的转基因植物在新的生境中杂草化的潜力进行尽可能的详细评估，提供科学的试验数据。

（二）转基因植物的基因漂移

1. 转基因植物的基因漂移简介 在植物中基因漂移（gene flow）或转基因逃逸（transgene escape）可以通过 3 种方式来实现。第一种方式是通过种子传播（seed dispersal），即转基因植物的种子传播到另一个品种或其野生近缘种的种群内，并建立能自我繁育的个体。通常通过种子传播导致基因逃逸的距离较近。第二种方式是通过花粉流（pollen flow），也就是通过有性杂交。抗性作物的花粉漂移到其他非转基因植物品种或其野生近缘种的柱头上产生携带抗性基因的杂交种，并通过不断回交完成抗性基因的渗入（introgression），并在非转基因品种、野生近缘种的种群中建立可育的杂交和回交后代种群。通常通过花粉传播而导致的基因漂移可以是远距离的。第三种方式是非有性杂交也就是通过水平基因转移（horizontal transfer）发生漂移。水平基因转移指抗性基因在水平方向上转移到其他物种。基因工程通过人工媒介把抗性基因整合到植物的基因组中，它也可能重新把抗性基因整合到其他生物体细胞中。但目前有关水平基因转移仍缺乏足够的证据。

通过有性杂交发生的基因漂移依赖于修饰基因在植物基因组中的位置，位于核基因组的修饰基因才能通过花粉漂移发生有性杂交，而位于叶绿体基因组的修饰基因则不能通过花粉传播抗性基因。因为叶绿体基因组是母体遗传（maternal inheritance），即母体的基因型被优先（或单独）遗传。虽然目前正在研究抗性基因位于叶绿体基因组中的转基因植物，但已有的大多数转基因植物仍属于核基因编码。因而人们更加关注转基因植物在田间释放过程中抗性基因通过基因流转移到野生植株给生态环境造成的潜在危害。花粉传播是转基因植物外源基因漂移的主要途径。植物花粉可以借助风、昆虫、鸟、野生动物和流水或在运输过程中发生转移。开花植物中普遍存在通过花粉传播发生花粉污染的问题。近年来对转基因植物的研究证实，油菜、甘蔗、莴苣、向日葵、草莓、马铃薯、玉米、棉花、水稻和谷子等转基因植物均可通过花粉传播使外源基因发生向近缘种或杂草的自发的基因转移。一旦转基因植物携带抗性基因的花粉漂移到近缘种中，就会破坏生物的遗传多样性。在特定的生态环境中，有些作物的近缘种是危害很大的杂草，如果这些杂草由于接受了抗性基因，特别是抗除草剂基因而提高了适合度（fitness），它们就可能变为极难防治的害草，给农田杂草防除带来新的难题，对生态环境造成冲击。而且杂草常常通过自然进化的过程形成了对一种或几种除草剂具有抗性的种群，而转基因作物的抗性基因漂移可加速抗性种群的形成过程。许多研究者曾指出由于从作物到杂草的抗除草剂基因的转移，抗除草剂杂草能在田间迅速发展起来，而且易形成交互抗性。同时野生近缘种是作物育种的重要资源，抗性基因的漂移还可能造成遗传多样性的丧失，对生态环境造成冲击。因此在转基因作物田间释放前对其潜在的基因漂移做出正确的评估是非常必要的。

2. 发生基因漂移的条件

（1）亲和性。亲和性（sexual compatibility）是发生基因漂移的所有条件中最重要的一条，如果没有这一条作为基础，自发的杂交是很难发生的。两种植物的亲和性程度与它们之间的亲缘关系有密切联系。亲缘关系越近的植物，亲和性就越好。同种植物之间的亲和性最好，其次是同属植物，同科植物有时也有一定的亲和性，但相对较差。例如，欧洲油菜（*Brassica napus*）（基因组 *AACC*）和它的近缘种芜菁（*B. rapa*）（基因组 *AA*）杂交的成功率很高，这是因为它们之间有一个共同的基因组，亲缘关系较近。但以芜菁做父本和母本的结实率是不一样的，这也说明亲和性与杂交方向有相关性。此外亲和性与父、母本的基因型也有一定关系。Goy 和 Duesing 在 1996 年的研究表明使用不同基因型欧洲油菜和芥菜型油菜（*B. juncea*）（*AABB*）以及阿比西利亚芥（*B. carinata*）（*BBCC*）杂交，一些基因型能杂交成功，而一些却不能发生杂交。总之两个种的亲和性依赖于亲本的基因组、基因型以及杂交方向等。

（2）相一致的开花期和空间上有足够近的距离。转基因植物和近缘种之间需要有重叠的开花期，同时也需要两者相隔的距离不太远，这样才有可能使转基因植物有活力的花粉飘到近缘种的柱头上，这是除亲和性之外的另一个重要因素。如果两种近缘种在开花期或地理分布上存在较大差异，通过花粉漂移的转基因逃逸是不可能发生的。极少数情况下栽培作物和近缘种的开花时间在同一天的不同时间，在一定程度上降低了基因漂移的可能性。但有研究者认为每日的开花时间不同不能充分保证抗性作物的抗性基因不向近缘种漂移，这是因为植物的开花节律会受气候条件的影响而有所变化，而且植物的花粉活力也会保持一段时间。抗性作物和近缘种之间还要有较近的距离使可育花粉漂移到近缘种的柱头上。如果当地或本国没有野生近缘种，发生抗性基因漂移的可能性则相对较小。例如，小麦、玉米在我国没有同属野生种，而大麦存在同种的野生类型，基因漂移的可能较大。陈小勇（1998）对我国主要农作物转基因逃逸生态风险作了初步评价。在 27 种主要作物中，有 11 种通过花粉导致转基因逃逸的风险较小或没有，占总数的 41%，这些作物大多是从国外引种的，我国没有同属的野生亲缘种；转基因逃逸风险中等的有 12 种，这些作物存在较多的野生亲缘种或野生亲缘种分布较广，但由于这些作物以自花传粉为主，自然状况下杂交率较低；转基因逃逸风险较大的有 5 种，分别是粟（*Setaria italica*）、高粱（*Sorghum vulgare*）、黍（*Panicum miliaceum*）、苎麻（*Boehmeria nivea*）和大麻（*Cannabis marijuana*），其野生亲缘种分布范围较广，有的已经被列入杂草，而且和野生亲缘种的自然杂交率比较大。

（3）杂交或回交后代的适合度。适合度（fitness）是生物个体的存活力和繁殖成功率的度量，个体的适合度是其经历的全部生命活动的总产出，几乎所有影响发育和生理过程的性状都直接或间接地对适合度有所贡献。因此，理论上适合度的变异可以还原为一系列功能性状的变异，而且这些性状可以根据与适合度的相关程度组织成等级结构，将适合度分解为相对容易测定的适合度成分（fitness component），这样，可以有选择地测定某些适合度成分来获得适合度的估计值。衡量适合度的指标很多，其中重要的指标之一是育性，即结实能力。

评价抗性基因流动的可能性，需要同时获得转基因植物和近缘种的亲和性以及杂交或回交后代适合度的资料。这是因为转基因植物的抗性基因虽然能漂移到近缘种的柱头上，并产生杂交一代，但如果杂交后代或回交后代的适合度很低，不能在自然界中生存繁衍，那么也就不能发生成功的抗性基因漂移。杂交后代的适合度低不表示不能发生抗性基因漂移，因为杂交一代仍有可能通过和父、母本的不断回交，增加其适合度，导致抗性基因的成功漂移。因此在进行转基因植物基因漂移的安全性评价时，杂交或回交代的适合度也是重要的影响因子。

以上这些条件都是成功的基因漂移所具备的，缺少其中一条都不可能成功地发生抗性基因漂移。因此在评价转基因向野生近缘种的抗性基因漂移时要从以上这些方面着手，对发生基因漂移的各个条件逐一考察，综合评价抗性基因漂移的可能性大小。

（三）对非目标生物的影响

1. 对传粉蜂类的影响 蜂类作为重要的传粉昆虫不仅在维护自然及农田生态系统的多样性和稳定性方面发挥重要作用，而且其传粉的成功与否直接或间接地影响到一些作物的产量和质量，具有重大的经济价值。一旦蜂类的生存受到影响，不仅会造成重大的经济损失，而且可能通过食物链的营养关系或者其他非营养关系而引起生态系统中其他生物的连锁不利反应，从而影响生态系统的多样性和稳定性。因此，研究转基因植物对蜂类的影响具有重要的意义。

转基因植物对传粉蜂类的影响可分为直接影响和间接影响两类。直接影响是由蜂类取食了转基因植物的花粉、花蜜中转基因（transgene）蛋白质而引起的，影响的大小取决于转基因表达产物的性质以及蜂类可能取食到的转基因蛋白质的量。另外，遗传转化会使转基因植物发生表型方面的某些意外变化，这些变化对蜂类的影响称间接影响。例如，转基因抗除草剂油菜的花蜜和花粉对蜂类的营养价值是否改变，其中是否会产生一些蜂类不喜欢甚至对蜂类有害的物质，从而影响蜂类的生长和传粉行为。研究者在室内、半大田层次上开展转基因植物对传粉蜂类的影响。转基因植物是否对蜂类产生影响以及影响的大小与转基因植物的生物学特征、转基因的类型和性质、转基因在植物不同部位的表达特异性及表达量等密切相关。与实验室和半大田层次的试验相比，大田层次的研究是在最接近真实环境的条件下进行的，研究结果的可靠性是最高的。但由于大田条件的复杂多变和不容易控制，因此在大田层次上研究报道较少。

2. 对天敌昆虫的影响 在田间环境下有许多天敌生物（特别是天敌昆虫），它们或以有害生物为食，或以有害生物作为寄主。转基因植物在对靶标和非靶标生物直接作用的同时，也可能间接地影响到天敌生物的生存和繁殖。大规模种植转基因植物是否影响农业生态系统中有益天敌生物的种类和种群数量已经成为各国科学家关注的焦点。

害虫的天敌昆虫有寄生性天敌和捕食性天敌。目前多数研究表明转基因抗虫作物对寄生性天敌有不良影响，严重影响寄生性天敌的寄生率、羽化率和蜂茧质量等。这是由于目标害虫的幼虫取食转基因抗虫作物组织中毒后虫体发育受到影响，进而对其寄生性天敌的繁衍也带来不利影响。研究表明转基因抗虫棉田棉铃虫幼虫寄生性天敌齿唇姬蜂（*Campoletis chlorideae*）和侧沟绿茧蜂（*Microplites* sp.）的百株虫量分别较常规棉对照减少79.2%和88.9%。还有研究表明转 *Bt* 基因棉苏抗310棉田间螟蛉绒茧蜂（*Apanteles ruficrus*）种群生长受到了不良影响，种群数量显著下降，棉大卷叶螟（*Sylepta derogata*）幼虫发生高峰期高龄幼虫被寄生率降低。

多数研究表明，转基因抗虫棉对棉花捕食性天敌种群数量的影响不太明显。相对于非转基因棉田，转基因棉田的捕食性天敌如七星瓢虫（*Coccinella septempunctata*）、龟纹瓢虫（*Propylaea japonica*）、草间小黑蛛（*Erigonidium graminicolum*）、草蛉（*Chrysopa* sp.）、小花蝽（*Orius minutus*）、大眼蝉长蝽（*Geocoris pallidipennis*）等在种群数量上没有明显差异。

今后有待于进一步从群落、种群、个体水平上研究转基因抗虫棉对其靶标和非靶标害虫的天敌生长和行为的影响，并在分子水平上定量检测转基因抗虫蛋白在害虫和天敌体内的存留，以研究抗虫蛋白在抗虫作物、害虫和天敌这个食物链上处于不同营养级上的生物体内的转移情况，力求揭示转基因抗虫作物对昆虫天敌影响的机理和机制。

3. 对次要害虫的影响 多年的观察表明，在转基因抗虫棉田中，次要害虫的发生较非转基因棉田中要严重。如甜菜夜蛾（*Spodoptera exijua*）、棉蓟马（*Thrips tabaci*）、白粉虱（*Trialeurodes vaporariorum*）、棉叶蝉（*Empoasca biguttula*）、棉蚜（*Aphis gossypii*）和棉盲椿象（*Adelphocoris saturalis*）等刺吸性害虫发生数量加重。

4. 对非靶标生物的影响 由于抗除草剂转基因作物对某种特定的除草剂有抗性，因此在防治这类农田中的杂草时往往会使用大量的特定的除草剂。大量使用除草剂，特别是一些灭生性除草剂后，可能导致野生植物多样性降低，从而引发链式反应，使以这些植物为食物来源的昆虫、鸟类、哺乳动物成为受害者。种群模拟模型表明耐除草剂基因的植物田中由于很好地控制了杂草，却减少了以杂草种子为食的云雀的食物来源，当地的云雀种群数量受到较大影响。但目前这方面的研究不多，还有待深入。

大规模种植转基因植物是否影响农业生态系统中有益天敌生物的种类和种群数量已成为各国科学家关注的焦点。目前，国内外对转基因植物对有益生物的影响研究时间还不长，积累的数据还不够充分；科研人员采用的试验方法也不尽相同，得出的结果往往有差异。因此转基因植物对捕食性和寄生性天敌个体生态学、种群生态学的影响还需长期的科学研究来明确。

（四）转基因成分对土壤生态系统的影响

生态系统（ecosystem）是由生物群落（一定种类互相依存的动物、植物、微生物）及其生存环境共同组成的动态平衡系统。生物群落同其生存环境之间以及生物群落内不同种群生物之间不断进行着物质交换和能量流动，并处于互相作用和互相影响的动态平衡之中。在一个生态系统内，组成的生物种群和它们的相对数目在一定时期内保持相对平衡。生态系统内生物种群之间的相互关系以一种网络形式出现，网络中的联系越多样、越复杂，系统也就越稳定。转基因植物可能激发或抑制非目标土壤生物种类，使土壤生物群体结构发生变化，最终导致土壤生态系统功能的改变。在转基因植物对土壤生态系统的影响研究中，最多的是对土壤微生物的影响。土壤微生物多样性与活性的保持是农业生态系统健康稳定的基础。农作物植被类型的改变对土壤微生物的群落结构和活性具有显著的影响。释放后的转基因作物作为生态系统的一种新的生物组分，被引入农田生态系统之后所引发的农田生物群落，特别是土壤微生物群落的变化及其对农业生态系统的健康与稳定产生的影响已成为研究热点。

有关转基因植物表达产物在土壤中的行为，目前研究较多的是转 Bt 基因植物表达产物 Bt 蛋白在土壤中的行为。传统的生物农药 Bt 制剂由于 Bt 不能在自然生境，如土壤中存活、生长，产生的孢子很快会被紫外线钝化，因此不会或有极少 Bt 毒素残留于自然环境中。大面积种植转 Bt 基因植物后，转 Bt 基因植物在生长期可持续通过根部向土壤中分泌 Bt 蛋白。另外，含 Bt 毒素的植株表面残体脱落物、植株伤口流出物以及花粉等都会释放到土壤，造成 Bt 蛋白在土壤中累积的可能。特别是作物收获后，大量 Bt 蛋白随植株残体留在土壤中。这些 Bt 毒素是否能在土壤中累积并对土壤生态系统造成影响是一个严峻的问题。研究表明，由苏云金芽孢杆菌产生的 Bt 蛋白进入土壤后，与土壤黏粒和腐殖酸迅速结合；结合态的 Bt 蛋白仍保持杀虫活性，而且不易被土壤微生物分解，保持杀虫活性的结合态 Bt 蛋白在土壤中存留时间至少可达 7 个月，进一步研究表明土壤颗粒结合的 Bt 蛋白对某些害虫的幼虫仍有毒害作用。还有研究对不同种植年限的转基因（$Cry\,I\,Ac$）抗虫棉田土壤中主要微生物数量变化进行了测定，结果表明：①种植转基因抗虫棉后对土壤微生物细菌、放线菌和真菌数量的影响趋势基本相似；②种植抗虫棉 1 年后，土壤中细菌、放线菌、真菌数量将有所增加，连续 4 年达到高峰，然后数量开始下降，连续种植 7 年后，棉田微生物数量接近于种植 1 年的棉田；③种植 1 年后又种植非转基因棉的棉田，土壤微生物数量低于种植 1 年抗虫棉的棉田，与种植非转基因棉的数量无明显差异。由此可见，种植转基因抗虫棉对土壤微生物数量有一定的影响，且情况复杂。

对转抗病基因植物对土壤微生物的影响也开展了研究。有研究表明转 T4 -溶菌酶基因的马铃薯在外源基因表达量最高的开花期，对溶菌酶（基因表达产物）具有抗性的菌株数量明显增加，基因表达产物溶菌酶对抗性菌株起到选择性刺激作用。

国内外也在开展其他转基因植物对土壤微生物的影响。转基因植物对土壤生物群落尤其是微生物群落的影响情况比较复杂，目前的研究还未能很好地阐明转基因植物对土壤微生物群落产生的各种影响。转基因植物根系分泌或死亡后的根系释放毒蛋白到根际土壤后，对根际生物（包括土壤动物、微生物等）群落多样性和主要功能类群活性的影响肯定是存在的且是长远的，由其引发的土壤生物群落结构的变化是复杂的，因而有必要对不同类型的转基因植物释放后的生态效应做长期的跟踪研究。

（五）目标害虫对抗虫转基因植物的抗性

目标害虫对抗虫转基因植物是否能产生抗性以及产生抗性所需时间的长短决定了这种转基因植物的寿命，一旦目标害虫对该种转基因植物产生了抗性，也就意味着这种抗虫转基因将对靶标害虫不起作用，从而导致该抗虫转基因植物和所用目的基因失效，将造成巨大的损失。自 1985 年首次在室内发现鳞翅目储粮害虫印度谷斑螟（Plodia interpunctella）对 Bt 商品制剂产生抗药性以来，室内害虫抗性选育试验结果表明，已经有 10 余种昆虫对 Bt 蛋白和 Bt 抗虫植物产生了抗性，这充分证明了害虫具有对 Bt 毒素产生抗性的潜在性风险。目前田间唯一对 Bt 商品制剂产生抗药性的害虫是小菜蛾（Plutella xylostella）。但专家预测棉铃虫对 Bt 抗虫棉产生抗性的速度比对 Bt 制剂更快。主要原因有：①Bt 抗虫棉在整个生育期都表达 Bt 毒素，从而使棉铃虫处于 Bt 毒素的持续选择压力下，产生抗药性的风险增大。②与 Bt 制剂相比，目前有很多转 Bt 基因棉品种仅含有一种杀虫晶体蛋白。③Bt 抗虫棉对害虫作用的时空表达方式将加速害虫抗性发展。在时间效应上，转 Bt 基因抗虫棉品系不同，生育期间功能叶中 Bt 毒蛋白含量不同，随着棉花生长发育进程的推进，同一组织毒性表达的强度逐渐减弱；在空间效应上，棉株不同空间组织在同一时期的毒性表达存在差异，而且幼虫的不同龄期对 Bt 棉杀虫活性物的敏感性存在差异。由于杀虫效力的降低可为选择性抗性提供一个理想的环境条件，所以棉铃虫以及其他受转基因棉控制的害虫对转 Bt 基因抗虫棉都有产生抗性的风险。

为了阻止或延缓害虫抗药性的产生，延长转 Bt 基因植物的使用寿命，需要在抗性产生之前制定并实施预防性抗性治理策略。"避难所"机制被认为是延长棉铃虫抗性的有效方法之一。由于棉铃虫抗性基因是一个隐性基因，理论上可以通过种植一定面积的常规棉或其他作物，使栖息在非转基因棉品种或其他作物上的易感棉铃虫（S）与在转 Bt 基因抗虫棉上已产生抗性的棉铃虫（R）之间的成虫交配而产生易感型（SR），以减少抗抗（RR）基因型的形成概率，阻止抗性基因的表达，但目前这一机制在我国很难操作。为了有效防止害虫抗性的产生，科学家也培育出同时含有两个抗虫基因的转基因植物，如转 Bt 和 Sck 基因的抗虫棉等。

（六）抗病毒转基因植物可能引起的潜在的生态风险

大多数植物病毒是单链 RNA 病毒，虽然很少发生 RNA 和 RNA 之间的重组，但并非不可能发生。病毒之间的重组，或相似核苷酸之间的交换，都可导致新病毒产生。在抗病毒转基因植株中，会发生转入的病毒外壳蛋白（CP）基因与感染病毒的相关基因之间重组核苷酸或异源外壳转移，可能产生新的病毒。已经有研究报道，在室内花椰菜花叶病毒（CaMV）与转基因萝卜基因组中的 CaMV 基因发生了重组。目前还没有田间转抗病毒基因植物引起新病毒产生的报道。植物病毒间交换外壳蛋白，发生异源包装（一种病毒的部分或全部核酸被另一不同种的病毒产生的外壳蛋白包裹）可能使寄主范围扩大。在自然条件下，不同病毒（株系）间异源包装现象是存在的。另外病毒间的协同作用可能会使病毒病变得更加严重。

（七）转基因植物的其他安全性问题

1. 对农田杂草群落的影响　种植转基因植物后由于管理措施的改变可能引起农田杂草群落的改变。科学家通过实验证明抗除草剂植物的种植会带来杂草种群（包括种子库）的变化，这是因为：①抗除草剂转基因植物田中使用的是非选择性苗后处理剂，这些除草剂大多残留期短，基本没有残留活性，因此在除草剂应用后出现的杂草不能得到很好的控制，势必引起杂草种群发生变化；其次同地区常年种植某类转基因植物，重复使用同种除草剂，会诱导抗性杂草的产生，目前，全世界已有 170 多种杂草对多种除草剂产生了不同程度的抗性。②除草剂的变化引起的耕作和轮作等发生相应变化，这些变化必将引起农田杂草群落的变化。以往为了更好地防除杂草，常采用深耕或多次翻耕，由于种植了抗除草剂转基因植物，可以采用免耕或浅耕的方式种植作物，势必引起杂草群落的变化。③抗性基因发生漂移和农田中杂草近缘种发生杂交，形成具有抗性的杂交种。④抗性作物溢流出的种子改变杂草种子库的组成。这些变化无疑会引起杂草种群的变化，从而给农田杂草的防治带来更大的困难和新的挑战。因此在抗除草剂转基因植物大面积推广应用前，研究抗除草剂作物田中的杂草种群变化，可为抗除草剂作物的推广应用提前打下理论基础，为今后的杂草防除提供预见性的资料，有重要的理论和实践意义。

其他转基因植物对农田杂草群落的研究相对较少，但目前各国也在开展相关研究。

2. 增加农药的使用而加重环境的污染 由于抗除草剂转基因植物对某种除草剂具有抗性，种植者为了方便可能会在转基因植物田间反复施用除草剂，实际上使用的除草剂比以前更多。除草剂用量的增加又增强了田间杂草对除草剂的耐受性，因此种植者不得不使用更多除草剂，从而加速抗性杂草的发展，也增加了环境污染。

由于转基因植物商品化的历史还非常短，对转基因植物大量释放的风险到底有多大还知之甚少，特别是转基因植物大范围长期释放对生态环境的影响更不可能是在短时间内可以了解清楚的。因此科学家将本着科学、认真的态度对转基因植物可能引起的生态风险进行全面、长期的跟踪评价，同时研究发展监测转基因植物生态风险的新方法和新技术。

第三节　转基因植物的安全性评价概况

一、转基因植物的安全性评价简介

依据我国《农业转基因生物安全评价管理办法》（以下简称《办法》）第二章第九条，转基因植物同其他农业转基因生物一样，对其安全性实行分级评价和管理。《办法》规定按照对人类、动植物、微生物和生态环境的危险程度，将农业转基因植物分为以下 4 个等级。

安全等级Ⅰ：尚不存在危险。

安全等级Ⅱ：具有低度危险。

安全等级Ⅲ：具有中度危险。

安全等级Ⅳ：具有高度危险。

《办法》对农业转基因植物安全评价技术资料的要求进行了详细规定。关于转基因植物的安全性评价主要包括：受体植物的安全性评价、基因操作的安全性评价、转基因植物的安全性评价和转基因植物产品的安全性评价。

（一）受体植物的安全性评价

1. 受体植物的背景资料 受体植物资料是指分类学上种或种以上分类单位的资料。受体植物背景资料包括：它的学名、俗名和其他名称；分类学地位（反映最新的分类学信息，包括科、属、种或亚种）；试验用受体植物品种（或品系）名称；是野生种还是栽培种；原产地及引进时间；用途，用途是从该种植物被人类驯化栽培的目的角度考虑，应将植株各部位的可能用途一一列举，例如，水稻，主要用途是种子兼食用，但现在也将稻秆用于工业造纸、编织工具或用作饲料等，还应说明在国内各地生产、种植、加工和消费等情况，在国内的应用情况；对人类健康和生态环境是否发生过不利影响；从历史上看，受体植物演变成有害植物（如杂草等）的可能性；是否有长期安全应用的记录等内容。

2. 受体植物的生物学特性 受体植物的生物学特性包括：受体植物是一年生还是多年生；对人及其他生物是否有毒，如有毒，应说明毒性存在的部位及其毒性的性质；是否有致敏原，如有，应说明致敏原存在的部位及其致敏的特性；繁殖方式是有性繁殖还是无性繁殖，如为有性繁殖，是自花授粉还是异花授粉或常异花授粉，是虫媒传粉还是风媒传粉，各种环境条件下的繁殖方式或授粉方式都应考虑到；在自然条件下与同种或近缘种的异交率；育性，可育还是不育，育性高低，如果不育，应说明属何种不育类型；全生育期；在自然界中生存繁殖的能力，包括越冬性、越夏性及抗逆性等内容。

3. 受体植物的生态环境 受体植物的生态环境包括：受体植物在国内的地理分布和自然生境；生长发育所要求的生态环境条件，包括自然条件和栽培条件的改变对其地理分布区域和范围影响的可能性；是否为生态环境中的组成部分；与生态系统中其他植物的生态关系，包括生态环境的改变对这种（些）关系的影响以及是否会因此而产生或增加对人类健康和生态环境的不利影响；与生态系统中其他生物（动物和微生物）的生态关系，包括生态环境的改变对这种（些）关系的影响以及是否会因此而产生或增加对人类健康或生态环境的不利影响；对生态环境的影响及其潜在危险程度；涉及国内非通常种植的植物物种时，应描述该植物的自然生境和有关其天然捕食者、寄生物、竞争物和共生物的资料等内容。

4. 受体植物的遗传变异 受体植物的遗传变异包括：遗传稳定性；是否有发生遗传变异而对人类健康或生态环境产生不利影响的资料；在自然条件下与其他植物种属进行遗传物质交换的可能性；在自然条件下与其他生物（如微生物）进行遗传物质交换的可能性。

（二）基因操作的安全性评价

1. 转基因植物中引入或修饰性状和特性的叙述 其叙述包括描述基因与功能之间的关系。例如，$Cry \text{I} Ac$ 基因具有抗虫性，应说明 $Cry \text{I} Ac$ 基因抗虫种类及机理。对于新基因和新功能，尤其要将类似功能的基因以及表达、作用方式和预期的主要功能等进行综述。目的基因的核苷酸序列应为研发者采用目的基因的实际序列，不宜直接引用 GenBank 上的序列。序列图可在附件中列出。物理图谱和遗传图谱，应详细说明所有编码和非编码序列的位置，复制和转化的起点，其他质粒要素和所选择的用于启动探针的限制位点，以及用于 PCR 分析时引物的位置和核苷酸序列。图谱应附有一张标明每一组成部分、大小、起点和功能的表格。还应给出用于转化的 DNA 完整序列。图谱和表格应说明该修饰是否影响引入基因的氨基酸序列。对所发生的改变进行适当的风险评估，申请人应提供相关支持文件。如果在转化过程中使用了载体 DNA，那么需说明其来源并对其进行风险评估。

2. 实际插入或删除序列的资料 其资料包括：插入序列的大小和结构，确定其特性的分析方法；删除区域的大小和功能；目的基因的核苷酸序列和推导的氨基酸序列；插入序列在植物细胞中的定位（是否整合到染色体、叶绿体、线粒体，或以非整合形式存在）及其确定方法；插入序列的拷贝数。

3. 目的基因与载体构建的图谱 其图谱包括：载体的名称、来源、结构、特性和安全性，载体是否有致病性以及是否可能演变为有致病性。

4. 载体中插入区域各片段的资料 其资料包括：启动子和终止子的大小、功能及其供体生物的名称；标记基因和报告基因的大小、功能及其供体生物的名称；其他表达调控序列的名称及其来源（如人工合成或供体生物名称）。

5. 插入序列表达的资料 其资料包括：插入序列表达的器官和组织，如根、茎、叶、花、果、种子等；插入序列的表达量及其分析方法；插入序列表达的稳定性。

（三）转基因植物的安全性评价

1. 转基因植物与受体或亲本植物在环境安全性方面的差异 其差异包括：生殖方式和生殖率；传播方式和传播能力；休眠期；适应性；生存竞争能力；转基因植物的遗传物质向其他植物、动物和微生物发生转移的可能性；转变成杂草的可能性；抗病虫转基因植物对靶标生物及非靶标生物的影响，包括对环境中有益和有害生物的影响；对生态环境的其他有益或有害作用。

2. 转基因植物与受体或亲本植物在对人类健康影响方面的差异 其差异包括：毒性；过敏性；抗营养因子；营养成分；抗生素抗性；对人体和食品安全性的其他影响。

（四）转基因植物产品的安全性评价

（1）生产、加工活动对转基因植物安全性的影响。

（2）转基因植物产品的稳定性。

（3）转基因植物产品与转基因植物在环境安全性方面的差异。

（4）转基因植物产品与转基因植物在对人类健康影响方面的差异。

以上每项内容都需要提供相应的实验数据和参考文献。

二、转基因植物杂草化的安全性评价

（一）转基因植物杂草化的三步式评价法

对转基因植物杂草化的风险评估，Rissler 和 Mellon（1996）提出了三步式评估方法（图 2-1）。第一步，转基因植物的亲本作物是否具有杂草特性，或在某一国家某一地区是否有其近缘杂草物种分布？是，则归为较高风险类，进入标准的实验评估；否，则归为较低风险或无风险类，进入简化的实验评估。第二步，用种群替代实验分析转基因植物与亲本植物对照相比是否具有更高的生态上的行为表现？具有，则归为较高风险类，对其商业化生产作重新考虑或进入第三步；不具有，则归为较低风险类，分析结束。第三步，用杂草化实验测试以确定转基因植物的杂草化趋势是否增加？是，则归为较高风险类，对其商业化生产重新考虑；否，则归为较低风险类，分析结束。

种群替代是指经过世代交替，当年种群可能被它自己产生的后代或被另一类更具活力的后代所取代。种群替代实验是检测不同世代间基因型增加或减少的一种有效方法，可检测出某一特定基因型能否持续存在。具体说该实验可以检测两类信息，即某一种群自身被替代的频率和种群种子库的持久性。这些数据可用来比较转基因植物与非转基因植物生态行为表现。如果在同一环境的实验表明转基因植物与非转基因植物亲本作物相比，其种群数下降了，而且其种子库也不能持续存在，那么转基因植物产生的负面影响就不可能高于非转基因植物。

经过种群替代实验获得两个重要参数，即需要计算出转基因植物与受体植物和当地常规品种在各种环境下的净取代率（R）和种子库的半衰期（H），将结果进行比较，综合评价得出结论。

净替代率（R）＝后代产生的种子数/播种的种子数。若 $0 < R < 1$，意味着这个物种种

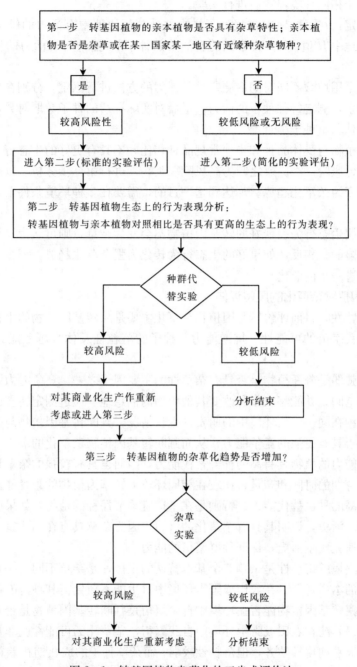

图 2-1 转基因植物杂草化的三步式评价法

群不能更新维持自身的稳定，因而也就必然会最终消失；若 $R=1$，这个物种刚好能自动更新；若 $R>1$，种群已不再是简单的取代，而是得到了扩增，扩增的倍数等于 $R-1$。

种子的半衰期（H）是指种子库中有一半种子死亡或只有一半种子萌发所需的时间，较长的半衰期，意味着种子在土壤中能保持较长时间的活力，具有较强的环境适应性。

测定净取代率和种子半衰期具体的实验步骤如下：

在区组内不同小区分别播种数目确定的转基因植物、受体品种和当地常规品种的种子，在小区内三者处于相同环境，然后进行实验。

净替代率测定：在每块地中收集种子样本，计算每块地中有活力的供试植物种子的数量，计算出每块地中 R 值：R＝收集到的有活力的种子数/播种时有活力的种子数。计算所有地块的 R 的平均值。

种子半衰期采用埋藏不同时间后测定种子活力的方法进行测定。分别在埋藏后不同时间取出一定数量种子，测定每种种子的活力。最后对实际存活的种子数取对数，与时间作线性回归分析，就可估算出种子半衰期。

如果转基因植物与受体品种和当地常规品种相比并不具有更好的生态行为表现，即转基因植物应归为较低风险一类。反之归为高风险一类，须进行第三步分析，以确定生态上的优越表现是否会转变为杂草化趋势。为达到这一目的，需要在多种环境条件下，做多年的小规模的田间试验。

如果测试表明生态行为表现好的转基因植物不会变为杂草，则可认为该转基因植物的商品化生产是低风险的。相反，如果好的生态行为转化为强杂草化趋势，那么应重新考虑是否将该转基因植物进一步商业化。

（二）转基因植物杂草化的风险评估

根据杂草的特性，目前评价转基因植物杂草化主要是从转基因植物的生存竞争能力、繁育能力、演化成自生苗的可能性、抗逆能力、种子的落粒性及休眠越冬能力等几个方面进行的。

竞争能力的强弱是判断植物是否具有杂草性的主要因子之一。竞争能力强的植物较易在栖息地占据生存空间，并能够入侵和改变其他植物的栖息地。通过测定转基因植物与受体品种和当地常规品种在同一生长环境中的萌发、生长情况，判断转基因植物与受体品种和当地常规品种相比是否具有更强的竞争能力，从而判断转基因植物杂草化的潜力。

有较高结实能力的植物具有高的种群替代能力，因而也具有较强的杂草化潜力。通过测定不同植物各生育期的时间和产量，比较在相同环境下转基因植物的繁育能力，判断转基因植物是否具有更高的种群替代能力。特别是在不适宜季节播种的植物，如果能在较短时间内开花结实完成其生活史，说明其具有杂草化的潜力。因为杂草具有在不适宜生长的季节中缩短生活周期，快速完成生活史，保证种群繁衍的能力。

杂草在人工生境的持续性是杂草3个基本特性的主体，是杂草不同于一般意义上的野生植物和栽培作物的本质特征。在农田或野生环境中自生能不断繁衍其种群的植物就变为了杂草。因此通过考察转基因植物能否在环境中自生繁衍是判断转基因植物是否具有杂草化潜力的重要因子。如果其能在农田或野生环境中自我繁衍，杂草化的可能性就非常大。

作物种子的成熟期比较整齐，但落粒性较弱；而杂草种子的成熟期相差很大，而且具有边成熟边落粒的特性，在第二个生长季节的萌发时间也不整齐。这是杂草的适应性特征之一，这样能保证杂草种群在同一生长季节的不同时间内都有个体生长，最大限度上保证了杂草种群的繁衍。因此通过比较转基因植物与受体品种和当地常规品种的种子落粒性，就能判断转基因植物杂草化的潜力是否增加。

杂草种子在土壤中能保持较长时间的活力，具有较强的适应性。因此通过检测不同作物种子的活力保存时间，就可以判断转基因植物的种子是否具有更强的延续能力。

转基因植物由于具备了比原亲本植物更强的抗逆性而有更多的机会变为杂草。植物的抗逆性强，杂草化的潜力就强。逆境的种类很多，对抗除草剂转基因植物而言，对常规除草剂的耐性不同是抗逆性的重要表现。其他逆境包括高温和低温、干旱、盐碱等。通过检测在不同逆境条件下转基因植物与受体品种和当地常规品种的抗逆性的差异，可以判断转基因植物的杂草化潜力。

三、转基因植物抗性基因漂移的安全性评价

这里仅讨论通过有性杂交发生的抗性基因漂移。

(一) 转基因植物花粉传播距离的测定

转基因植物花粉传播距离是抗性基因漂移研究的重要内容之一，它既对转基因植物的安全性评价有重要参考价值，又为设置其安全隔离距离提供了有益资料，根据花粉传播的最远距离，可以确定适宜的隔离带，以降低转基因植物的花粉向近缘种的漂移。

由于目前大多数转基因植物的培育采用组成型启动子，使得外源目的基因在所有组织和器官中均有表达，因此转基因植物花粉的传播是外源基因逃逸的主要渠道之一，也是转基因植物的抗性基因向近缘种漂移的主要原因。其实花粉的传播在非转基因植物中也相当普遍，植物育种学家对如何保护植物不受外来花粉污染的研究已进行了半个多世纪，主要根据外来花粉与植物杂交的频率来确定传粉隔离距离。这种方法为转基因植物花粉传播距离的研究提供了宝贵的思路。

1. 研究传粉距离的方法 目前研究花粉传播距离的方法主要有两种：一是直接观察花粉数量，二是使用诱饵植物（trap plant）。直接观察花粉数量就是直接收集花粉，观察花粉数量，从而确定某种植物花粉的传播距离。例如，Timmons、Brien 和 Charters 等（1995）用设在离地面 10m 的花粉采集器来评价长距离的花粉传播，收集器可旋转 360°，并配一装置使其正对风向，计数每天每立方米上花粉粒的数量。使用诱饵植物的检测方法一般是在试验地中央设一个转基因植物的样方，周围种植诱饵植物，并于诱饵植物成熟后在不同方向、离转基因植物不同距离取一定面积样方内的诱饵植物种子，分析成熟的诱饵植物种子中转基因存在的频率。目前国内外许多相关研究采用这种方法。例如，Messeguer、Fogher 和 Gui-derdoni 等（2001）用这种方法测定了抗除草剂转基因水稻的花粉距离，并为田间种植转基因水稻的隔离距离提供了信息。使用这两种方法各有其优缺点。直接观察花粉数量由于没有考虑花粉的死亡率，而过高地估计了花粉的传播能力。使用诱饵植物测定花粉的传播距离时，受抗性植物和诱饵植物的亲和性影响，如果本身选用的诱饵植物和转基因植物的亲和程度不高，得出的结果就会比实际值偏低。而且如果用小面积的诱饵植物测定大面积转基因植物的花粉传播距离，得出的污染率会比实际值高。但这种方法的优点是测出的污染率是可育花粉的污染率，这一点对于监测花粉污染是非常重要的，因为没有活力的花粉是不可能发生杂交的。为了区分这两种方法测出的花粉传播性的不同，通常把直接测出的结果称为花粉浓度（pollen concentration），而把用诱饵植物测出的结果称为污染率（contamination rate），并引入实际污染率（actual contamination rate）（花粉污染率除以花粉浓度）这一概念。从 20 世纪 40 年代开始先后有许多研究者对不同作物的花粉传播距离进行了研究，总体来讲，采用第一种方法测出的花粉传播距离比用诱饵植物测出的花粉传播距离远。

2. 转基因植物花粉的传播距离及影响因子 近 10 年来人们对各种转基因植物的传粉距离进行了研究，包括棉花、高粱、粟、马铃薯、油菜、甜菜、向日葵、西瓜、芥菜和拟南芥等粮食和经济作物。不同转基因植物的传粉距离是有差别的，这与特定植物的生物学传粉特

性有关。同时，同一植物在不同试验中所估测的距离也存在很大的差别，还和环境条件（周围植被的类型和密度）、气象条件（风向、风力、湿度、温度等）以及转基因植物的释放面积等密切相关。在转基因油菜花粉传播距离的研究中，Scheffler、Parkinson 和 Dale（1993）释放的面积只有 47m²，47m 处转基因传粉频率就降到 0.000 33%；1995 年他们在另一处释放的转基因油菜面积为 400m²，200m 处的传粉频率为 0.015 6%，400m 处的传粉频率为 0.003 8%；而在一次面积达 10hm² 的大规模释放中，360m 处花粉的密度只降到释放地边缘花粉密度的 10%，在 1.5km 处，仍计数到 22 粒/m² 的花粉。造成这种差异的原因除了环境因素外，释放规模也是一个决定因素。因此从小规模转基因作物释放所获得的传粉距离的资料对大规模商业性释放的参考价值是比较有限的。

（二）转基因植物和野生近缘种的杂交结实研究

基因漂移的第一步是转基因植物和野生近缘种能产生携带抗性基因的杂交一代。目前研究转基因植物和野生近缘种能否杂交形成杂交一代主要有如下几种方法：一是人工授粉，包括人工杂交后仅研究杂交率和杂交后不同时间观察携带转基因的花粉在近缘种柱头上的萌发、在花柱中的生长、双受精及胚胎发育等；二是通过胚珠培养或胚胎挽救技术得到杂交种；三是在开放授粉条件下自然杂交获得杂交一代。

1. 人工授粉条件下的杂交及亲和性研究　人工授粉是把作为母本的近缘种植株人工去雄，之后人工授转基因植物的花粉，成熟后收获杂交种子，之后检测收获的种子中是否携带抗性基因。根据检测结果计算转基因植物和近缘种的杂交结实率。在实验过程中需要同时获得近缘种在开放授粉条件下和套袋自交情况下的结实率，作为判断转基因植物和近缘种杂交亲和性的依据。由于人工授粉较易控制花粉来源而被广泛使用，但对花器很小的近缘种，很难人工去雄，有时也采用不去雄而把转基因植物的花粉直接授到开花的近缘种上。

对不同的近缘种植物可以采取不同的去雄方法。如对油菜的近缘种其他十字花科植物来说，花蕾较大的，可以在蕾期用镊子拔除雄蕊，比较容易操作。对水稻的近缘种，如野生稻、杂草稻等，可以采用剪颖去雄、真空抽气泵抽气去雄或二甲苯熏蒸去雄的方法。但无论采用哪种去雄方法，都不能伤害近缘种的雌蕊。为了证明去雄不伤害雌蕊，需要设计去雄的近缘种授同种植物花粉并观察结实情况的试验，如果在这种情况下近缘种不结实，说明去雄方法有问题，可能伤害了雌蕊，需要进一步改进去雄方法。同时也要设计去雄后不授任何花粉的试验，观察去雄效果。一般用亲和性指数来反映两者的亲和性。

亲和性指数＝ 饱满种子粒数/ 授粉花蕾数

把获得的亲和性数据和近缘种开放授粉条件下以及套袋自交的亲和性指数进行比较，如杂交结实率和近缘种开放或自交结实率（对自交亲和的近缘种）接近，这种情况下转基因植物和近缘种亲和性就很好。相反如不能结实，就没有亲和性。

人工去雄授粉之后还可以观察转基因植物花粉在近缘种柱头上的萌发、生长等情况，明确不亲和发生的阶段，因而在研究转基因植物和近缘种的亲和性时具有特有的优势，也被广泛采用。

被子植物的双受精是一个很复杂的过程。首先有活力的花粉要黏合在雌蕊的柱头上并相互识别，接着花粉萌发形成花粉管，花粉管生长穿过柱头进入花柱，之后到达子房，进入胚珠，最后花粉管在助细胞的引导下进入胚囊，释放 2 枚精子，其中一个精子和胚囊中的卵子结合，形成受精卵，最后发育形成胚，另一个精子和中央大细胞结合，形成受精极核，最后形成胚乳。在整个双受精过程中，只要有一个环节出现问题，双受精过程就难以完成，也就不能形成有活力的种子。有的即使能形成种子，但种子不能萌发或杂交一代生活力低下，不能在自然界中生存定植，也就不能对生态环境造成威胁。

　　抗性基因漂移到野生近缘种所发生的杂交属于种间杂交（interspecific hybridization），杂交亲和性的障碍即种间生殖隔离（reproductive isolation）可能在生殖生长的许多阶段起作用，分为受精前隔离和受精后隔离，异源花粉被授到近缘种柱头上后，要经过吸水，萌发和花粉管进入柱头、伸进花柱、穿过珠孔等步骤和历程，才能实现受精。在双受精过程中的任何一阶段发生障碍，都可能导致受精失败。受精前不亲和性的表达部位有 3 种：柱头不亲和，即种间杂交时花粉不能在雌蕊柱头表面正常萌发；花柱不亲和，即花粉管在花柱中甚至珠孔处发育停滞；胚囊不亲和，即花粉管进入异种的胚囊并释放出精子，但精子却不能有效地与雌配子体结合实现双受精，或者仅发生精子与极核融合的单受精。受精后生殖隔离包括杂种不活，即杂种合子和发育形成的胚、种子直至成株生活力很低，在发育的过程中夭亡。只要在从花粉黏合到胚胎发育以及杂种生长发育的任何一阶段出现障碍，抗性基因的漂移都不可能发生。因此亲和性的检测可采用生殖生物学及胚胎学方法，探明携带抗性基因的花粉在野生近缘种柱头上的萌发、穿过柱头进入花柱、在花柱中生长、进入珠孔、精卵融合、合子以及胚胎发育的各个阶段，结合杂交结实率以及 F_1 的生育能力。

　　杂交不亲和的第一个阶段，即转基因植物的花粉粒能否黏合在近缘种柱头上并萌发，用普通光学显微镜就可以观察。但使用荧光显微镜能更清楚地观察转基因植物的花粉粒在近缘种柱头上的黏合和萌发情况。

　　第二阶段，即花粉管能否进入子房。由于花粉管在花柱组织内的生长情况难以直接观察，可以采取染色的方法。有些染料可以和花粉管中的物质特异性结合，然后将花柱组织透明处理，在光学显微镜下观察。但较好的观察手段是荧光显微镜技术。荧光染料水溶性苯胺蓝脱色（碱性）溶液，可与花粉管的胼胝质特异性结合，在 356nm 左右紫外光下呈明亮的黄绿色，而花柱和子房组织因自发弱荧光呈很暗的颜色，这样就使花粉管、花柱、子房组织反差明显极易区分。具体操作步骤是转基因植物的近缘种经人工去雄后，授转基因植物的花粉，授粉后不同时间小心摘取近缘种的花，立即浸泡在 70％ 的酒精中备用。小心去除花的各部分，只保留雌蕊，之后柱头经复水处理，即实验材料在 50％、30％、10％ 的酒精中放置一段时间，时间的长短可根据雌蕊的大小决定，一般 2h 左右。接着用 6mol/L 的 NaOH 溶液软化雌蕊 8h，软化的雌蕊水洗后用 0.033mol/L K_3PO_4 溶液配制的 0.1％ 水溶性苯胺蓝染色 12h，压片后在 350～400nm 的奥林巴斯（Olympus）BHF 荧光显微镜下观察父本花粉在母本柱头上的萌发生长情况。这种方法可以清晰地观察转基因植物花粉在近缘种柱头、花柱以及子房中的萌发、生长情况。由于该方法操作简单而得到了广泛应用。

　　Kerlan、Chever 和 Eber 等（1992）使用荧光显微镜观察了转基因抗除草剂油菜花粉在近缘种柱头上的萌发及花粉管的生长情况，结果表明父本花粉能在甘蓝柱头上萌发并穿过柱头，授粉后 48h 在甘蓝的子房中观察到了油菜的花粉管，但没有发生珠孔受精；油菜的花粉在野萝卜的柱头上部分萌发但不能穿过其柱头；在野欧白芥的柱头上油菜的花粉不能萌发。刘琳莉等（2003）采用该方法研究了转 Bar 基因水稻和药用野生稻的亲和性，发现不亲和的原因在于转基因水稻的花粉管生长至药用野生稻子房基部就停止生长，不能进入子房。

　　第三阶段，种子发育不良，不能形成种子，主要观察胚囊发育。胚囊处于胚珠组织的层层包裹之中，为寻求简便又富于立体感的观察方法，在植物生殖生物学研究中先后提出了整体解剖、酶分离法、整体透明、激光共聚焦扫描显微镜等技术以及传统的石蜡切片法。

整体解剖法有时可以得到很好效果，但要求精巧的手工操作，且难免改变细胞组织原来的位置与形状。酶分离法得到的胚囊观察效果很好，但成功率有限，无法对单个胚珠进行指定性观察。整体透明法则具备原位地形学观察和指定性观察两个优点，但只能做粗略观察，判断胚胎发育的阶段。激光共聚焦扫描显微镜技术观察效果很好，但其所需仪器设备昂贵，观察条件复杂。

以上方法都是对胚囊做整体性研究，若要深入了解受精后胚胎发育的精细结构，则需要通过传统的石蜡切片法。该方法将受精后的雌蕊用石蜡包埋后，切成 $6\mu m$ 左右的薄片，再通过染色，之后进行显微镜观察。该方法虽然烦琐，但可以找出种子发育不良的具体原因。

Brown 和 Thill（1995）把大田试验、温室杂交试验以及观察花粉粒的萌发、花粉管的生长、受精、胚和胚乳的发育结合起来研究了转基因抗草丁膦油菜和野生近缘种的基因漂移。采用荧光染色和荧光显微镜观察花粉粒的萌发和花粉管的生长，结果表明一些杂交组合是严重不亲和的，表现在许多短的扭曲的花粉管不能穿过柱头，如油菜和黑芥；一些组合在子房周围观察到了极少的花粉管；另一些组合，如野芥和油菜，亲和性很高，在子房中存在大量花粉管并且花粉管穿过珠孔。从子房中剥取发育的胚珠切片观察受精、胚和胚乳的发育，结果表明在 12 个组合中有 10 个组合发生了受精作用，但在授粉后 16d，不同组合在胚发育上存在着很大的变化，一些杂交组合在球形期的早期夭亡。其原因是胚乳发育的失败。采用荧光显微镜得到的结论与大田和温室的试验结果一致。

2. 体外胚珠培养和胚胎挽救技术　该方法用于亲和性较低，杂交存在障碍而导致杂交后的胚或胚乳不能正常发育的种和种之间。通过这种方法得到的杂交种只能说明自然条件下它们之间存在潜在的基因漂移能力，但并不表明在自然条件下就能发生基因漂移。例如，Kerlan、Chever 和 Eber 等（1992）在研究转基因油菜和近缘种杂交时使用体外子房培养（胚胎挽救）。在开花前花蕾去雄，授粉 4～6d 后，切取子房，在人工介质中培养，待幼苗长出。利用该技术以转基因油菜为父本与其近缘种（6 种）杂交得到 F_1 代。Kerlan、Chever 和 Eber（1993）用子房培养研究油菜和近缘种杂交的 F_1 代细胞遗传特点。Lefol、Seguin - Swartz 和 Downey（1996）也用类似的方法研究了转基因油菜和野欧白芥的杂交。由于这种方法获得的试验结果对自然情况下转基因植物和近缘种是否存在基因漂移不能提供直接证据，因而应用不广泛。

3. 开放授粉　指在田间自然条件下按照一定的试验设计种植转基因植物和近缘种，成熟后收获近缘种种子，之后检测抗性基因流动率或异交率。在试验设计上基本有 3 种方法：①亲本混合种植，就是把转基因植物和近缘种按一定比例混合种植在一起。②隔行种植，就是把转基因植物和近缘种隔行种植。③转基因植物种在试验地中央，近缘种隔一定距离绕四周种植。第一、二种方法成熟后收获所有近缘种种子或隔一定距离收获一定数量的近缘种种子。第三种方法可以按照不同方向、不同距离收获近缘种种子，之后检测收获的种子中是否携带抗性基因。第三种方法可得到自然条件下转基因植物花粉的漂移距离，因而也被用于研究花粉的漂移距离。

抗性基因流动率＝携带抗性基因的植株数/被检测的植株数×100%

由于环境因子、气候因子（包括风速、风向、降雨、温度、昆虫活动等）都影响植物的传粉，而且转基因植物和近缘种的种植数量也影响异交率，因而目前尚未有报道表明自然条件下的抗性基因流动率研究采用何种田间设计，研究者可以根据试验目的，选择适合的试验设计，但可以肯定的是抗性基因流动率和试验设计中亲本的比例和距离有很大的关系。

　　以上方法各有其优点也有缺点。人工授粉大多是在蕾期进行，人为增加了花粉杂交的可能性，通过该方法得到的杂交种和通过胚胎挽救技术得到杂交种都不能表明自然状况下能发生基因漂移，因而不能客观反映实际情况。而开放授粉耗时耗力，易受外界环境条件的影响，而且很多报道采用的是抽样检测近缘种的种子是否含有抗性基因，也不能全面反映实际情况。同时一旦在田间自然条件下没有控制好转基因植物的花粉或种子，有可能造成基因漂移，给生态环境带来不可预测的影响。

（三）基因渗入

1. 转基因植物和近缘种杂交和回交的可能性　　如果转基因植物和近缘种的亲和性较好，获得了杂交一代，而且杂交一代的适合度很高，能在自然条件下生存定植，那么转基因植物的抗性基因就成功漂移到了野生近缘种中。但大多数情况下，即使能获得杂交一代，但其适合度很低，很难在自然界中生存。这种情况下，杂交一代还有可能和近缘种不断回交，通过基因渗入（introgression）才有可能把抗性基因成功漂移到近缘种中。基因渗入就是杂交一代与野生近缘种不断回交，使转基因性状进入野生近缘种，形成适合度较高的能在自然界中生存定植的携带抗性基因的回交后代，产生真正意义上的基因漂移。

　　形成 F_1 的可能性、后代的可育性以及基因渗入的可能性依植物种类不同而有很大差别。但总的来讲，亲缘关系的远近与基因渗入的可能性成正相关。Mikkelsen、Jensen 和 Jorgensen 等（1996）认为转基因从抗除草剂转基因欧洲油菜到白菜型油菜原始种的基因渗入速度很快，在回交一代中，形态上像白菜型油菜原始种的植株染色体数为 20，有较高的花粉可育性，携带了油菜的转基因。这样只通过两次杂交就得到了形态上像杂草而携带了转基因的植株，证明了抗性基因从转基因油菜到白菜型油菜原始种的快速渗入。Metz、Jacobsen 和 Nap（1997）在研究转基因耐草丁膦欧洲油菜和近缘种芜菁的种间杂交时，认为转基因很容易传到 F_1 并保持活力，在回交试验中大约有 10% 的后代在回交 3 代和回交 4 代中仍然保持了耐除草剂这一特性，表明耐性基因能从油菜的基因组平稳渗入芜菁中。Cherve、Eber 和 Baranger（1997）研究转基因雄性不育欧洲油菜和野萝卜的 F_1 与野萝卜回交，F_1 中抗性和敏感性的比例为 1∶1，符合孟德尔法则，F_1 回交 1 代、2 代和 3 代的抗性植株比例分别为 51.8%、81.9%、57.2% 和 23.5%，转基因的传递在回交一代后逐渐降低。这种属间的基因流动在自然条件下缓慢地低频率发生，当以转基因油菜为父本时，这种可能性就更小。Darmency 和 Fleury（2000）在抗绿黄隆油菜和灰芥（*Hirschfeldia incana*）的两年自发杂交试验中，杂交率分别为 0.17% 和 0.79%。而且 F_1 与灰芥回交 5 代，由于没有产生可育的种子，基因渗入失败。

2. 杂交和回交代的适合度　　一般来说适合度成分可分为营养适合度成分和生殖适合度成分。对十字花科芸薹属植物来说营养适合度成分包括种子萌发率、株高、茎粗、分支数/株、莲座状直径、叶绿素荧光参数、光合速率等，生殖适合度成分包括抽薹期、花期、盛花期、花粉生活力、开花数/株、果实数/株、种子粒数/果、饱粒数/株、百粒重、种子活力等。对水稻来说，营养适合度成分包括种子萌发率，株高，分蘖数/株，茎粗，剑叶长、宽、面积，地上部生物量，光合速率等；生殖适合度成分包括抽穗期、始花期、盛花期、花粉生活力、全生育期、穗数/株、小穗数/花序、粒数/花序、小穗密度、天然结实率、落粒率、穗长、粒长、粒宽、粒厚、百粒重、种子活力保持时间、粒色、是否有芒等。对不同的植物，根据其固有的生物学特性，可选择不同的适合度成分进行测定，但由于植物总繁殖的大小是划分种群适合度的重要指标之一，因此生殖适合度成分比营养适合度成分更为重要。在获得各适合度成分后，可以计算携带抗性基因的杂交或回交后代的总适合度，再和野生近缘种自身的总适合度进行比较，就可以综合判断携带抗性基因的后代适合度是提高了还是降低了。如果总适合度没有下降或接近野生近缘种本身，那么携带抗性基因的后代就有可能在自然界中生存定植，对生态环境产生影响。

适合度不但和渗入的基因本身关系密切，也和接受的生态环境密切相关，如营养、光照、水分、密度和其他环境条件等。因此在不同的生态环境（密度、水分、光照、营养等）下，同一植物的适合度也会表现出差异。因此研究携带抗性基因的近缘种的适合度对转基因植物的安全性评价格外重要，它是预测携带抗性基因的近缘种能否在自然界中生存定植的重要指标。

（四）转基因作物花粉漂移的三步评估法

Rissler 和 Mellon（1996）提出了对转基因作物的生态风险——基因流及其效应进行评估的流程，主要流程如下：

1. 基因流分析　主要了解作物和野生近缘种杂草之间能否形成可育杂种。

①转基因作物与野生近缘种之间是否具有有性繁殖能力，不具有，属较低风险，分析终止。如果有或信息不全难以确定，则进入下面分析。

这是为了判断作物是否通过有性杂交方式产生后代，或能否产生有活力的花粉。如果作物已被确认不能进行有性繁殖，或不能产生有活力的花粉（或雄性不育），基因流的分析就可终止。或近缘种不能通过有性杂交方式产生后代，也不存在基因漂移的风险。

②是否存在与转基因作物有杂交亲和性的近缘种，不存在，属较低风险，则分析终止。如存在或信息不全难以确定，进入下一步。

获得这方面的信息主要来源是农学、作物遗传育种学及植物分类学的知识。对一些作物来说，非常容易获得这方面的资料，而对另外一些植物，有关作物和近缘种之间的杂交亲和性的信息比较分散零乱，甚至看法不一。原则上讲，与作物同属而不同种的植物应作为检测对象。但有许多事例证明，邻近属的不同种也可发生杂交。因此对这个问题不能作出简单的回答，必要的情况下，需要做进一步的实验，以获得转基因作物和近缘种的亲和性资料。

③转基因作物与近缘种的授粉方式是否有利于基因流的流入和流出，如不容许，属较低风险，则分析终止，如容许或信息不全难以确定，则进入下一步。

这是为了确定转基因作物或近缘种自花授粉或异花授粉的程度。异花授粉植物易发生基因流出或流入。自花授粉植物则反之。但即使自花授粉偶尔也会发生异花授粉。

④转基因作物与近缘种的花期是否相遇，如花期不一致，属较低风险，则分析终止。如容许或信息不全难以确定则进入下一步。

当转基因植物花期与近缘种花期一致或重叠时，才有可能产生杂交种子。相反，如果两者的花期相差较远，甚至在不同的季节开花，就不可能产生杂交种子。

⑤转基因作物与近缘种的传粉方式是否相同，不相同，属较低风险，则分析终止。如相同或信息不全难以确定则进入下一步。

大部分的虫媒传粉植物都通过许多不同的昆虫传粉，风力可使风媒花花粉落在虫媒植物的柱头上，而那些传粉的昆虫也可能飞到风媒植物的花上。

⑥转基因作物与近缘种在田间环境下能否自然进行异花传粉、受精并产生有活力的可育后代，不能，属较低风险，则分析终止。如能，则进入下一步分析。

为了回答这个问题，需要将转基因作物与野生亲缘种以一定规模在不同地区间隔种植，然后收集种子，分析是否有野生杂草和转基因作物的杂交种。实验至少 2 年。实验的设计，主要依据以下 3 个方面：①确定是否有与转基因作物同属、有性亲和的近缘种存在；②确定田间条件下杂交频率；③杂种活力大小的测定。

2. 野生杂草转入基因后生态上的行为分析　转基因的野生杂草种群在种群替代实验中是否比亲本杂草有更好的表现，如是，则风险较高，重新考虑其商业应用或进入第三步；如否，则风险较低，分析终止。

3. 转基因的杂草植株的杂草化实验　转基因的杂草在生态上是否有强的行为表现，是否导致转基因杂草植株的杂草化趋势增加，如是，则风险较高，重新考虑其商业应用；如否，则风险较低，分析终止。

这个评估流程对分析某种特定的转基因作物能否发生基因漂移有一定的指导作用，但具体每一个步骤，都需要有相关的实验数据来说明，所以还需要进行各种实验，深入研究转基因作物基因漂移的可能性大小。

（五）鉴定转基因存在的方法

检测非转基因作物或其近缘种后代中，转基因存在与否是评价转基因逃逸，也是转基因作物与其近缘种之间基因流动产生杂交种的依据。对于抗除草剂转基因的杂种后代，常采用生物检测、等位酶分析方法、细胞遗传方法、酶联免疫吸附法和分子生物学技术进行检测。

1. 生物检测　对于转基因抗除草剂植物来说，由于抗、耐除草剂转基因作物抗（耐）某种特定的除草剂，因此采用生物方法可简便快速检测杂交后代或回交代中是否有抗、耐性基因。生物检测（biotest）可分为两种，一种方法是指整株幼苗喷洒常规剂量的目的除草剂，杀死假杂交种，而保留真正的杂交种。该方法常用于田间自然条件下的杂交研究。由于田间自发条件下的杂交试验常产生大量种子，用该方法可粗略地将抗性和敏感性的后代区分开来，然后再用分子生物学技术来进一步检测。另一种是在特定的叶子表面滴一定量的除草剂，除草剂只对幼苗的特定部位（滴除草剂的叶子）起破坏作用，而非杀死整株幼苗，通过观测叶子的变化来粗略确定杂种中是否含有目的基因，或者把需要检测的种子放在有除草剂的培养皿内培养，由于携带抗性基因的后代和不携带抗性基因的后代对除草剂的反应不一样就可以鉴别。Metz、Nap 和 Stiekema（1995）采用这两种方法测定转基因油菜和萝卜的杂交种，一种方法是在杂交幼苗 3~4 叶期喷洒 0.5% radicale，另一种方法是在培养基中加入 7.5mg/L 的 radicale 和 50mg/L 的氯酚红（chlorophenol red，CPR）。CPR 是 pH 的指示剂，当 pH 为 6 时呈红色，pH 较高时呈紫色，pH 低时呈黄色。除草剂耐性幼苗的培养基由于氨的乙酰基化（acetylation）会从红色转变为黄色，而对照组由于氨的累积而变为紫色。Bartsh 和 Pohl-Orl（1996）在研究抗草丁膦转基因甜菜和野生甜菜的基因漂移时，使用非破坏性生物检测法，他用 0.005%~0.5% 草丁膦溶液在 F_1 代子叶上涂抹，之后每 3d 观察一次子叶的反应，几天后非杂交种上（没有转基因）子叶破坏，杂交种（有转基因）则没有受到损害。Pfeilstetter 和 Matzk（2000）采用种子在 0.005% 或 0.01% 草丁膦溶液浸湿的滤纸上萌发的方法区别抗草丁膦油菜和非抗草丁膦的油菜。在测试中发现，转基因油菜生长旺盛，子叶叶色正常，根发育良好，呈多分支状，非转基因油菜的植株矮小，呈淡红色，子叶上有轻微的枯斑，根不分支。这种方法在检测大量的种子时更有效、经济、快速和简便。但大多数报道中都先用生物检测方法检测后，再用分子生物学技术进一步检测。

2. 等位酶分析方法　通常采用的是酶电泳分析方法。Doebley（1990）在研究玉米品种的基因漂移时，使用等位酶分析检测杂交率。Arias 和 Rieseberg（1994）采用在向日葵栽培品种中存在 6-磷酸葡萄糖脱氢酶的等位基因而野生种中缺乏这个等位基因，采用酶电泳方法分析等位酶来评价分子标记是否从栽培种漂移到野生种。Lefol、Danielou 和 Darmency（1996）使用等位酶分析确定杂交种（具有父母本的谱带）。Creij（1999）在研究郁金香（*Tulipa gesneriana*）的种内和种间杂交时，使用等位酯酶的多态性检测杂种。

3. 细胞遗传方法　通常指在已知亲本基因组的条件下，通过杂交后代根尖分裂细胞或花粉母细胞的染色体计数法或使用流体细胞计数器（flow cytometer）测定杂交后代或回交代的染色体数。例如，Cherve、Eber 和 Baranger 等（1997）通过染色体计数法或流体细胞计数器检测以转基因油菜为母本与野萝卜（基因组 $RrRr$，$2n=18$）的杂交 1~4 代中的染色体数。

4. 血清学检测的酶联免疫吸附法和试纸条法　酶联免疫吸附法（enzyme - linked immunosorbent assay，ELISA）检测就是将抗原抗体反应的特异性与酶对底物的高效催化作用结合起来，根据酶作用于底物后的显色反应，借助于肉眼或仪器识别。ELISA 检测除对样品进行定性检测的同时，又能进行定量分析。

另一种是利用血清学原理检测的试纸条法，将特异抗体交联到试纸条和有颜色的物质上，当纸上抗体和特异抗原结合后，再和带有颜色的特异抗体进行反应时，就形成了带有颜色的三明治结构，并且固定在试纸条上，如果没有抗原，则没有颜色。这两种方法目前在检测转基因上也开始广泛使用。

5. 分子生物学技术　在研究转基因作物的基因漂移时，许多研究者采用分子生物学技术来检测亲本的抗性基因是否漂移到后代中。但无论采取哪种方法，都是在得到杂交和回交代幼苗的前提下进行的。最初检测采用的是定性 PCR 方法，可以通过对特殊序列基因（如启动子、终止子、遗传标记基因）和目的基因（靶基因）进行检测。有时会出现假阳性或假阴性结果，因而对后代中是否含有转基因成分的确定还需要进行 Southern 杂交。利用 Southern 杂交，不仅能够检测外源 DNA，而且能够确定外源基因在植物基因组中排列情况及拷贝数等。随着人们对转基因食品重视程度和量化要求的提高，定性检测方法已经不能满足需要，加上定性筛选 PCR 本身具有局限性，研究者们在定性筛选 PCR 方法的基础上，发展了不同的定量转基因生物的 PCR 检测方法。目前转基因成分的准确定量检测在国际贸易中日趋重要。实时（real - time）定量 PCR 法是普遍使用的一种定量 PCR，如实时荧光定量 PCR 技术。

第四节　主要转基因植物的安全性评价

一、转基因水稻的安全性评价

水稻是世界上最重要的粮食作物之一，也是大多数中国人的主粮，有超过一半的中国农民从事稻米生产。我国 1/3 的粮食耕地种的是稻米。20 世纪 80 年代，美国孟山都公司以其拥有非选择性、高效除草剂农达（草甘膦）的优势，率先开展抗草甘膦水稻品种的开发，随后，美国艾格福公司（AgrEvo）抗非选择性除草剂草铵膦转基因水稻和美国氰胺公司的抗咪唑啉酮类除草剂转基因水稻相继问世 。我国已发放了 2 个抗虫转基因水稻的安全证书。

到目前为止，国际还没有把转基因水稻大规模商业化生产的先例。在美国，只有小规模药用型转基因水稻进行了商业化种植，而伊朗的转基因抗虫水稻的种植也不过 1 000hm^2。

没有商品化主要是考虑安全性问题，其中就包括基因漂移的生态风险。因此对转基因水稻的安全性评价主要集中在抗性基因漂移的生态风险。

水稻是自花授粉作物，其花粉从花药中散落后活力一般只能保持 5min 左右，个别花粉活力可延长至 15min，被认为发生抗性基因漂移的可能性较小。但从目前的研究结果来看，发生基因漂移的可能性是存在的。

（一）与杂草稻的基因漂移

杂草稻（weedy rice）是栽培水稻自然野化的一种特殊水稻材料，又称杂草型稻或水稻杂草种系。目前对其起源有两种观点，一是栽培稻与野生稻自然传粉杂交产生的，二是籼、粳稻自然传粉杂交产生的。从生物学角度来说，杂草稻和栽培水稻同属于稻属和稻种，亲缘关系极为密切。目前，世界上主要水稻种植国家和地区均发现有杂草稻，在东南亚一带已经成为最普遍的水稻田杂草。由于杂草稻变异类型非常丰富，且抗逆性较强，很难对其进行有效的控制，甚至已成为限制拉丁美洲、东南亚国家水稻产量提高的最主要的杂草因素。据国外报道，杂草稻对直播稻田尤其是旱直播田的侵害尤为严重，其次是水直播田，再次是移栽稻田。整块稻田若有 10% 被杂草稻侵占，其产量将减少 25%，若有 35% 被杂草稻侵占，其产量将减少 40%～50%，大约平均 2 株/m² 杂草稻的密度便会影响水稻的产量，特别是矮秆水稻受杂草稻的危害尤其严重，杂草稻达到 35～40 株/m² 可使高秆水稻的产量减少 60%、矮秆水稻产量减少 90%。

杂草稻之所以对水稻的生产能造成较大的危害，主要是由于它和栽培水稻对除草剂的反应一致，能选择性防除杂草稻的特效除草剂很少。而且杂草稻具有极强的杂草特性，子实边成熟边掉落并且有较强的休眠性，使它能在田间人工种植的稻田中不断繁衍。特别是由于水稻轻型栽培技术的推广应用，更适合其发生，种群迅速扩大。

早在 20 世纪 50～60 年代，在我国安徽巢湖、江苏连云港、海南、广东等部分稻区就有杂草稻的发生，不过随着耕作水平的提高，至 70 年代后期已经很少发生。但是，近年来随着水稻轻型栽培技术的发展，特别是免、少耕技术的推广应用，造成了有利于杂草稻萌发生长的农田生态，使其在我国水稻田的发生和危害逐年加重。更严重的问题是由于杂草稻和栽培水稻在外形上级为相似，被误认为是稻种的混杂并没有引起当地植保部门和农民的足够重视。

栽培水稻与杂草稻的基因流较早就有报道。1961 年，Oka 和 Chang 报道了栽培水稻能与野生同属杂草红稻（杂草稻的一种）发生自然杂交；Langevin、Clay 和 Grace（1990）报道在直播稻田中栽培稻和红稻能发生自然杂交并产生可育的后代，依水稻品种的不同杂交率从 1.08%～52.18%；Sankula、Braveman 和 Oard 等（1998）首次报道了抗草丁膦转 *Bar* 基因水稻与红水稻（red rice，*Oryza sativa*）相互杂交后 F₁ 代都表现出了对草丁膦的抗性。Oard（2000）在田间评价了两个抗草丁膦转基因水稻与 4 个红稻生物型人工杂交后 F₂ 的生物学特性。复旦大学卢宝荣教授领导的课题组在转基因水稻安全性研究方面也开展了工作。Chen Lijuan 等（2004）研究报道了在田间模拟混合种植情况下转 *Bar* 基因水稻的抗性基因向 13 个杂草稻（*Oryza sativa f spontanea*）种系的抗性漂移比率在 0.011%～0.046%；Rong Jun（2005）、戎俊等（2006）报道了转 *Bt/CpTI* 水稻和非转基因受体水稻在田间不同比例相邻混合种植情况下和间隔种植条件下抗性基因漂移率分别在 0.05%～0.79% 和 0.275%～0.832%。

由于杂草稻和栽培水稻有极为密切的亲缘关系，再加上在我国杂草稻分布广泛和不断蔓延，如果种植转基因水稻，抗性基因就有可能通过花粉流动到杂草稻中，使本来就难以防除的杂草稻携带抗性基因并在自然界中生存定植下来，增加其生存竞争力，从而对水稻生产形成较大的威胁。

（二）与野生稻的基因漂移

野生稻中蕴藏着丰富的抗病虫、抗逆、品质好、蛋白质含量高等优异基因，是水稻育种研究的重要基因源。在亚洲、大洋洲和拉丁美洲，野生稻有 22 种之多，这些野生稻中有一些和栽培水稻的亲缘关系较近，转基因作物的抗性基因渗入到这些野生稻中的可能性较大。抗性基因一旦渗入到野生稻中，将会破坏野生稻的遗传多样性。在我国分布有 3 种野生稻，分别是普通野生稻（*Oryza rufipogon*）、药用野生稻（*O. officinalis*）和疣粒野生稻（*O. meyeriana*），转基因水稻向这 3 种野生稻发生基因漂移的可能性都有研究报道。

宋小玲等（2002）、刘琳莉等（2003）报道了转 *Bar* 基因水稻和药用野生稻的亲和性。研究表明供试水稻花粉在药用野生稻柱头上的萌发生长与药用野生稻自花授粉花粉的萌发生长有一定差异，表现在穿过柱头的花粉粒百分率及内容物释放和正在凝缩、释放的花粉粒百分率较少。虽然转基因水稻花粉能在药用野生稻柱头上正常萌发生长，但转基因水稻的花粉的花粉管在药用野生稻近子房入口处停止生长，转基因水稻的花粉管不能进入子房。杂交后结实率为 0。表明转基因水稻和药用野生稻杂交不亲和。Song Ziping 等（2003）研究了抗性水稻和普通野生稻的基因漂移，表明在田间模拟试验下抗草丁膦转基因水稻向普通野生稻发生基因漂移的频率是 1.21%～2.19%。杂交一代的适合度研究表明杂交种的苗期生存能力、花粉活力、种子产量在父本、母本和杂交种中最差，种子萌发率、小穗产量和旗叶面积居三者之间，而株高、分蘖数、花序数量最高，综合分析认为杂交种的适合度和父母本的适合度没有明显差异。薜大伟、马丽莲和姜华（2005）报道了在田间种植情况下转 *Bar* 基因水稻向这 3 种野生稻漂移的可能性，结果发现抗性基因只向普通野生稻发生了漂移，抗性漂移的比例随两者之间的距离的增加而降低，1m、5m、10m 的频率分别是 3.62%、1.37%、0.19%。

以上研究表明转基因水稻易和普通野生稻发生基因漂移。这和它们的亲缘关系密切相关。亚洲栽培水稻为 AA 型，和普通野生稻的基因组属同一类型；而药用野生稻为 CC 型，疣粒野生稻是 GG 型，和栽培水稻的亲缘关系较远，因此也不易发生抗性基因漂移。

（三）与杂草的基因漂移

稗草是全球性稻田恶性杂草，其分布范围广，数量大，繁殖力强，种类也很多。随着转基因水稻的研制和释放，它们之间能否进行基因交流也引起了普遍关注，一旦发生基因漂移，将会给农田杂草的防除带来巨大困难。虽然稗草和水稻的亲缘关系相对较远，但稗草是水稻的伴生种，发生基因漂移的可能性是否存在，还需从两者的亲和性角度进行探讨。虽然 Dale（1992）提到"稗草和水稻是不亲和的"，但并没有提供证据证明两者的不亲和性发生的阶段和程度。基因漂移的条件之一是两者有重叠的花期，因此宋小玲、强胜和徐言宏等（2002）较为详尽研究了稗草的开花生物学特性，表明稗草每日的开花节律为 80% 左右的颖花在 7：00 之前开，15%～20% 在 7：00～8：30 之间，8：30 之后零星开花，10：30 已不开花。虽然该研究证明稗草和水稻存在一定的花时不遇，但只这一条件不能完全保证两者间不发生基因交流。接着他们（2002）利用生殖生物学手段证明了抗草丁膦栽培水稻与无芒稗（*Echinochloa crusgalli* var. *mitis*）杂交后转基因水稻花粉在无芒稗柱头上都不能正常萌发生长更不能穿过稗草柱头。从而判定两者不亲和性表现在柱头不亲和。为了能充分证明两者的亲和性程度，进一步研究了在蒙导条件下转基因水稻和无芒稗的亲和性，结果也表明两者的不亲和性表现在柱头不亲和。无芒稗和转基因水稻在该试验条件下的不亲和性表现在杂交不亲和的第一步。薛大伟、马丽莲和姜华等（2005）研究了转基因水稻和稗草（*Echinochloa crusgalli*）、千金子（*Leptochloa chinensis*）、水莎草（*Juncellus limosus*）、矮慈姑（*Sagittaria pygmaea*）和鸭舌草（*Monochoria vaginalis*）的基因漂移，但没有发现抗性基因漂移到这些杂草中。

二、转基因油菜的安全性评价

　　油菜包括芸薹属（*Brassica*）植物的许多物种，凡是栽培的十字花科芸薹属植物用以收籽榨油的都叫油菜。我国种植的油菜有 3 种类型，即白菜型（*B. campestris*）、芥菜型（*B. juncea*）和甘蓝型（*B. napus*）。白菜型油菜原产中国，主要集中在长江流域和西北高原各地。芥菜型油菜主要集中在西北和西南地区。甘蓝型油菜是 20 世纪 30～40 年代从欧洲和日本引入我国的。目前在我国种植的主要是甘蓝型油菜。而且培育的转基因抗除草剂油菜也是甘蓝型的。油菜是常异花授粉作物，其花粉的漂移距离较远，花粉活力保持时间较长，再加上近缘种在不同国家和地区都广泛分布，发生基因漂移的风险性相对较大，因此引起了世界各国科学家的普遍关注，是目前抗性基因漂移研究最多的作物之一。我国是油菜生产大国，年度油菜栽培面积达 250 多万 hm²，全国几乎从东到西、从南到北均有油菜栽培。同时我国也是许多十字花科植物的多样性起源中心，近缘种不但种类多，而且生态类型多样，分布非常广泛，其中白菜和芥菜种类尤其丰富，绝大多数是育种的重要资源，也有一些是危害较为严重的杂草，一旦转基因油菜的抗性基因漂移到这些近缘种中，不但破坏野生资源的遗传多样性，也可能形成极难防治的抗性杂草。而且油菜种子在收获过程中很容易散落在田间。如果带有抗性基因的油菜种子散落田间，对下茬作物来说就是一种难防的杂草，特别是在当抗除草剂油菜的和下茬抗性作物所抗的除草剂一致时就很难防除。

（一）油菜的近缘种

　　U. Nagahara（1935）在前人研究的基础上，设计了一个"三角形"来描述芸薹属种的关系（图 2-2）。

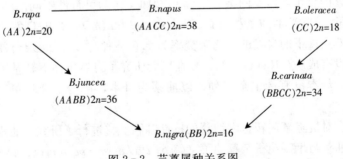

图 2-2　芸薹属种关系图

　　从这个关系图可以看出，甘蓝型油菜（*B. napus*）是双二倍体（$2n=38$，染色体组 *AACC*），是由白菜型油菜 *B. rapa*（$2n=20$，*AA*）和甘蓝 *B. oleracea*（$2n=18$，*CC*）杂交进化而成的。它们三者间的亲缘关系较近。芥菜型油菜（*B. juncea*）是由白菜型油菜 *B. rapa*（$2n=20$，*AA*）和黑芥 *B. nigra*（*BB*，$2n=16$）进化而来的，埃塞俄比亚芥

（*B. carinata*）是由甘蓝和黑芥进化来的。其中白菜型油菜、甘蓝、黑芥称为基本种，而甘蓝型油菜、芥菜型油菜和埃塞俄比亚芥又称为复合种。

除以上近缘种外，同属近缘种还有：*B. adpressa*、*B. gravinae*、*B. campestris*、*B. fruticulosa*、*B. alboglabra*、*B. chinensis*、*B. hirta*；不同属近缘种：*Sinapis arvensis*、*S. alba*、*Raphanus raphanistrum*、*Erucastrum gallicus*、*Eruca sativa* 等。

在我国有种类繁多的白菜类植物和芥菜类植物。白菜类植物如紫菜薹（*B. campestris* var. *purpurarea*）、白油菜（*B. campestris* ssp. *chinensis*）、乌塌菜（*B. chinensis* var. *rosularis*）、白菜、大白菜（*B. campestris* ssp. *pekinensis*）、蔓菁、芜菁（*B. campestris* ssp. *rapifera*）。芥菜类植物如包心芥（*B. juncea* var. *capitata*）、大叶芥（*B. juncea* var. *foliosa*）、雪里蕻（*B. juncea* var. *multiceps*）、茎芥菜、榨菜（*B. juncea* var. *tumida*）等。这些近缘种中都是我国人民的蔬菜、菜油、调味品以及动物饲料的重要来源。

（二）转基因油菜向近缘种的基因漂移

甘蓝型油菜是异源四倍体（allotetraploid），它的基因组组成是 *AACC*（$2n=38$），早有研究表明它和它的祖先种芜菁（基因组 *AA*）杂交的成功率最高，用芜菁作为父母本均能发生杂交，但杂交方向影响结实率；油菜和另一个祖先甘蓝（基因组 *CC*）的杂交较难，但以甘蓝为父本较容易一些。芥菜型油菜 *B. juncea*（*AABB*）、埃塞俄比亚芥 *B. carinta*（*BBCC*）都是四倍体，它们都和油菜有一个共同的基因组，较易杂交，十字花科其他属如 *Diplotavis*、*Erucastrum*、*Eruca*、*Raphanus*、*Sinapis* 和油菜的杂交相对较难，但杂交方向不同难易程度不同。

Jorgensen、Anderson 和 Landbo 等（1996）研究了农田自然条件下转基因抗除草剂油菜和 *Brassica rapa*，*B. juncea* 的杂交，结果表明和 *B. rapa* 的杂交率依实验设计从 35%～93%，和 *B. juncea* 的杂交率为 3%，说明抗性油菜的抗性基因能够漂移到这两个近缘种中。Lefol、Danielou 和 Darmency（1996）研究了转基因油菜和野芥（*Sinapsis arvensis*）杂交，通过体外培养，授粉 100 个花蕾可以得到 1 粒杂交种，田间混合种植没有产生杂交种。Lefol、Seguin-Swartz 和 Downey（1997）采用手工杂交的方法研究了 *Brassica napus*、*B. juncea*、*B. rapa* 和 *Erucastrum gallicum*、*Raphanus raphanistrum* 的相互杂交，表明除以 *R. raphanistrum* 为母本和 3 种父本杂交不能产生可育的杂交种外，其他各杂交组合或多或少都能产生可育的种子，但不同杂交组合 F_1 及回交代的可育性不同。Darmency 和 Fleury（2000）研究转基因抗除草剂油菜和灰芥（*Hirschfeldia incana*）的自发杂交，在 3 年的田间试验中，在自然条件下的自发的平均杂交率为 0.6 杂种/株。属间杂交种和灰芥回交 5 代表明，基因渗入没有成功。Rieger（2001）在田间研究了自然条件下转基因油菜和野萝卜的杂交，以野萝卜为母本没有产生杂交种，以油菜为母本，产生了 2 粒可育杂种，是 *AACCRrRr*，$2n=56$。

我国科学家也对抗除草剂转基因油菜的抗性基因漂移进行了研究。浦惠明等（2005）研究表明，转基因油菜与十字花科杂草荠菜（*Capsella bursa-pastoris*）、碎米荠（*Cardamine hirsuta*）、播娘蒿（*Descurainia sophia*）、诸葛菜（*Orychophragmus violaceus*）、风花菜（*Rorippa islandica*）和遏蓝菜（*Thlaspi arvense*）杂交高度不亲和，而与野芥菜（*B. juncea* var. *gracilis*）以及芸薹属 6 个种甘蓝、黑芥、埃芥、芥菜型油菜、白菜型油菜和甘蓝型油菜表现杂交亲和。李健、官春云和李栒（2006）在人工杂交与田间自然授粉两种条件下，研究了转 *Barstar* 基因油菜向非转基因油菜、其他芸薹属、十字花科植物和杂草的基因转移情况。结果表明，转基因油菜与周围非转基因油菜和新疆野生油菜杂交能产生一定数量的种子，在人工授粉条件下，除和新疆野生油菜能产生少量携带抗性基因的杂交种（在378个授粉花朵中，产生了278个携带抗性基因的杂交种，亲和指数为0.74）外，与其他的都不能。在田间自然授粉条件下，也只有在899株新疆野生油菜中发现了13株携带抗性基因，而与其他十字花科植物或杂草杂交不能得到杂种。可见转基因油菜的外源 Barstar 基因可向周围非转基因油菜和新疆野生油菜进行转移，而很难向其他十字花科植物或杂草转移。

（三）转基因油菜向野芥菜的基因漂移

在我国众多油菜近缘种中最值得关注的是野芥菜（*Brassica juncea* var. *gracilis*）。野芥菜被认为是由栽培芥菜型油菜（*B. juncea*）自逸的结果，最初分布于我国的西部地区并由此向东部扩散。野芥菜在我国的分布生境呈现多样性，西部地区以农田生境分布较多，东部省份以路边荒地较为常见，农田亦有发现。野芥菜种群已经显示出广泛的气候适应性，从我国南部的北亚热带到西北高原的高寒气候带均有分布，分布地年降水量300~2 000mm。地形包括山地、丘陵、平原，以至西部高原海拔4~3 284m。分布地土壤类型广泛，包括西北高原的钙质土类型，川西南山地河谷的红壤及黄红壤，云南的砖红壤，长江中下游的红黄壤、黄棕壤、砂姜黑土、水稻土和黄褐土等。危害作物主要有春（冬）小麦、春（冬）油菜、蚕豆、马铃薯、青稞（大麦）、蔬菜、苎麻、烟叶、茶等。野芥菜具有广泛的分布区域、较强的适应能力以及广泛的危害性。如果抗除草剂转基因油菜的抗性基因能通过花粉传播流动到野芥菜中，并能提高野芥菜的适合度，将可能增加野芥菜的生存竞争能力，而给有效防除野芥菜带来困难。

南京农业大学杂草研究室对油菜向野芥菜的基因漂移进行了研究。通过人工去雄授粉，采用荧光显微镜观察了3种类型栽培油菜花粉在两地采集的野油菜柱头上的萌发生长情况，结合杂交后的结实率，探讨了3种类型油菜和野芥菜杂交的亲和性。结果表明甘蓝型油菜和芥菜型油菜与野芥菜的亲和性都非常高，亲和性指数都达10.0以上，而白菜型油菜和野芥菜的亲和性极低，亲和指数小于0.5。子一代的适合度研究结果表明芥菜型油菜和野芥菜杂交一代的适合度没有降低，而甘蓝型及白菜型和野油菜杂交一代的适合度明显降低，表现在花粉活力降低，结实率极低。通过上述结果表明，白菜型油菜和野芥菜的基因漂移可能性最小，甘蓝型居中，而芥菜型极易和野芥菜发生基因漂移。这项研究为我国培育有自主知识产权、更安全的转基因油菜提供了一定的参考价值。

随后研究了抗草丁膦和抗草甘膦转基因油菜向野芥菜基因漂移的可能性。通过人工去雄授粉和田间隔行种植试验，研究了抗草丁膦和抗草甘膦转基因油菜中的 Bar 基因和 EPSPS 基因向野芥菜流动的可能性。结果表明在人工授粉的情况下，以野芥菜为母本，分别以两种转基因油菜为父本，亲和性指数都很高，达13以上，与野芥菜自交或开放授粉条件下的亲和性指数没有明显差异，说明两种转基因油菜和野芥菜的亲和性较好。经两次除草剂筛选，人工杂交获得的所有 F_1 对相应的除草剂都表现出了明显的抗性，且经 PCR 检测扩增出了各自的特异性条带，说明人工杂交获得的所有 F_1 都携带了相应的抗性基因。F_1 的适合度研究表明，两种 F_1 种子萌发率和母本都没有明显差异，营养生长明显好于母本。但花粉活力和结实率明显下降，携带抗草丁膦基因 F_1 的花粉活力和每角果粒数分别是32.4%和0.59粒，携带抗草甘膦基因 F_1 的花粉活力和每角果粒数分别是35.1%和0.58粒。经两次除草剂筛选和 PCR 检测，表明野芥菜和抗草丁膦油菜或与抗草甘膦油菜田间隔行种植分别能产生0.02%和0.014%的携带抗性基因的 F_1 杂种。以上结果表明抗除草剂转基因油菜的抗性基因具有向野芥菜流动的可能性。

尽管杂交一代的适合度下降了，在以后的回交试验中发现抗性基因能在回交后代中表现，且随着回交代数的增加，其适合度也在增加。因此转基因油菜中的抗性基因漂移到杂草野芥菜的可能性很大。

三、转基因棉花的安全性评价

抗虫性是转基因棉花的主要特性，所以目前转基因棉花的安全性评价主要集中在抗虫转基因棉花的研究上。

（一）抗虫转基因棉花杂草化的可能性研究

某些植物由于导入新的外源基因，而使它对亲本植物或其野生种有更强的生存竞争性。转基因棉花的释放和应用存在同样的问题。许多科学家从转基因抗虫棉的种子活力、生长势和抗逆性等多个方面对其生存竞争性进行了研究。

1. 种子活力及越冬能力　科学家研究了18℃低温和30℃适温条件下的发芽率、发芽势和活力指数，有的抗虫棉的发芽势、发芽率和发芽指数比常规棉高，有的则低，但活力指数均比常规棉低。试验证明转基因抗虫棉的种子活力及越冬性均没有提高。

2. 生长势　大量的转基因抗虫棉的田间试验表明，转基因抗虫棉的生长势与非转基因抗虫棉差别不大，且在一般情况下转基因抗虫棉比非转基因抗虫棉差，主要表现在前期生长发育缓慢，植物偏小等方面。

3. 抗逆性　抗逆性有多种，其中与棉花生长密切相关的抗虫性、抗病性、耐寒性、抗旱性、耐盐碱等多种。许多试验表明转基因抗虫棉除抗虫性得以显著提高外，其他抗逆性没有提高，一旦转基因抗虫棉离开害虫为害这一选择压力，其生存竞争性就不再增加，甚至丧失。

因此从目前的研究结果来看，抗虫转基因棉花杂草化的可能性不大。

（二）转基因抗虫棉抗性基因漂移的可能性

转基因作物进行环境释放时，抗性基因逃逸到野生近缘种中的可能性一直受到人们的关注。虽然我国野外环境下，不存在野生棉属种类，因此在我国不存在抗性基因逃逸到棉花野生种的风险。我国半野生棉属种有中棉（*Gossypium nanking*）、海岛棉（*G. barbadense*）和陆地棉（*G. hirsutum*）。由于中棉的染色体组和倍体都和栽培棉有很大差异，所以杂交不亲和，转基因陆地棉的抗性基因逃逸到半野生中棉的可能性较小。我国野外存在的海岛棉和半野生陆地棉都可以与陆地棉栽培种杂交产生可育的种子，因此转基因棉花的抗性基因逃逸到海岛棉、陆地棉半野生种的可能性最大。但我国半野生棉属种类均分布于云贵高原和华南沿海地区，这些地区不是我国棉花产区，因此转基因棉花在我国释放发生抗性基因逃逸的风险可能性小。

但在我国棉田中仍然存在和棉花同科的许多杂草，如苘麻（*Abutilon theophrasti*）、野西瓜苗（*Hibiscus trionum*）、圆叶锦葵（*Malva rotundifolia*）、梵天花（野棉花）（*Urena procumbens*）、肖梵天花（*Urena lobata*）等，这些杂草虽然和棉花的亲缘关系较远，但由于种群数量大，一旦发生基因漂移，造成的后果就比较严重，因此还有待于开展研究转基因棉花和这些近缘杂草的抗性基因漂移的可能性大小。

四、转基因大豆的安全性评价

（一）抗除草剂转基因大豆的杂草化安全性评价

笔者以抗草甘膦转基因大豆 40-3-2 为例，试验研究抗草甘膦转基因大豆在我国种植的杂草化生态风险，以期为转基因大豆在我国的商业化生态风险评价提供科学依据。在农田生态环境下，利用小区试验比较了抗性大豆、受体品种和当地常规品种的生存竞争能力、繁育能力、自生苗潜力、种子的落粒性和休眠越冬能力等。在适宜季节种植的转基因大豆的生存竞争能力和繁育能力明显低于当地常规品种，表现在复叶数少、植株较矮、结实率低；受体品种的生存竞争能力和常规品种相当，而繁育能力低于常规品种。在非适宜季节三者的生存竞争能力相似，但受体品种和抗性大豆的结实能力均比常规品种略强。3 个品种的落粒性都不强，自生苗潜力较小。所有供试大豆种子的休眠越冬能力都很弱。就本试验的结果抗草甘膦转基因大豆 40-3-2 在我国的杂草化风险较低。

（二）抗除草剂转基因大豆的抗性基因漂移

虽然有专家认为，野生大豆的繁殖力和生存竞争力很弱，在自然界很难成片生长；此外，大豆是自花传粉植物，通常当雄蕊的花粉粒成熟并已传至同花的雌蕊柱头之后，大豆的花朵才会绽开，因此，两种大豆通常无法相互授粉。即使野生大豆在非常偶然的条件下被抗除草剂转基因大豆授粉，也不可能产生危害农业的后果。但我国是大豆的起源中心和种质多样性集中地，现保存有 6 000 多份野生大豆资源，占全球 90％以上。我国的野生大豆资源从黑龙江到广东到处都有分布，野生大豆与栽培大豆没有种的隔离，品种间区别不大，外源基因很容易逃逸到野生大豆中。转基因一旦逃逸，野生大豆种群将受到影响，导致遗传多样性的丧失，所以在我国种植转基因大豆格外需要慎重。已有研究表明对从阿根廷引进的抗草甘膦大豆在田间种植后对大豆及其近缘种漂移可能性及检测方法进行了研究，并在南京点检测到发生基因漂移的野生大豆 1 株。这说明大豆与野生大豆发生基因漂移是可能的。

第五节　转基因植物的安全管理

一、国外的安全管理

（一）美国模式

美国采用以产品为基础（product-based）的管理模式，即转基因生物与非转基因生物没有本质的区别，监控管理的对象应是生物技术产品，而不是生物技术本身。因此，美国没有为转基因生物单独制定法规，但在原有《联邦植物病虫害法》的基础上，增加了重组DNA 技术及遗传工程技术的内容。美国是对转基因安全研究最多的国家，也是全球转基因生物审批最宽松的国家。转基因食品不需要上市前的批准，采取自愿咨询程序。同时规定，转基因食品只有与常规食品显著不同时，如存在过敏反应的可能性时，才必须贴标签标出。

美国目前对转基因生物安全管理的框架是在 20 年前奠定的。随着生物技术产品沿着基础研究开发—大田试验—商业化这一链条的发展，美国政府在 1986 年颁布了"生物技术监管合作框架"，以指导相关联邦机构如何监管生物技术产品的研发和商业化。根据该生物安全管理框架，被称为生物技术产品的转基因生物并没有被区别对待，而是沿用原来引入新农产品的审批程序，只有少数的非原产的和有致病性的产品才需要审批。这主要归因于美国视转基因食品与其对应的传统食品实质等同，采用以基于产品的管理模式，而非基于过程的管理模式。生物技术监管合作框架规定联邦政府各个机构应对生物技术产品进行协调管理，明确职责，互通信息。

　　主要负责转基因生物安全管理的联邦政府部门是美国农业部（USDA）下属的动植物检疫局（APHIS）、环境保护局（EPA）以及食品与药物管理局（FDA）。根据转基因生物的性质、用途不同，可能需要以上一个或多个部门的审批。

　　美国农业部的 APHIS 在管理转基因农作物的田间试验上扮演主要角色。APHIS 将根据转基因成分的释放是否对农业或环境造成危害以决定是否批准田间试验，经过田间试验后，申请人可向 APHIS 提出申请要求取消管制，以促进商品化。APHIS 将对申请进行细致的审查，包括植物农药的潜在风险，对植物新陈代谢的改变，新基因或经修饰基因的表达，对非靶标生物的影响，基因漂移的风险等。经过广泛的审查后，APHIS 如果认定转基因物质自由释放并不会对农业或环境造成危害，则该转基因生物可被解除管制，无须受到APHIS 的核准便可自由种植。

　　当一转基因生物被用来生产可防止、破坏、驱逐或减少害虫的成分时，将被认定为农药须受到 EPA 的管理。EPA 负责管理所有农药的使用和销售以保护公共健康和环境，不区别对待通过不同方法制造的农药，因此 EPA 也负责管理通过现代生物工程生产的农药。EPA 的生物农药和污染防治办公室负责管理通过植物和微生物产生的农药物质的管理与销售。除此以外，EPA 根据《有毒物质管理法案》对所有未受其他机构管理的化学物质（如非用于食品、药物、化妆品和农药）进行管理，特别是针对用于工业的转基因微生物。

　　FDA 负责经过基因工程制成的或衍生的食品与其对应的用传统方法制成的常规食品同样安全。食品与药品管理局主持一个咨询程序，通过咨询程序接受生产商的通知与咨询，建议生产商自愿标识。截至 2006 年，FDA 公布除了一例以外，没有发现任何投放市场的应用现代生物工程制成的产品存在没有解决的食品安全问题。

　　转基因技术给美国带来巨大利润，因此美国对转基因食品管理也相对宽松，转基因食品上市前无需审批，而采用自愿咨询程序，而且规定转基因食品只有与常规食品显著不同，如可能存在过敏反应时，才必须贴标签标出。

　　美国至今没有制定特别的法规管理转基因食品与饲料，也没有制定特别的标准与要求。

　　FDA 在 1992 年的政策，要求应用生物技术生产食品的生产商要考虑生物工程食品发生的预料之中及预料之外的改变，要检测受体、DNA 的供体、被转入或修改的 DNA 及其特性。根据实质等同的原则，新转入的或已知功能的转基因物质，如果曾经在其他食品中以在相当的水平被使用，或与那些安全食用的食品相似，不需要通过 FDA 的批准。有关对转基因食品的标识，美国也暂无特别的规定，而是根据 1938 年《食品标签条例》，要求食品标识必须以食品通用的名称命名，并且必须真实而不误导消费者，标签上必须表明该食品在成分或营养物质含量方面的明显改变，以及所含的已知过敏原、或食物在储存或制作过程中的变化，但由于这部法律不要求标签中注明食品生产的方法，也就是说对于经过生物技术获得的转基因食品不需要特别标识。

　　（二）欧盟模式

　　与美国相反，欧盟对农业转基因生物的管理比较严格，采用的是以工艺工程为基础（process-based）的管理模式。欧盟认为，重组 DNA 技术有潜在危险，不论是何种基因、哪类生物，只要是通过重组技术获得的转基因生物，都要接受安全评价和监控。为此，建立了相应的管理条例和指令及多个与生物技术有关的标准。这一系列法规不仅针对 GMO 及其产品，而且针对研制技术与过程，总体控制比较严格。欧盟各成员国有的直接使用欧盟法规，有的依据这些法律建立本国的法规。

(三) 日本模式

日本采取介于美国和欧盟之间既不宽松也不严厉的管理模式，由日本科学技术厅、农林水产省和厚生省共同管理。

农林水产省依据《农、林、渔及食品工业应用重组 DNA 准则》，负责管理转基因生物在农业、林业、渔业和食品工业中应用，包括：在本地栽培的转基因生物，或进口的可在自然环境中繁殖的这类生物体；用于制造饲料产品的转基因生物；用于制造食品的转基因生物。准则也适用于在国外开发的转基因生物。

由于日本依赖进口食品较多，因此转基因生物及其产品的食品是其安全管理的重点。对于国外进入日本的转基因食品的饲料，厚生省要重新进行安全性评价。目前允许上市的转基因农产品共有 23 种，主要来自美国的转基因大豆和加拿大的转基因油菜。近年来，随着日本消费者对转基因制品特别是食品安全性的担心疑虑不断上升，对政府的压力越来越大，管理趋严。从 2000 年 4 月起，日本对转基因产品实行标志制度，制定了《转基因食品的标总值内容及实施办法》，并设定了 1 年的准备期。

二、国内的安全管理

我国对转基因产品管理和监控是有法可依、有章可循的。1993 年 12 月 24 日国家科学技术委员会发布了《基因工程安全管理办法》，办法按照潜在的危险程度将基因工程分为 4 个安全等级，分别为Ⅰ、Ⅱ、Ⅲ、Ⅳ级，分别表示对人类健康和生态环境尚不存在危险、具有低度危险、具有中度危险、具有高度危险，规定从事基因工程实验研究的同时，还应当进行安全性评价。其重点是目的基因、载体、宿主和遗传工程体的致病性、致癌性、抗药性、转移性和生态环境效应以及确定生物控制和物理控制等级。

1996 年农业部又发布了《农业生物基因工程安全管理实施办法》，并且设立了专门管理机构——基因工程安全管理办公室。该实施办法就农业生物基因工程的安全等级和安全性评价、申报和审批、安全控制措施以及法律责任都作了较为详细的描述和规定。明确规定转基因实验研究、中间试验、环境释放和商品化生产都应首先经过有关部门直至全国基因工程安全委员会批准。

2001 年 6 月国务院发布了《农业转基因生物安全管理条例》（以下简称《条例》）。其目的是为了加强农业转基因生物安全管理，保障人体健康和动植物、微生物安全，保护生态环境，促进农业转基因生物技术研究。条例规定国家对农业转基因生物安全实行分级管理评价制度，将农业转基因生物按照其对人类、动植物、微生物和生态环境的危险程度，分为Ⅰ、Ⅱ、Ⅲ、Ⅳ 4 个等级；并决定建立农业转基因生物安全评价制度和标识制度。《条例》还详细制定了罚则。2002 年 1 月 5 日，农业部根据《条例》的有关规定公布了《农业转基因生物安全评价管理办法》、《农业转基因生物标识管理办法》和《农业转基因生物进口安全管理办法》。《农业转基因生物安全评价管理办法》评价的是农业转基因生物对人类、动植物、微生物和生态环境构成的危险或者潜在的风险。安全评价工作按照植物、动物、微生物 3 个类以科学为依据，以个案审查为原则，实行分级分阶段管理。该办法具体规定了转基因植物、动物、微生物的安全性评价的项目、试验方案和各阶段安全性评价的申报要求。《农业转基因生物标识管理办法》规定，不得销售或进口未标识和不按规定标识的农业转基因生物，其标识应当标明产品中含有转基因成分的主要原料名称，有特殊销售范围要求的，还应当明确标注，并在指定范围内销售。进口农业转基因生物不按规定标识的，重新标识后方可入境。《农业转基因生物进口安全管理办法》规定，对于进口的农业转基因生物，按照用于研究和试验的、用于生产的以及用作加工原料的 3 种用途实行管理。进口农业转基因生物，没有国务院农业行政主管部门颁发的农业转基因生物安全证书和相关批准文件的，或者与证书、批准文件不符的，作退货或者销毁处理。

2002 年 4 月 8 日，卫生部根据《中华人民共和国食品卫生法》和《农业转基因生物安全管理条例》，制定并公布了《转基因食品卫生管理办法》。其目的是为了加强对转基因食品的监督管理，保障消费者的健康权和知情权。该办法将转基因食品作为一类新资源食品，要求其食用安全性和营养质量不得低于对应的原有食品。卫生部建立转基因食品食用安全性和营养质量评价制度，制定并颁布转基因食品食用安全性和营养质量评价规程及有关标准，评价采用危险性评价、实质等同、个案处理等原则。食品产品中（包括原料及其加工的食品）含有基因修饰有机体和表达产物的，要标注"转基因××食品"或"以转基因××食品为原料"。

2005 年 6 月 22 日，成立了第二届国家农业转基因生物安全委员会。根据《条例》规定，国家农业转基因生物安全委员会负责我国农业转基因生物的安全评价工作。农业部按照组成部门、学科门类具有广泛代表性和权威性的原则，经部际联席会议成员单位和相关的推荐，选定了 74 位专家担任第二届国家农业转基因生物安全委员会委员。这些委员主要来自农业部、国家发展改革委员会、科学技术部、卫生部、商务部、国家质量监督检验检疫总局、环境保护部、教育部、国家食品药品监督管理局、国家林业局、中国科学院、中国工程院等部门及其直属单位。第二届安委会在原来涉及转基因技术研究、生产、加工、检验检疫、卫生、环境保护、贸易等专业领域的基础上，增加了食用安全、环境安全、技术经济、农业推广和相关法规管理方面的专家。第二届国家农业转基因生物安全委员会的成立，是我国农业转基因生物安全管理的一件大事，对于进一步加强农业转基因生物安全评价与技术咨询工作，提高我国农业转基因生物安全管理水平和能力，具有十分重要的作用。

农业部每年受理两批基因工程体的安全评价。在这种管理体系下，经过安全评价和检测的转基因产品，可以视为是安全的。

通过上述各类法规在我国初步建立了农业转基因产品安全管理法规体系，并确立了一系列的生物安全管理法律制度：如生物技术及其制品安全等级评定与分类管理制度，转基因生物体使用、处置、释放的申报登记制度和许可制度，转基因生物体越境转移审批制度，转基因生物产品生产、销售许可制度，转基因生物进出口知情同意（AIA）制度等。对转基因农作物从实验室走向大田试验的各个环节——中间试验阶段、环境释放阶段、生产性试验阶段，国家都有法规进行严格具体的监控。

尽管目前我国已初步建立起转基因作物安全管理法规体系的基本框架，但总体而言，有关的法律法规还很不健全，转基因作物安全管理领域立法落后于我国转基因技术的发展现状，突出表现为：首先，转基因生物安全性立法滞后，由于生物工程转基因技术是新兴学科，技术性强，尽管目前已广泛应用于生活、生产的诸多领域，但人们对其认识有一定的局限性，至今尚无一部完整统一的《生物安全法》；其次，有关安全性立法的适用范围没有界定，我国目前只对农业转基因作物的范围作了界定，而对其他领域的范围还未明确界定；再次，现有法律、法规的可操作性差，尤其是公民如何保障自己安全性合法权益不受侵犯，缺乏实体及程序规定；第四，我国的转基因作物安全管理标识制度尚不完善具体，不能够做到与国际规则接轨，从而影响相关产业的健康持续发展；最后，安全防范措施不够到位，由于对转基因技术本身认识的局限性，致使法律所规定的防范措施缺乏科学预见性，有关转基因作物安全性评价技术体系亟待科学规范、完善。

◆ 思考题

1. 抗草丁膦转基因作物的抗性机理是什么？
2. 什么是外源凝集素？它的作用是什么？
3. 为什么要对转基因生物进行安全性评价？
4. 转基因植物的基因漂移是哪三种方式？
5. 简述转基因植物可能引起的生态风险。

第三章 转基因动物的安全性

第一节 转基因动物概况

一、转基因动物的发展概况

（一）转基因动物简介

随着重组 DNA 技术的迅速发展，从最初阶段的细菌基因工程逐步发展到转基因细胞，直至产生转基因动物，转基因动物技术的研究取得了一系列可喜的进展与成果。1982 年，Palmiter 等成功地将大鼠生长激素基因转入小鼠受精卵，获得的转基因小鼠的体重远远大于普通小鼠，被称为超级小鼠（super mice），显示了转基因动物技术人为改造物种或生物性状的可能性，并且激发了人们对此技术持续深入研究的热潮。

转基因动物（transgenic animal）是人类有目的、有计划地将需要的目的基因导入受体动物的基因组中，改变动物体遗传基因 DNA，从而改变动物的性状，使其获得人类需要的新的功能，并能稳定地遗传给后代。简而言之就是指携带外源基因并能表达和遗传的一类动物。该技术通过基因重组等各种方法人为地改造动物基因组，并在动物活体水平上研究有关基因的结构和功能，为从分子到个体多层次、多方位地研究基因提供了新的方法和思路。这种突出的优越性使转基因动物具有广泛的应用潜能。目前，转基因动物成为生命科学研究和开发的重要领域，并逐渐成为一类极具发展前景的高新技术产业。

（二）转基因动物的研究现状

1. 国外转基因动物的研究现状 国外转基因动物的研究主要在动物育种以及生物反应器方面。

（1）转基因动物在动物育种方面的研究进展。1980 年，Gordon 等人用显微注射纯化的方法，获得了转基因小鼠；1985 年，美国人用转移 *GH* 基因、*GRF* 基因和 *IGF*21 基因的方法，生产出转基因兔、转基因羊和转基因猪；同年，德国 Berm 用转移人的 *GH* 基因的方法，生产出转基因兔和转基因猪；1987 年，澳大利亚学者利用注射牛 *GH* 基因的方法生产出转基因猪。

（2）转基因动物作为生物反应器方面的研究进展。1987 年，Gordon 等人首次报道了在小鼠的乳腺组织中表达人的 *tPA* 基因，在此后的几年中，数种有商业开发价值的转基因产品在动物乳腺中生产出来；1991 年，英国人在绵羊乳腺中表达了人的抗胰蛋白酶基因；1992 年，美国的 Velander 又报道了在猪的乳腺中表达人的 C 蛋白基因。此后，尽管公开报道减少，但转基因动物作为生物反应器方面的研究一直在进行，有人还研究利用膀胱作为生物反应器。

2. 我国转基因动物的研究现状 我国是从 1984 年开始转基因动物研究的，最初用于培育转基因小鼠，后又成功获得了乳汁中含有人凝血因子Ⅸ的转基因试管牛、转基因体细胞克隆牛、转基因山羊、乳腺生物反应器、转基因兔模型等。2005 年用受精卵原核显微 DNA 注射与受精卵原核显微穿刺导入 DNA 制备转基因兔，为转基因动物的制备提供了新的方法。中国科学院遗传发育所等单位成功研制转有人类 *DAF* 和 *CD59* 基因的转基因猪，并在灵长类动物进行异种心脏移植试验。2006 年我国科学家成功获得转人乳铁蛋白基因山羊，其乳腺上皮细胞能够表达人乳铁蛋白。2006 年 3 月 19 日，国家专利局正式批准了上海转基因研究中心所申请的一项专利：通过转基因奶羊，产出用于治疗多种疾病、含有高浓度人类溶菌酶的羊奶。这一成果走在了世界转基因技术的前列，具有跨时代的意义。2006 年 4 月，莱阳农学院成功培育了体内带有抗疯牛病基因的转基因克隆牛。2006 年 10 月，广西首次培育出植入巴马小香猪长肉基因的小白鼠，它们比同龄的小白鼠个子、体重都要高。2007 年，我国获得首例利用囊胚注射携带 *LacZ* 基因的胚胎干细胞嵌合体小鼠。2007 年 3 月，天津市农业科学院畜牧兽医研究所成功培育了我国首例肌肉抑制素前肽转基因山羊，将为改造我国传统畜牧业、提升医学等相关领域行业水平起到重要作用。

（三）转基因动物的应用

　　自 20 世纪 80 年代第一只转基因小鼠诞生起，人类就开始了对转基因动物的研究。1982 年 Palmiter 等将大鼠的生长激素基因和小鼠的金属硫基因（*mMT*）启动子融合，获得超级小鼠。此后，转基因动物得到了更广泛的关注。随着研究的不断深入和实验技术的不断完善，有些转基因动物的研究成果已经进入实用化和商业化的开发阶段。目前，转基因动物主要应用于生产、医药、食品等各个领域。

1. 转基因动物在生产中的应用

　　（1）提高动物的适应性和抗病力。对牛、羊等家畜和家禽进行转基因，可以有效提高家畜的耐寒能力、抗病能力，改善其性状。早在 1991 年，科学家就已获得能产生具有抗病活性的单克隆抗体的转基因猪，1992 年获得抗流感病毒转基因猪，增强了对流感病毒的抵抗能力。转基因技术的发展极大地提高了动物的抗病力和适应性，促进了养殖业的发展。

　　（2）有效促进动物生长，提高生产性能。利用动物转基因技术可以促进动物的生长发育，提高动物的生产性能。通过导入外源性生长激素基因，改造动物原有的基因组，从而达到加快动物生长速度，有效提高肉、蛋、奶等产品的产量及饲料利用率的目的。1985 年，科学家第一次将人的生长激素基因导入猪的受精卵获得成功，使猪的生长速度和饲料利用效率显著提高，胴体脂肪率明显降低。此后，人们在转基因猪方面进行了更加深入的研究，取得了一定的成果，在羊、牛和鸡等畜禽以及鱼类的转基因研究方面也相继获得成功。

　　（3）动物生物反应器。动物生物反应器（bioreactor）是指利用转基因活体动物的某种能够高效表达外源蛋白的器官或组织，来进行工业化生产活性功能蛋白的技术，这些蛋白一般是营养保健蛋白或药用蛋白。

　　利用转基因动物生产目的基因产物是转基因动物应用的又一重要领域。将外源基因转入动物，获得转基因动物，从动物的乳汁或血液中获得目的产物，代替传统上用的发酵罐。通过基因工程技术可以不断地提高转基因动物基因表达水平，从而使基因产物的产量获得不断提高，成本将大大降低，获得可观的经济效益和社会效益。在动物体中，选择乳腺作为外源基因的器官是科学界的一致意见，用来生产基因药物或工业用酶，故又称为动物生物反应器。有人把转基因家畜比作"分子农场"，这是一种全新的生产模式。

　　动物乳腺生物反应器是目前生产外源蛋白最有效的生物反应器，也是目前国际上唯一证明可以达到商业化生产水平的生物反应器。乳腺生物反应器是指利用乳腺特异表达的乳蛋白基因的调控序列构建表达载体，制作转基因动物，指导特定外源基因在动物乳腺中特异性、高效率的表达，并能从乳汁中获取重组蛋白的一种生物反应器。

利用乳腺反应器可以生产人们需要的各种珍贵药用蛋白及保健蛋白，为人类的医疗保健事业提供宝贵资源，还能改变乳汁成分，提高奶制品的营养价值，改善人类的饮食。乳腺反应器可以规模化生产，成本低，经济周期短，而且泌乳是动物的一种生理活动，对动物健康没有影响，加之乳腺摄取、合成、分泌蛋白质的能力很强，并且能对重组蛋白质进行多种翻译后加工，同时能将重组蛋白质折叠成有功能的构象，具有稳定的生物活性等优越性，因此乳腺成为公认的生产重组蛋白质的理想器官。现已经应用转基因牛、绵羊和猪生产出一些贵重的药用蛋白，如 α-1-抗胰蛋白酶（AAT）、乳铁蛋白、人血清蛋白、人凝血因子Ⅸ、人凝血因子Ⅷ、抗凝血酶Ⅲ、胶原、血纤维蛋白原、蛋白质 C、组织血纤维溶酶原激活子（tPA）等。

2. 转基因动物在医药上的应用 转基因动物在医药卫生领域的应用最为广泛，是发展最迅速的一个领域。

（1）建立人类疾病模型。建立用于药物研究和适合基因治疗的转基因动物模型是转基因动物研究在医药领域的重要方向。转基因动物作为人类疾病模型可以代替传统的动物模型进行药物筛选，具有准确、试验次数少、经济、显著缩短试验时间等优点，现已成为人们进行快速筛选的一种手段。转基因动物人类疾病模型作为一种全新的治疗疾病的手段，发展极快，它解决了传统方法无法解决的临床难题。

例如，用癌基因或致癌病毒基因制作肿瘤转基因动物模型，可以探讨外来癌基因与实验动物的原癌基因、癌基因表达与癌转化及动物遗传背景或外界激活因素的关系。目前已建立了人胰岛素的转基因小鼠模型以及与人类发病机理相似的阿尔茨海默症（AD）转基因动物模型。AD 转基因动物模型有助于了解 AD 的发病机制，进一步研究针对病因治疗 AD 的药物。英国罗斯林研究所研究人员日前培育出一种转基因母鸡，这种母鸡下的蛋含有能够抗癌和抗其他疾病的蛋白质。张南等利用转基因小鼠研究乙型肝炎病毒 X 蛋白在细胞凋亡中的作用，证明 X 蛋白可在体外和体内诱导细胞凋亡。这些成果为基因治疗人类疾病奠定了基础，使人类的各种疑难杂症可能得到有效治疗，实现医疗史上的一大飞跃。

病毒性疾病的动物模型，由于某些病毒在一般动物体不易感染，很难建立所需的动物模型，而转基因动物则提供了解决的办法，如乙型肝炎病毒（HBV）动物模型的建立。Glebe 等在熊猴、食蟹中发现 HBV 表面抗体，将其用于 HBV 的动物模型研究。Babiner 等建立的 HBV 转基因小鼠为探讨 HBV 的致病机制提供了有用的动物模型，使人们对 HBV 的致病机制有了进一步的认识；同时也为 HBV 的治疗提供了早期实验对象，并可进一步做药效评价。

（2）异种器官移植。目前可供移植的人体器官的缺乏一直是困扰医学界的难题。异种器官移植（xeno-transplantion）有可能成为解决移植器官短缺的最有效的途径。猪最有希望成为人类器官移植的供体动物，因为其器官在大小、结构和功能上与人体器官相近；猪易于繁殖，供应量大，而且费用低廉，产业化的前景甚为乐观。然而，要想实现这一目标首先必须解决的难题是器官移植时出现的超急排斥反应（hyperacute rejetion），因此克服这一障碍便成为异种器官移植成功的关键。

转基因动物技术的应用为解决这一难题开辟了一条新途径。目前，在这方面的研究主要集中在以下几个方面。

①Bracy 等借鉴同种骨髓移植中创建细胞嵌合体的经验，通过转基因技术构建了受体细

胞的分子嵌合体。他们将编码 $\alpha-1$，$3-$半乳糖苷基转移酶（$\alpha-1$，$3-GT$）基因 cDNA 的逆转录病毒载体转染 $\alpha-1$，$3-GT$ 基因敲除了的小鼠（GTO）的骨髓细胞，体外培养回收后再将细胞移植给 $\alpha-1$，$3-GT$ 基因敲除了的小鼠，最后获得含有 $\alpha-1$，$3-GT$ 基因的分子嵌合体小鼠。移植后 9～10 周的检测结果显示，GTO 小鼠血清中有 $\alpha-GalXNA$ 复合物存在；而分子嵌合体小鼠血清中检测不到结合猪细胞的抗体，表明这种分子嵌合体小鼠对猪的细胞不产生排斥反应。

②将人的补体调节蛋白因子基因，通过转基因技术转入到转基因动物品系或细胞系，使这种能够调节或抵制补体反应的人补体蛋白，在将要作为器官供体的动物器官内起作用，从而在器官移植后降低或消除补体反应，目前已经生产出了初步具有这种特性的转基因猪。与基因治疗相结合的方法，将基因治疗用于异种移植研究是为永久性解决移植排斥反应而进行的新尝试。Rosengard 等将人的补体抑制因子、衰退加速因子转移至猪胚中，并使 $hDAF$ 基因得到了不同程度的表达，这可以解决器官移植中的超敏排斥反应，为异种器官移植展示了良好的前景。针对动物体内存在的内源性逆转录病毒可能会通过移植传染给人的危险，Miyagawa 等尝试了利用 RNAi 技术来抑制动物内源逆转录病毒的表达，为利用 RNAi 生产抗猪逆转录病毒的转基因猪提供了一个新方法。这就为生产可供人类移植用的异种器官开辟了一条很有希望的途径。Lai 等和 Dai 等采用基因打靶和体细胞核移植相结合技术，成功地获得了 $\alpha-1$，$3-GT$ 基因敲除猪，消除了异种器官移植的一个主要障碍，进一步推动了器官移植的发展与应用。

（3）培育转基因动物作为宠物。新加坡为检测水环境污染而研究培育的转绿色荧光蛋白基因的斑马鱼，因其可以发出荧光而深受人们喜爱，目前作为观赏的宠物鱼进入了市场。这是第一种上市的转基因动物宠物。转基因动物作为宠物，避免了作为食品的不安全性问题，会快速占领市场，带来经济效益，因此开发转基因动物宠物是一个良好的转基因技术应用方向。

（4）转基因动物性食品。动物性食品是人类食物的重要来源，随着生活水平的不断改善，人们对动物性食物的要求也不断提高。动物中含有多饱和脂肪酸，摄取过多会引起高血脂、高胆固醇等生活习惯病，而不饱和脂肪酸有益于心血管健康。因此，研究转基因动物食品的一个重要方面是提高动物不饱和脂肪酸的含量。2002 年，日本近畿大学的入谷明教授等把菠菜 $FAD12$ 遗传基因植入猪的受精卵内，成功培育出了比普通猪不饱和脂肪酸含量高 20% 的转基因猪，为猪的新品种培育做了有益的尝试。最近，美籍华裔科学家戴易帆等将一种名为 $FAT-1$ 的基因植入猪的胚胎中，之后借助克隆技术培育出了富含 omega-3 脂肪酸的猪。

（四）转基因动物研究中出现的问题

1. 外源基因在宿主基因组中插入的随机性　转基因随机整合在动物的基因组中，很有可能引起宿主细胞染色体的插入突变，还可造成插入位点的基因片段的丢失及插入位点的基因位移，同时也可能激活正常情况下处于关闭的基因。其结果导致转基因阳性个体出现不育、胚胎死亡、畸形、流产等异常现象。

2. 制作转基因动物效率低　目前几乎所有从事转基因动物研究的实验室都面临制作转基因动物效率低的问题，效率低也是制约这项技术广泛应用的关键。以显微注射法生产转基因动物为例，1980 年，通过该法获得第一只转基因小鼠，到目前为止此法仍是最常用的制作转基因动物的方法，但 1997 年，Brem 统计小鼠、大鼠、兔子、牛、猪、绵羊转基因阳性率分别为 2.6%、4.4%、1.5%、0.7%、0.9%、0.9%。

3. 转基因的表达水平很低　许多转基因的表达水平受到宿主染色体上整合位点的影响，往往出现异位表达，影响转基因的表达能力或基因表达的组织特异性，因而使人部分转基因表达水平极低，极少部分表达水平过高。1991 年，Wright 等制作的转 $h\alpha_1AT$ 基因绵羊，其中一只转基因羊在产羔时，乳汁中 $h\alpha_1JAT$ 的水平高达 60g/L，泌乳中期乳汁的 $h\alpha_1AT$ 水平仍维持在 35g/L，外源基因的这种高水平表达是宿主动物难以承受的。

4. 基因整合的机制尚不清楚　人们对动物许多重要基因的结构和功能以及表达的调控机制尚不完全清楚，就目前转基因动物技术而言，成功的随机性很大，有待于从机制上予以突破。所以，深入了解动物基因的结构、功能和表达调控的机制，是开展转基因动物研究的基础和前提。然而，遗憾的是人们对动物许多重要基因的结构和功能却知道得很少，这是深入开展转基因动物研究的主要障碍之一。

二、转基因动物的安全性问题

转基因动物给人类带来了很多好处，同时也带来了许多安全性问题，主要包括：具有某些优势性状的转基因动物可能会对生态平衡及物种的多样性产生不良影响；用转基因动物生产的食物有可能使食用者发生过敏反应；转基因动物器官移植可能会增加人畜共患病的传播机会；转基因动物的研究还将会引发一系列社会伦理问题。为了确保转基因动物对人体的安全性，在大规模生产之前必须对转基因动物进行严格的生物安全检测。虽然转基因动物至今还没有真正进入产业化和市场化，但随着理论上和技术上不断完善，转基因动物及其相关产品必将会对人们的健康和社会发展产生巨大的影响。

（一）转基因对宿主产生的各种不利影响

转基因动物普遍存在健康状况较差和成活率低等问题，如 2002 年，克隆羊"多利"的早逝；转 bCH 和 hGH 基因猪很难活不到性成熟，并且器官衰弱多病，常见嗜睡、突眼，有些猪还会发生肾炎、肺炎、胃溃疡等严重疾病。其原因：①目前多数转基因插入宿主基因组的行为是随机的，如果插入的基因使看家基因产生有义突变或作为看家基因的转基因不表达时，将会对细胞的正常生理功能产生严重影响甚至导致细胞死亡，其结果可能出现转基因受精卵发育不全、纯合子动物死亡或不育等各种异常现象；②外源基因的异常表达也会扰乱宿主的生理代谢。

（二）转基因动物的基因漂移对环境安全的影响

基因漂移（gene flow）是可能造成生态风险的主要因素之一。目前基因漂移造成生态风险的研究主要集中在转基因植物。尤其是 1998 年转 GNA 基因马铃薯的"普斯陶伊事件"和 1999 年转 Bt 基因玉米的"斑蝶事件"引起了人们的极大恐慌与担忧。通过人工对生物甚至人的基因进行相互转移，转基因生物已经突破了传统的界、门的概念，具有普通物种不具备的优势特征。通过基因漂移会破坏野生近缘种的遗传多样性。另外，对人健康也有威胁和影响，如转人的生长激素类基因就有可能对人体生长、发育产生重大影响。为了预防和控制转基因生物可能产生的不利影响，联合国于 2000 年通过了《卡塔赫纳生物安全议定书》。

目前的转基因动物中只有转基因鱼规模较大。对鱼的基因改造不容易被限制在固定的环境中，因而有可能将外源基因释放入自然界进而影响生态环境。转基因漂移的主要形式是转基因动物与其近缘野生种间的杂交。和植物相类似，转基因鱼的目的基因在野生种中稳定下来也可能造成生态问题，可能会导致野生等位基因的丢失，从而造成遗传多样性的下降，最重要的是可能使野生近缘种获得选择优势，进而影响生态系统中正常的物质循环和能量流动。而野生物种基因库中有大量的优质基因，是人类的宝贵资源。这些正是人们最担心的问题。因此，对于转基因鱼，必须采取有效的跟踪管理措施，防止其种间杂交，从而保证生态环境的安全。

除了规模较大的转基因鱼外，转基因动物中规模稍大的就是家养动物，其去向比较容易跟踪。另外，因其对自然环境的适应能力较低，很容易控制和捕捉，只要管理严格、措施得当，不会存在很大的环境问题。其他转基因动物规模较小，具有可控性。目前还不会造成环境安全问题。

另外，目前的转基因宠物——荧光斑马鱼，因为是热带鱼，且转入荧光蛋白基因后，与普通斑马鱼没有其他特性的改变，其在野外不容易存活，不会造成安全问题。随着技术的发展，转基因动物的规模会越来越大，如果没有一套很好的跟踪、评估管理系统，势必从目前的可控状态变成无序的、不可控状态。因此，目前迫切地需要建立一套全球范围的转基因动物的跟踪管理规范、检测和评估系统。

（三）转基因动物食品的安全性评价

利用分子生物学技术，将某些生物的一种或几种外源性基因，转移到其他的生物细胞中去，可以改变其遗传物质（DNA）并有效地表达特有的性状的产物。以转基因生物为原料加工成的食品就是转基因食品。所有生物的 DNA 上都写有遗传基因，它们是建构和维持生命的化学信息。通过修改基因，科学家就能够改变一个有机体的部分或全部特征。

对于转基因动物，有些外源基因及其启动子来自于病毒序列，有可能在受体动物体内发生同源重组或整合，形成新的病毒。外源基因在染色体内插入位点的不同也可能造成不同程度的基因改变，引起非预期效应。转基因动物还可能增加人畜共患病的风险，某些动物可能导致人类过敏性反应等。因此，对于转基因食品，必须提高警惕，要对转基因食品进行严格的食用安全性评价。

检测转基因动物及其产品的营养成分、抗营养因子和天然毒素以及其他由于转入目的基因而发生的成分改变，是安全性评价的重要内容。转基因食品进入市场后需要对其销售及消费状况进行追踪，并对消费人群进行监测，以便于了解转基因食品对消费者的长期效应和潜在作用。建立一套与国际接轨的适合我国国情的转基因动物食品安全性评价方法是目前食品安全领域需要解决的问题。

美国曾向国际市场上推出克隆动物产品——肉、奶，引起业内人士的哗然，由于目前对转基因食品的安全性尚无定论，争论也仍然在继续，在理论方面又有许多无法解答的隐患问题。而实际生活中转基因食品的潜在影响也已经在不断突现出来。

1. 转基因动物食品基本情况　在美国，除已上市的转基因大豆、玉米外，近又推出克隆动物肉、奶上市，其实许多国家在该方面也做过大量的工作，就克隆动物的肉而言，早在几年前，北京就曾将克隆动物在屠宰场进行了屠宰，并由检验员对肉品进行评价和肉眼鉴定，但并没有进一步进行成分分析。就其肉品而言，与正常的动物肉并无特别差异，没有提出肠系膜脂肪含量增多的问题，在这一点上与美国研究报道发现克隆牛的脂肪含量、肠系膜脂肪含量都有较明显增高的报道有差异。

2. 转基因食品对人类身体健康的威胁　虽然转基因食品的安全性尚无定论，但已有许多转基因食品已悄悄地进入到了日常生活中。如何面对这些物质给人类所带来的潜在风险，很值得客观分析和正确面对。

（1）食用转基因食品的异常反应。2005 年的《中国食品报》曾先后两次提到：在孟山都公司的秘密报告中，吃了转基因玉米的老鼠，其血液和肾脏中出现异常反应，说明其中有毒性的物质存在，尤其将血液、肾脏作为靶器官的物质。在另外的报道中，黑凤蝶幼虫吃了被转 Bt 基因抗虫玉米花粉污染的苦苣菜叶 4d 后有 40％死亡，而存活者则幼体较小，可以推断转 Bt 基因抗虫玉米花粉含有毒素。

（2）食用转基因食品的过敏反应。据资料记载，全世界 90％以上食物过敏是由大豆、花生、坚果、小麦、牛奶、鸡蛋、鱼及贝类 8 种食物引起的，此外还有近 160 多种食物曾有过引起过敏反应的记录。在转基因稻米中，有一种名为 Bt 的毒蛋白基因，其特性是抗虫，是一种具有抗虫性的毒蛋白，因此，使科学家忧虑的是这种抗虫蛋白给人类引发过敏反应和健康的风险，所释放的防虫素本身变成为杀虫剂。

（3）转基因食品的毒害性。实际上转基因食品对人类的毒性反应也在不断地突现出来，尤其是那些被认为营养特殊和毒性特殊的成分。1998 年美国奥帕·普兹泰博士在对转基因马铃薯的研究中，发现其可产生一种外源凝集素，它能对老鼠的脏器和免疫系统产生损伤，尤其是大脑、肝脏和肾脏等器官。在对转基因玉米、马铃薯研究中，发现转基因抗虫作物对有益昆虫种群可产生不利影响，也发现转基因生物释放到自然环境后，由于具有多种抗性，将会成为新的优势种群，从而影响到生态平衡，这种平衡失调也会对人类造成许多非预见性的影响。在俄罗斯科学家实验中发现，转基因食品对食用者的后代具有毒害作用，实验的老鼠在其不同部位均出现致病性病变，通过统计 55％的后代出现各种各样的问题。通过动物试验，还发现转基因食品可使实验动物出现生长缓慢、免疫系统遭受破坏、患慢性病的数量增加等，因此可以推测转基因食品对人类有致癌作用，导致发病率和死亡率大幅上升。

另据有关实验报道，用基因工程细菌生产的食品添加剂——色氨酸，曾导致 37 人死亡，1 500 人残疾的事件，这也充分说明了其毒性之大。

3. 转基因动物的寿命问题　　实验发现克隆动物比普通动物寿命短得多，即克隆动物自身的安全性也让人置疑。美国 1999 年 6 月的《新闻和世界报道》透露，苏格兰 PPL 生物技术医疗公司的保尔·希尔斯等人检查了克隆羊"多利"细胞中的端粒，发现其端粒比预期的短 20％，几乎与其 9 岁的母亲（提供细胞核的母羊）的端粒长度一样。这说明"多利"已经提早衰老，并且容易染病和提早死亡。针对这一结果，连培养"多利"的英国罗斯林研究所研究人员坎培尔也承认，"多利"的生长速度比正常的羊要快得多，也由此证明"多利"将很快衰老。

众所周知，端粒是控制生物体寿命的重要物质，它缩短到一定程度后，细胞就不会再分裂，从而完成生命过程并走向死亡。1998 年 2 月 20 日法国克隆的名叫"玛格丽特"的小牛刚出生不久，其脐带就发生感染，尽管研究人员后来又对它使用了大量的抗生素抗感染，但终于不治，于 1998 年 4 月 4 日死亡。由此研究人员终于认为克隆动物可能存在严重的免疫功能缺陷。最近法国科研人员确认，"玛格丽特"之死与严重的基因缺陷有关。他们发现，克隆过程严重干扰了小牛正常的基因功能，使其免疫功能低下，而且体质衰弱，无法抵抗严重的和一般的疾病与感染。具体表现为"玛格丽特"的血液中免疫细胞较少，因而造成免疫力低下。其次该克隆牛的红细胞计数也较少，因而造成贫血，此外其右心室也存在异常。所有这些都是在克隆时由于基因缺陷所引起的，而这种基因缺陷是永久性的，难以逆转。

同样日本克隆出了 8 头牛，但出生后不久就有 4 头死亡。它们也是因为免疫系统功能低下不能抵御感染而死亡的。

4. 转基因动物技术带来的伦理道德问题　由于转基因育种技术打破了物种之间的界限，可将动物的基因转移到植物的细胞内，例如，我国科学家已把一种名叫美洲拟鲽的冷水鱼的抗冻基因转化到番茄细胞内的 DNA 上，培育出转基因抗冻番茄。特别是将人的某些基因转移到动物后，已经引起伦理道德的争议。当然，最有争议的是克隆人的伦理问题。克隆羊"多利"出世以后，一些专家就担心这项创造"多利"的技术有可能被用于克隆人。接着有人想象，克隆技术成熟后，应该先用来复制伟大的科学家、政治家和艺术家。美国生物学家查德·锡德博士居然提出克隆人的计划。这样一来就把家庭关系打破了，社会规范失效了，于是引起人们的顾虑，在政界、社会学界乃至一般群众都惶恐不安，从而引起各国政府的极大重视，为此各国政府都做出相应决策。

人类究竟有多大权利仅仅为了自身利益，而任意改变天然物种的遗传特性？动物是否有自己的"尊严"，有权拒绝进入实验室，以免被人搞得"面目全非"？人类基因是否也有自己的"尊严"，拒绝被移植入毫不搭界的动植物体内？人的基因与动物的基因杂交本身就是一种伦理的反动，人类经过了几十万年乃至上百万年的进化才形成动物群中的高级动物，这种漫长的进化既是文明的又是艰难的，可如今却要反其道而行之，将人与动物合二为一，而且人与动物基因融合后谁能保证不会发生突变，又怎知会不会产生给人类带来灾难的怪物呢？目前公众还不能完全接受基因在种间的转移的观念，并且很多人拒绝使用或食用转基因产品。由此可见，转基因动物技术既可以用来为人类造福，也可以危害人类。当人类不能确保正确合理地操作和利用现代生物技术时，其后果将是灾难性的。这已成为国际社会的共识，所以，应该有一个全世界都来共同遵守的伦理规范来制约转基因技术的研究和应用。

尽管动物的转基因技术有许多需要完善的地方，但其诱人的前景，巨大的效益，促进了转基因技术的迅猛发展。相信随着时间的推移和科学技术的进步，将会消除转基因技术的风险，为人类带来更大的利益。

5. 以严谨适度的态度对待转基因食品　世界各国对转基因生物态度不一。欧洲特别严管，并持排斥政策，而美国则为宽容态度，实际上是经济利益占了主导因素，因其转基因技术也居世界前沿水平，并且多家公司有许多产品出售和待售，有的已经拥有技术专利权，利益的驱动无疑使国家政策随之放宽。美国除农作物外，克隆动物的肉、奶产品方面仍然处于领先地位，也有抢占市场，争取垄断的因素。而我国持严宽适度的态度，比欧洲的排斥政策温和，但又比美国的政策严谨。因为我国一个整体项目的完成常常需要 7~8 年的时间，而且还不能做异地实验。但毕竟转基因生物有它特殊的优越性，在我国人多底子薄的情况下，有它的发展空间。如可以使大米得到增产，肉、奶产量获得增加，动物后代个体不断增强，淡水水产品产量增高，以及可利用水生生物进行污染监测研究等。

6. 以科学发展态度对待转基因食品　转基因技术还将继续发展，转基因食品还将层出不穷，争论还将继续，转基因食品仍将进入食物链，如何加强对转基因食品的安全性评价乃是当务之急，尤其是那些可能存在某种毒素、反营养物质及变应原等的有害物质。对待转基因食品的态度仍然要做到积极发展、严格管理、科学对待，既不持排斥态度，也不能对其安全性（长期效应）掉以轻心，对于通过转基因动物出现的怪异现象，如英国报道的绵羊长着人的心脏、山羊会吐蜘蛛丝、奶牛尺寸是普通牛的 3 倍、猪会在黑暗中发光等，应持平和的心态视之。但不能一概否认该科学领域最终可能对人类生存做出应有的积极贡献。人类食用自然动物性食品，不仅合乎营养学要求，也合乎饮食文化，更合乎伦理道德。

第二节　转基因动物的安全性评价概况

　　依据我国《农业转基因生物安全评价管理办法》第二章第九条，转基因动物同其他农业转基因生物一样，对其安全性实行分级评价和管理。办法规定按照对人类、动植物、微生物和生态环境的危险程度，将转基因动物分为以下 4 个等级：安全等级Ⅰ，尚不存在危险；安全等级Ⅱ，具有低度危险；安全等级Ⅲ，具有中度危险；安全等级Ⅳ，具有高度危险。

一、受体动物的安全性评价

（一）受体动物的安全性评价内容

　　1. 受体动物的背景资料　学名、俗名和其他名称；分类学地位；试验用受体动物品种名称；是野生种还是驯养种；原产地及引进时间；用途；在国内的应用情况；对人类健康和生态环境是否发生过不利影响；从历史上看，受体动物演变成有害动物的可能性；是否有长期安全应用的记录。

　　2. 受体动物的生物学特性　各发育时期的生物学特性和生命周期；食性；繁殖方式和繁殖能力；迁移方式和能力；建群能力；受体动物的竞争性和侵占性行为对其在环境中建群能力的影响；种群大小对繁殖和迁移能力的影响；对人畜的攻击性、毒性等；对生态环境影响的可能性。

　　3. 受体动物病原体的状况及其潜在影响　是否具有某种特殊的易于传染的病原；自然环境中病原体的种类和分布；对受体动物疾病的发生和传播；对其重要的经济生产性能降低及对人类健康和生态环境产生的不良影响；病原体对环境的其他影响。

　　4. 受体动物的生态环境　在国内的地理分布和自然生境，这种自然分布是否会因某些条件的变化而改变；生长发育所要求的生态环境条件；是否为生态环境中的组成部分，对草地、水域环境的影响；是否具有生态特异性，如在环境中的适应性等；习性，是否可以独立生存，或者协同共生等；在环境中生存的能力、机制和条件，天敌、饲草（饲料或饵料）或其他生物因子及气候、土壤、水域等非生物因子对其生存的影响；与生态系统中其他动物的生态关系，包括生态环境的改变对这种（些）关系的影响以及是否会因此而产生或增加对人类健康和生态环境的不利影响；与生态系统中其他生物（植物和微生物）的生态关系，包括生态环境的改变对这种（些）关系的影响以及是否会因此而产生或增加对人类健康或生态环境的不利影响；对生态环境的影响及其潜在危险程度；涉及国内非通常养殖的动物物种时，应详细描述该动物的自然生境和有关其天然捕食者、寄生物、竞争物和共生物的资料。

　　5. 受体动物的遗传变异　遗传稳定性，包括是否可以和外源 DNA 结合，是否存在交换因子，是否有活性病毒物质与其正常的染色体互作，是否可观察由于基因突变导致的异常基因型和表现型；是否有发生遗传变异而对人类健康或生态环境产生不利影响的资料；在自然条件下与其他动物种属进行遗传物质交换的可能性；在自然条件下与微生物（特别是病原体）进行遗传物质交换的可能性。

　　评价内容还包括受体动物的监测方法和监控的可能性、受体动物的其他资料，根据上述评价，参照《农业转基因生物安全评价管理办法》有关标准划分受体动物的安全等级。

（二）受体生物的安全等级及划分标准

根据受体生物的特性及其安全控制措施的有效性将受体生物分为 4 个安全等级。其主要评价内容包括：受体生物的分类学地位、原产地或起源中心、进化过程、自然环境、地理分布、在环境中的作用、演化成有害生物的可能性、致病性、毒性、过敏性、生育和繁殖特性、适应性、生存能力、竞争能力、传播能力、遗传交换能力和途径、对非目标生物的影响、监控能力等。

安全等级Ⅰ：对人类健康和生态环境未曾发生过不良影响；或演化成有害生物的可能性极小；或仅用于特殊研究，存活期短，实验结束后在自然环境中存活的可能性极小等。

安全等级Ⅱ：可能对人类健康状况和生态环境产生低度危险，但通过采取安全控制措施完全可以避免其危害。

安全等级Ⅲ：可能对人类健康状况和生态环境产生中度危险，但通过采取安全控制措施仍基本上可以避免其危害。

安全等级Ⅳ：可能对人类健康状况和生态环境产生高度危险，而且尚无适当的安全控制措施来避免其在封闭设施之外发生危害。

（三）基因转移的受体细胞

研究转基因动物的制备，首先要考虑用何种转基因受体细胞。选择合适的受体细胞和可行的基因导入途径，是该技术成功的前提。基因转移的受体细胞必须是全能细胞，全能细胞随着细胞分化、胚胎发育，可以把其中的基因组储存的全部遗传信息扩大到生物体所有的细胞中。除此以外至少是多能细胞。满足转基因动物需要的受体细胞有以下几种。

1. 原生殖细胞 禽类的原生殖细胞容易分离、培养和冷冻，所以，这种受体细胞在禽类动物较易实现。

2. 配子 配子能把自身携带的基因组全部信息和外源插入基因序列，完整地贡献给合子。由于精子可用作有效的转移载体，所以可以用精子可作为目的基因的受体。较多的是用重组病毒直接感染精子，精子即可把外源基因传到合子。

3. 受精卵或胚胎内细胞团 精卵结合形成的单细胞受精卵，是最常用的外源基因转移的受体；受精后的早期胚胎及囊胚期稍后的胚胎含有内细胞团，该细胞团内含有未分化的胚胎干细胞，也可认为是全能的，或至少是多能性的。所以，用该时期的内细胞团或囊胚期的细胞作为外源基因的受体细胞，也可达到基因转移的目的。但这种情况下制备的转基因动物多为嵌合体。

二、基因操作的安全性评价

（一）基因操作的安全性评价内容

1. 实际插入或删除序列的资料 插入序列的大小和结构，确定其特性的分析方法；删除区域的大小和功能；目的基因的核苷酸序列和推导的氨基酸序列；插入序列在动物细胞中的定位（是否整合到染色体、线粒体，或以非整合形式存在）及其确定方法；插入序列的拷贝数；目的基因与载体构建的图谱；载体的名称和来源；载体是否有致病性以及是否可能演变为有致病性；如是病毒载体，则应说明其作用和在受体动物中是否可以复制。

2. 载体中插入区域各片段的资料 启动子和终止子的大小、功能及其供体生物的名称；标记基因和报告基因的大小、功能及其供体生物的名称；其他表达调控序列的名称及其来源

（如人工合成或供体生物名称）；转基因方法。

3. 插入序列表达的资料　插入序列表达的资料及其分析方法，如 Southern 印迹杂交图、PCR‐Southern 杂交检测图等；插入序列表达的器官和组织、表达量。

根据上述评价，参照《农业转基因生物安全评价管理办法》有关标准划分基因操作的安全类型。

（二）转基因操作的安全性

为确保最终的转基因产物能够达到预期的特性，必须对用来产生转基因动物的重组 DNA 构件加以严格的鉴定。转基因构件的组装、克隆、纯化及最后的鉴定均应有质量监控，每一具体细节均需慎重对待。

1. 转基因及表达系统　提供准备导入动物的基因的详细特征，天然蛋白质及其功能以及表达形式，并说明用于克隆和分离基因的方法。转基因结构的描述应包括适当比例的图谱，曾报道过的或最新测定的核酸序列。对于诸如酵母人工染色体中的大片段 DNA，若全部核苷酸序列尚未确定，应提供详细的限制性内切酶图谱，但无论如何，cDNA 序列应该确定。需要详细说明转基因构件的策略。原始载体即转基因构件均应通过限制内切酶图谱和核苷酸序列对其特征作全面的说明。调节元件的来源尤为重要，需详细交代。转基因的转录控制（包括增强子区、启动子、阻遏子等元件乃至基因座控制区等），若在转基因构件中有定位表达，应有报告资料，若采用起正调节或负调节因子作用的新转录因子，则应充分加以说明。

2. 同源重组技术实现基因的定位整合　同源重组技术可用于动物基因组特定区域的定点隔断或缺失，从而生产一个无效等位基因。这项研究的应用可导致靶基因功能的丧失。已有几例靶基因功能不完全丧失的报道，其机理各不相同。因此说明定位整合的基因其产物不存在任何潜在的功能。

3. 转基因以及表达产物的安全性鉴定　在制作转基因动物的过程中，为了提高转基因动物的制作效率，需要应用标记基因对早期胚胎进行筛选，而且这些标记基因会是终身表达的，这样就需要对标记基因及其表达产物进行安全性检测。转基因动物的用途不同，这种安全检测的侧重点及检测方法也就不同。对所有使用过的标记基因的种类、来源，是否进行过改造等要作翔实的记录并备案保存。对于随机插入激活毒性代谢途径的问题要给予足够的重视。

标记基因的产物导致 3 个不良效应：过敏效应；直接毒性效应；由于蛋白的催化功能而产生的副作用或产生对人类有害的物质。因此在制作转基因动物中应选用表达产物对人或动物无直接毒性，不引起人和动物产生过敏反应的标记基因。

防止标记基因表达产物对目标蛋白的污染的方法：①在制作转基因动物中尽量选用表达产物与目标蛋白性质差异比较大的，以便于分离或标记，应使标记基因的启动子和目标蛋白的启动子具有不同组织器官的表达特异性，这样可以在某种程度上防止标记基因表达产物对目标蛋白的污染。②在转基因构建中标记基因使用早期胚胎特异性表达的启动子是彻底解决标记基因产物对目标蛋白污染或是对异种移植带来的负面问题的一个有效的方法。

4. 转基因体系的安全性评价　目前世界各国对转基因动物的制作方法有很多（如显微注射法、逆转录病毒载体法、精子载体法和基因打靶法等），不同的制作方法的安全性评价是不同的，在制定转基因动物制作方案时应详细说明采用的是哪一种基因导入方法。用病毒类载体制作转基因动物时要特别慎重。这些载体的一些表达产物很有可能对人类和动物带来潜在的危害。已经使用此类方法制作的转基因动物需要经过严格的测试与检验后才可以使用。

三、转基因动物的安全性评价

(一) 转基因动物的安全性评价内容

与受体动物比较，转基因动物安全性评价内容包括：在自然界中的存活能力；经济性能；繁殖、遗传和其他生物学特性；插入序列的遗传稳定性；基因表达产物、产物的浓度及其在可食用组织中的分布；转基因动物遗传物质转移到其他生物体的能力和可能后果；由基因操作产生的对人体健康和环境的毒性或有害作用的资料；是否存在不可预见的对人类健康或生态环境的危害；转基因动物的转基因性状检测和鉴定技术。

(二) 转基因动物与转基因植物安全性评价的不同

转基因动物与转基因植物安全性评价的最大不同在于动植物本身的特性。同一个转基因亲本动物的子代数量很少，在收集参数分析转基因效应时个体之间差异较大，与亲代的差异也不均一，给统计分析和危险性评估带来一定的难度，结果的可靠性也大打折扣。

动物（包括人）体内都存在一些内源性病毒（endogenous virus）和病毒样序列（virus-like sequence），以逆转录病毒为载体时有可能在转基因动物体内合成新的感染性病毒。例如，携带球蛋白基因的鼠白血病病毒（murine leukemia virus，MLV）在载体生长的过程中形成大量重组鼠白血病病毒，这些病毒可引起猕猴致死性淋巴瘤的发生。转基因动物在安全性评价方面比转基因植物有一定的优势，它的销售去向比较容易跟踪，可以建立一套较好的售后跟踪系统。售后调查能够收集到转基因食品的人群暴露情况、新合成物质在人群中的致敏性以及其他与人群健康相关的流行病学信息，有助于更加完善地综合评价转基因动物产品的安全性。另外，亲代的饲养状况和在怀孕期间的信息也应作为安全性评价的一部分内容，因为对动物来讲母体的生长状况严重影响着子代的健康状况。

(三) 目的基因克隆和体外重组与转基因动物的制作方法

1. 转基因动物生产中目的基因克隆和体外重组

(1) 选择目的基因和载体。目的基因可通过人工合成、互补DNA（cDNA）的克隆或DNA克隆获得，在各种核酸酶（如切割酶、连接酶、聚合酶和修饰酶）的作用下，目的基因被克隆后需与载体相连接，形成重组复合体。形成的复合体含有目的基因、标记基因、选择基因、启动子以及受体细胞脱氧核糖核酸结合的酶切位点。

目前用于转基因的载体有SV40（simian vaculoating virus 40）病毒载体、Z载体、腺病毒载体、痘苗病毒载体等。用于标记的基因主要有抗药性基因（抗新霉素、四环素、氨苄青霉素等基因）、二氢叶酸还原酶基因、胸苷激酶基因（TR）等。

(2) 组装完整的表达载体。将以上制备的调控序列和目的基因组装到合适的质粒载体上，然后通过体外扩增、酶切、体外重组形成一个完整的表达载体。

(3) 扩增外源基因。把组装后载体质粒转化至大肠杆菌中扩增，然后分离、纯化重组的质粒DNA，用适当内切酶消化，制备成线状基因片段，再将线状和环状重组脱氧核糖核酸分别溶于无菌生理盐水中，制备成一定浓度，储存备用。

2. 转基因动物的制作方法　转基因动物技术经过近几十年的发展，无论在技术的多样性方面，还是实用性方面都取得了显著进步。从起初的显微注射方法、逆转录病毒载体发展到后来的 ES 细胞法、体细胞核移植法、精子载体法等，特别是体细胞克隆技术的发明，给制备转基因和基因打靶大型动物提供了手段，为人类改良和利用大型畜牧动物拓宽了视野。转基因技术的发展使人们在制备转基因动物时可以根据需要来选择不同的转基因技术。下面介绍 7 种制作法。

（1）显微注射法。该方法是目前应用比较广泛、效果比较稳定的制作转基因动物的方法之一，其创始人是 Jaenisch（1974）。

显微注射法基本原理是：通过显微注射仪将外源基因直接注射到受精卵的雄原核内，使外源基因整合到 DNA 中，移植受精卵使其发育成转基因动物。其主要步骤是：公母畜交配（或通过人工授精）获得原核期受精卵；再将外源 DNA 通过微注射导入原核中（一般是雄原核），然后将微注射后的受精卵移入受体输卵管中继续发育。

例如，Gordon 将 SV40 的复制原点和启动子与疱疹病毒的 TK 基因插入细菌质粒 pBR322，然后将之注入受精小鼠胚胎的原核，并将注射后的胚胎植入待孕母鼠体内，之后获得 2 只转基因阳性小鼠。这也证实了外源基因可以通过这种方法整合到宿主基因组中，为以后的研究工作开辟了一条崭新的途径。1982 年，Palmiter 将 $5'$ 调控区缺失的大鼠生长素基因与小鼠金属硫蛋白 I 基因启动子相连接，然后将融合基因注入受精小鼠的雄原核，获得了 7 只转基因阳性鼠，其中一只在出生后 74d 体重达到同窝非转基因小鼠平均体重的 1.87 倍，这便是著名的"超级小鼠"。1985 年 Hammer 等利用该方法成功地制作了转基因兔、绵羊和猪。Kraemer 于 1986 年制作了转基因牛。上述 3 项研究被认为是动物转基因研究历程上的里程碑。

原核期胚胎显微注射法的优点是转基因效率比较稳定，可对基因进行操作，无需载体，片段大小不受限制，实验周期短；其转基因的长度没有严格限制，适用的动物物种广泛。该方法同时存在许多缺点，价格昂贵，整合率低，由于转基因的整合是随机的，因此整合的位点、拷贝等均难以精确控制。随机整合也可造成较严重的插入突变，影响基因组的其他结构和功能，无法满足精确修饰的要求。此外遗传修饰的方式无法在细胞阶段得到确证，必须在得到转基因动物后才能验证。

（2）精子载体法。精子载体法包括体外授精法和卵母细胞胞质内精子显微注射法。

①体外授精法：这是一种直接用精子作为外源 DNA 载体的转基因方法。就是使具有受精能力的精子与外源 DNA 一起孵育，然后将该精子用于体外受精，并进行胚胎移植，使外源基因得到表达，达到基因导入的目的。

早在 1971 年 Brackert 将精子暴露于纯化的 SV40DNA（^{3}H 标记腺嘌呤）中后，在精子的头部检测到放射性物质，这表明异源 DNA 可以进入哺乳动物精子，且精子能将外源 DNA 携入卵母细胞。1989 年，Lavitrano 等将小鼠精子与环状或线性化的 pSV2cat 质粒在等渗的缓冲液中孵育 15min 后用于小鼠的体外受精，并将受精卵细胞移入受体鼠体内，之后获得了 30% 的转基因阳性鼠。Rottman 等对上述精子载体法进行了改进，将外源 DNA 在与精子共同孵育前用脂质体包埋，脂质体包埋 DNA 后，相互作用形成脂质体-DNA 复合物。此复合物比较容易和精子细胞膜融合，从而更易进入细胞内部。改进后的精子载体法在转基因鸡的制作上获得了满意的结果，对 12 日龄鸡胚用 Southern 印迹杂交法检测发现转基因阳性率为 26%，最理想的一次阳性率高达 92%，实验显示这种情况下外源 DNA 并未整合到宿主基因组，而是以附加体的形式存在于染色体之外。

精子载体法涉及的基因转移方法简便、效率高，育种所用的体外授精技术已经相当成熟，动物育种不经过嵌合体，实验周期短。鉴于体外授精技术比较成熟，该途径也可能成为较有效的 GOF 转基因动物的建立技术，也可以作为进行生殖系细胞基因治疗的实验研究途径。但从目前的研究结果来看，其主要缺点是生产转基因动物时，许多因素影响着 DNA 与精子的结合，实验结果不稳定，可重复性差。该体系和受精卵显微注射途径一样具有目的基因整合的随机性和无法早期验证修饰事件等特点，成功的例子不多，还有待进一步的研究。

②卵母细胞胞质内精子显微注射法：体外授精法生产转基因动物的重复率低、结果不稳定。1998 年，Anthony 等尝试一种新方法：预先将小鼠精子进行破膜处理，与编码绿色荧光蛋白 GFP 或 β 半乳糖苷酶报道分子的外源 DNA 短时间（1min）共孵育，然后微注射入减数分裂 Ⅱ 期的卵母细胞质中，取得 64%～94% 转基因表达胚胎，并揭示精子与外源 DNA 在注射前已结合。将转 GFP 的胚胎移植，20% 的后代表现为基因整合，此项研究揭示，精子膜经冷冻干燥或解冻处理后，外源 DNA 可穿过外膜，吸附于内膜。因此外源 DNA 能通过精子的微注射有效转入卵母细胞，经膜处理的携外源 DNA 精子的微注射是一种有效的转基因手段。

胞质内精子微注射介导手法具有较大的优势，其使用的注射针比原核注射针口径大 100 倍，所以能处理较大的基因构建体，如酵母或哺乳动物人工染色体。对大型动物（如牛、猪等）而言，其合子是不透明的，原核不易见，原核显微注射较为困难，应用该法可克服此缺陷。而且在不同物种中，精子可以保存并且能支持完全发育。这些较大的基因构建体含有表达所需的调控序列，能大大提高外源基因的整合表达水平。1997 年，袁仕善等对这一方法进一步发展，使用阳离子脂质介导技术，具有操作方便、重组性好、转染率高等优点。

（3）逆转录病毒载体法。逆转录病毒（retrovirus）作为转基因载体是目前应用较成功的一种基因转移方法，逆转录病毒的核酸在反转录酶作用下，反转录为双链 DNA，整合到细胞核基因组中。主要是利用反转录病毒 DNA 的长末端重复序列（long terminal repeat，LTR）区域具有转录启动子活性这一特点，将外源基因连接到 LTR 下部进行重组后，包装成高滴度病毒颗粒，加入到动物早期胚胎的培养液中，或与胚胎共培养，或微注入囊胚腔中，携带外源基因的逆转录病毒 DNA 可以整合到宿主染色体上，达到外源基因转移到胚胎的目的。

1974 年，Jaenisch 以鼠莫氏白血病病毒感染附植前的小鼠胚胎得到整合外源基因小鼠，并用回交方法证明这种整合外源基因的小鼠其外源基因的遗传遵循孟德尔规律。1987 年，Saler 等用禽白血病病毒感染早期的鸡胚胎获得了转基因鸡。1995 年，Haskell 等应用该方法获得了转基因牛。以逆转录病毒为载体导入外源基因时，外源基因多属单拷贝整合，这一点区别显微注射法和精子载体法。2001 年，ChanAWS 等利用此技术获得转基因猴。

逆转录病毒载体法的优点是操作简单，外源基因的整合率较高，宿主范围广，可直接进行囊胚腔注射，也可通过去除透明带与胚胎进行共同培养，效果稳定，插入位点克隆分析较容易。但是逆转录病毒载体容量有限，缺点也更明显，并且外源基因难以植入生殖系统，成功率较低。病毒衣壳大小有限，不能插入大的外源 DNA 片段；它们只能转移小片段 DNA（≤10kb）。因此，转入的基因很容易缺少其邻近的调控序列。携带外源基因的病毒载体在导入受体细胞基因组过程中有可能激活细胞 DNA 序列上的原癌基因或其他有害基因，安全性令人担忧。

（4）胚胎干细胞介导的基因转移。胚胎干细胞（embryo stem cell，ES 细胞）是指囊胚期的内细胞团中尚未进行分化的细胞，是全能性细胞，在一定条件下可发育成完整个体。这种细胞具有类似癌细胞无限繁殖和高度分化的潜能，将目的基因转移入 ES 细胞重新导入囊胚或经筛选后对转入外源基因的 ES 细胞进行克隆，可培育转基因个体。胚胎干细胞介导法在小鼠上应用比较成熟，在大动物上应用较晚。

1986 年，Robertson 等用 mos-neo 逆转录载体感染 EK. CCE 系小鼠干细胞。当确认逆转录载体整合进干细胞基因组后，将每 10～12 个整合外源 DNA 的干细胞植入一枚小鼠囊胚期胚胎的囊胚腔，在得到的 21 只小鼠中，20 只小鼠体细胞及生殖细胞中含有外源载体序列，部分嵌合体小鼠可将外源基因传递给 F_1 代。1988 年，Piedrahita 等从猪胚胎中获得了干细胞克隆系，Sitce 和 Strelchenko 等获得牛的胚胎干细胞。尽管建立大家畜 ES 细胞系仍很困难，ES 细胞介导法转基因仍是一条极具魅力的技术路线，随着一些关键技术的成熟，ES 细胞介导法将会在转基因动物的研究中起到更加重要的作用。

(5) 体细胞基因转移和克隆。转基因技术与动物克隆技术结合可大大提高效率，它是以动物体细胞为受体导入外源基因，再以这些含有外源基因的体细胞进行扩增，然后将这种细胞作为核供体导入一个去了核的未受精的成熟卵母细胞中融合并激活，将重构胚直接移植或进行体外培养发育到桑葚胚或囊胚后再植入同步化的假孕动物的输卵管，即可直接获得转基因动物。该系统不仅具有 ES 细胞途径的全部优点，而且物种适用面广，无需经过嵌合体育种就可直接获得纯合个体，实验周期短，效率高。

作为一个较新的技术体系，体细胞克隆技术在基础理论和实验技术上尚待进一步完善。从目前已有的几个体细胞克隆动物的实验结果看，普遍反映出实验的成功率较低。该体系的成熟和推广应用依赖于受精卵和核移植卵发育程序的准确启动和精细调控，而这方面的基础研究较为薄弱，目前尚难在规模水平上开展。世界上首例体细胞克隆羊"多利"出现早衰现象，而且只长到 6 岁就死亡，这反映出在体细胞重新回复到发育全能性细胞的过程中，尚有许多基因表达精细调控的未知细节。从长远的观点来看，大力发展体细胞克隆重组技术并推广应用到转基因动物的建立，必将大大推动转基因动物技术的发展，它可以综合所有途径的优点，又可以克服它们的缺点，应该说是理想的发展方向。同时 ES 细胞在体外能长期培养，又能维持正常的核型，这是其他核型正常的体细胞所不具备的，可能成为在细胞水平对基因组进行精确的遗传修饰的一个重要基础。所以，在 ES 细胞中完成各种遗传修饰，再利用体细胞克隆技术将遗传修饰向整体动物过渡，将可能是一条非常有效的途径。

(6) 基因打靶法。基因打靶 (gene targeting) 也称为定向基因转移，是精确地人工修饰基因组的一种技术。它具有 3 个方面的优良特征：直接性，直接作用于靶基因，不涉及基因组的其他地方；准确性，可以将事先设计好的 DNA 插入选定的目标基因座，或是用事先设计好的 DNA 序列去取代基因座中的相应的 DNA 序列；有效性，在技术上有实施的可能，具有实用意义。

20 世纪 90 年代出现了新的外源 DNA 导入技术，即基因敲除 (gene knock out) 和基因楔入 (gene knock in)。基因敲除类似于同源重组 (homologous recombination)，指外源 DNA 与受体细胞基因组中顺序相同或非常相近的基因发生同源重组而整合到受体细胞的基因组中。此法结合位点精确，基因转移率高，但不能产生核苷酸水平上的突变。条件性基因敲除技术则可以解决这个问题。条件性基因敲除指在某一特定的细胞类型或细胞发育特定阶段敲除某一特定基因，常用打完就走 (hit and run strategy)、标记交换 (tag and exchange strategy) 等新的基因转移策略。自从首次成功利用基因打靶技术在小鼠 ES 细胞实现定点突变以来，这项技术已经成为研究小鼠基因功能的最直接手段。

（7）逆转录病毒载体注入卵母细胞。1998 年，这种方法由 Anthony 等报道，可以认为是对逆转录病毒感染发育早期的动物胚胎方法的一种改进。Anthony 等认为以逆转录病毒载体介导的基因整合的关键在于有丝分裂时核膜分解，细胞有丝分裂的 M 期会出现一个短暂的核膜分裂期，细胞分裂完成后核膜很快重新出现。处于第二次减数分裂 MⅡ期的卵母细胞无核膜的时间远长于 M 期，这就为逆转录病毒载体介导的基因插入提供了更大的可能性。研究者将乙肝表面抗原基因插入复制子缺失的逆转录病毒载体内并以之注射 MⅡ期的牛卵母细胞。注射完毕的卵母细胞同获能后的牛精子共同孵育 24h，使之受精并体外培养到囊胚期再移植入受体母牛的子宫。得到 4 头在皮肤和血液细胞中都携带乙肝表面抗原基因的牛。但美中不足的是逆转录病毒载体携带外源基因的能力较小。

除上述方法外，还有电脉冲法、畸胎肿瘤细胞介导法、磷酸钙沉淀法、高效微弹轰击法等。

（四）转基因动物的保护与饲养

在转基因动物的保护与养殖方面需要有周密计划。在实验方案中应详细注明转基因动物的卫生和房舍监测计划、动物退役和动物及其副产品处理的计划等。

为了保证转基因动物的健康，防止不定因子和动物用药等对产品的污染，卫生监测计划是极其重要和必要的，并且监测计划必须周密而详细。健康档案应包括生产用动物的全部信息，包括从出生至死亡的全部履历，使用过的药物和疫苗等，对病情应作广泛的诊断，有病动物应该使其退役。卫生监测计划的内容应包括监测技术、最后归宿和报告结果的方法等。应明确兽医护理或其他预防措施，如疫苗、维生素补充、营养添加剂的使用的记录方法。放牧动物由于不处在人为控制的环境范围内，对于传染性因子的监测要比圈养动物更严格和全面。

转基因动物本身有时就是一种活体安全检验。我们需要有足够的观察时间来确定产物的组成性表达的特定影响。过量表达或插入效应有可能会产生不良影响，若有可能，应建立多个首建品系以便能将插入效应引起的问题与转基因产物长期表达产生的问题区别开来。

1. 生产用转基因动物的护养环境说明　转基因动物不应采用可能含 TSE（transmissible spongiform encephalopathy，即可传播性海绵体脑炎）因子的动物提取物来饲养，对杀虫剂残留物也需加以检测。饲料消耗量的变化常常是动物生病的征兆，所以动物饲料的成分和消耗量应作为动物护养档案的一个重要组成部分进行记录。但对放牧动物和其他圈养动物，作这类记录是比较困难的。

应对转基因动物的护养环境详细加以说明，说明中应包括动物群体的大小、生育隔离和生物安全性牵制、物理隔离和牵制。若提供的设施不是为单一物种的繁育、保护与饲养，必须考虑其他物种的不定因子对该物种的可能性影响。应能牵制住动物，以防止别的动物闯入；转基因动物配种后应避免因逃逸或疏忽而进入非转基因动物群体，杜绝与非转基因动物配种的机会。

2. 转基因动物的处置和副产品的利用　应明确规定动物暂时退役或永久退役的标准，这可能包括生病、生产中（终）止、不定因子出现（即使无临床症状）、受伤等情况。如果是因病而暂时退役，需就兽医护理和治疗结果建立档案。不管是何原因暂时退役，重新回到生产群体应有明确的标准。

一般说来，退役和死亡的转基因动物的处置，应参照重组 DNA 分子研究有关条例进行管理。对新遗传物质未能成功导入的动物群体欲作饲料来源时，应按照饲料管理办法进行管理。若拟将转基因动物宰杀作为牲畜饲料或人类食品时，必须对相关方面进行安全性评估。服用过药物的转基因动物，此药物可能保留在可食组织中，这种情况可能会影响转基因动物作为人类食品来利用。因此，若打算把转基因动物作为人类食品来利用，那么转基因动物的用药需谨慎。有些问题可能是跨部门的，如有些属农业部，有些则属食品管理范畴，因此除了管理机构，可能还需要一定的仲裁机构进行协调。若有可能，应设置预警动物即同一物种的不育动物，来进行卫生评估，与基因动物生产群体一同保护与饲养。

（五）转基因动物的稳定性评价

我们以各种方法生产出来的转基因动物都需要将其释放到环境中，这就要在释放前对其释放的安全性进行评估，因而转基因的遗传稳定性和表达稳定性是一个十分值得重视的问题。

1. 遗传稳定性评价　外源 DNA 嵌入宿主动物生殖系的过程往往牵涉多拷贝的 DNA 同时整合到染色体的同一位点上。但有时整合位点多于一个，以及整合过程中或整合后，全部或有些基因发生重排或缺失。在传代过程中也可能发生染色体易位、交换等引起转基因在基因组中的位置或基因结构的变化，进而引起所编码的蛋白发生变化以及新基因的灭活或激活沉默基因等。鉴于此，经过若干生殖系世代（经育种）后，其稳定性应该通过如 Southern 杂交或测序等方法来检测。一般来说，几个世代后，在单一染色体位点中的转基因拷贝数会稳定下来。若有可能，在单一染色体位点整合应直接在首建动物这一阶段确证，如果做不到这一点，可采用多个子代的繁育研究和 DNA 限制性酶分析来确定转基因的单一位点整合。

2. 表达稳定性评价　在转基因动物中转基因表达的稳定性会发生改变，这种改变取决于宿主动物的遗传背景，以及转基因由于父系或母系遗传所表现出的印记作用（imprint effect）。有观察结果表明，随着转基因传递代数的不断增加，转基因表达水平降低。因此，在一个世代中和经过若干世代的繁衍后，转基因的稳定性应从表达量角度来确定。转基因产物的稳定性应在转基因动物的整个生产期进行监测。应确定一个可接受的表达量的范围作为生产群体可接受的标准。可能时，正常的或预期的转基因 RNA 转录水平还应包括转录物的大小、相对丰度、RNA 生成的组织和细胞系等角度进行验证。方法可包括 Northern 杂交、RT-PCR、DNA 酶防护等相应技术。对预期产物的产量，或者可能的表达量，应从多个转基因动物系谱中检测，低于确定量最低值者，生产时应不使用。最低值的确定则应通过每一动物直接还是作为合并后的平均数，以及纯化材料中活性组分的浓度是否高到足于确保得以恰当纯化来考虑。

在完成上述评估前应严格控制转基因动物个体，不能发生丢失和与本研究无关的个体发生交配，一旦发生上述意外事故，必须采取必要而有效的措施加以处理。

四、转基因动物产品的安全性评价

（一）转基因动物产品的安全性评价内容

转基因动物产品的安全性评价内容包括：转基因动物产品的稳定性；生产、加工活动对转基因动物安全性的影响；转基因动物产品与转基因动物在环境安全性方面的差异；转基因动物产品与转基因动物在对人类健康影响方面的差异。

（二）转基因产品的安全性评价原则及有关政策法规

目前国际上，普遍公认的转基因产品的安全评价原则是 1993 年欧洲经济合作和发展组织（OECD）提出的"实质等同性原则"，即认为对人类食品的安全性评价是以在预期状况下使用不会对人造成伤害为基础。国际上对生物安全的管理主要有两种观点：一类是以产品为基础的管理模式，以美国、加拿大等国为代表，其管理原则是，以基因工程为代表的现代生物技术与传统生物技术没有本质的区别，管理应针对生物技术产品，而不是生物技术本身；另一类是以技术为基础管理模式，以欧盟等为代表，认为重组 DNA 技术本身具有潜在的危险性，由此只要与重组 DNA 相关的活动，都应进行安全性评价并接受管理。依据这两种观点各国都制定了较严格的生物安全管理法律、法规。

　　虽然我国国家科学技术委员会和农业部分别于 1993 和 1996 年颁布了《基因工程安全管理办法》和《农业基因工程安全管理实施办法》，但是均属部门管理规章，管理力度不够，不足以充分保障我国的生物安全及转基因技术健康有序地发展。2000 年，由国家环境保护局、中国科学院、农业部、科学技术部等部门共同编制完成的《中国国家生物安全框架》，提出了中国生物安全管理体制、法规建设和能力建设方案。但是，目前仍缺乏国家级的综合性生物安全管理法规。因此，政府部门和立法机构应根据我国国情，制定和规范转基因生物管理的相关法律、法规体系已刻不容缓。

（三）转基因动物产品的纯化与鉴定

1. 转基因产物的回收及生产批号确定　　产物回收的首要步骤可先从包括挤奶、放血和摘取组织等做起。设计的回收程序需确保产品的安全性、无菌性以及效价和纯度可达到最佳水平。一般说来，动物数量大时，要求在无菌条件下回收生物材料是不切实际的，但收集设备应尽可能洁净。

　　确定生产批号的条件与标准包括所用动物、批量大小、收集储存时间、无菌过滤前的时间跨度、原材料认可标准及产品合并等，应有详细的说明。产品质量和生产过程的监测体现在生产过程各环节中进行产品纯度的检测。检验方法的灵敏度应确保可最佳地反映产物的结构和效价。这种检验是批量释放的必备措施。

2. 宿主动物的不定因子、产物组织来源及病原体检测　　许多种动物已拟用作生产医药产品的宿主，但因缺乏经验，对有些宿主存在的不定因子可能带来潜在的安全问题，需要逐案加以考虑。不定因子或化学污染物进入动物体内不一定通过危害动物健康表现出来，但有可能随纯化过程而浓集到产品中。因此，健康监测很有必要，但不一定足以保证无此类污染。就大多数产品而言，不定因子污染问题必须给予足够的重视。生产过程必须令人相信能消除或灭活不定因子。有若干因素决定着对动物传染问题的控制力度以及对产品中消除不定因子的确证，这些因素包括产品拟议的用途、产品的组织来源、产物的收集方式、纯化程序以及首建动物产生时动物的管理方式等。例如，来源于乳汁、血液和尿液的产品与来源于无菌操作收集器官的产品所应考虑的问题，侧重点显然不同。需要注意是什么传染性因子及其减少和消除的方法，应征询兽医专家的意见。生产过程中为消除或灭活不定因子所采取的措施应得到认可和批准。

　　目前，在转基因动物中生产医药产品，均利用从乳汁、血液或尿液中将产品进行分离的系统。与通过连续细胞培养的生产方法不同，在转基因动物未纯化产物中，批与批之间掺入的微生物种类或数量等会有很大的差异。生产时，这类差异的范围应给以测定和记录，同时还必须证明下游生产过程具有足够的能力来提供安全而恒定的产品。

　　转基因动物来源的材料潜在地含有各种人类病原体（如病毒、细菌、支原体和传染性海绵状脑病因子等），因此，生产时必须具备确保产品安全的分析方法和纯化程序。从不同动物或从同一动物不同组织分离的产品所带来的微生物污染问题迥然不同。很有必要准备一套致病因子的调查表及公认的检验方法，并征询兽医专家的意见，把感染人的危险作为防范的重点，同时按照 GMP 法规，提出病原体检测和消除的方法。

　　生产原料（如体液）的检验应在合并前对动物逐个地进行，合并方法应正确合理，如一动物的纵向合并，或多动物的横向合并。在开始临床研究之前，进行这些研究的必要性将由对来源材料样品污染程度的分析，病人群可能的临床问题、剂量和用药方式等情况来权衡。必要时可以使用相应的模型系统，如带外壳的模型病毒或不带外壳的模型病毒。显然，原料合并前需作检验的范围会因特定情况而异。在界定检验范围时，需要考虑的因素包括原料的体积以及从动物一次性所能获得的产物数量。在加工或合并前对原料进行不定因子检验，最理想的是对动物逐个地进行这种检验。

　　除物种特异的病原体外，还应对抗体、用药存留、赘物、支原体、真菌及可能有的蛋白质感染因子等考虑进行加工前检验的必要性。材料合并纯化前的粗品应接种在人或灵长类细胞株上，来检测其他人类病原体存在的可能。若污染物有浓集到终产品的可能，加工终了时，还应做潜在污染物检测。在重组 DNA 以质粒直接注射或病毒载体方式导入的场合，还需监测产品中存在转基因的可能性。

（四）产品的同度与纯度分析及纯化产品批量投放检测

　　生产转基因动物产品时，过程鉴定应重点包括：原料中已知的和可能存在的人类病原体；终产品中免疫原和有毒物质的量；产品之间理化性质的均一性；产品的效价。同时应有理化、生物学检测方法和纯度评估时所选择的生产环节的说明。转基因动物来源的产品在人体上开始研究之前，应对其安全性、同度、纯度及效价进行鉴定。有可能时，还应鉴定产品与天然的或重组的相应分子的相似性，如效价、药物动力学性质及差异性，如糖基化、抗原性。商品化时，需说明对生产过程控制的检验内容以及终产品的可接受范围。

　　估计转基因产品的同度、纯度与效价，例如，化学结构、氨基酸组成、序列的二硫键等，应该进行理化、免疫学和生物学的鉴定。转基因动物产品生产部位可能与天然形成的部位不同，致使生化的修饰影响特定生物产品。应当大力消除产品的有关污染。此外，产品纯化过程中带来的污染，如免疫原蛋白质及多糖应规定其限度。最理想的是能提供在原料合并前每一动物所做检验的资料。为要得出明晰的结果，有必要对原料单独地进行具体的处理。若能证明分析技术有足够的灵敏度来提供正确的安全保证，污染检验可在合并加工过的材料上进行。

　　纯化产品定型前需用类似于其他重组产物所采用的方式进行鉴定，因此终产品的效价最好用某种（些）可反映产品的临床用途测试方法来测定。产品投放时可接受的污染水平，产品服用的剂量、途径、次数和时间，临床研究的病人对象等应通过临床前研究来确定。

（五）转基因动物作为组织供体的特殊问题

　　用转基因动物作宿主来提供移植用组织或器官替代品终将成为现实。随着为人体移植动物器官时代的到来，应当警惕出现一系列新的致命病毒的可能。人畜异种器官移植可能会造成病毒的传播，埃博拉病毒、马堡病毒、人免疫缺陷综合征病毒和克罗伊茨费尔特-雅各布病毒就是例证。动物器官中的病毒可能产生变异，随移植物进入人体内可能成为新病原体；动物基因组中永久存在但不活动或不为害的动物病毒，进行器官移植进入人体后可能活动起来，或者同人体内原有的病毒重新结合，形成新的病毒株，使人受感染并使他们得重病。某些人畜共患病原菌或寄生虫，如弓形虫和沙门氏菌也会跨越物种壁垒从动物传播到人类。

从事为人体移植动物器官可能性研究的科学家和医生必须警惕和提防异种移植物中潜在的感染源可能给人类带来的危险。其危险程度虽然难于量化，但无疑会大于零，只是由于人类器官的短缺、异种器官潜在利益的巨大，这种危险可能会被人们所忽略。可以相信，有些组织在移植前可进行保存，这会有足够的时间对诸如动物来源的组织中是否存在不定因子的问题进行评估。组织从动物中取出到移植至人体如果时间不容耽误，则供体动物监测的水平必须足以确保安全性，尤其是在供体组织的无菌性和无不定因子存在的确证上。

在评估拟用于移植的组织的安全性、无菌性和有无不定因子存在的时候，预临床试验尤为重要。动物模型对安全评估极为有用。鉴于对不定因子的极度关注，在评价来自转基因动物的遗传工程组织使用的可能性时，药物及生物治疗的具体细节是至关重要的。

五、转基因动物食品的安全性评价

目前的科学技术水平还不可能完全精确地预测一个基因在一个新的遗传背景中会产生什么样的相互作用，而转基因动物食品中基因的表达受环境等多种因素的影响，因此要完全精确地预测转基因食品的安全性尚有困难。转基因动物食品中有可能出现一些在常规育种中不曾遇到过的新组合、新性状，人们对这些新组合、新性状可能影响人类健康和生态环境的认识还缺乏知识和经验。转基因食品研究与生产迅速发展，这也从一个侧面反映出安全性评估的必要性。随着这些方面研究的进一步发展，转基因食品将进入国际市场。在竞争中，一些发达国家可能会以缺少安全性评价为借口，限制发展中国家转基因动物及其产品进入国际市场，因此转基因食品的安全性评价对我国农产品出口具有重要意义。

（一）转基因动物食品的安全性评价原则

随着转基因动物研究的加速，转基因动物食品的安全性也越来越受到广泛关注。传统的毒理学食品安全评价方法已不能完全适用于转基因技术食品。1993 年，欧洲经济合作与发展组织（OECD）在"现代生物技术食品的安全性评价——概念和原则"的报告中引入了"实质等同性"（Substantial Equivalence）原则，即生物技术食品是否与目前市场上销售的传统食品具有实质等同性。1996 年，联合国粮农组织（FAO）和世界卫生组织（WHO）第二届生物技术食品安全性评价的专家联席会议上，建议将该原则应用于所有转基因植物、动物和微生物食品的安全性评价。在此会议上针对转基因动物性食品安全性评价着重强调，对基因改造的食品，哺乳动物本身的健康可以作为安全性评价的标志；对一些鱼类和无脊椎动物因本身可产生毒素，需进一步进行安全性评价。

转基因食品食用安全性评价的基本原则有：科学原则、实质等同性原则、个案原则和逐步原则等。其中实质等同性原则是安全性评价的起点，它是指以有安全食用历史的传统食品为基础，要求转基因食品和它所替代的传统食品至少要同样安全。由于动物本身的特点，转基因动物要以个案分析为基础，每只转基因动物都要以它的亲本动物作为对照，只有与亲本动物同样安全，才能进行下一步的评价。

目前人们对转基因动物食品的担忧主要体现在：转基因动物食品中加入的新基因在无意中对消费者造成了健康威胁；转基因动物中的新基因给食物链其他环节造成了无意的不良后果；强化转基因动物的生存竞争性对自然界生物多样性的影响。而人们最为关心的问题是转基因动物食品对人体健康是否安全，转基因动物食品与传统动物食品相比有无不安全的成分。这样就需要对转基因动物食品主要营养成分、微量营养成分、抗营养因子的变化、有无毒性物质、有无过敏性蛋白以及转入基因的稳定性和插入突变等进行检测，重点是检测其特定差异。

1. 工程遗传体的特性分析　在考虑转基因动物食品时，对工程遗传体的特性分析是首先要考虑的问题。分子遗传工程体本身的特性有助于判断某种新食品与现有食品是否存在显著差异。分析内容主要包括：供体相关信息，如来源、分类、学名、含有毒物历史、过敏性等；受体相关信息，如与供体相比的表型特征、引入基因表现水平和稳定性、新基因拷贝量等；基因修饰及插入 DNA，如介导物或基因构成、DNA 成分描述等。

2. 实质等同性原则　1993 年经济合作与发展组织（OECD）首次提出了实质等同性原则作为比较的基础。即如果某种新食品或食品成分与已存在的某一食品或食品成分在实质上相同，那么在安全性方面，前者可以与后者等同处理即新食品与传统食品同样安全。1996年 FAO 和 WHO 的专家咨询会议认为实质等同性可以证明转基因产品并不比传统食品不安全，但并不证明它是绝对安全的，因为证明绝对安全是不切实际的。对于转基因动物食品而言，实质等同性本身不是危险性分析，是对新的转基因动物食品与传统销售食品相对的安全性比较。它是一种动态的过程，既可以是很简单的比较，也可能需要很长的时间进行对比，这完全取决于已有的经验和动物食品及动物食品成分的性质。

基于转基因动物来源的食品，实质等同性分析可在食品或食品成分水平上进行，这种分析应尽可能以物种为单位来比较，以便灵活地用同一物种生产各类食品。分析时应考虑该物种及其传统产品的自然变异范围。分析内容包括转基因动物的分子生物学特征、表现特征、主要营养素、抗营养因子、毒性物质和过敏原等。

按照实质性等同原则可以将转基因动物食品相应分为 3 类。

（1）与现有食品及食品成分具有完全实质等同性。如果某一转基因动物食品或成分与现有食品具有实质等同性，则没有必要更多地考虑毒理和营养方面的安全性应等同对待。

（2）与现有食品及食品成分具有实质等同性，但存在某些特定差异。除了新出现的性状，该转基因动物食品具有实质等同性，则应该进一步分析这两种食品确定的差异，包括引入的遗传物质是编码一种蛋白质还是编码多种蛋白质，是否产生其他物质，是否改变内源成分或产生新的化合物。引入 DNA 本身是安全的，因为所有生物体的 DNA 都是由 4 种碱基组合而成的。但应对引入基因的稳定性及发生基因转移的可能性作必要的分析。转基因动物的安全性评估应主要考虑基因产物及其功能，即蛋白的结构、功能和特异性，以及食用历史。此类信息应该在前期进行评价，然后决定是否需要，以及采用何种合适的安全性评价方法确定蛋白质的安全性。通常蛋白质不会引起大的安全问题，因为人类饮食中含有大量的蛋白质组分。

（3）与现有食品及食品成分没有实质等同性。若某一转基因动物食品没有比较的基础，评估该食品或食品成分应根据自身的成分和特性进行。若某转基因动物食品或食品成分与现有的食品或食品成分没有实质等同性，这并不意味着它一定不安全，但必须考虑这种食品的安全性和营养性。

（二）转基因动物食品评价的主要内容

安全性评价的内容包括：外源基因的安全性、基因载体的安全性、转基因过程（插入序列、插入位点、插入序列拷贝数等）、基因插入引起的副作用、基因重组的非预期效应、新表达物质的毒性和致敏性、转基因动物的健康状况、转基因动物及其产品营养成分分析、转基因动物食品在膳食中的作用和暴露水平、食品加工过程对食物的影响、对人体抗病能力的影响以及售后去向和消费人群的流行病学调查。关键成分检测指检测转基因动物产品的营养成分、抗营养因子和天然毒素以及其他由于转入目的基因而发生的成分改变（包括新表达物质的表达量、功能、稳定性）。另外，根据所使用的基因重组的方法，还要评价基因载体的感染性，载体上调控元件对宿主细胞的潜在效应，以及调控元件与内源性致病序列发生整合的可能性，但目前还没有合适的方法进行这方面的安全性评价。

转基因动物与转基因植物在关键成分检测上不完全相同，随转入目的基因的不同而异。例如，人和动物体内分泌类似的激素，鲑体内转入生长激素基因后，一部分转基因鲑表达较高的生长激素（GH）和胰岛素样生长因子（IGF），这种激素的升高是否对人类食用后造成影响，需通过体内或体外试验进一步分析研究。

根据生物信息学评估方法，比较新表达蛋白质与已知蛋白质毒素和有安全食用历史的同种蛋白质的氨基酸序列的相似性及其相似程度可以初步判定其毒性。没有安全食用历史的蛋白质及其他成分的潜在毒性，可按照传统的毒理学方法进行评价。但传统毒理学动物实验通常用于评价简单的化合物，用转基因动物的可食部分进行动物喂饲试验非常复杂。动物饲料在添加受试物后营养素可能出现不平衡，从而使观察到的毒理学表现可能与受试物无关，为了避免此类问题的发生，受试物的添加只能参照国内外实验动物饲料的推荐标准，而这样又会影响试验的灵敏性。动物可食部分添加到饲料后还需进行试食实验，适口性的问题也需要解决。另外由于人和动物的解剖结构和生理特性有很大差异，动物实验的缺陷也显而易见，将动物实验结果推论到人类身上的可信程度也需要考证。致敏反应的机制很复杂，长期以来人们都认为没有单一的指标可以准确地反映一种物质的致敏性。近些年来，对于生物技术产品致敏性的分析形成了一定的模式，其分析包括检测外源基因的来源和表达蛋白质在动物中的含量，表达蛋白质与所有已知致敏原氨基酸序列的同源性分析，表达蛋白质对热、加工过程和蛋白酶降解作用（模拟胃液稳定性试验）的稳定性研究，以及进行特异的血清筛选试验和通过一些致敏动物模型试验进行致敏性分析。

1. 毒性　现有许多动物食品本身都能产生许多有毒物质，但含量并不一定会引起毒效应，当然如果处理不当可能会引起严重的生理问题甚至造成死亡。对于转基因动物食品，首先应判断其与现有的食品有无实质等同性，对关键的营养素、毒素和其他成分进行分析比较。若受体动物存在潜在的毒素，还应检测毒素成分有无变化，插入基因是否导致了毒素含量的变化或产生了新的毒素。对新的食品及产品与现有食品、成分的化学组分进行比较，可更好地对潜在效应进行估计。目前可考虑使用的检测方法包括 mRNA 分析、基因毒性和细胞毒性分析。当生理生化分析方法不能解决基因修饰带来的安全性问题时，可进一步作安全性评估。

2. 过敏　食物过敏是全世界关注的公共卫生问题。有资料表明，近 2% 的成年人和 4%～6% 的儿童患有食物过敏。对转基因动物食品过敏反应的安全性评价程序首先应该了解被转移的基因来源的特征，如是否来自一个常见的或不常见的过敏原，该过敏原有无明确的过敏史，如果此基因来源没有过敏史，应对其蛋白质进行氨基酸序列分析，并将结果与已建立的各种数据库中已知过敏原进行比较。已有的软件可以评价序列同系物、结构类似性以及根据 8 个相连的氨基酸所引起的变态反应的抗原决定簇和最小结构单位进行抗原决定簇符合性的检验。如果这样的评价不能提供潜在过敏性的证据，则进一步应用物理及化学试验确定该蛋白质对消化及加工的稳定性。理由是对消化不稳定的蛋白质不大可能是过敏原。如果氨基酸和化学分析没有阳性发现则可确认该种转基因动物食品没有潜在的过敏性。

3. 激素 转基因动物食品的安全性要考虑用于饲喂动物的药物、饲料的安全性。目前市场上一些天然激素被认为可少量应用于动物增重或提高动物食品质量。大量科学研究证明，如果这些药物得到良好的控制和管理，肉类中激素浓度可以保持在正常的生理范围内，对消费者不会造成安全问题。与天然激素不同，人工合成的激素物质，由于生物体本身不能产生，并且这些成分代谢速度小于天然的激素物质。因此，必须进行严格的安全性检查和评价。可用动物毒性试验来决定肉类中此类成分的安全限度。加工后肉类中激素残留量必须低于安全水平，否则不允许进入市场销售。激素类物质对食品的影响问题目前仍有争论。由于激素类物质的作用是长期的，因此即使微量的改变也可能给人的生理带来永久的变化，所以含激素类的食品安全性问题是绝不能忽视的。

4. 标记基因 对于转基因动物食品中标记基因的安全性主要考虑以下几点。

（1）转基因动物食品中的标记基因有无直接毒性。任何基因都由 4 种碱基组成，人类食用的食品中大都含有 DNA。长期的食用证明，食品中的 DNA 及其降解产物对人体无毒害作用。目前转基因动物食品中所使用的标记基因，其组成与普通 DNA 并无差异。由于转基因动物食品中标记基因的化学组成无异常，而在食品中的含量甚微。因此，WHO（1991）及 FDA（1994）认为转基因 DNA 本身不会对人体产生直接毒害作用。

（2）标记基因的水平转移问题。转基因动物中的外源基因被摄入人体后，能否水平转移至肠道微生物或上皮细胞，从而对人体产生不利影响。特别是抗生素标记基因是否会转移，从而降低抗生素在临床上的有效性。这是目前前沿、热点问题，也是引起广大争议的问题。

（3）标记基因的表达产物是否会有直接或间接的毒害作用。

5. 销售中的安全性评价

（1）售前（pre-market）基因水平安全性评价。售前基因水平评价在于：①了解插入区域中目的基因和所有调控序列（包括启动子、终止子和标记基因等）的大小、功能及其供体生物的名称，并描述其安全性。有些外源基因及其启动子来自于病毒序列，有可能在受体动物体内发生同源重组或整合，造成基因损伤，也可能合成新的病毒。有些研究表明外源基因在动物的消化道内可能并不完全降解，可以通过肠壁进入白细胞、脾脏和肝脏。尽管对于这些研究结果还有争议，但慎重起见，这样的可能性也不能忽略。②了解外源基因在染色体内的插入方式。外源基因在染色体内的插入仍然是随机的，并不能确定地将外源基因插入某个位点。插入位点的不同可造成不同程度的基因改变，引起非预期效应，如有 5%～10% 的转基因动物出现肌肉萎缩、缺肾、不育等缺陷；另有相关研究显示，约 29% 的转基因鼠能够成活但身体衰弱，只有不足 7% 的转基因鼠能够正常健康成活。许多研究者认为标记基因对转基因动物没有伤害，但是并不排除它会给受体动物或者消费者带来非预期的效应，比如促进新的耐抗生素病原体的产生或者成为新的致敏原等。

（2）哺乳类动物本身的健康状况。一般来讲，转入外源基因的负效应可以通过动物本身生长发育障碍、繁殖能力下降等生理病理改变表现出来。例如，转入绵羊生长激素基因的绵羊由于转入基因的异常表达而造成跛足和糖尿病，转入生长激素基因的某种鲑（*Coho salmon*）出现头和颌的畸形等。但是，除了这些明显的病理变化外，外源基因的转入还会引起一些生理指标的轻微变化，如营养素吸收能力、性成熟时间、抗病能力的改变等，可通过观察哺乳动物的这些改变来评价转入基因的安全性。

（3）食品暴露水平的评价。通常用来评价消费个体或群体对转基因动物食品暴露水平的指标有：含有转基因动物成分的食品的种类和地理分布、它代替普通动物食品的程度、在人群中的消费量和持续时间、全人群和特殊人群（免疫缺陷人群、儿童、老人等）的暴露水平、生产和制作转基因动物食品过程中的暴露以及消费者的消费模式等。例如，在美国，各年龄段儿童都可能因为食用转基因鱼产品而摄入其中的生长激素，因此转基因鱼进行暴露评估时要特别评价儿童的暴露状况。

（4）转基因食品的加工方式。加工条件对转基因动物关键营养素生物利用率的改变或对涉及食品安全的一些成分可能会产生一定的影响。因此，在必要情况下可以利用传统的方法来评价加工条件对转基因动物制品的影响。另外，对以改变营养素品质和功能为目的的转基因动物特别要进行额外的营养学评估，主要是营养素摄入与健康关系的评估。

（5）售后（post-market）安全性评价。转基因动物食品进入市场后需要对其销售及消费状况进行追踪，并对消费人群进行监测，以便于了解转基因动物食品对消费者的长期效应和潜在作用。对消费者的营养和健康状况进行调查研究是评价任何膳食改变对消费者影响的重要方法，对转基因动物食品同样适用。

六、其他安全性评价

理论上，医用和观赏用的转基因动物不进入食物链和自然界，对人类的健康和自然环境的影响不大，但实际上在评价转基因动物食用安全性时，不可避免地要考虑这部分转基因动物有可能意外进入食物链。对这部分转基因动物的安全性评价遵循所有以上食用转基因动物的评价内容和程序。目前国际上还没有统一的转基因动物食用安全性评价程序和方法，2003年11月FAO和WHO联合专家委员会讨论提出，转基因动物食用安全性评价基本上可以参照转基因植物食用安全性评价程序，但要具体情况具体分析，仍需遵守国际法典委员会提出的转基因食品的安全性评价原则，各国的安全性评价均应以该指南为指导原则。对于转基因植物已经有一套较完善的安全性评价程序，建立一套与国际接轨的、适合我国国情的转基因动物食品的安全性评价方法是目前食品安全领域需要解决的问题。

第三节　转基因动物的安全管理

一、国外的安全管理

（一）转基因食品的安全管理政策

转基因动物食品的安全管理包括：制定法规、规范内容、评价对象、评价程序、指标确定、组织机构等。由于各国文化传统、宗教信仰以及价值观念不同，各国对转基因动物的食品安全管理采取了不同措施，目前世界上已有许多国家特别是一些发达国家对转基因动物制定了方针政策和法律法规。

美国是世界上最主要的生物产品生产国，也是最早对转基因食品进行管理的国家。转基因食品由美国农业部（USDA）、食品与药物管理局（FDA）、环境保护局（EPA）、职业安全与卫生管理局（DSHA）以及国立卫生研究院（NIH）共同管理。2000年修改后美国《生物食品法》对生物技术食品仍然采取了较为宽松的政策，并由农业部动植物检疫局（APHIS）、环境保护局（EPA）以及联邦食品与药物管理局（FDA）负责环境和食品等方面安全性评价和审批。

英国早在 1989 年就制定了《转基因动物安全管理法》。加拿大也是世界上较大的转基因食品生产国，食品安全由农业部和卫生部管理，对转基因产品的开发力度较为强劲。相反，日本、澳大利亚以及欧盟对转基因产品的开发、生产、监控等工艺过程的审查较为严格，并要求建立转基因食品标记体系。澳大利亚、新西兰于 1999 年 5 月起实施《转基因食品标准》，规定对用基因工程技术生产的食品必须进行安全性评价，如在安全性评价中未获认可，将不得进入市场销售。

国际组织也采取了一系列措施，联合国以及一些国际组织对生物技术的发展以及转基因食品十分关注。国际食品生物技术委员会（IFBC），早在 1988 年就提出采取判定树的原则与方法，对转基因食品进行安全性评价。1992 年，联合国环境发展大会签署了《生物多样性公约》。1993 年，欧盟经济合作与发展组织（OECD）提出生物技术与食品安全性评价原则（实质等同性原则）。1994 年，联合国环境署（UNEP）组织起草了《国际生物技术安全准则》。1996 年第二次联合国粮农组织（FAO）及世界卫生组织（WHO）专家联席会议，建议该原则使用于所有的转基因植物、动物和微生物的安全性评价。1997 年，FAO 和WHO 召开第 25 届食品标签法典委员会会议，提出了一个《关于采用生物技术制备食品的标签的推荐意见》的提案，要求对转基因食品加施 GMO（基因改良有机体）标签。欧洲议会于 1997 年 5 月 15 日通过了《新食品规程》的决议，规定欧盟成员国对上市的转基因产品必须要有 GMO 的标签，这包括所有转基因食品或含有转基因成分的食品。标签内容应包括：GMO 的来源、过敏性、伦理学考虑、不同于传统食品（成分、营养价值、效果）等。1998 年 9 月 1 日欧盟增设了标签指南，规定来自于转基因豆类和玉米的食品（目前不包括食品添加剂，如大豆卵磷脂）必须标签。日本、瑞士政府也先后对转基因食品标签作出了相应的规定。加拿大还没有强制性要求对所有转基因食品作标签表述，但只要其表述是真实而无误导的，就允许并鼓励食品生产商进行自愿性的标签表述。2000 年，生物多样性契约国通过了《生物多样性公约的卡塔赫纳生物安全议定书》。这些措施不仅方便了消费者的认证，也为转基因动物的购买提供了法律指导。在转基因食品的安全管理方面，各国应该广泛加强合作与交流，积极采取转基因食品的安全评价的研究，检测、信息交流以及相关法规法典的制定等，相互借鉴管理经验，并不断修正，实施有效管理。

（二）转基因食品与国际贸易

转基因食品注定是未来食品业的商业制高点，谁开发出的产品多，谁的技术储备大，谁就能在未来的食品竞争中获胜。转基因食品技术带来的垄断优势，使得各国出于经济利益方面的考虑对转基因食品采取截然不同的态度，欧洲和美国在转基因食品问题上的激烈争执，不仅缘于他们对转基因食品的安全有观念上的差异，更由于他们在这个问题上有经济利益之争。消费者和环保势力对转基因食品的态度也会影响到各国政府对转基因食品采取不同的政策，例如欧洲消费者和绿色环保组织强烈要求政府不要签发转基因食品的许可证。

由于对转基因食品缺乏统一的国际标准，加剧了转基因食品国际贸易中的分歧，为了避免争端，各国都希望国际上与这一问题相关的三个国际标准化组织：食品法规委员会、国际动物流行病局、国际植物保护公约制定出统一的标准。但是这些组织的权威性使得他们在制定国际标准时十分谨慎。结果是，由于各国在制定标准方面缺乏合作而导致的分歧只能靠世界贸易组织的争端解决机制来解决。世界贸易组织争端解决专家小组对待提交的争端将会有两种选择：在信息不充分的条件下作出判断。如果这样，世界贸易组织争端解决机制的信誉就会受到损害；以信息不充分为由拒绝受理，那么那些将争端提交世界贸易组织进行解决的国家会感到不满，进而降低对世界贸易组织的支持度。同时，也迫使各成员在转基因问题上寻求其他的解决途径。不管是哪种选择，对世界贸易组织的争端解决机制都是考验。作为现代科技飞速发展的产物，转基因食品几乎涉及国际食品贸易的各个方面，不仅使得各国对食品安全问题倍加关注，而且其引起的贸易争端更是对世贸组织争端解决机制的严峻挑战。

二、国内的安全管理

（一）转基因生物安全管理政策

在我国生物技术飞速发展的同时，我国至今还没有专门针对转基因动物进行管理的法律法规和公共政策。国外的做法给了我国有益的启示，值得学习借鉴，其他与转基因动物的相关法规或部门规章、政策的管理范围还不能满足对转基因动物实施管理和严格监督的需要。因此，为尽可能避免在转基因动物及其产品的研究、开发利用、商业经营可能引起的健康、疾病控制和社会问题造成的不良后果，及早制定专门的法律法规，设计并建立有效的管理机制是一项事关民生的大事。

我国有关生物安全立法工作相对滞后，在相当长的一段时期内实际处于无人管理的状态，这对我国生物技术研究、开发和产业化的深入发展十分不利，一些有识之士纷纷呼吁制定我国的生物技术管理法规。

1989年9月，在国家科学技术委员会主持下，制定我国第一部生物技术管理法规的工作提到议事日程，国家科学技术委员会中国生物工程开发中心成立了法规起草工作班子。

1990年3月30日国家科学技术委员会领导主持召开了《条例》编制领导小组第一次会议。会议强调《条例》的编写应立足我国的国情和重组DNA技术的研究发展趋势，借鉴国外已有准则或条例，制定我国的《条例》。会议确定的《条例》编写原则是：①在促进我国重组DNA技术发展的同时，有效防范对人类健康和生态环境可能造成的危害；②《条例》为行政性法规，必须具有可操作性，并与我国现行的有关法规相衔接，有关归口管理权限、审批程序及监督检查机构要与我国现行管理体系相适应；③《条例》中有关控制性规定，应根据实际情况科学对待，宽严适度；④《条例》应对审批程序、评价系统等作出明确的原则性规定，具体实施细则由有关主管部门负责制定。1990年7月《条例》讨论稿出台，1993年1月国家科学技术委员会审定《条例》并定稿，更名为《基因工程安全管理办法》，呈交国务院审批。

1993年12月24日，由国家科学技术委员会主任宋健同志签发的中华人民共和国国家科学技术委员会第17号令，庄严宣告我国第一部生物技术管理法规——《基因工程安全管理办法》正式颁布实施。《基因工程安全管理办法》（以下简称《办法》）分总则、安全等级和安全性评价、申报和审批、安全控制措施、法律责任和附则6个部分。《办法》根据潜在的危险程度，将基因工程工作分为4个安全等级，同时阐明了基因工程从实验室研究、中试到工业化生产和遗传工程体向环境中释放4种不同工作阶段的安全性评价要点，从事基因工程工作的单位应根据安全性评价结果，确定相应的生物控制和物理控制等级。根据我国的国情，《办法》明确规定由国家科学技术委员会主管全国基因工程安全工作，成立全国基因工程安全委员会，负责基因工程安全监督和协调；基因工程工作的安全管理实行安全等级控制、分类归口审批的制度。《办法》对从事基因工程工作的单位、上级主管部门和全国基因工程安全委员会的职责作了明确的划分和规定，并将国外有关机构中的安全委员会职能赋予了各单位的学术委员会。《办法》适用范围包括了从基因工程实验室研究到商业化的整个过程所有涉及基因工程的工作，这一点与国外多数相应法规不同，仅德国基因工程法有类似的规定，我国的《办法》更侧重于阐明技术和控制管理要点，相对更简明扼要。《办法》除了起到类似 NIH 准则的技术指南作用外，更重要的是为我国基因工程安全管理建立了一个明确、有效的管理框架。从本质上说，《办法》是我国的生物技术管理的协调大纲，是我国有关生物安全的纲领性文件，对我国生物技术的健康发展具有重大的历史意义。

根据《办法》确定的原则，农业部负责我国农业生物技术安全管理。在此以前农业部进行管理的法律依据是《中华人民共和国兽药管理条例》、《兽用新生物制品管理办法》、《进出口动植物检疫条例实施细则》等一系列法律、法规和准则。1996 年 7 月 10 日农业部颁布了《农业生物技术基因工程安全管理实施办法》（以下简称《实施办法》）。《实施办法》采用《办法》对安全等级的划分，在此基础上对安全性评价和控制措施进行了详细的规定。《实施办法》规定有关农业基因工程的工作为：①实验室研究，属于安全等级Ⅰ、Ⅱ的由本单位行政负责人审批，属于安全等级Ⅲ的由单位上级主管部门审批，属于安全等级Ⅳ的由农业部审查并报全国基因工程安全委员会批准；②中间试验，属于安全等级Ⅰ的由本单位审批、属于安全等级Ⅱ、Ⅲ的由农业部审批并报全国安全委员会备案，属于安全等级Ⅳ的由农业部审查并报全国安全委员会审批；③环境释放和商品化生产，属于安全等级Ⅰ、Ⅱ、Ⅲ的由农业部审批，居于安全等级Ⅳ的由农业部审查并报全国安全委员会审批。《实施办法》要求从事基因工程工作的单位，由其法人代表负责设立基因工程安全管理小组，对本单位的申报材料进行审查，并对有关工作给予安全指导。1997 年，农业部受理了第一批农业生物工程安全评价和申报单 26 份（其中国外 4 份）。经过专家评审，已获准 22 项。

转基因动物安全性检测是安全性评价的科学依据和申报材料的要求，是安全评价的一个过程和环节，需准确把握安全评价所需技术检测的法律法规，按照法定和规范的程序实施技术检测，获得有效和合格的技术检测报告，这一点对于转基因动物安全评价的申请者十分重要。我国到目前为止还没有单独制定关于转基因动物安全检测问题的法律法规，但是我国《农业转基因生物安全管理条例》及其配套规章，明确规定了对农业转基因生物实施技术检测，同样也适用于对转基因动物安全检测。

（二）转基因动物食品的安全管理政策

我国的转基因生物管理由农业部（生物基因工程安全管理办公室及生物基因工程安全管理委员会）、卫生部以及环境保护部联合管理，先后制定了一系列法律法规。1993 年国家科学技术委员会颁布了《中国国家生物安全框架》。2001 年国务院总理朱镕基签署公布了（第 304 号令）《农业转基因生物安全条例》。2002 年我国开始实施《农业转基因生物标识管理办法》。2003 年农业部成立了农产品质量安全中心，全面负责农产品的生产安全和产品质量，但对于转基因动物食品，我国食品卫生法中无明确规定，新的《卫生法》尚未出台。

我国自 20 世纪 80 年代起已有近 100 项转基因技术研究，计有植物 47 种、动物 4 种、微生物 31 种。其中批准进行商品化生产的转基因植物只有 6 种，但还没有一个是粮食品种。1996 年农业部颁布《农业生产基因技术工程安全管理实施办法》，但该办法中没有涉及进口农产品。也就是说，目前我国对国外转基因农产品的进口尚未作任何限制。我国转基因农作物田间试验和商品化生产面积居世界第四位，在转基因动物研究方面，我国在转基因鱼、兔、鸡、羊等的研究中取得了突破性进展。在转基因食品的商业化考虑上，我国政府和科学家既谨慎又坚决。1998 年 5 月，农业部生物工程安全委员会批准了 6 个准许商业化的许可证，其中有 3 个涉及食品，即抗病番茄、抗病甜椒和耐储存番茄。

（三）农业转基因生物生产、加工和经营管理的法律规定

生产转基因植物种子、种畜禽、水产苗种，应当取得我国农业部颁发的种子、种畜禽、水产苗种生产许可证，并且生产者应当建立生产档案，载明生产地点、基因及其来源、转基因的方法以及种子、种畜禽、水产苗种流向等内容。单位或者个人从事转基因生物生产、加工的，应当经农业部或者省、自治区、直辖市人民政府农业行政主管部门的批准，并按照批准的品种、范围、安全管理要求和相应的技术标准组织生产、加工，定期向所在地县级人民政府的农业行政主管部门提供生产、加工、安全管理情况和产品流向的报告。从事农业转基因生物生产、加工的单位应当确定安全控制措施和预防事故的紧急措施，作好安全监督记录，以备核查。当发生基因安全事故时，生产、加工单位和个人应当立即采取安全补救措施，并向所在地县级人民政府农业行政主管部门报告。从事农业转基因生物运输、储存的单位和个人，应当采取与农业转基因生物安全等级相适应的安全控制措施，确保农业转基因生物运输、储存的安全。经营转基因植物种子、种畜禽、水产苗种的单位和个人，应当取得农业部颁发的种子、种畜禽、水产苗种经营许可证，并建立经营档案，载明种子、种畜禽、水产苗种的来源、储存、运输的情况。

（四）农业转基因生物进出口管理的法律规定

我国转基因生物安全管理法规定，从我国境外引进农业转基因生物用于研究实验、生产和加工原料，都应当经过国务院农业行政主管部门（农业部）的批准。按照上述 3 种不同的用途，分别适用不同的审批程序和审批标准。其中，进口转基因生物用于研究、实验的，根据所引进转基因生物的安全等级，应当提供法律规定的相应的申请材料，并且只有当引进单位符合以下条件时，农业部方可予以批准：具有农业部规定的申请资格、引进的农业转基因生物在国（境）外已经进行了相应的研究实验、有相应的安全管理和防范措施。境外公司向我国进口农业转基因生物用于生产的，获得批准则必须满足以下条件：输出国家或者地区已经允许作为相应用途并投放市场、输出国家或者地区经过科学实验证明（该生物）对人类和生态环境无害、有相应的安全管理和防范措施。进口转基因生物用于加工原料的，必须符合以下条件并经安全评价合格：输出国家或者地区已经允许作为相应用途并投放市场、输出国家或者地区经过科学实验证明（该生物）对人类和生态环境无害、经农业转基因生物技术检测机构检测确认对人类和生态环境不存在危险、有相应的安全管理和防范措施。

（五）我国转基因生物安全管理法的特点

1. 进一步体现了全过程控制的原则　转基因生物安全问题包括转基因生物技术从研究、开发、生产到实际应用整个过程中的安全性问题。所以，相应的转基因生物安全管理法应当遵循全过程控制原则。国务院颁布的相关法规《基因工程安全管理办法》将转基因生物安全管理分为研究与试验、生产与加工、经营、进口与出口 4 个部分，对转基因生物体的研究和开发、环境释放、生产和加工等诸环节分别做出了相应的法律规定。相比之下，1996 年由农业部颁布实施的《农业生物基因工程安全管理实施办法》（已于 2002 年 3 月 20 日废止）则只对转基因生物工程技术的安全等级、研究、开发以及相应的安全控制措施做出了管理规定。所以，《基因工程安全管理办法》具有明显地贯彻"全过程控制"的立法倾向，这无疑是一种进步。笔者认为这种倾向还必将为我国今后转基因生物安全立法所遵循。

2. 进一步体现了适度控制原则　适度控制原则是指对转基因生物安全的法律要求不能

过高，否则会妨碍我国转基因生物技术研究和应用的健康发展。反之则可能使人类健康和生态环境受到严重威胁，所以应该适度把握法律控制与科学研究自由的平衡关系。

3. 与国际接轨的倾向　目前，标签制度已经成为世界各国转基因生物安全管理的通例，我国的相关规定具有明显与国际接轨的倾向。另外，我国确立的标签制度，一方面保障了我国消费者的知情权；另一方面可以增加国外转基因生物产品向我国进口的成本，间接起到非关税壁垒的作用，从而起到保护我国的农产品市场免受进口冲击的作用。

4. 贸易保护倾向明显　转基因生物安全管理法对农产品对外贸易影响显著，一般贸易商在订货时，既要考虑市场价格，还要考虑能否拿到批准证书，以及拿到批准证书的时间。相关法律法规规定批准期限为270d，甚至更长，更进一步加大了进口操作的风险。在这一环节上，可能增加的成本无法用数字计算。上述一切似乎表明了技术壁垒常作为保护国内农业市场稳定的一种手段。

总体而言，我国现行的转基因生物安全管理法规体系由《农业转基因生物安全管理条例》、《农业转基因生物进口安全管理办法》、《农业转基因生物标识管理办法》、《农业转基因生物安全评价管理办法》和其他一些相关的法律法规组成。转基因生物安全管理领域立法落后于我国转基因生物技术的发展现状，现有的转基因生物安全管理法律法规虽然可以说初成体系，但立法层次还比较低。而且还没有一部从整个生物安全角度对转基因生物技术及其产品的监督管理做出全面、系统规定的高立法层次的综合性法律。尤其是现有的转基因生物安全管理立法工作缺乏统一的指导思想，造成各个生物安全管理法规价值取向单一，不能很好地相互协调。可以预见随着我国对转基因生物安全领域监督管理的加强，转基因生物安全法律必然要进一步走向体系化，并且体系结构也会日趋科学、合理，因为只有如此，才能够实现我国生物安全管理目标：即保证将现代生物技术活动及其可能产生的风险降低到最低限度，最大限度地保护生物多样性、生态环境和人类健康，同时促进现代生物技术的研究、开发与产业化发展以及产品的越境转移能够健康有序的进行。

◆ 思考题

1. 什么是动物生物反应器？目前动物乳腺反应器的应用有哪些方面？
2. 目前在转基因动物研究中出现的问题有哪些？
3. 转基因动物与转基因植物安全性评价的不同之处在哪里？
4. 转基因动物的制作方法有哪几种？
5. 简述转基因动物食品的安全性评价的必要性。

第四章　转基因水生生物的安全性

转基因水生生物的研究始于 20 世纪 80 年代早期，早在 1985 年世界上第一例转基因鱼就诞生在中国。经过几十年的发展，转基因水生生物的种类差不多已经涵盖了所有类型的水生生物。然而，相对于实验研究的蓬勃开展，转基因水生生物的商业化过程却举步维艰。人们对其安全性存在的顾虑正是导致这种状况的主要原因之一。

作为较早开始研究且研究时间较长的一类转基因生物，转基因水生生物的安全性问题一直都是社会公众和学术界关注的热点。对于转基因水生生物安全性的疑问主要是围绕着其对水生生态系统的影响展开的。水生生态系统是生物圈的重要组成部分，它的安全稳定与否对于全球生态稳定有着重要的意义。在转基因水生生物商业化过程之中，不可避免地要将其引入到自然水生生态系统当中，这必然会对水生生态系统的稳定产生不可预测的影响。由于转基因生物自身所存在的缺点以及现阶段科学技术水平的限制，包括水生生物在内的转基因生物的安全性还得不到切实的证明。因此，就需要投入更多的时间和精力进行研究和监测。即便在将来转基因技术取得了突破性的进展，由于科学不确定性及其双重作用的存在，对转基因水生生物安全性的关注也远不会过时。

第一节　转基因水生生物概况

自 20 世纪 80 年代后期开始，以转基因鱼类为主的转基因水生生物的研究进入繁盛时期，世界各个国家和地区的多个实验室相继进入这一研究领域，取得了不同程度的成果。目前，转基因技术已成为培育经济类水生生物新品种的前沿生物技术之一，包括我国在内有许多国家利用转基因技术相继培育成功了一些具有较高经济价值的转基因水生生物品种。在英国，一种转基因罗非鱼已进入小规模的商业化生产。然而，转基因水生生物的开发利用，尤其是商业化生产还只是刚刚起步，还有待通过转基因技术的进一步完善来促进，通过转基因水生生物的生态和食品安全性等一系列问题的解决来普及。

一、转基因水生生物的发展概况

经过国内外研究人员近 30 年的努力，转基因水生生物的研究已经取得了相当丰硕的成果，商业化生产的进程也随着一些技术问题的解决而逐渐加快。随着技术的进一步成熟和完善，相信在不久的将来转基因水生生物的研究、开发和利用一定会取得更大的成果。

（一）已取得的成就

在国内，1985 年中国科学院水生生物研究所朱作言院士领导的科研小组在金鱼受精卵中导入了冠以小鼠重金属螯合蛋白基因启动和调控序列的人生长激素 GH 基因，培育出世界上第一批转基因鱼。在此基础上，他们提出了转基因鱼形成的理论并建立了研究模型。随后，国内许多研究所、科研机构相继进行了水生生物的基因转移研究。其中具有代表性的有：1997 年，章怀云等将红鲤总 DNA 导入草鱼受精卵，获得了体形、体色均变异的个体。1998 年，王铁辉等将团头鲂总 DNA 导入草鱼受精卵，获得了抗病能力强的子代。刘志毅等采用基因枪将外源 DNA 导入中国对虾受精卵和 2、4 细胞胚胎，他们将含 SV40 启动子、GFP 基因和核酶基因的质粒 pGTR 导入虾卵，通过显微荧光观察和 RT － PCR 检测，得到了转 GFP 基因的中国对虾活体。孔杰、刘萍等将羊生长激素基因导入虾卵，通过 PCR 和斑点杂交将基因转移到狗鱼。加拿大的科研工作者把美洲拟鲽抗冻蛋白基因转入大西洋鲑，把抗冻/生长基因转入银大麻哈鱼。法国的 Chourrout 等及英国的 Maclean 等将人生长激素基因转移到虹鳟。德国的 Brem 等将人生长激素基因转移到罗非鱼。爱尔兰的 McZvoy 等把半乳糖苷酶基因转入大西洋鲑。日本的 Ozato 等将鸡晶体蛋白基因导入鱼等。

(二) 未来发展的趋势

作为一项尖端的生物技术，水生生物转基因技术有着广阔的发展和应用前景。基于社会的需求，在未来一段时间内转基因水生生物的研究将会围绕着改良养殖性能、快速育种、作为生产药品的生物反应器等方面开展进行。

1. 改良养殖性能　由于各地水体环境的复杂性，如何提高受体的抗病性、抗逆性，加快其生长速度以及提高饵料的利用率，多培育出一些表现出耐寒或耐热、耐低盐度或高盐度、耐高浓度重金属、耐污染物以及耐缺氧等耐逆性较强的转基因水产品种成为各国科学家密切关注的课题。此方面已有某些研究，如 Chatakondi 的研究初步表明，转有虹鳟生长基因的鲤表现出较好的耐低氧性和抗病力，有的转基因鱼则可提高饵料利用率。另外，有很多试验表明，转基因鱼生长速度可提高 11％～30％。但这些结果多为实验室环境所得，尚待养殖生产环境的进一步检验。

在国外，美国、加拿大、英国、法国、德国、挪威、爱尔兰、匈牙利、俄罗斯、以色列、日本、印度、印度尼西亚、马来西亚以及泰国的数十个实验室很早就开展了鱼类基因转移研究工作。其中著名的有：美国科研者把人的生长激素基因转移到鲶体内。

2. 快速育种　由于转基因技术的应用，使短时间内超越自然界亿万年生物进化历程成为可能，创造出自然界原来没有的品种和品系，而应用传统方法进行品种选育需经过多代反复选种交配才能育成一个优良品种。因此，转基因技术无疑会在水产品快速育种方面具有很强的吸引力和潜在价值。我国的水生生物转基因先贤朱作言等早在 1984 年就率先运用基因转移技术将含有人生长激素的重组基因导入鱼的受精卵内，获得快速生长的转基因鱼，证明了外源基因可在受体鱼中整合、表达和促生长以及通过性腺传递给子代，建立了一个完整的转基因鱼模型，这些结果表明了将鱼类基因工程育种的可行性。

3. 生产医药生物制品　随着研制携带人类胰岛素的转基因鱼以提供胰岛素的研究出现，越来越多的水生生物作为生物反应器（bioreactor）在生产生物活性物质（bioactive ingredient）以满足医药和医疗需要方面充当了重要角色。

4. 防止外源基因的扩散　为有效地防止外源基因的逃逸和扩散，控制转基因水生生物进入天然水域后对同类或可交配的近缘种类的遗传背景产生影响和干扰。目前已报道的通过研制不育的转基因鱼或雌核发育的转基因鱼不失为一个好办法。

(三) 尚待解决的问题

任何技术从出现、成熟直到完善都需要一个过程，转基因技术也不例外。可以这样认为，到目前为止，转基因水生生物还是处在发展的初级阶段，距离成熟完善尚有很长的一段路要走。在这个过程中还有很多问题需要解决，如外源基因的定点整合表达、可控表达、转基因鱼的安全性等。

1. 外源基因在受体中的定点整合和可控表达　外源基因注入受精卵后可与受体基因组整合，整合率与受体种类、注入方式、注入 DNA 的构型以及剂量等诸多因素有关。转基因整合有两种性质，即整合的随机性和拷贝数的变异性。将外源 DNA 引入细胞基因组，绝大多数情况下发生 DNA 随机整合（random integration）。这是一种非常规重组（illegitimate recombination），只有极少数（$10^{-5} \sim 10^{-3}$）才能发生常规重组，即同源整合（homologous integration）。它们对转入基因的表达有很大影响，最明显的例子就是转入基因可由于整合的位置不同而有不同的表达，如整合在封闭的染色质区则很少或几乎不表达，相反如果整合在活化的染色质区域，可能会导致高效表达。整合的转入基因拷贝数的不同也能使转基因表达水平不同。尽管我们希望能得到同源重组的个体，但由于技术上的限制，目前所导入的基因往往都是随机整合。整合位点还不能精确设定的一个直接结果就是整合率和表达率通常会很低，甚至外源基因的整合造成了宿主基因组的突变，即有害整合。由于导入基因的不确定性，在受体中整合的量及部位不同，又缺少调控手段，外源基因在受体中的表达也是不确定的。后代中具有的外源基因拷贝数目不一样，发生分离的优良性状不能稳定遗传，转基因的表达具有不可预见性，产出的转基因后代以畸形者居多。不过近年来某些物种的转基因成功率逐渐得到一些改善（表 4-1）。

表 4-1　PCR 技术检测转 MThGH 基因红鲤各世代的转基因阳性率

（引自崔宗斌等，1998）

检测世代	P₀ 代	F₁ 代	F₂ 代	F₃ 代	F₄ 代
繁殖方式		阳性 P₀ 群体繁殖	阳性 F₁ 群体繁殖	阳性 F₂ 群体繁殖	阳性 F₃ 群体繁殖
检测鱼数	12	24	22	20	35
阳性数	7	17	17	18	33
阳性率	58.3%	70.8%	77.3%	90%	94.3%

2. 转基因水生生物的培育与繁殖性能　时至今日，常见生物的转基因技术已经相当成熟，所以今后的研究工作重心会向如何解决转基因后的水生生物正常生长、成熟及繁殖，所转入的外源基因在后代中有效地遗传及建立起有效的繁育群体等实际问题方面转移。已有事实证明，此项工作可能比预期想象的还要艰巨得多，因为它牵涉的研究领域很多，如发育生物学、胚胎学、组织学等，研究起来也超乎困难，因为其中还会涉及伦理等社会问题。

3. 转基因水生生物应用的安全问题

（1）生态安全问题。目前，有关转基因水生生物对生态环境的影响，令人担心的焦点集中在如下两方面：一是如何避免转基因水生生物逃逸或释放到外界环境后，与野生物种进行交配，而导致外源基因的扩散，改变物种原有的基因组成，造成种质资源的混乱；二是如何预防个体经人工定向改造，产生抗逆、抗病性强的特性，一旦释放到自然环境中，对环境具有更强的适应性和竞争力，可能威胁现有的物种，破坏原有的种群生态平衡。对此，研制转基因的不育个体将成为解决这个问题的方法之一。

（2）食用安全性问题。为提高产出，目前转入的基因大多为生长激素类基因，由于其表达产物——生长激素对人体具有重要影响，因此引起全社会的普遍关注，以致对转基因产品的食用安全性评价的重要性日渐突显出来。张甫英按类似卫生部新药毒理学实验规范进行了昆明种小鼠摄食转"全鱼"基因黄河鲤后生理和病理研究。张希春报道了以转 *GH* 基因鲤作为食物，用猫做实验动物的结果。由于人们意识到这些问题较晚，所以研究才刚起步，其他方面的研究如营养学评价、过敏性评价及模式蛋白的建立等更是鲜见报道，因此转基因食用安全性评价的基础研究还有许多空白尚待填补。

（3）基因操作过程的安全性。严格来说，进行基因操作之初需要详细了解目的基因的来源、结构、功能和用途；了解克隆载体的来源、特性及安全性；了解重组 DNA 分子的结构及复制特性，外源基因整合位点效应，确保重组体在使用过程中的安全性。此外，还要选择有效和安全的基因导入途径，避免基因工程菌的流失和对环境的污染。事实上这些问题往往容易被一些急功近利的转基因研究者所忽视，所以还有大量的工作需要去做。

二、转基因水生生物的类型

目前，国内外已经研制成功的转基因水生生物基本涵盖范围主要是具有较高经济价值的水生生物类别。其中主要包括转基因鱼类、转基因虾、转基因贝类等，其他种类转基因水生生物的研究也在逐步开展当中。

（一）转基因鱼类

鱼类转基因研究在水生生物当中是最早的，也是目前国内外获得最成功的转基因动物之一。世界上第一例转基因鱼出现在中国，随后英国、法国、加拿大、爱尔兰、德国、美国等也先后进行了转基因鱼的研究（表 4 - 2）。自 20 世纪 80 年代后期开始，国际上掀起了鱼类基因转移研究的高潮，国内外多个实验室以不同的鱼为对象，相继投入这一领域的研究，并取得了不同的进展。世界范围内已有的转基因鱼类多达数十种，其中有数种已经进入商业化生产。

1. 转基因鱼的意义　在人类食物消费中，相比普通家畜人们对鱼类更为偏好，因此它们是重要的蛋白质来源。发展和完善鱼类基因转移技术，将对鱼类有用的基因，如抗寒性、抗病性、抗盐性、生长激素以及干扰素等基因导入鱼卵可改良鱼类性状，为培育高产、优质及抗逆的养殖鱼类新品系提供新途径。

2. 鱼类转基因的概况　转基因鱼研究早期人们使用较多的基因为生长激素 *GH* 基因，它们来自于人、牛、鼠等哺乳动物，重组基因的启动子也多来自小鼠重金属螯合蛋白基因或病毒基因。面对这些来自五湖四海的基因，公众无论从心理还是伦理上都难以接受含有这些基因的鱼，加之转移基因的定点整合技术尚不过关，已经研制的转基因鱼都没有能够形成一个遗传上稳定的品系，在短期内定向培育性状优良、遗传稳定鱼类新品种的愿望一时难以实现，以致培养出来的品种五花八门，奇形怪状，客观上造成公众对转基因鱼的安全问题日渐关注。

表 4 - 2　成功的鱼类基因转移
（引自王进科，2001）

鱼　种	基　因	年份
大西洋鲑	*fAFP/fAFP*	1988
斑马鱼	*SV40/Hygro*	1988
大西洋鲑	*mMT/β-Cal*	1988

（续）

鱼　种	基　因	年份
大西洋鲑	*mMT/rGH*	1988
罗非鱼	*mMT/hGH*	1988
斑马鱼	*SV40/CAT*	1988
青鳉	*mMT/rtGH*	1990
青鳉	*FLus/FLuc*	1990
虹鳟	*cC/cC*	1989
金鱼	*RSV/CAT*	1990
鲤	*RSV/rtGH*	1990
白斑狗鱼	*RSV/bGH*	1991
泥鳅	*mMT/hGH*	1989
北美沟鲇	*RSV/bGH*	
鲤	*SV40/bGH*	1988
鲤	*RSV/bGH*	1988
金鱼	*RSV/Neo*	1990
虹鳟	*RSV/tGH*（cDNA）	1990
鲇	*RSV/rtGH*	1991
鲤	*mMT/hGH*	1991

　　20 世纪 90 年代以来，与鱼类相关的转基因研究的热度总体有所下降，一些主要的发达国家尤其如此，但在此期间仍然取得了一些成果。譬如我国学者首先提出"全鱼"的概念和构建"全鱼"基因的设想，为基因在鱼类之间的转移作了理论上准备。为验证此设想他们于 1989—1992 年先后分离和克隆了鲤和草鱼肌动蛋白基因 *CA* 和草鱼生长激素基因 *gcGH*，并将其反转录为 cDNA，与草鱼 *CA* 基因 5′端启动调控区和 *gcGH* 基因 3′端下游结尾区组成鱼类基因高效表达的载体 pCAz 重组，构建出全部由我国鲤科鱼类基因元件组成的"全鱼" *GH* 基因重组体 pCAgcGH 和 pCAgcGHc，并应用于转"全鱼"基因鱼的培育，获得了生长速度提高 20%～30%的鲤和银鲫。与此同时，国外通过构建成功的鲑科鱼类"全鱼" *GH* 基因，证实了"全鱼" *GH* 基因在受体鱼中的促生长作用。综上所述，"全鱼" *GH* 基因的构建和应用，无疑使转基因鱼向实用化迈出了重要一步。

　　3. 鱼类转基因特点　鱼类的生物学特点决定了利用鱼类受精卵系统进行转基因研究相对哺乳类动物相应系统有无可比拟的优势。这些优势主要体现在：①材料来源丰富，鱼类一次怀卵量大，容易获得大量基因转移的受体。②操作管理方便，鱼卵在室温下干净的水中即可完成胚胎体外发育，操作方便，易于培养、管理和观察。③可控性好，鱼类发育至幼鱼的时间短，可以用改变环境温度控制其发育速度，是研究发育过程中基因调控与表达等生物学问题的理想材料。此外，鱼类是脊椎动物之中系统发育较原始的类群，不同种属，甚至在不同科之间，容易亲和协调，因此鱼类在接受外源基因和外源基因表达方面较高等的种类更为容易。

4. 鱼基因转移的主要方法　　用于鱼类基因转移的方法很多，主要有显微注射法、电脉冲法和精子携带法（表 4 - 3）。

表 4 - 3　国内外鱼转基因方法概况

（引自王永杰等，1997）

鱼种类	外源基因	启动子	导入方法	研究结果			
				整合	表达	遗传	年份
鲫	*hGH*	mMT	显微注射	＋	＋	＋	1985
金鱼	*hGH*	mMT	显微注射	＋			1985
泥鳅	*hGH*	mMT	显微注射	＋	＋		1986
虹鳟	*C-hGH*	mMT	显微注射	＋			1987
罗非鱼	*hGH*	mMT	显微注射	＋	＋	＋	1988
大麻哈鱼	*fAFP*	fAFP	显微注射	＋	＋	＋	1988
罗非鱼	*fGH*	mMT	显微注射	＋	＋		1988
虹鳟	*hGH*	mMT	显微注射	＋	＋		1986
鲇	*rtGH*	RSV	显微注射	＋			1989
大西洋鲑	*hGH*	mMT	显微注射	＋	＋		1989
泥鳅	*hGH*	mMT	电脉冲	＋			1989
鲤	*tGH*	RSV	显微注射	＋	＋		1990
狗鱼	*bGH*	mMT	显微注射	＋			1990
大麻哈鱼	*C-CGH*	AFP	显微注射	＋		＋	1992
金鱼	*AFP*	AFP	精子携带	＋			1992
鲤鲫	*SGH*	PCMT	显微注射	＋	＋		1993

　　（1）显微注射法。在繁殖季节，对亲鱼进行人工催产和授精，用 0.25％的胰蛋白酶消化或机械法去卵壳。将裸露的卵移至 Haltfreter 液中 3min。在第一次卵裂前，在解剖镜下用显微注射法将经限制性内切酶消化的线性外源基因导入受精卵的胚盘内，每个卵接受 $1×10^{-9}\sim2×10^{-9}$L 注射液，约含 10^6 个基因拷贝。裸卵的显微注射和以后的胚胎发育在无菌 Haltfreter 液中进行。一般说来，整合率随着导入外源基因拷贝数的增加而呈上升曲线，但拷贝数最好不要超过 10^8 个。受体卵在 Haltfreter 液中培养发育，温度保持在 23～25℃，随着胚胎发育至原肠末期，培养液逐渐用充气的冷开水稀释，心跳期后移至充气的冷开水直至孵化出苗。最近报道一种简便方法，对受精卵不加任何处理，在受精约 10min 至第一次卵裂期间，用显微注射器将外源基因注入细胞核区附近，这样可以使工效大为提高。不过由于显微注射方法一般需要在裸卵中进行操作，注射过程中难免会对鱼卵产生一定的机械创伤。因此，该方法对于那些卵壳较软、易于去除，并对机械创伤具一定承受能力的鱼类更为实用。就目前来说显微注射方法是广泛使用、效果较好的一种方法。

　　（2）电脉冲法。电脉冲法进行鱼类受精卵基因转移的前两步与显微注射法大致相同。不同的是将胰酶消化后的裸卵与外源 DNA 溶液一同放入一特制的电脉冲处理槽中，然后施加一定强度的电脉冲。外源 DNA 在电脉冲处理下进入受精卵。可以看出它与显微注射法的区别在于破卵的方式——前者是借助电，后者则是纯机械式的破卵。相比而言，前者的优点是操作比较简单，可同时处理大量的受精卵。缺点是导入无定向性，转移率较低，针对不同种鱼需要摸索相应的电脉冲条件等。而且对于外源基因在电脉冲处理条件下是如何进入受精卵的目前还不十分清楚。不过在已成功的鱼类电脉冲基因转移报道中，人们发现使用的电压都较低，一般只有几百伏。有人认为，在这样的电压下，不足以使受精卵膜发生变态或产生小孔。因此他们推测，外源基因的进入机制也就不同于培养细胞，而是在鱼类受精卵膜上天然就存在一些小孔，在低电压下，外源基因就通过这些小孔进入受精卵。这一说法是否正确有待进一步验证。

（3）精子携带法。将精液置于保存液内以延长精子在鱼体外存活的时间，使其有充分的时间吸附或摄取外源基因。在精子受精的同时将这一目的基因带入卵内，使外源基因整合到受体基因组上，以获得转基因鱼。目前已有 5 种鱼的成功报道，其外源基因的处理方法虽各有不同，但都得到分子杂交或 PCR 检测的阳性结果，阳性率在 5%～38% 之间。可以看出此法的优点在于处理上相对温和，因此转移过程中一般不会对卵子产生机械创伤。不过从总的实验结果来看，精子携带基因转移尚存在转基因阳性率低、转移率不稳定等问题。此外，这一方法的局限性还来自处理后精子细胞的受精能力，不同种类精子的处理条件有较大差异，因而也需要较长的时间来摸索条件。对于精子携带外源基因的机制方面目前也不太明确，有人推测可能与精子表面吸附或精子细胞摄取有关。

在鱼类基因转移中，还能使用其他的方法，如脂质体融合、激光处理、基因枪轰击、逆转录病毒载体等技术。实践证明这些方法都各自有其优缺点，对于不同的鱼种它们可能体现出较大的成功性差异。因此，做较长时间的摸索对方法上的优化研究是大有裨益的。

5. 鱼转基因目前存在的问题　　鱼转基因目前存在问题集中在以下几个方面：①基因来源，通过上文的叙述，不难发现目前转基因鱼研究中所用的目的基因基本上是非鱼类基因。尽管预期结果很好，但从生物安全性角度考虑非鱼源的基因并不是理想的基因。因为它们一方面可能给生态系统造成不可预知的危险；另一方面，可能引发一些社会伦理问题。因此，寻找鱼类自身优良基因，生产转全鱼基因鱼是当前需要解决的问题之一。②整合成功率，外源基因注射到受体鱼中后，在受体鱼基因组上的整合至今还不能人为控制，因此是随机的整合。由于外源基因在受体鱼基因组上随机插入，随机整合，只有极少部分转基因个体能够表达。因此，外源基因在转基因鱼体中整合率低是目前转基因研究的一大难题。研究一种使外源基因在受体鱼基因上能定点插入并整合的方法必然会提高整合与表达水平。③获得纯系个体，目前得到的转基因鱼普遍存在外源基因整合呈嵌合型、整合率和表达率低、阳性个体筛选繁琐、获得纯系转基因个体周期长等问题。如何提高外源基因整合率、在较短时间建立纯系转基因鱼类是摆在国内外鱼类转基因研究的又一问题。④转基因方法，在外源基因导入技术方面，显微注射法导入外源基因整合率较高，但是工作量非常大，而且注射后很多胚胎夭折；电脉冲法，比较简单，可同时处理大量受精卵，但是转移率较低；精子携带法转移率不稳定，其原因有待于研究，一旦找出原因，克服转移效率不稳定性，精子携带法技术可望取代电脉冲和显微注射方法。此外，转基因鱼生物安全与防止污染方面。根据转基因鱼研究的进展，转基因鱼将陆续进入中试阶段，为保持自然水生生态系统平衡和生物多样性，研究转基因鱼对自然水体的胁迫作用已迫在眉睫。

总之，鱼转基因的研究目前仍处发展阶段，已经投入商品生产的转基因鱼很少。但是随着遗传学、发育生物学、分子生物学和生态学等以及生物工程技术发展，通过鱼转基因研究的不断深入，有理由相信在不久将来一定会有生长速度快、抗逆性强的转基因鱼的新品系问世，并迅速投入商业化生产，为社会创造巨大的经济效益。

（二）转基因对虾

对虾是另外一种转基因研究较多的水生生物，作为一种水生的节肢动物，其转基因技术方法除与在鱼类转基因中所应用的基本方法相同外，还有几种特用的方法。对虾的转基因研究尚处于起步阶段，未来的发展空间巨大。

1. 转基因对虾的意义　对虾由于含有丰富的蛋白质、矿物质，价格又能为大多数家庭所接受，因此，其养殖生产对于解决高品质食用蛋白质短缺、矿物质缺乏等问题具有十分重要的意义，是我国和世界主要海水养殖动物之一。但是最近十几年来，由于病害频发以及品种退化引起的品质降低等问题，严重阻碍了对虾养殖业的发展。解决上述问题最为经济而有效的方法就是培育和利用高产、抗病、品质优良的养殖品种。但由于其驯化程度低、自然界抗病品种缺乏、品种选育周期较长等原因，想要通过传统育种手段获得优质、高产、抗病对虾品种相当困难。20 世纪 80 年代以来，随着生物技术的兴起和快速发展，特别是基因工程技术的广泛应用，为培育高产优质新品种提供了新的手段，同时也开辟了对虾基因工程育种的新时代。应用转基因技术可以转入对虾高产、抗病相关外源基因或其基因库中原本不存在的其他有益基因，实现传统育种方法无法实现的种间基因重组，极大提高育种水平，缩短育种周期。

2. 对虾的转基因方法　对虾转基因研究目前尚处于初级阶段，所采用的研究方法很多，主要有显微注射法、电脉冲法、基因枪法、病毒介导法和精子载体法等。下面就对这几种方法进行简要地介绍。

（1）显微注射法。在动物转基因研究中，显微注射法是最主要的方法之一，目前已经形成比较成熟的技术程序。Preston 等就是运用此法对日本对虾进行显微注射，结果每个胚胎检测到 225～243 个质粒，据此认为显微注射是最可行的方法。宫知远等用肝脏产生的卵黄蛋白原作为携带外源 DNA 的载体，注射卵黄蛋白原- DNA 复合物到性腺或受精卵中，这种方法可以应用在包括对虾在内的所有多黄卵的基因转移研究。但是多数研究者认为，对虾卵子较小，直径 $50\sim100\mu m$，显微操作难度较大；同时虾卵发育很快，一般 1h 内已经卵裂，来不及大量注射；并且分裂前的虾卵非常脆弱，处理后在孵化率上也难以保证，因此弃而不用。其实如果能够在控制虾卵发育速度上有所突破，同时能熟练掌握操作技术，毋庸置疑显微注射法将是非常直接有效的对虾转基因方法。

（2）电脉冲法。电脉冲法效率很高，一次可以处理上百个对虾卵且操作简单。但进入外源基因的量较少，其嵌合体比例很高，Preston 等的实验中每个胚胎中仅进入 0.5～0.9 个质粒。目前电脉冲法的操作条件还不成熟，随着研究的深入，除了电压、脉冲长度和 DNA 浓度，其他的一些参数如脉冲数目、间隔时间、胚胎发育时期、孵化膜通透性处理等因素必须考虑。

（3）基因枪法。该技术主要借助高速运动的金属微粒将附着在其表面的 DNA 引入到受体。基因枪技术的转化频率比较高，导入的外源 DNA 的拷贝数目比较多，可以不经过转化阶段，有利于瞬时表达。Gendreau 等利用基因枪法曾将 *Luc* 基因转入卤虫（*Artemia franciscana*），20h 后在胚胎中得到瞬时表达。同样一个成功的例子来自刘志毅等，他们用基因枪对中国对虾进行遗传操作，获得了转基因幼体，结果较稳定，重复性较好，他们通过相互比较认定该技术是目前获得转基因对虾最有效的方法。但 Preston 等用该方法却没有将质粒导入日本对虾。

表 4-4　转基因虾类研究报道

（引自张晓军等，2003）

对虾材料	转基因方法	外源基因	启动子构件	表达情况	整合情况
Litopenaeus schmiu 受精卵 受精卵，肌肉	显微注射 电脉冲 肌肉注射	*Lac Z* *Lac Z*	鲤 β-actin、 CMV SV40	瞬时表达， 幼体 19.4% 瞬时表达	
Litopenaeus vannamei 受精卵	显微注射 基因枪 电脉冲		对虾 β-actin 启动子		
Peaneus monodon 受精卵	电脉冲	*Bap*	CMV	糠虾为 37% P15 23%、P45 19%、 4 月龄 21%	31%
Marsupenaeus japonicus 1~4 细胞胚胎	显微注射 电脉冲 基因枪法	质粒		瞬时表达	
Fenneropenaeus chinensis 精荚 1~4 细胞胚胎	精荚注射 基因枪	羊生长激素基因 *Cfp*	SV40、CMV	瞬时表达 瞬时表达	
Litopenaeus stylirostris Oka 器官和卵巢原代 培养细胞	反转录病毒	*Luc*	MbMLVLTR RSV、LTR、HSP 70 promoter、baculo- virus [E-] promoter	整合表达	
Procambarus darkii 性腺	反转录病毒	*neo*（R） *betcrgal*		整合表达	50%
Macrobruchium larchesteri 胚胎，肌肉	显微注射	*Luc*	CMV	瞬时表达	
Macrobac hium	精荚显微注射			70%	

　　（4）病毒介导法。Shike 和 Sarmasik 领导的研究小组近年在鱼类和鳌虾中采用复制缺陷性病毒作为载体注射 Oka 器官和卵巢的原代培养细胞进行转染，报告基因为 *Luc* 基因，试验了 4 种启动子取得了较好的转基因结果，不但转染效率高，并且外源基因比较容易整合到染色体上，达到稳定遗传。他们据此认为这种方法在对虾转基因研究中将会有很好的发展前途。但是目前这种方法的实施还有很大难度，这是由于对病毒载体安全性还存在疑虑，对虾病毒基因表达调控的具体过程了解也很少等问题造成的。

　　（5）精子载体法。在转基因对虾的研究中，精子载体法也是一种很有效的方法。用精子作为载体获得转基因动物，在鼠、鸡、兔、鱼中已成功生产多批。随着精子携带外源基因的机理不断被揭示以及对虾人工授精技术研究的逐步深入，精子可以作为非常有效的对虾转基因载体。精荚注射（spermatophore microinjection，SMI）法不失为一种相对简单且有效的转基因方法，因为在人工授精技术还没有成熟的情况下，对雌对虾纳精囊中的精子进行处理是比较容易控制的。

3. 对虾的转基因中存在的问题　和鱼类转基因一样，对虾转基因也面临一些问题：①技术问题，现有各种转基因方法的效率不高，表现为结果不稳定，很难重复，畸形胚和死胚现象严重。因此最紧迫的问题是解决外源基因的介导方法问题。②材料问题，一方面，特殊的水体环境、多变的自然气候需要研究者寻找更多的目的基因；另一方面，转基因表达效率低乃至发生诱变的可能性，一般认为主要与构建表达载体的设计不当有关。③安全性问题，转基因水产品最终要进入市场，也就不得不考虑它们的安全性问题了。

除了对虾转基因外，Li 等用精荚显微注射技术将外源 DNA 导入罗氏沼虾（*Macrobachium rosenbergii*），Southern 杂交显示 70%的基因组整合有外源 DNA。Bensheng 等把带有荧光素酶基因的两种质粒 *pMTLuc* 和 *pRSVLuc* 显微注射到沼虾（*Macrobrachium lanchesteri*）的胚胎中，10d 后仍高效表达。

现阶段多种转基因方法共存的情况说明对虾转基因技术的远未成熟，这种情况也曾存在于鱼类的基因研究的初期。随着研究的不断深入，对虾的转基因方法也将会逐步集中于一两种途径。

（三）转基因贝类

贝类的转基因研究起步较晚，研究的内容主要集中在以扇贝、牡蛎、鲍等为主的经济价值较高的养殖品种方面，研究方法借鉴鱼类和对虾等的转基因方法。目前，在实验中已经取得了一定的成果，但距离实际利用尚早。

1. 转基因贝类的意义　自 20 世纪 80 年代以来，世界各国的海产贝类人工养殖迅速发展，包括扇贝、牡蛎、鲍等在内的主要经济贝类都已经进行了大规模的人工养殖。由于目前养殖上基本是采用野生品种，许多种类经过累代养殖，一段时间之后出现生活力降低，个体变小和抗逆性变差等症状，造成产量降低，经济效益下降，严重困扰着贝类养殖业的发展。虽然贝类的人工养殖有近 30 年的历史，但是直到现在大多养殖种类基本上仍是野生品种，苗种选育工作才刚刚起步，还没有像具有长期选种历史的农作物以及鱼类苗种那样形成较为稳定的品系。这种状况使人们逐渐认识到培育生长快、品质优、抗逆性强的海水养殖新品种是贝类养殖业中亟待解决的问题。因此世界各国纷纷加大了对海洋贝类种质开发的研究。国内外学者利用近些年来发展起来的各种现代生物技术，如转基因技术和分子标记技术等对贝类新品种的培育进行了广泛的研究，并取得了可喜的成果。特别是转基因技术为新品种的培育提供了高效可靠的选择手段，大大提高了育种进程。

2. 贝类转基因的方法　贝类中的转基因研究主要集中在鲍、蛤、牡蛎、贻贝等类别当中，其中报道的转基因研究较多也比较成功的是转基因鲍，下面介绍的方法大都以鲍作为受体生物。

（1）电脉冲介导的精子载体法。电脉冲法是一种较为常规的方法，在鱼类和虾类的转基因工作中也经常用到。这种方法效率很高，一次可以处理几百个样本，操作简单。但进入外源基因的量较少，其嵌合体比例很高。精子介导外源基因进入卵子的机理较为复杂，推测当外源基因与精子一起保温时，部分外源基因黏附在精子表面，然后通过受精作用将外源基因导入卵子；而部分外源基因先进入精子内，再通过受精作用将外源基因导入卵子。电脉冲介导的精子载体法也称精子携带电脉冲法。电脉冲的作用在于显著增强精子和外源基因的结合；或者高电场暂时性地破坏精子质膜，使外源基因较容易进入细胞内，从而导致外源基因的转移。有鉴于此，以精子为载体加电脉冲处理是贝类基因操作中较为有效的一种方法。它结合了电脉冲法和精子载体法二者的优点使转基因的成功率有了很大的提高，转基因的效果也要好于两种方法单独使用。如 Tsai 等人使用该方法将外源基因导入杂色鲍中，其导入率高达 65％；胡炜、喻达辉和江世贵等利用电脉冲介导的精子载体法对大珠母贝和合浦珠母贝进行了转基因研究，阳性率达 50％，发现以精子为载体通过电脉冲导入外源基因是比较理想的基因导入方法，建立了精子携带电脉冲法转基因技术平台。

（2）聚乙烯亚胺与精子载体法相结合。多聚阳离子共聚物聚乙烯亚胺（polyethylenimine，PEI）的重复结构单体中每两个碳原子就连接含氮原子的伯胺和支链型的 PEI，其中还包括叔胺，它们都可质子化生成仲胺正电性氨基，成为与 DNA 上带负电荷的磷酸根结合的作用点，形成纳米级的聚合物/DNA 复合物，可被细胞摄取。根据这一原理，新近出现的贝类转基因就是采用这种方法，将外源基因转入皱纹盘鲍时表现出很高的转导率和表达率。不过，由于大量的阳离子电荷产生较大的毒性，限制了阳离子共聚物的体内应用。因此，许多学者建议将阳离子共聚物连接上非离子如聚乙二醇（polyethylene glycol，PEG）的亲水性基团，聚 N-（2-羟丙基）异丁烯酰胺。这些亲水性的共聚物可提高复合物的溶解性减少聚集，减少生理环境下与蛋白的非特异性相互作用。

3. 转基因贝类存在的问题　上文已经提到精子介导外源基因进入卵子的机理较为复杂，实际上不同的研究结果也表明，用精子作为载体介导外源基因转移的机制需更深入的研究，而一旦明晰了这种机制，精子载体法将有望成为一种大规模制作转基因水产动物的重要方法。此外，在已有的贝类转基因研究报道中，通过对报告基因的检测发现外源基因在幼虫中能够表达，但其转导率并不稳定。所以，外源基因与贝类本身基因的整合、互作等一系列问题还需要进一步去研究探讨。

除了上述的几种转基因水生生物类型外，近几年来，转基因海胆和海藻等的研究也在进行之中，其主要目的在于探讨外源基因在胚胎发育过程中的整合、表达和行为，由此研究发育生物学和分子生物学的基础理论问题。我们相信，今后国内外将会有越来越多的转基因水生生物进入中试阶段。

第二节　转基因水生生物的安全问题

20 世纪 80 年代初期，以转基因鱼类为主的世界上第一批转基因水生生物陆续被开发出来，随后对转基因水生生物的研究和开发进入了一个相当快速发展的时期，这种繁荣的状况一直持续到 90 年代中后期。在这段时期内包括中国在内的世界各国研制了为数众多的转基因水生生物，其中仅转基因鱼类就多达 20 余种。然而，在相同的时期内转基因水生生物的商业化步伐却并不像其研究来得那样顺利。对于转基因水生生物安全性的种种顾虑和猜疑限制了它的实际利用，也间接地影响了进一步的研究和开发。

在全部的有关于转基因生物的安全问题之中，转基因水生生物的安全问题具有相对特殊的地位。这是因为，一方面水生生物，尤其是鱼类相对于陆生生物（主要是陆生动物）而言有更多的不确定性。它们难以标记（一般不能用尾标、耳环等方法标记），不易追踪观察；繁殖能力强大，其转基因个体更容易导致外源基因的逃逸和扩散。另一方面水生生态系统是全球生态系统中极为重要的一环，同时它又是相对薄弱的一环。由于其自身结构相对简单，在受到外来强力因素干扰的情况下很可能会产生难以承受的结果。而转基因水生生物因其自身所具有的特点，在条件允许的情况下有很大的几率成为强力的外来干扰因素，对整个生态系统产生不利影响。为了避免或降低转基因水生生物的这些潜在危害对其进行适当的安全性评价就显得相当重要。

包括中国在内，世界各国政府都十分重视转基因水生生物的安全问题。主要发达国家基本都制定了针对转基因水生生物的安全管理条例和准则。例如，在美国，农业部下属的农业生物技术研究咨询委员会为转基因水生生物研究制定了研究执行标准；在挪威，转基因水生生物被禁止进行水产养殖。大部分发展中国家由于技术上的落后和管理经验的缺乏，对于转基因水生生物的安全管理开展较晚，尚需进一步的提高和强化。

随着世界各国对转基因生物安全性研究的深入以及法律、法规和管理体制体系的不断完善，在促进技术进步的同时，转基因水生生物的安全性问题一定能够妥善地解决。

一、转基因水生生物的安全性评价

转基因水生生物安全评价是转基因水生生物安全工作中极为重要的一环，它是从总体上把握和顺利开展其他一系列安全工作的前提和基础。只有对一种转基因水生生物做出科学、全面和公正的安全评价之后，才能根据实际情况制定具有针对性、行之有效的检测、监测管理和监督措施，保障人类健康和环境安全。

（一）转基因水生生物安全性评价的必要性和作用

转基因水生生物安全性评价无论是对于转基因水生生物自身的研究、开发以及利用，还是对保障人类健康和环境安全来说都是非常必要的，它对做出有关转基因水生生物研究开发的正确决策，促进水生生物转基因技术的良性发展等有着重要的作用。

1. 转基因水生生物安全性评价的必要性　目前，包括转基因水生生物在内的转基因生物安全问题已经引起了社会各界的广泛关注，从专家学者到平民大众都密切注视着这个攸关人类命运和前途的问题。众多不同领域的专家学者从各自专业角度出发，纷纷投入到对这个问题进行分析研究当中。经过长期的、艰苦的工作，已经积累了大量相关的、有价值的研究资料和文献。早期的研究基本都是着眼于从技术层面来分析转基因生物的安全问题并寻找解决办法，这些研究也大部分集中在生物学、生态学、生物技术和环境科学等方面。伴随着科学研究的不断深入，人们逐渐认识到生物安全问题不只是局限在技术层面，它的影响已经扩展到了人类社会的方方面面，已经成为一个有关科学与社会的综合性问题。所有的事实都表明转基因技术的研究、开发、应用不可能像原本希望的那样单纯依靠科学技术本身的发展完善进而消除潜在的隐患和大众的疑虑，对于转基因生物的安全评估势在必行。

生物多样性问题是目前世界范围内的一个热点问题。人类社会的发展离不开对自然资源的开发利用，在开发自然资源的过程中不可避免会对自然环境造成一些负面影响，开发与保护之间的矛盾已经严重地制约了社会的持续发展。时至今日，人类活动已造成了大量物种的灭绝，并将更多的物种推到了灭绝的边缘。大规模的物种灭绝使得生物多样性不断地被破坏，全球的生态系统变得越来越脆弱。反过来，脆弱的生态系统又对工、农业等诸多方面的人类生产活动产生了消极的影响。近些年来，这个曾经被忽视的问题受到了更多的关注。如何保护生物多样性，保护人类赖以生存的自然环境成为社会各方关注的焦点。

水生生物多样性是生物多样性的一个重要方面。相对陆地生态系统而言水域生态系统要更为简单，更为脆弱，任何微小的波动都可能产生超出环境承载能力的后果。与此同时，由于人类社会发展的需要，对水生生物资源的开发利用是不可避免的。鉴于水生生物在自然界物质循环和能量流动过程中起着极其重要的作用，在开发利用水生生物资源的同时，就必须保护水生生态环境和水生生物遗传资源不被破坏，维持水生生物多样性。转基因水生生物的研究和应用也必须符合这一原则。水生生物与陆生生物在生物特性上存在巨大的差异，相比陆生生物，对其进行控制要困难得多。对于转基因水生生物而言，由于目前尚不能对转基因可能产生的所有表现型效应进行精确的预测，一旦其被释放到环境当中究竟会产生什么样的结果不可预料。因此，转基因水生生物对人类及环境的安全性等问题不可避免地被摆在了人类面前。

所以，在转基因水生生物的研究和应用过程中，对其进行科学、全面、合理的安全评价就显得尤为的必要和迫切。

2. 转基因水生生物安全评价的作用　表面上来看转基因水生生物安全评价似乎是限制了转基因水生生物的研究、开发和利用，实则不然，任何技术的开发和应用应依存于人类社会的整体框架之内，在不危害社会的前提下服务于社会的需要。转基因水生生物安全评价正是为了这样的目的而进行的，它非但不会限制阻碍转基因水生生物的研究、开发和应用，在保障环境安全和人类健康的同时，还能保证转基因水生生物的研究、开发和利用在健康有序的轨道上持续进行。

（1）为做出正确的决策提供合理依据。转基因水生生物安全评价是转基因水生生物安全管理工作的基础和核心，它主要是在技术层面上对转基因水生生物及其产品的潜在危险进行分析进而确定安全等级以满足决策和管理的需要。通过对每一项具体工作的安全性的客观、合理的评价所得到的安全评价的结果为制定有效的监测和控制措施，为决定研究工作是否开展以及如何开展提供了充分的依据。

（2）消除公众误解以保证转基因水生生物健康有序地发展。任何科学技术想要健康有序、可持续地发展下去都必须获得公众的认可和社会的支持，转基因水生生物的研究、开发和利用也不例外。转基因水生生物从诞生至今在展现出巨大的应用潜力的同时，也暴露出诸多的安全隐患。

由于转基因水生生物自身存在的问题、公众的误解以及其他一些相关的原因，一些反对转基因水生生物及其产品的抗议活动不时发生，这种状况阻碍了转基因水生生物研究、开发、利用的健康有序地发展。要消除公众的种种误解，除了要加强转基因水生生物自身的发展和完善消除安全隐患之外，更重要的是让公众获得对于转基因水生生物正确的认识，这正是生物安全评价的重要作用之一。

通过对转基因水生生物的安全性的科学、全面、合理的评价，能够及时地发现潜在的危险、消除隐患、避免不利的影响出现，从而使公众逐步地接受转基因水生生物，为其健康有序的发展营造良好的社会环境。

（3）维护环境安全和保障人类健康。科学和社会的发展应当不断地促进环境安全和人类的健康。然而，现实的情况恰恰相反，大多数时候发展不可避免地要以牺牲环境安全和人类健康为代价。当科学技术的发展与环境安全和人类健康发生冲突的时候，就需要对此做出全面、合理的评价以决定如何取舍。转基因水生生物安全评价能够明确某一种转基因水生生物是否存在潜在危险、是什么类型的危险及其危险程度，进而制定出具有针对性的监测管理措施，从而避免或降低其可能造成的危害。

（4）增强国际竞争力。伴随着经济全球化步伐的加快，国际贸易蓬勃发展，竞争日趋激烈，生物技术产业也不可避免地加入到竞争的行列当中。由于对于转基因水生生物及其产品安全性所存在的顾虑以及贸易保护主义的盛行，使得转基因水生生物及其产品进出口时受到了远大于其他一般生物产品的阻力。为了克服种种阻力，打破贸易和技术的双重壁垒，赢得竞争中的主动，高水平的生物安全评价和检测成为一个必备条件。

（二）转基因水生生物安全性研究的主要方面

转基因水生生物安全评价是一项牵扯广泛的工作，它包含了诸多不同领域的内容。想要对某种转基因水生生物做出科学、全面、合理的安全评价，就必须从这些不同的领域逐一入手，在解决了不同领域的基本问题之后，综合各方面的知识，这样才能最终给出正确的判断。

此外，由于水生生物生物学特点和生活环境的特殊性决定了它不同于陆生生物：难以标记、追踪；难以跟踪、观察；难以控制，容易逃逸扩散，与野生近缘种杂交，造成严重的基因污染。因此，对于转基因水生生物安全性的研究就显得尤为重要。

对于转基因水生生物安全评价需要建立在对以下几个方面的研究基础之上。

1. 供体和受体的生物学研究　在实际进行转基因操作之前，应对基因供体和受体的生物学特性有尽可能详细的了解，这是安全有效进行转基因研究及应用不可缺少的前提条件。任何在不熟悉生物学特性的情况下进行的转基因操作都是存在巨大隐患的。

供体和受体生物学研究的内容应当包括供体和受体基本特征的研究，如分类学上的地位、亲缘关系的远近、分布范围以及养殖性能等；供体的生理学、行为学以及遗传学特性研究，如代谢特征、择食性、行为特征、供体中目的基因的遗传稳定性等；供体的生态学研究，如分布和栖息特征、与环境中生物及非生物因子的相互作用等；供体对生态环境和人体健康的潜在威胁性的研究，如目的基因的表达产物在供体生物自身中直接作用的研究；受体的生理学、形态学、行为学以及遗传学研究；受体生长行为特性的研究；受体的繁殖和生命史研究；受体生理特征的研究；受体对毒、害物质富集能力的研究；受体对水域环境及其他水生生物危害性的研究；受体对人体健康危害性的研究。

2. 基因操作过程的安全性　通过对目的基因的来源、结构、功能以及用途的研究确定安全性；通过对克隆载体的名称、来源、特性以及是否含有标志基因、标志基因的特性等方面的研究确定其安全性；通过对重组 DNA 分子的结构、功能以及复制特性，外源基因整合位点效应的研究，以保证重组体在使用过程中的安全性。除此之外，还应当研究外源基因的转移方法，选择有效和安全的基因导入途径；研究目的基因的整合与表达，以保证外源基因整合表达稳定性和遗传稳定性，避免基因流失对环境造成的污染和危害生物多样性。

3. 转基因水生生物自身生物学特性的研究　转基因的原初目的是为了通过基因改良从而获得表性优良的转基因水生生物个体，而其最终的目的则是为了服务于人类的需要，满足对物质利益的需求。这就要求转基因水生生物在拥有优良表性特性的同时不会对人类健康和生态环境产生太大的危害。因此，在进行应用之前就应当对转基因水生生物的生物学特性进行详细的研究。

对于转基因水生生物的生物学研究主要包括两个方面的内容：一是外源基因的检测，它又包含 3 个方面，即外源基因整合的检测、外源基因转录的检测和外源基因表达的检测。二是转基因水生生物表性特征的研究，它包括的内容有转基因水生生物的形态特征研究、生长和行为特征的研究、生理和遗传特征的研究、生命史和生育特征的研究、对理化因子的耐受性的研究、对毒害物质的富集能力的研究、抗病能力的研究、对环境安全和人体健康危害性的研究。

4. 转基因水生生物的遗传安全性　　由于外源基因是随机整合到受体水生生物之中，性质属于嵌合型，其后代并不按照孟德尔遗传分离规律严格分离。又因为转基因水生生物遗传的不稳定性、外源基因表达的不稳定性以及水生生物的强大生殖能力（特别是鱼类），使得转基因水生生物的后代出现大量不同的表现型。转基因水生生物的这种特性为其安全管理带来了极大的困难。

目前，在转基因水生生物所获得的外源基因及其相应的表达稳定地遗传，外源基因在其后代中的遗传规律和机制，对其后代有无不良影响；如何通过多倍体育种、性别控制等技术使获得的外源基因及其相应的表达稳定地遗传下来等方面尚缺乏深入细致的研究。在没有突破转基因技术的瓶颈之前，类似的问题仍难以着手解决，但应当未雨绸缪，提前做好应对的准备。

5. 转基因水生生物与其他水生生物相互作用　　转基因水生生物一旦被释放到开放的水域环境之中就不可避免地会同其他水生生物产生这样或者那样的相互作用。这些相互作用对于双方都有不可忽视的影响。这些作用主要有：捕食和被捕食相互作用；竞争、共生和寄生相互作用；其他直接相互作用；间接相互作用，如转基因水生生物通过自身的活动影响改变其生活的水域环境，使之变得不利于其他物种或种群的生存，转基因水生生物通过与同种和野生近缘物种的交配，导致外源基因的逃逸和扩散，对野生资源基因库产生影响。

6. 计划释放转基因水生生物水体的调查　　任何一个完善的生态系统都是经历了长期的演化才最终建立起来的，从建立的那一刻起，它就时刻保持着一种近乎完美的动态平衡，任意一种外界生物或非生物因子的加入和撤出都会打破这种动态平衡，进而对整个系统产生如同蝴蝶效应一般不可预测的影响，有时候甚至会导致整个生态系统的退化乃至崩溃。水生生态系统也是如此。另外，相对于一般的生物或者非生物因子，转基因水生生物更是一种危险性相对更高的外界因素。因此，在向选定的水体释放转基因水生生物之前对其进行全面合理、细致入微的调查就具有非常重要的意义。

对计划释放转基因水生生物的水体所进行的生态学调查一般应包括：计划释放转基因水生生物水体的水文特征，如水体的气候特征及地理特点；水生生物区系调查，如同、近缘种的群落分布及相互关系等；水生生态系统结构，如各物种间的相互作用，空间和食物利用上的相互关系等；水生生态系统演替过程，如系统中生产者、消费者以及分解者的组成、地位；水生生态系统的稳定性，如现有水生生物种群的变动规律和种类组成随时间变化的稳定性等。

7. 生态安全问题　　一直以来，转基因水生生物对生态环境的影响都是人们关注的焦点。这是因为，一旦转基因水生生物逃逸或被释放到开放环境后，与野生的同种或者近缘物种的杂交，就会造成外源基因的扩散，改变野生物种原有的遗传组成，造成种质资源的混乱。此外，由于转基因水生生物个体经定向的人工改造之后，一般都具有较强的抗病性和抗逆性，相对于野生种对生存环境的适应性要更强一些，拥有更大的竞争优势，一旦释放到自然环境，可能破坏生态系统中原有的种群生态平衡，危害生物的多样性。解决这个问题的小法有很多种，但或多或少都存在一些缺陷。目前而言，应用比较多、安全性相对更强的一种方法是研制不育的转基因个体。

8. 转基因水生生物扩散途径及防范措施的研究　　了解转基因水生生物的扩散途径是采取防范措施的前提条件。如果对转基因水生生物的扩散途径一无所知或知之甚少，防范也就无从谈起、无从入手。

转基因水生生物的扩散途径包括主动扩散途径和被动扩散途径。主动扩散途径是转基因水生生物因为生存的需要而在不同水域环境之间的转移，主要是生殖洄游和索饵洄游。转基因水生生物的被动扩散主要是人类活动有意或无意之间造成的，此外自然灾害也会造成被动扩散。被动扩散的途径主要包括：航运造成的转基因水生生物扩散；水利设施的兴建，如开挖运河、水渠，兴建水坝造成不同水域之间出现迁移扩散通道；人类有意识放养和引种驯化；活体水产品贸易；洪水等自然灾害。

在了解转基因水生生物的扩散途径之后就要制定有针对性的防范措施，这是保证转基因水生生物安全性的一个重要环节。具体的防范措施主要包括：选择安全性高的释放场所；采用有效的防逃设施；控制转基因水生生物的主动扩散；控制转基因水生生物的非水源扩散；增强安全责任意识，不断强化安全防范措施。

9. 消费安全性问题　研究和开发转基因水生生物的目的是为了满足人类的需要、社会的需求。一种转基因水生生物及其产品只有在不危害人类健康的前提下才具有实际应用价值。目前，转基因水生生物特别是转基因鱼类所转入的外源基因多为能增加其生长速度、缩短生长周期的生长激素基因，由于这些基因的表达产物——生长激素对人体的生长、发育具有重要影响，社会各方对此都普遍关注，心中存在极大的疑问和顾虑。在这种情况下，对转基因产品进行食用安全性评价就显得尤为重要。

长期以来，对于转基因水生生物的食用安全性评价一般遵循实质等同性原则，亦即转基因水生生物与其相对应的受体生物具有实质等同性。在此前提下，通过对二者在形态、生理、生长、生殖、抗性特征以及蛋白质、脂肪、糖类、维生素等主要营养物质的对比确定其实质等同性。最后，通过对外源基因、表达产物及其代谢产物的直接毒性、过敏性、抗药性以及外源基因的水平转移等做出安全评价。

依据实质等同性原则国内已有的对转基因水生生物食用安全性的研究主要有张甫英等人按照类似于我国卫生部新药毒理学实验规范进行了昆明种小鼠摄食转"全鱼"基因黄河鲤后生理和病理研究；张希春等人进行了以转 GH 基因鲤作为食物，用猫做实验动物的试验并取得了一定的结果。但上述研究都刚刚起步，仍需时间来检验。与此同时，很多人对以该原则为基础进行食用安全评价持反对态度，他们认为"实质等同"是非科学或反科学的概念，它误导了公众，给公众健康带来了极大的危害。因此，其他方面的研究仍然是必需的，但相关的报道，如过敏性评价、营养学评价及模式蛋白的建立等尚未见诸报端，以转基因鱼为主的转基因水生生物的食用安全性评价的基础研究中还存在很多真空领域。

10. 转基因水生生物商品化的社会认可　水生生物转基因技术想要健康稳定地发展下去就必须平衡投入和产出，使投入和产出基本成正相关。在可以预见的将来，伴随着转基因技术的不断完善和发展以及世界各国的大量投入，各类转基因水生生物将会像雨后春笋一般不断出现并力图在最短的时间内实现商业化生产，获得相应的回报。

然而，不同于通过自然进化而来的自然生物，转基因水生生物存在太多的未知性和不确定性。对于绝大多数人而言，转基因水生生物是陌生的，对于用陌生的、存在太多未知的转基因水生生物充当食物或药品还没有做好充分的心理准备，心中存有顾虑。

假如有一天含有老鼠基因的转基因鱼被摆上了餐桌，公众会作何感想？这样的鱼能不能吃？人们又敢不敢吃？愿不愿吃？即便某一种转基因水生生物的食用安全性已经得到了证实，证明其对生态环境和人类健康没有负面作用，并通过立法来保证安全生产和安全食用。

当我们转身面对出现在市场上的千万种让人眼花缭乱的转基因生物产品时，又要如何去遴选鉴别？如何确定其安全性？另外，由于历史、宗教、种族、文化及社会伦理等方面因素的长期影响，转基因水生生物想要获得公众普遍认可仍有很长一段路要走。

（三）转基因水生生物安全性评价的标准和程序

任何一项评价工作都应当按照一定的标准和程序来开展，否则就无法保证评价结果的合理性与正确性，转基因水生生物安全评价也不例外。下面要讲到的就是普遍适用于一般水生生物基因工程工作安全的评价标准和程序，即转基因水生生物安全性的分级标准和安全等级划分程序。

1. 水生生物基因工程工作安全性的分级标准　一直以来世界各国对于生物技术的定义并不统一，对于生物安全的认识也存在差别，这种状况是由各国在技术水平和发展阶段上存在的差异造成的。到目前为止，国际上尚不存在统一的生物安全分级的国际标准。一般而言，按照基因工程工作对人类健康和生态环境的潜在威胁性的大小，由低到高可以分为 4 个安全等级。在确定了基因工程工作过程的安全等级之后，就可以按照程序进一步对转基因水生生物研究、开发以及应用的整个过程作出全面、合理的安全评价。表 4 - 5 所示是原国家科学技术委员会于 1993 年 12 月发布的《基因工程安全管理办法》给出的划分标准。

表 4 - 5　基因工程工作安全等级划分标准

（引自国家科学技术委员会，1993）

安全等级	基因工程工作潜在的危险程度
I	该类基因工程工作对人类健康和生态环境尚不存在威胁
II	该类基因工程工作对人类健康和生态环境具有低度威胁
III	该类基因工程工作对人类健康和生态环境具有中度威胁
IV	该类基因工程工作对人类健康和生态环境具有高度威胁

2. 转基因水生生物安全等级的划分程序　转基因水生生物安全性评价主要包括以下内容：根据共体生物、受体生物和转基因水生生物及其产品的生物学特性、基因操作过程的特点、未来用途和释放环境等对转基因水生生物及其产品对人类健康和生态环境可能产生的潜在威胁与影响进行全面合理的评价，并且确定其安全等级；在全面合理的安全评价的基础之上采用适当的技术，制定对应的检测、监测和控制措施。具体的安全评价操作过程一般按照图 4 - 1 所示流程进行。

（四）转基因水生生物安全性评价的主要指标

一般而言，对转基因水生生物安全等级评价主要是从其对人类自身健康的影响和对人类赖以生存的生态环境的影响两个方面展开的，而对于每个方面的具体评价内容则是由对于安全性的认识的不同决定的。转基因技术开发与应用水平不同，对转基因技术产品的认识就会有所不同，安全性评价的指标和具体内容也会有所不同。现以我国对农业转基因生物安全评价管理办法中的安全评价指标为例来说明转基因水生生物安全等级评价指标与内容。

1. 受体生物的安全等级　在进行转基因操作之前应对计划采用的受体生物进行全面、合理的安全评价确定其安全等级。表 4 - 6 所示是农业部《农业转基因生物安全评价管理办法》规定的受体生物等级划分的条件和应评价内容。

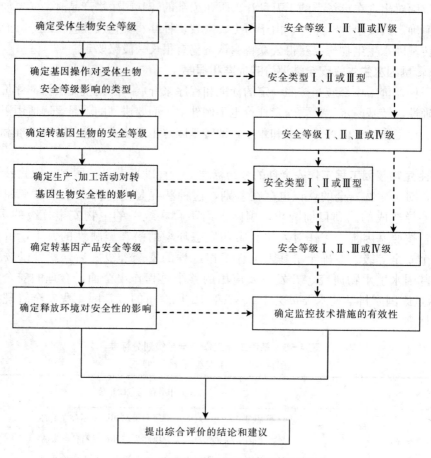

图 4-1 转基因生物安全性评价流程图

(引自刘雨芳等)

表 4-6 受体生物安全等级的评价

安全等级	受体生物应符合的条件
I	对人类健康和生态环境未曾发生过不利影响；演化成有害生物的可能性极小；用于特殊研究的短存活期受体生物，实验结束后在自然环境中存活的可能性极小
II	对人类健康和生态环境可能产生低度危险，但是通过采取安全控制措施完全可以避免其危险
III	对人类健康和生态环境可能产生中度危险，但是通过采取安全控制措施，基本上可以避免其危险
IV	对人类健康和生态环境可能产生高度危险，而且在封闭设施之外尚无适当的安全控制措施避免其发生危险

项 目	评价内容
来源背景	学名、俗名以及其他名称；分类学地位；试验用受体生物品种名称；是野生种还是驯养种；原产地及引进时间、途径、用途；在国内的分布和应用情况；对人类健康和生态环境是否发生过不利影响；从历史上看，受体生物演变成有害生物的可能性；是否有长期安全应用的记录
生物学特性	生长周期；繁殖方式；在自然条件下与同种或近缘种的异交率；育性；全生育期；在自然界中生存繁殖的能力；对人及其他生物是否有毒；是否有致敏原

（续）

项　　目	评　价　内　容
分布和影响	在国内的地理分布和自然生境；生长发育所要求的生态环境条件；是否为生态环境中的组成部分；与生态系统中其他水生生物的生态关系；与生态系统中其他生物（陆生动植物）的生态关系；对生态环境的影响及其潜在危险程度；对水生生物多样性的危害性；该水生生物的自然生境和有关其天然捕食者、寄生物、竞争物和共生物的资料
遗传变异	遗传稳定性；是否有发生遗传变异而对人类健康或生态环境产生不利影响的资料；在自然条件下与其他水生生物或陆生生物进行遗传物质交换的可能性
其他内容	监测方法和监控的可能性；其他资料；划分安全等级

2. 基因操作对受体安全等级的影响　如表 4-7 所示，参照农业部《农业转基因生物安全评价管理办法》，依据基因操作对受体生物安全性的影响将其分为 3 个安全类型。其主要评价内容包括：转基因水生生物中引入或修饰性状和特性的叙述；删除序列的大小、结构和功能；目的基因、标记基因和报告基因来源、功能以及核苷酸序列和推导的氨基酸序列；载体的来源、结构、酶切位点、转移特性等；插入序列的大小、结构、拷贝数、在受体细胞中的定位表达的组织和器官、表达量及其分析方法、表达的稳定性；划分基因操作的安全类型；转基因方法等。

表 4-7　基因操作对受体生物安全等级的影响类型与评价内容

安全类型	划分标准	基因操作内容
I	增加受体生物安全性的基因操作	去除某个（些）已知具有危险的基因或抑制某个（些）已知具有危险的基因表达的基因操作
II	不影响受体生物安全性的基因操作	改变受体生物的表型或基因型而对人类健康和生态环境没有影响的基因操作；改变受体生物的表型或基因型而对人类健康和生态环境没有不利影响的基因操作
III	降低受体生物安全性的基因操作	改变受体生物的表型或基因型，并可能对人类健康或生态环境产生不利影响的基因操作；改变受体生物的表型或基因型，但不能确定对人类健康或生态环境影响的基因操作

3. 转基因水生生物的安全等级　转基因水生生物的安全等级是依据相应受体生物的安全等级和基因操作对其安全等级的影响来划分的。如表 4-8 所示，与受体生物的分级标准相同，转基因水生生物也可分为 4 个安全等级。通过转基因水生生物的特性和与其相应的受体生物的特性之间的比较来确定其安全等级，主要的评价指标有：对人类健康和生态环境的影响；对其他生物的影响；对非生物目标的影响；适应性和竞争能力；遗传稳定性和变异能力；生育能力和繁殖特性；与野生近缘种的杂交能力等。

表 4-8　转基因水生生物的安全等级与受体生物安全等级和基因操作安全类型的关系

（引自刘谦等，2001）

受体生物安全等级	基因操作的安全类型		
	1	2	3
I	I	I	I，II，III，IV
II	I，II	II	I，II，III
III	I，II，III	III	I，II
IV	I，II，III，IV	IV	I

4. 转基因水生生物产品的安全等级　　由于后期的生产、加工、处理过程对于转基因水生生物不可避免会存在一定程度的影响，最终的转基因水生生物产品和转基因水生生物本身的安全性之间并不存在必然的联系，它们并不完全相同，有时甚至存在很大的差异。相对于转基因水生生物本身性质而言，生产加工对转基因水生生物产品的影响可以分为 3 种类型，分别用 A、B、C 来表示。依次为 A，增加转基因水生生物的安全性；B，不影响转基因水生生物的安全性；C，降低了转基因水生生物的安全性。通常转基因水生生物产品的安全等级是在确定转基因水生生物的安全等级的基础上分析后期的生产、加工和处理过程对其安全等级的影响程度和性质来确定的，同样可以分为 I、II、III 和 IV 4 个安全等级。上述三者之间的关系如表 4 - 9 所示。

表 4 - 9　转基因水生生物安全等级、生产加工类型和产品安全等级三者间的关系

转基因水生生物安全等级	生产加工的影响类型	产品的安全等级
I	A	I
	B	I
	C	I，II，III，IV
II	A	I，II
	B	II
	C	II，III，IV
III	A	I，II，III
	B	III
	C	III，IV
IV	A	I，II，III，IV
	B	IV
	C	IV

5. 转基因水生生物工作的安全性的综合评价　　在完成前几个环节评价工作的基础之上，要形成对于转基因水生生物及其产品性质、用途以及有效管理控制措施正确认识，进而确定转基因水生生物及其产品的安全等级，对转基因工作的整个过程给出合理的安全评价，并提出安全管理建议。

（五）影响转基因水生生物安全性评价的因素

在进行转基因水生生物安全性评价的同时应该对能够影响评价结果的因素有一定的了解，这是因为总有一些意外的影响因素会对安全性评价的最终结果产生消极的影响，这种影响是应当避免的。影响转基因水生生物安全性评价的因素是多方面的，按照不同的标准会有不同的划分。在这里，将其划分为主观因素和客观因素两大类。

1. 影响转基因水生生物安全性评价的主观因素　　要作出科学、全面、正确的转基因水生生物安全性评价，必须要熟悉水生生物转基因工作的整个过程，对之深入地了解和充分地认识。虽然对这个过程的熟悉程度和安全性本身并没有任何的直接关系，熟悉与否不等于安全与否，充分深入地了解认识总是有利于安全性评价工作的顺利开展，减少不必要的时间花费，提高安全评价的准确性。

进行生物安全性评价需要有广泛的知识和专业的分析技能，知识的广博程度、灵活运用

知识的能力、分析技能的熟练程度以及经验的多少都对最终评价的水准和准确性有着重要的影响。

对基因工程过程的熟悉程度、经验和知识的积累、分析技能的熟练程度都是影响安全性评价的主观因素。

2. 影响转基因水生生物安全性评价的客观因素　　转基因生物技术从研究开发到最终的应用生产需要经过若干不同的阶段，在不同的阶段，安全性评价的内容也不尽相同。要做到科学、全面、合理的安全性评价应当依据不同阶段的特点作出有针对性的评价。

转基因水生生物产品的用途和使用方式是影响安全性的另一个客观因素。产品用途和使用方式的改变会导致转基因水生生物潜在接受环境的改变，影响安全性评价的准确性。

不同的生物安全等级应有不同的生物安全管理措施，如果生物安全管理措施不能满足生物安全等级的需要，安全性评价的可靠性也会降低。

除了上述主客观两方面的因素之外，由于社会需求的存在，需要根据利弊的对比找到利益安全的平衡点，对转基因水生生物及其产品进行适当的取舍，只有做到这些努力才能对一种转基因水生生物及其产品的安全性拥有更为全面深刻的了解。

（六）转基因鱼类安全性

鱼类是水生生态系统重要的一环，它的存在对于整个水生生态系统平衡、稳定以及演替等都有非常关键的作用。因此，作为目前已有种类最多的，也是最接近于实际的商业化生产转基因水生生物之一，转基因鱼类安全性，尤其是其对水生生态环境的影响应当得到最密切关注。

1. 转基因鱼类的适应性及其对水生生态系统的影响　　由于转入基因的不同、基因表达程度的不同等，造成了转基因鱼类与自然界原有鱼类以及不同的转基因鱼类之间在表型上存在着很大的不同，如个体的大小、生育繁殖能力、对温度等环境因子的耐受性、食性和攻击性、抗逆性等。这些表型的不同又决定了转基因鱼类适应性的不同。一般来说，相对于野生型鱼类，转基因鱼类都具有更强的适应性和竞争力，一旦这样的转基因鱼类被引入一个水生生态系统并形成一定规模的种群，就会凭借其在竞争上的优势打破生态系统原有的平衡，导致水生生态系统中其他物种种群的消长。

2. 转基因鱼类与其他水生生物相互作用　　除去部分与转入基因相关表型的改变，转基因鱼类在生物学特性上与作为对照的同种鱼类基本相同。通过研究对照种在水生生态系统中的作用地位及其与其他水生生物之间的相互作用，可以预测转基因鱼类与拟释放的水生生态系统中的其他水生生物之间的相互作用，如是否会转化为有害生物，是否会威胁其他水生物种的生存，是否会成为系统中新的选择压力，是否会同野生种类发生杂交等。在了解转基因鱼类与其他水生生物之间相互作用的情况下，预测外源基因可能的转移和扩散情况，做好预防措施，保护好水生生物种质资源。

3. 转基因鱼类的扩散及其对水生生态系统演替的影响　　鱼类普遍具有易于扩散的特点，转基因鱼类也是如此。转基因鱼类在水生生态系统中扩散的程度不同，对于其他生物种群的影响性质和程度就会不同。对于生物种群和群落的不同影响又会刺激生态系统向着不同的方向演替。由于一些水生生态系统的演替过程具有不可逆性，确定转基因水生生物的扩散对生态系统演替的影响的性质对于保障环境安全就有非常重要的意义。

转基因水生生物安全性评价是建立在对转基因水生生物安全概念正确理解以及一系列安全性相关研究基础之上的系统有序的工作。而对转基因水生生物安全概念的把握是从两个方面进行的。一方面，转基因水生生物安全首先是一个自然科学概念，转基因水生生物从实验室到试验放养水体，到释放水体，到食品工厂，到超级商场，再到大众的餐桌上，随着转基因水生生物及其产品与消费者之间的距离一步步缩短，转基因水生生物安全涉及实验室安全、项目审批、释放水域风险评估、运输隔离、市场准入制度、标识制度等一系列问题。另一方面，转基因水生生物安全又不仅仅是一个自然科学概念，它也包括相应的法律层面的内容。从法律角度而言，转基因水生生物安全应当包括两个方面的内容：第一，人类健康和环境安全上的危险防范，这是技术意义上的安全。因为科学不确定性的存在，使得法律对转基因水生生物风险的规避努力只能是防范而非根除隐患。第二，一旦转基因水生生物造成了实际危害，在法律规定范围内是否应该予以救济，又应该提供什么样的救济。这也是生物安全的另一个方面，是真正法律意义上的安全。从这个意义上讲，在进行转基因水生生物安全评价工作时，不但应当包括前文所述的技术范畴的内容，还应当从法律的角度对其前、中、后期的一系列工作加以考虑。目前，转基因水生生物安全评价工作主要还是集中在技术层面上，欠缺法律层面的考虑，这是在今后的转基因水生生物安全评价工作中应当予以注意的。

二、转基因水生生物的安全管理

转基因水生生物安全管理水平的高低对于转基因水生生物的研究、开发、利用有着至关重要的影响。良好的管理有助于研究、开发、利用的顺利开展进行；反之，低下的管理会严重地阻碍转基因技术健康有序的发展。

转基因水生生物安全管理是一项系统性很强的工作，涉及诸多的领域，在生物安全管理这个大的整体之内，包括安全性的研究、评价、检测、监测和控制等技术内容，又具有自身的一些特性。要出色地完成这项工作需要做的事情很多。总的来讲，这些事情主要包括生物安全立法和生物安全管理制度的建设两个方面的内容，其主要目的就是要建立起一个合理有效、运转顺畅的安全管理体系。除此之外，因转基因水生生物自身所具有的一些性质，还有一些针对性的问题也是需要注意的。

（一）建立和完善有关转基因水生生物安全的法律法规体系

转基因水生生物以及其他转基因生物的安全问题是目前国际社会，也是国际环境法领域所关注的热点问题。没有规矩不成方圆，如果没有完备的法律法规体系，安全管理也就无从谈起。因此，包括转基因水生生物在内的安全管理离不开各项法律法规的建立和规范。事实上，早在转基因技术创立之初相关的确保转基因生物安全的立法就已经开始了。抛开某些具有特殊性的问题，转基因水生生物安全管理的准则依据基本包含在这些生物安全法律法规体系之中。目前，多数国家已经建立起了相对完备的转基因生物安全管理的法律法规体系，并且还在不断地完善之中。

1. 国外转基因水生生物安全立法　自20世纪80年代以来，世界各国普遍重视和加强基因工程的发展，有关转基因生物安全规范的制定及完善工作逐步加强，管理机构进一步健全，管理内容趋向全面合理。针对转基因水生生物的一些特点，很多发达国家都制定和颁布了具有针对性的法律法规。如美国为转基因水生生物的研究制定了单独的研究执行标准；挪威颁布了相关法令禁止转基因水生生物进入水产养殖业。发展中国家，由于起步较晚，缺乏技术手段和管理经验，在这方面相对要滞后一些。

2. 中国的转基因生物安全立法　在我国，政府十分重视转基因生物安全管理问题，很早就制定颁布了一系列安全管理法律法规，这些法律法规主要集中在农业方面。例如，原国家科学技术委员会于 1993 年正式发布《基因工程安全管理办法》，农业部依据此办法于 1996 年发布《农业生物基因工程安全管理实施办法》。自 1997 年 3 月开始，农业部每年两次受理在中国境内从事基因工程研究、试验、环境释放和商品化生产的转基因植物、动物、微生物的安全评价与审批。

伴随着国内外转基因生物技术的迅速发展以及我国加入 WTO 和全球经济一体化进程加快的影响，早期颁布的一些法律法规，如《基因工程安全管理办法》、《农业生物基因工程安全管理实施办法》等，已不能适应新形势下转基因生物安全管理的需要。我国于 2001 年发布了《农业转基因生物安全管理条例》。农业部也制定了《农业转基因生物安全评价管理办法》、《农业转基因生物进口安全管理办法》和《农业转基因生物标识管理办法》3 个配套规章。国务院还进一步建立了农业转基因生物安全管理部际联席会议制度，由农业、科技、环境保护、卫生、检验检疫等有关部门的负责人组成，负责研究、协调农业转基因生物安全管理工作中的重大问题。

（二）建立高效的转基因水生生物安全管理制度体系

完善的法律法规体系是安全管理的前提，但是光有法律法规是远远不够的，还需要一个高效的安全管理制度来确保法律法规的顺利施行。因此，在不断完善生物安全法律法规的同时，也要建立与之相适应的安全管理制度。

不同的国家在对转基因水生生物及其产品的研究、开发、生产、加工、销售的一系列过程进行具体实际的管理时，由于发展历史和现状的不同以及现实利益等方面的因素，进行管理的依据和前提有所不同，因而其管理制度也存在一些或大或小的差别。目前，国际上主要有 3 种管理制度模式，分别是美国模式、欧盟模式和中间模式。

1. 美国模式　世界上最早制定生物技术安全管理制度的国家是美国。采用以产品为基础的管理模式，其管理权限也有明确的分工，美国农业部负责多细胞转基因生物的安全管理，环境保护局负责对转基因微生物的安全管理。美国农业部下属的农业生物技术研究咨询委员会还为转基因水生生物的研究制定了研究执行标准。除去联邦政府制定的管理规定外，美国一些州政府还制定了相应的补充规定。

2000 年以来，由于来自各方面压力的增加，美国政府采取了一些新的政策，加强安全管理，并增强审查过程的透明度，让消费者拥有了更多的知情权。

2. 欧盟模式　欧盟采用的是以工艺工程为基础的管理模式。欧盟认为，转基因技术等重组 DNA 技术具有潜在的危险，无论是哪一类生物，哪一种基因，只要是通过重组 DNA 技术获得的转基因生物（GMO），都要接受专门的安全性评价和监控。为此，欧盟及其前身欧洲共同体，从 1990 年开始，先后颁布了"GMO 隔离使用"、"有意释放"和"工作人员劳动保护"3 个条令以及关于转基因产品上市、新食品安全等一系列安全管理法规。英国在生物安全法规制定与实施等方面的工作非常细致，制定了大量针对不同类型基因工程体的安全管理条例。德国则颁布了专门的《基因法》。

欧盟各国之所以实施严格的生物安全管理制度，其中既有基于科学因素的考虑，也有社会经济利益和伦理道德方面的原因。由于转基因植物基本上是进口，加之极端分子和传统势力的反对，1998 年欧盟宣布禁止审批转基因植物新品种 3 年。

2000 年以来，欧盟又陆续通过了一些新的法规或对原有法规进行修订，不再禁止新的转基因生物及其产品的审批和应用，但依旧要求对转基因生物及其产品进行严格的安全审批和规范管理，包括对上市的转基因食品和饲料实行标识和跟踪管理。

3. 中间模式　采用该模式的主要有日本、澳大利亚等国家。以日本为例，它采取的是介于美国模式和欧盟模式之间既不宽松也不严厉的管理模式，根据政府部门的职能分工，由日本科学技术厅、农林水产省和厚生省3个部门共同进行管理。其中，农林水产省依据《农、林、渔及食品工业应用重组DNA准则》，负责管理转基因生物在农业、林业、渔业以及食品工业中应用，包括：在本地栽培的转基因生物，或是进口的可在自然环境中繁殖的该类生物体；用于制造饲料产品的转基因生物；用于制造食品的转基因生物。准则也适用于在国外开发的转基因生物。

由于国内自然条件的限制，日本较多地依赖进口食品，因此，应用转基因生物及其产品制成的食品及饲料是其安全管理的重点所在。一般从国外进入日本的转基因食品以及饲料，都需要厚生省重新对其进行安全性评价。目前，已经允许在日本上市的转基因农产品共计23种，主要是来自加拿大的转基因油菜和来自美国的转基因大豆。近几年来，随着日本消费者对转基因生物制品特别是食品安全性的担心和忧虑的不断上升，政府受到的压力也越来越大，管理日趋严格。从2000年4月起，日本对转基因生物产品实行了标志制度，制定颁布了《转基因食品的标总值内容及实施办法》，并设定了时间为1年的准备期。

上述3种管理制度模式是世界上建立最早的安全管理制度模式，建立时间较长，相对完备，存在问题较少，很多国家在建立自身的安全管理制度时对其进行了参考借鉴甚至直接搬用。因此，在建立和完善转基因水生生物安全管理制度的时候可以以之为蓝本参考借鉴。

（三）转基因水生生物安全管理的一般措施

一般而言，普遍适用于不同类型的转基因生物的安全管类措施包含3个方面的基本内容，这3个方面也是转基因水生生物安全管理工作的核心和重点。

1. 不断健全和完善转基因水生生物安全监控体系　国家各级相关的行政主管部门应尽快健全和完善转基因水生生物的安全监控体系，并对不同类型的转基因水生生物的特点给予充分考虑，通过依法行政，加强对已经批准项目的跟踪、监控、管理，这样做不仅有利于及时发现问题并采取适宜的对策解决问题，还可以为非转基因水生生物及其产品的进出口贸易提供技术保障。

2. 进一步加强生物安全技术的研究　在对生物安全进行研究和管理的时候，除了应在已经存在的相关研发计划中继续配套安排一定比例的经费外，还应当进一步加强生物安全技术的研究，全面强化实施安全管理所必需的技术支持能力建设。同时，这也是适应我国加入WTO后国内外生物技术产业发展和生物安全监控的需要。

3. 深入开展对生物技术和生物安全的科学普及和交流工作　不断强化对现代生物技术和生物安全知识的科学普及教育。为了让公众对转基因生物技术及其安全性有更加科学、全面的认识，在对国内外转基因生物产业化的报道时应做到实事求是，对国际上相关动向的报道要对其背景进行科学的分析和研究。

（四）转基因水生生物安全管理的特殊措施

除去上述三方面的一般措施以及前文所述法律法规体系的建立、完善和安全管理制度的建设、健全等，为了转基因水生生物安全管理工作能够更顺利的开展，还应当花力气做好以下几个方面的事情。

1. 对水生生物和水域环境的特点展开深入细致的调查研究　相对于陆生生物而言，水生生物的生殖隔离更加困难，同近缘野生种的可交配性也强得多。因而，转基因水生生物的安全性评估还要考虑水生生物的特性和释放水域环境的水文特点，转基因水生生物的研究和开发应当有自己独特的技术路线和运转周期。

2. 适当开展有关转基因水生生物的宣传　毋庸置疑，转基因水生生物具有巨大的潜在应用价值，不能因为其存在风险就限制其发展，应当大力开展研究。但需要注意的是，在宣传过程中不应把潜在性等同于现实性，以免研究者和决策者的盲目跟进和急躁行事。

3. 加强转基因水生生物安全性基础研究　不断加强生物科学、环境科学、行政管理以及消费心理等多个领域中与安全性相关的基础研究，只有这样才能推进和保障转基因水生生物的安全生产和安全消费。

4. 建立健全转基因水生生物研究许可及开发利用申报制度　政府部门应当建立健全转基因水生生物研究许可制度。凡进行转基因水生生物研究和开发的个人或组织，必须对转基因技术的安全问题有充分认识。转基因水生生物的开发和商业化生产，必须经严密评估和主管机构审批后才能实施，并有有效的、严密的、长期的监督检查制度作保证。

5. 研究转基因水生生物的扩散途径并制定有针对性的防范措施

（1）转基因水生生物的主要扩散途径。人类活动会有意或无意地造成转基因水生生物扩散，这是转基因水生生物扩散的主要途径。有意的，如有目的放养、引种及驯化；无意的，如通过航运将转基因水生生物从一个水域携带到另一个水域，或由于兴建新的水利设施使原本相互隔绝的水域发生连通，为水域间水生生物的迁移提供新通道，或国家、地区间的水产品活体贸易，或洪水等自然灾害造成的逃逸等。

（2）防范转基因水生生物扩散的措施。转基因水生生物投入实际应用之前，逃逸是造成其扩散的主要原因。导致逃逸的因素很多，要做好防范工作，应当对之有深刻的认识了解。为防止逃逸个体在水生生态系统中产生不良影响，研究人员应当谨慎选择安全性高的饲养场所，制定严密的防逃措施，设置合理有效的防逃设施。如有必要，应当采用极端的物理或化学方法处理放养水体，及时地消灭全部有可能逃逸的转基因水生生物。

由于目前技术尚存在缺陷，转基因水生生物的潜在影响还无法预测。转基因水生生物安全工作的大多数方面，尤其是安全评价和管理，更多的是定性开展，无法量化。总而言之，在促进生物技术发展的同时，人们应当尽可能避免对生物技术开发和应用过程中的负面影响，避害趋利，力求生产发展与环境保护的双赢，做到人与自然和谐发展。

（五）世界范围内部分转基因水生生物（主要是鱼类）管理的状况

从20世纪80年代初至今，世界范围内对于转基因水生生物的研究已有很多，这些研究主要集中在转基因鱼方面。到目前为止，国内外已经研制成功的转基因鱼类超过20种，但是真正能够投入商业化生产的，到2002年为止，仅有英国研制的转生长激素基因的大西洋鲑一种；另外还有8种转基因鱼进入中间试验阶段。其中，中国有一种两例，即中国科学院水生生物研究所的转生长激素基因鲤和中国水产科学研究院黑龙江水产研究所的转大麻哈鱼生长素基因鲤。其他相关报道目前尚未见诸报端。表4-10所示是世界范围内一些转基因水生生物的管理状况。

表4-10　转基因水生生物研究和安全管理的状况
（引自刘谦等，2001）

地区，国家/种类	转移性状	表性增强	风险评估	中间试验	安全管理	商业化生产
非洲					+	
澳大利亚					+	

（续）

地区，国家/种类	转移性状	表性增强	风险评估	中间试验	安全管理	商业化生产
加拿大						
大西洋鲑	生长	+	+		+	
	抗冻	−			+	
中国						
鲤	生长	+	+	+	+	
太平洋鲑	生长	+			+	
泥鳅	生长	+			+	
欧洲					+	
匈牙利						
尼罗罗非鱼	生长	+		+		
印度					+	
以色列						
鲤	生长	+		+		
日本					+	
新西兰						
大西洋鲑	生长	+		+		?
挪威					+	
菲律宾						
尼罗罗非鱼	生长	+			+	
韩国						
泥鳅	生长	+				
苏格兰						
大西洋鲑	生长	+		+	+	?
英国						
尼罗罗非鱼	生长	+				+
美国						
鲤	生长	+		+	+	
斑点叉尾鲴	生长	+		+		
	抗病	+	+		+	
大西洋鲑	生长	+			+	
虹鳟	抗病	+			+	

◆ 思考题

　　1. 转基因水生生物应用存在哪些安全问题？
　　2. 简述水生生物转基因的主要方法及目前存在的问题。
　　3. 简述转基因水生生物扩散途径及防范措施。
　　4. 简述转基因水生生物安全等级的划分程序。

第五章 动、植物用转基因 微生物的安全性

转基因生物就是利用基因工程手段将某些生物的基因转移到其他的生物物种中去，使其出现原物种不具有的性状、功能，或者是某种生物丧失原有的某些特性，利用这种技术生产出来的生物就称为转基因生物（GMO）。转基因生物包括转基因植物（作物）、转基因动物和转基因微生物等。

第一节 动、植物用转基因微生物概况

动物用转基因微生物主要包括动物用转基因活疫苗和动物用转基因活微生物饲料添加剂；植物用转基因微生物是指通过重组 DNA 技术研制的，直接应用于植物上具有杀虫、防病、固氮、调节生长等作用的微生物。目前，中国是世界上重组微生物环境释放面积最大、种类最多和研究范围最广的国家。

一、动物用转基因微生物的发展概况

动物用转基因微生物主要包括动物用转基因微生物饲料添加剂和基因工程疫苗。

（一）转基因微生物饲料添加剂

1. 酶制剂 为了提高饲料酶的活性或改善其某些特性以便于生产应用，一些饲料酶的生产已开始利用基因工程技术，以基因工程菌生产的饲料酶也称重组。中国农业科学院饲料所和生物技术研究中心从 1996 年开始从黑曲霉中克隆植酸酶基因，研制出能高效表达植酸酶的重组毕氏酵母用于生产植酸酶，重组酵母表达的中性植酸酶量比原始的天然菌株提高4 000 倍以上，比专利中报道的且国外正在用于生产的畜禽用酸性植酸酶的基因工程曲霉高近 1 倍，1999 年底完成中试和试生产，2000 年通过农业部基因工程安全委员会审查，获准商业化生产。

2. 抗菌肽 转基因饲料或饲料添加剂在提高饲料利用率、替代抗生素药物等方面呈现出明显的优势。抗菌肽对禽畜及水生生物常见的病原菌，如大肠杆菌、沙门氏菌等具有广谱的杀菌作用及独特的杀菌机理。抗菌肽作为饲料添加剂，可以有效预防及治疗禽畜及水生生物的腹泻等消化道炎症，减少或完全替代饲养过程中抗生素药物的使用，降低禽畜及水生生物的发病率，具有良好的经济效益和应用前景。我国科学家将抗菌肽基因转化于酵母中表达，通过发酵生产出重组抗菌肽制品，杀菌效价达 5 000U/mL，用做饲料添加剂，代替抗生素饲喂肉鸡、仔猪及对虾，对预防疾病、提高存活率、增加体重、降低料肉比等有较好的效果。2004 年，农业部转基因生物安全办公室批准在广东、山东及海南省生产应用。

3. 重组生长激素 生长激素（growth hormone，GH）是包括鱼类在内的所有脊椎动物脑下垂体分泌的一种单链多肽激素，鱼类 GH 能够促进鱼体生长发育，加速蛋白质的合成，

促进脂类降解等。但在正常鱼体内 GH 含量甚微，鱼血仅含 $20\mu g/L$。为了大量获得有活性的 GH，科学家通过基因工程技术，将鱼 GH 基因转入微生物中，利用微生物发酵技术来大量生产重组鱼生长激素，作为促长饲料添加剂以满足养殖业的需要。基因重组的鱼 GH 与天然的鱼 GH 一样具有生物活性，通过口服能被鱼体吸收，具有很强的促生长作用。

（二）基因工程疫苗

基因工程疫苗主要是指用重组 DNA 技术研制的疫苗，包括将保护性抗原基因在原核或真核细胞中表达的生物合成亚单位疫苗，以某些病毒或细菌为外源基因载体的活载体疫苗和通过基因组突变、缺失或插入的基因缺失疫苗等。应用基因工程技术表达病原微生物的抗原性片段用于疫病的防治是一种较为安全的途径，也是当今疫苗研制的新热点。

目前世界上已经注册并正式投放市场的基因工程疫苗产品并不多。已注册的基因重组载体活疫苗有：牛病毒性腹泻病毒载体活疫苗，载体为痘苗病毒；狂犬病病毒基因重组活疫苗，载体为痘苗病毒哥本哈根等。另有牛瘟病毒、牛流行性白血病病毒、牛鼻气管炎病毒、口蹄疫病毒、兔病毒性出血症病毒等的基因工程活疫苗和鸡痘-新城疫二联基因工程活疫苗已被批准进行野外试验。狂犬病病毒糖蛋白的重组疫苗已被多个国家批准注册或进入商业化生产。用基因重组技术构建成的大肠埃希氏菌株生产的疫苗已实现商品化生产。在"863"计划中，对猪瘟、猪囊虫病、鸡新城疫、鸡传染性法氏囊病、鸡马立克氏病、鸡传染性支气管炎、鸡传染性喉气管炎、禽流感、鸡产蛋下降综合征等病原进行了研究，其中禽流感活载体疫苗、鸡传染性法氏囊病活载体疫苗、鸡马立克氏病三价基因工程疫苗已取得一定效果。宁夏大学研制出的犊牛、羔羊腹泻双价基因工程疫苗已获批准生产，复旦大学合成的口蹄疫多肽疫苗已进入田间安全试验阶段。哈尔滨兽医研究所研制成功的鸡传染性喉气管炎和鸡痘二价基因工程疫苗、禽流感和鸡痘二价基因工程疫苗，均已通过国家生物安全评估。

1. 基因工程亚单位疫苗　亚单位疫苗指用基因工程方法构建的在高效表达系统中表达出来的强毒病原体的某种免疫相关抗原。将抗原基因克隆到原核或真核表达载体中，并在原核或真核细胞中得到表达，经纯化制备出亚单位疫苗。对病原细菌的免疫原来说，常用大肠杆菌表达系统。对于大多数病毒的保护性免疫抗原来说，需要利用真核细胞保护性免疫抗原，比较理想的表达系统是酵母菌表达系统或昆虫细胞表达系统。例如，将能表达 NDV F 蛋白或传染性法氏囊炎病毒的 VP2、VP3 和 VP4 的重组杆状病毒感染昆虫细胞免疫鸡，即可产生抗 ND 或 BD 的保护性免疫反应；以杆状病毒为载体在昆虫细胞中表达的牛疱疹病毒糖蛋白 D，其产量可达 $500g/mL$，且具有良好的保护性免疫原性。

2. 转基因活疫苗　活载体疫苗的研制中，常以病毒或细菌为外源基因的载体。

（1）病毒活载体疫苗。利用低致病力的病毒作为载体，将其他病原的主要保护性抗原基因插入其基因组中的复制非必需区构建成重组病毒疫苗。常作为载体的病毒有痘苗病毒、禽痘病毒（FPV）、火鸡疱疹病毒（HVT）、腺病毒等。

①痘苗病毒载体疫苗：最早研制的是痘苗病毒表达载体，截至 1990 年，已有 36 种病原的基因在痘苗病毒中进行了表达，都显示出不同程度的免疫保护性。目前，比较成功的有表达狂犬病病毒 G 蛋白的重组痘苗病毒疫苗和表达牛瘟病毒 F 和 HA 蛋白的重组痘苗病毒疫苗，前者已在北美洲和欧洲广泛使用于预防野生动物的狂犬病。此外，已注册的基因重组活疫苗还有牛病毒性腹泻病毒载体活疫苗，载体为痘苗病毒。

②禽痘病毒载体疫苗：禽痘病毒具有严格的宿主特异性，是研制禽病重组疫苗的首选载体，目前用于载体疫苗研究的有鸡痘病毒（FPV）、金丝雀痘病毒（CPV）和鸽痘病毒。利

用禽痘病毒载体成功地表达了禽流感病毒的 HA 和 NP 蛋白、牛病毒性腹泻病毒 E2 蛋白、禽网状内皮增生症病毒囊膜蛋白、火鸡出血性肠炎病毒 Hexon 蛋白、狂犬病毒糖蛋白等。这些重组病毒在动物免疫实验中都显示出良好的保护作用。

童光志等研制的抗传染性喉气管炎重组鸡痘病毒基因工程疫苗在鸡进行的免疫后攻毒试验证明，所有的鸡均能抵抗传染性喉气管炎病毒和鸡痘病毒强毒的攻击，获 100% 保护。该疫苗已完成所有临床试验，获得了基因安全证书，正在申报新兽药证书。哈尔滨兽医研究所兽医生物技术国家重点实验室乔传玲等研制的抗高致病力禽流感病毒的重组禽痘病毒疫苗临床试验结果很好，也已申报了新兽药证书。

③腺病毒-哺乳动物细胞表达系统：目前有许多外源基因被插入腺病毒并得到表达，如口蹄疫病毒、狂犬病病毒、牛副黏病毒 3 型、牛疱疹病毒 I 型、牛冠状病毒、猪传染性肾肠炎病毒。多种动物，包括牛、猪、犬、兔、鼠、黑猩猩等免疫接种试验显示重组腺病毒不仅诱导体液和细胞免疫，同时也激发机体的黏膜免疫。

（2）细菌活载体疫苗。减毒细菌经基因工程改造后可表达一种或多种异源抗原，从而为预防多种病原体提供了潜在的保护作用。目前作为重组活疫苗载体的细菌有重组卡介苗、单核细胞增多性李斯特菌、沙门氏菌等。

①沙门氏菌活载体疫苗：沙门氏菌种类繁多，最适合表达异源性抗原的细菌是鼠伤寒沙门氏菌。目前已通过基因突变的方法构建了许多种减毒株，这些减毒株被突变掉了两个或两个以上的基因。应用它作为异源抗原的载体，表达霍乱弧菌、志贺氏菌和肠毒性大肠杆菌；表达的病毒有人类乙肝病毒的表面和核衣壳抗原、单纯疱疹病毒 1 型和 2 型编码 Gb1 蛋白的 DNA、轮状病毒表面糖蛋白 VP7 抗原等。

②卡介苗（rBCG）：卡介苗（rBCG）是世界上应用最广泛的减毒细菌疫苗，减毒的活 rBCG 目前用于抗结核病免疫，其作为异源抗原的细菌载体的潜在价值极具吸引力。表达多种抗原的 rBCG 在动物模型中能够有效诱导体液和细胞免疫应答。目前研究的 rBCG 菌苗可预防的疾病有艾滋病、肝炎、破伤风、肺炎球菌、单核细胞增多性李斯特菌、麻风杆菌、麻疹、疟疾、利什曼原虫、日本血吸虫、螺旋体病等。

③单核细胞增多性李斯特菌（Lm）：减毒的 Lm 疫苗载体已用于刺激针对不同病毒的强细胞免疫应答。一个有希望的候选株是丙氨酸消旋酶（daI）和 D-氨基酸转氨酶（dat）缺失的单核细胞增多性李斯特菌营养缺陷型突变株，这两个基因是细菌细胞壁生物合成所必需的。这种方法的优点是能使有毒株减毒，且减少了突变株回复至野毒株的可能性，使得 Lm 成为理想的抗病毒、抗肿瘤的疫苗载体。

二、植物用转基因微生物的发展概况

植物用转基因微生物是指通过重组 DNA 技术研制的，进一步增强杀虫防病效果、扩大作用谱、延长田间持效期，应用于植物上用以杀虫、防病、固氮、调节生长等作用的微生物。在农业生产领域，转基因微生物主要用于微生物农药、微生物肥料的生产。各国获准进入田间释放的重组微生物主要为转苏云金芽孢杆菌（Bt）遗传工程菌和转基因根瘤菌等商品化活体产品。经美国批准环境释放的微生物遗传工程体涉及十几种微生物约 50 例，主要为转 Bt 基因遗传工程菌以及提高苜蓿共生固氮和产量的转基因根瘤菌等商品化活体产品，其中重组苜蓿根瘤菌能提高大田苜蓿产量，是目前世界上首例通过了遗传工程菌安全性评价并进入有限商品化生产的工程根瘤菌。

我国目前有十余株转基因微生物处于安全性评价和田间示范阶段。"九五"期间,科技人员构建高效工程菌株 51 株,其中 5 种菌剂经安全性评估获准进入田间试验,6 种菌剂经安全性评价后进入环境释放,5 种菌剂完成产品登记或技术转让,饲料用植酸酶和联合固氮菌已大规模投产应用,初步实现了产业化。由中国农业科学院原子能所研制的重组斯氏假单胞菌 ACl541、中国科学院武汉病毒所研制的重组棉铃虫核型多角体病毒杀虫剂和华中农业大学研制的延缓害虫对苏云金芽孢杆菌产生抗性的高产广谱工程菌 BMB820Bt 已通过农业部农业生物基因工程安全委员会的审批进入安全性评价的商品化生产阶段。

(一) 转基因微生物农药

20 世纪 80 年代中期以来,国内外在防病杀虫转基因微生物的研究方面取得了一系列突破性进展,转基因微生物制品已进入商业化应用,其中重要的有防治虫害的 Bt 高效工程菌剂、转基因病毒制剂等。中国的转基因微生物农药主要以苏云金芽孢杆菌 (Bt) 基因工程制剂和转基因病毒制剂为主,一批拥有自主知识产权的重组微生物农药产品已初具产业规模,转 Bt 基因重组杆状病毒、高毒广谱杀虫工程菌、棉铃虫核型多角体病毒杀虫剂等多种基因工程微生物杀虫剂经农业部安全性审批获准进入田间释放或中间试验。

1. 杀虫转基因微生物

(1) 转基因病毒杀虫剂。国外近年尝试通过基因工程方法将不同的外源杀虫基因导入野生型苜蓿银纹夜蛾核多角体病毒,其研究取得了良好的进展。中国科学家已成功地构建了缺失蜕皮激素甾体- UDP 葡萄糖基转移酶基因 egt 同时表达蝎子神经毒素 (AaIT) 基因的双重重组棉铃虫病毒 (HaSNPV - AaIT),得到了杀虫速度明显加快的重组 HaSNPV,经农业部农业转基因生物安全委员会批准,先后进入中间试验和环境释放,并进行了中试生产。另外,我国进入田间试验的还有转苏云金芽孢杆菌杀虫晶体蛋白的 AcNPV 等。

武汉病毒所在国际上首次成功构建了 3 株缺失 egt 基因的重组中国棉铃虫病毒,被农业部农业微生物遗传工程体安全管理委员会审批为安全性等级Ⅰ级,经批准进入田间中间试验和环境释放,其中重组棉铃虫病毒Ⅰ号是中国第一例通过国家安全性评估进入田间中间试验和环境释放的重组病毒杀虫剂,目前正进行中试生产,可望成为中国第二代病毒杀虫剂。

中山大学在国内外首次构建了杀虫速度提高 1 倍以上的重组粉纹夜蛾 (Trichoplusia ni) 核多角体病毒 TnAT35 并已申请专利,这是中国构建的第一株对害虫具有迅速麻痹作用的基因工程杆状病毒。中山大学还与荷兰农业大学合作,构建出重组甜菜夜蛾 (Spodoptera exigua) 核多角体病毒 SexD,经农业部农业生物基因工程安全委员会评审,安全等级为Ⅰ级。

(2) 转基因 Bt 制剂。国外已有 Conder、MVP 等 10 余种 Bt 工程菌制剂投入商业化应用。美国 Ecogen、Novartis、Mycogen 和 Rearch Seed 等公司生产的转 Bt 基因遗传工程菌已通过美国环境保护局和农业部的批准进入商业化生产。Mycogen 公司将苏云金芽孢杆菌的杀虫蛋白基因导入荧光假单孢菌,并在其发酵生成晶体蛋白后将菌体细胞灭活,用这种"生物微囊"技术加工的菌剂对紫外线的抵抗力可提高 36 倍,自 1991 年起已有 MVP、M - Trak 等多个产品获准登记,用于防治小菜蛾等蔬菜害虫、马铃薯甲虫和玉米螟等。美国作物遗传国际公司将 Bt 基因导入能在玉米植株维管束内繁殖的内生菌中,杀虫毒素可随细菌的繁殖而不断产生,从而显著降低玉米螟的侵害率。

中国科学家研制的转不同特异 Bt 杀虫晶体蛋白基因和增效基因以延续害虫抗性产生的高效广谱工程菌 BMB820Bt、转 Bt 杀虫晶体蛋白基因并兼有杀虫与防病作用的重组荧光假单胞菌和枯草芽孢杆菌等已进入中间试验或环境释放阶段，高产广谱工程菌 WG001 已于 2000 年通过批准进入商业化生产。华中农业大学研制的苏云金芽孢杆菌高毒力菌株 YBT - 1520 获得国家发明专利；福建农林大学研制的苏云金芽孢杆菌的遗传改良工程菌 TS16 等杀虫剂获得农业部的农药登记证和出口证；南开大学对苏云金芽孢杆菌广谱基因工程菌的构建及新型高效菌株 15A3 的研究与开发已通过验收和鉴定；中山大学已构建出遗传稳定的高产高效杀虫 Bt 工程菌 TnY 并申请国家发明专利。

2. 防病转基因微生物　对生防菌（又称生物防治菌）的遗传改良是获得优良生防菌的有效途径，尤其是基因工程技术的出现可以有目的地对生防菌进行改造，使生防菌获得兼治多种病害的功能。利用现代生物技术对植物生防菌进行遗传改造，主要表现在增强抗菌活性和扩大防治对象两个方面。

（1）增强抗菌活性。通过基因工程手段将目的基因导入到受体细胞中，是目前增强微生物拮抗活性的有效途径。Limon 等将几丁质酶基因 $chit$33 转化哈茨木霉菌 CECT2413 获得过量组成型表达几丁质酶的哈茨木霉转化子，同野生型菌株相比，该菌株对立枯丝核菌的抑菌活性明显提高。中国农业大学唐文华实验室将几丁质酶基因和葡聚糖酶基因双价基因导入植病生防菌株枯草芽孢杆菌转基因菌株所产生的几丁质酶和葡聚糖酶液消解菌丝试验证实，几丁质酶和葡聚糖酶对水稻纹枯病菌菌丝消解作用比几丁质酶或葡聚糖酶单酶作用效果好。转化子对水稻纹枯病菌具有更强烈的抑制作用。

（2）扩大防治对象。通过重组技术还可以扩大生防菌的防治对象，中国农业科学院将 Bt 杀虫蛋白基因 $CryIAc$ 毒性编码区导入水稻生防芽孢杆菌，室内试验显示重组菌株具有良好的杀虫防病作用和很好的遗传稳定性。

（二）转基因微生物肥料

转基因微生物肥料主要指遗传改良的联合固氮菌和根瘤菌，采用分子技术对外源固氮基因及其调控基因进行转移而构建出固氮活性提高的新型重组固氮微生物。目前，重组固氮微生物已进入大规模田间试验和商品化生产。例如，日本率先将 $nifA$ 固氮基因导入联合固氮菌而构建出耐铵工程菌；美国 Bosworth 等构建成含 $nifA$ 和 $dctABD$ 等多种固氮相关基因的重组根瘤菌，在田间试验中表现良好；美国 Rearch Seeds 公司的转基因中华苜蓿根瘤菌（$Sinorhizobium\ meliloti$）RMBPC - 2 已于 1997 年获准进行有限商品化生产，这是美国环境保护局批准进入商品化生产的第一例属间重组固氮微生物。

中国科学家构建了一系列耐甘铵、泌铵高效固氮工程菌株，比野生菌有更好的节肥增产效果，已有多种重组固氮菌经批准进行了中间试验和环境释放。华中农业大学、中国科学院、广西大学等单位构建了含有吸氢酶基因 hup、三叶草素基因 tfx、竞争结瘤基因 $nfeC$、脯氨酸脱氢酶基因 $putA$ 和结瘤基因 nod 的多株工程菌，部分菌株室内条件下固氮效率和竞争结瘤能力有明显提高。经重组修饰的耐铵工程菌能显著提高固氮效率，有效减轻铵对固氮的阻遏作用。中国农业科学院原子能所、广东省微生物研究所和中国科学院上海植物生理生态研究所等单位研制出了具有显著节肥促生作用的基因工程联合固氮菌剂 ACl541，已通过农业部生物基因工程安全委员会的审批，获准在辽宁省进行商品化生产。中国科学院植物所和中国农业大学联合研制出的玉米联合固氮菌 E57 - 7 和玉米联合固氮耐铵工程菌 E7 已申请国家专利，其中玉米固氮工程菌 E7 已获准在黑龙江省进行环境释放。

第二节　动物用转基因微生物的安全性评价概况

　　动物用微生物与动物和人类的健康以及生态环境密切相关。因此，动物用转基因微生物在研究、开发和利用中存在的安全性问题，尤其是对人类、动物健康和生态环境的潜在危险性就引起了科学家和公众的高度重视和关心。生物安全性评价是对动物用转基因微生物实施安全控制和管理的重要环节，是核心和基础。科学、公正的安全性评价为安全管理提供决策的依据。目前，分别从受体微生物、基因操作、动物用转基因微生物及其产品4个方面进行安全性评价。

一、受体微生物的安全性评价

（一）受体微生物概述

　　受体微生物，系指被导入重组 DNA 分子的微生物。对受体微生物进行安全性评价时，主要考虑以下几个方面。

　　1. 受体微生物的背景资料和生物学特性　分类学地位；是天然野生菌种还是人工培养菌种；在国内的应用情况；对人类健康或生态环境是否发生过不利影响；从历史上看，受体微生物演变成有害生物的可能性；是否有长期安全应用的记录；在环境中定殖、存活和传播扩展的方式、能力及其影响因素；对动物的致病性，是否产生有毒物质；对人体健康和植物的潜在危险性。

　　2. 受体微生物所适应的生态环境　在国内的地理分布和自然生境，生长发育所要求的生态环境条件；与生态系统中其他微生物的生态关系；对生态环境的影响及其潜在危险程度。

　　3. 受体微生物的遗传变异　遗传稳定性；质粒的稳定性及其潜在危险程度；转座子和转座因子状况及其潜在危险程度；是否有发生遗传变异而对动物健康、人类健康或生态环境产生不利影响的可能性；在自然条件下与其他微生物（特别是病原体）进行遗传物质交换的可能性；在自然条件下与动物进行遗传物质交换的可能性；受体微生物的监测方法和监控的可能性。

（二）受体微生物安全等级

　　根据《农业转基因生物安全评价管理办法》第十一条有关标准确定受体微生物的安全等级（分为Ⅰ～Ⅳ级）。

　　1. 符合下列条件之一的受体生物应当确定为安全等级Ⅰ：①对人类健康和生态环境未曾发生过不利影响；②演化成有害生物的可能性极小；③用于特殊研究的短存活期受体生物，实验结束后在自然环境中存活的可能性极小。

　　2. 对人类健康和生态环境可能产生低度危险，但是通过采取安全控制措施完全可以避免其危险的受体生物，应当确定为安全等级Ⅱ。

　　3. 对人类健康和生态环境可能产生中度危险，但是通过采取安全控制措施，基本上可以避免其危险的受体生物，应当确定为安全等级Ⅲ。

　　4. 对人类健康和生态环境可能产生高度危险，而且在封闭设施之外尚无适当的安全控制措施避免其发生危险的受体生物，应当确定为安全等级Ⅳ。包括：①可能与其他生物发生高频率遗传物质交换的有害生物；②尚无有效技术防止其本身或其产物逃逸、扩散的有害生物；③尚无有效技术保证其逃逸后，在对人类健康和生态环境产生不利影响之前，将其捕获或消灭的有害生物。

（三）常用受体微生物

目前常用于生产饲料添加剂的转基因受体微生物有酵母菌和大肠杆菌；在生产重组疫苗中常用的受体微生物为：痘苗病毒、疱疹病毒（火鸡疱疹病毒）、腺病毒、禽痘病毒、重组卡介苗、单核细胞增生李斯特菌、沙门氏菌等。

1. 酵母菌 基因工程中常用的酵母菌有啤酒酵母（*Saccharomyces cerevisae*）和巴斯德毕赤酵母（*Pichia pastoris*）。酵母菌的菌体为单细胞，通常为卵圆形，为单细胞真核生物，无性生殖方式为出芽生殖。菌体无鞭毛，不能游动。酵母菌比细菌的单细胞个体要大得多，为 $1\sim5\mu m\times5\sim30\mu m$ 或更长。无性繁殖以芽殖或裂殖为主，有性生殖的方式是产生子囊孢子。细胞结构与真核生物相似，形态结构如图 5-1 所示。

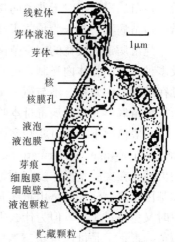

图 5-1 酵母菌细胞结构

巴斯德毕赤酵母属子囊菌类，毕赤酵母属（*Pichia*），为单倍体，表达株为以甲醇为唯一碳源能源的甲醇营养型酵母，来源于野生菌株 NRRL（Northern Regional Research Laboratories）- Y11430。多数具有一个或多个营养缺陷型突变，以利于表达载体转化时筛选。目前，使用最广泛的巴斯德毕赤酵母受体是由 Cregg 于 1985 年建立的 GS115，GS115 为组氨酸突变型，表型为 Mut^-，可接受含 HIS4 的载体而具有 HIS^+ 表型以筛选转化子。

啤酒酵母分类学地位属真菌门，子囊菌亚门，酵母菌目，酵母菌科，酵母菌属，原产地为美国华盛顿州立大学生物与生物医学科学系，1986 年引入中国使用。选用的受体酵母菌株 AB103 为野生菌种，经人工筛选获得，属亮氨酸（Leu）营养缺陷型。所用菌株自 1986 年引入至今，仍保持该菌种的生物学及遗传学特性。

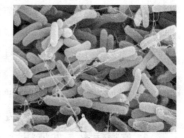

图 5-2 大肠杆菌形态

酵母菌为酿酒业、酒精业等长期应用的菌种。酵母菌长期作为供人助消化的辅助药物及作为饲料蛋白的来源。酵母菌是我国古代酿酒酵母菌种之一，经长期应用，尚未发现有转变为有害生物的可能性，亦尚未发现酵母菌对动物、人及水生生物的毒性、致敏性及致病性报告。根据《农业转基因生物安全评价管理办法》第十一条确定酵母菌为安全等级Ⅰ，适合用做外源基因的表达宿主菌。

2. 大肠杆菌 大肠杆菌（*Escherichia coli*）为肠杆菌科（Enterobacteriaceae），埃希氏菌属（*Escherichia*）的代表菌，寄居于人和动物肠道中，常随人与动物粪便排出，广泛分布于水、土壤或腐物中，一般多不致病，革兰氏阴性无芽孢内杆菌。细胞杆状，大小 $0.4\sim0.7\mu m\times1\sim3\mu m$，通常单个出现，周生鞭毛，兼性厌氧，化能有机型。目前对大肠杆菌的遗传背景和生理特性研究已相当彻底，已经成功发展了许多表达载体和相应的宿主菌（如

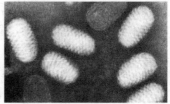

图 5-3 痘病毒形态

BL21菌株等），这些菌株对人畜无害，目前普遍用于外源基因的表达，使用安全。根据《农业转基因生物安全评价管理办法》第十一条确定大肠杆菌为安全等级Ⅰ。

3. 痘苗病毒　痘苗病毒（*Vaccinia virus*）又称牛痘病毒，痘苗病毒属痘病毒科，脊椎动物痘病毒亚科，正痘病毒属（*Poxvirus*）。痘病毒科为病毒粒最大的一类DNA病毒，结构复杂。病毒粒呈砖形或椭圆形，大小300~450nm×170~260nm，有核心、侧体和包膜，核心含有与蛋白质结合的DNA。DNA为线型双链。其中，天花病毒是人类天花的病原体。由于痘苗病毒在抗原性上与天花病毒关系密切，在实验室内经动物、鸡胚和细胞培养增殖后，痘苗病毒用于对天花预防接种的病毒。痘苗病毒为在全球范围内消灭天花做出了重大贡献。痘苗病毒一直作为预防天花的疫苗得到广泛应用，安全性和可靠性已获公认。

痘苗病毒有较宽的宿主范围，因此可以作为多种动物的疫苗载体。这种病毒可以在体外及多种脊椎动物体内复制，可将长达25~40kb的外源基因插入痘苗病毒并获高效表达，病毒在细胞浆中繁殖，不与宿主细胞染色体整合，无致癌性。实验用的菌株有中国天坛株、安卡拉痘苗病毒、痘苗病毒哥本哈根株。

一般情况下，通过实验室操作痘苗病毒受到感染被认为是不可能的。但最近据《Journal of Investigative Dermatology》杂志报道，在德国Technical University工作的一位40岁的男性，在实验室操作痘苗病毒后，每只手的手指上都出现了痘样病变，而且通过微生物学和基因检测，病变就是由重组痘苗病毒引起的。该名男性曾在1岁时接受过天花免疫，10岁时又免疫过1次，但为什么仍然被感染？科学家认为，一是实验室接触的是高浓度的重组痘苗病毒；二是可能重组痘苗病毒中插入的人*cytohesion*-1基因，通过干扰白细胞黏附，削弱了皮肤局部的免疫反应。感染的痘苗病毒株是Western Reserve株。这是该株病毒首次造成的实验室工作人员感染。

近年来国内外学者对野生型痘苗病毒的毒力基因进行缺失突变，构建了多个痘病毒减毒株，在很大程度上降低了痘苗病毒的毒性。随着减毒载体的构建，重组痘苗病毒可能引起的损害已大大降低。这些遗传减毒株虽然缺失了部分毒力基因，但是仍不能完全排除其潜在的危险性。该病毒对生物体还具有一定毒性作用，人类种痘偶尔会产生严重副反应。接种痘苗病毒虽然一般没有什么危险，但对免疫系统已受损伤的艾滋病患者可能是致命的，在一定比例的免疫缺陷患者中可引起严重的并发症。由于痘苗病毒对人类，尤其是对儿童的潜在危险性，根据《农业转基因生物安全评价管理办法》第十一条确定痘苗病毒为安全等级Ⅱ。

4. 禽痘病毒　禽痘病毒（*Fowlox virus*，FPV）为痘病毒科，脊椎动物痘病毒亚科，禽痘病毒属的成员，成熟的病毒粒子为砖形，大小为250nm×354nm，病毒的基因组是双股线性DNA，约300kb，分子质量为$200×10^6$~$400×10^6$ku，G+C含量达35%，其DNA不具有感染性。其中鸡痘病毒和金丝雀痘病毒（*Canarypox virus*，CPV）是禽痘病毒属的代表种，常用于载体表达外源蛋白。禽痘病毒是严格的胞浆内复制，感染60种野生鸟类，它具有严格的宿主特异性和生物安全性，禽痘病毒的宿主范围较窄，仅感染禽类，只在禽体中复制，而在非禽品系（如哺乳动物细胞）中不复制，对非禽类的动物细胞，尽管加大接种剂量仍不能形成增殖性感染，避免了病毒基因重组入宿主细胞染色体的可能性。在哺乳动物体内禽痘病毒仅产生过性感染，或称为流产性感染，即它能有效感染一些哺乳动物的细胞和表达早期基因，也能产生一些晚期基因的表达产物和DNA复制，但不能发育成成熟的病毒粒子，阻断了载体由免疫动物中向接触的非免疫动物或者是向环境中散播的可能性。

因此，禽痘病毒被认为是目前最为安全有效的载体系统，广泛地应用于哺乳动物。尽管有禽痘病毒能引起接种反应的报道，但在 FPV 作为疫苗应用的历史上尚没有被免疫的动物的感染、发病或将其传播给其他任何动物及人类的报道，并且 FPV 在自然条件下，由昆虫机械传播，但也没有 FPV 在这些昆虫体内能够复制的证据。由此可见，FPV 作载体不会对其他动物和人类构成威胁。根据《农业转基因生物安全评价管理办法》第十一条确定禽痘病毒为安全等级 I。目前以禽痘病毒作为载体表达鸡新城疫病毒和 H5 亚型禽流感病毒的重组活载体疫苗已在美国获得了生产许可证。

许多病毒如痘病毒、疱疹病毒、腺病毒等已被用作表达载体，外源基因插入到上述病毒载体中就可以连续表达，从而产生长期稳定的免疫力。疱疹病毒、反转录病毒和腺病毒虽然可以作为载体，但是它们可以导致肿瘤或潜伏感染，有可能的话应严格地限制其使用。总的来说，禽痘病毒要安全得多，现在大多都用禽痘病毒。

5. 腺病毒　腺病毒（*Adenovirus*，Adv）属腺病毒科（*Adenoviridae*），呈二十面体对称结构，直径为 70～90nm 的无囊膜病毒。腺病毒宿主范围广，腺病毒广泛存在于人、哺乳动物和禽类的眼、呼吸道、消化道内，致病性低，多数毒株为隐性感染，个别毒株能引起动物发病，有些毒株致病性很弱。大多数腺病毒具有严格的宿主范围，一种动物的腺病毒一般不感染异种动物，而且在组织培养细胞中，也以该宿主动物来源的细胞最敏感。腺病毒科根据形态结构、免疫学特性和宿主范围可划分为两个属：哺乳动物腺病毒（*Mastadenovirus*）和禽腺病毒属（*Avianadenovirus*）。

图 5-4　腺病毒形态

用于表达外源蛋白的腺病毒为缺失了大部分病毒信号的腺病毒，它们对啮齿动物无致瘤性。重组腺病毒载体均在体内无增殖能力，且转染后，腺病毒基因组不整合入靶细胞基因组，从而不会引起插入突变，外源基因能游离地表达，因此没有潜在的致癌危险。腺病毒载体具有宿主范围广、基因转移效率高、遗传毒性较低及比较安全等优点。近年来腺病毒载体成为最引人瞩目的肿瘤基因治疗载体之一。腺病毒载体自 1993 年首次被应用于临床试验以来，迄今为止大约有 40% 基因治疗临床试验方案采用腺病毒为载体。但是，腺病毒载体在应用中也存在许多问题，如可恢复为有复制力的野生腺病毒、伴发宿主免疫反应和非特异性炎症反应，由于病毒的多样性及其与机体的复杂依存关系，仍有一定的安全隐患。尤其，1999 年 9 月美国一名叫 Jesse Gelsinger 的 18 岁青年死于缺陷型腺病毒载体的基因治疗临床试验引发的强烈系统性炎症反应，使科学界对腺病毒使用的安全性提出了质疑。根据《农业转基因生物安全评价管理办法》第十一条确定腺病毒为安全等级 II。

6. 沙门氏菌　沙门氏菌（*Salmonella*）是一种重要的人畜共患病菌，属沙门氏菌属（*Salmonella*），是革兰氏阴性无芽孢杆菌，兼性厌氧，它是一种可通过经口途径自然获得的特殊胞内菌。沙门氏菌可引起两种类型的感染，一种是轻微胃肠炎；另一种是伤寒，在人群中由伤寒沙门氏菌引起，在鼠群中由鼠伤寒沙门氏菌引起。

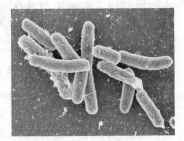

图 5-5　沙门氏菌形态

最近的研究表明，减毒的沙门氏菌可运载编码有外源基因的真核表达质粒在体细胞内进行持续表达，诱导机体产生特异性的细胞和体液免疫应答。目前，人们构建了大量沙门氏菌减毒株，这些减毒株被突变掉了两个或两个以上的基因，经实验被不同程度地证实是小鼠、禽和牛等动物乃至人类安全有效的减毒株。这些突变菌株多是通过去除与细胞壁合成所必需的代谢产物相关的基因而获得的。因此，这些营养缺陷型细菌感染哺乳动物细胞后由于缺乏这些代谢产物而溶解。现在已有许多种细菌、病毒和寄生虫的减毒沙门氏菌活载体疫苗被研制成功。美国科学家已研制成缺失 cya 和 crp 双基因的鼠伤寒沙门氏菌活疫苗，该种沙门氏菌无感染性，无荚膜和鞭毛。该菌由于缺失两个基因，不可能恢复为田间沙门氏菌，因此安全性更高。

虽然减毒沙门氏菌载体疫苗有诸多优点，但仍存在一些不足。制备疫苗使用的菌株尽管是减毒株，可能仍存在微弱的致病性，且对革兰氏阴性菌而言还要考虑 LPS 的毒性效应。革兰氏阴性菌在体内表达的脂多糖可能对宿主细胞有毒性，还可能会干扰编码基因在宿主细胞中的正确表达和合成。此外，还存在着质粒 DNA 与宿主基因组整合的潜在危险性。根据《农业转基因生物安全评价管理办法》第十一条确定减毒沙门菌为安全等级Ⅱ。

7. 志贺氏菌 志贺氏菌属（*Shigella*）是一类革兰氏阴性杆菌，是人类细菌性痢疾最为常见的病原菌，通称痢疾杆菌。大小为 $0.5 \sim 0.7 \mu m \times 2 \sim 3 \mu m$，无芽孢，无荚膜，无鞭毛，多数有菌毛，为兼性厌氧菌，能在普通培养基上生长，形成中等大小，半透明的光滑型菌落，在肠道杆菌选择性培养基上形成无色菌落。其中，福氏志贺氏菌（*Sh. flexneri*），通称福氏痢疾杆菌，常用作活菌载体。

图 5-6 志贺氏菌形态

志贺氏菌作为疫苗载体可以有效地逃避体内的作用而直接进入到宿主细胞的胞质，可携带外源抗原刺激机体的全身免疫和黏膜免疫。构建志贺氏菌疫苗大多数是采用野生株体外减毒的方法。福氏志贺氏菌变异体包括细胞壁合成缺陷型突变体和芳香族氨基酸合成缺陷型突变体。细胞壁合成缺陷型细菌发生 asd 基因缺失突变，因此不能合成细胞壁中的关键成分二氨基庚二酸（DAP）。在细菌感染过程中，由于细菌自身没有能力来合成细胞壁，DAP 缺乏，所以福氏志贺氏细菌突变体在宿主细胞中会快速地自溶，更加安全。芳香族氨基酸在细菌中只有一条通过分支酸的合成途径，打断这一途径中的任何一个关键基因（如 aroA、aroD、aroC 等）都能阻断细菌芳香族氨基酸的合成。而芳香族氨基酸在人肠上皮细胞内不是一种代谢产物，含量甚微。因此，aro 突变的志贺氏菌在肠上皮细胞内不能复制，减毒明显，而其侵袭能力并不受影响。志贺氏菌减毒疫苗较野生型菌株毒力下降，安全性提高，但是，这些减毒疫苗免疫人及动物后，仍会出现发热、腹泻、轻度痢疾等副反应，可能是由于志贺氏菌产生的内毒素引起的，这些均限制了志贺氏菌载体在临床上的应用。根据《农业转基因生物安全评价管理办法》第十一条确定减毒志贺氏菌为安全等级Ⅱ。

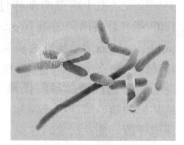

图 5-7 李斯特菌形态

8. 单核细胞增生李斯特菌 单核细胞增生性李斯特菌（*Listeria monocytogenes*，Lm）属于李斯特菌属（*Listeria*），革兰氏阳性小杆菌，光滑型培养物呈短杆状，具有鞭毛，不产生芽孢和荚膜，需氧兼厌氧性，最适 pH7.0～8.0，在−20℃可存活 1 年，但是在 58℃加热 10min 可被杀死，是一种人兽共患食物传播性病原菌，可引起畜禽多种严重疾病，能严重感染免疫缺陷个体和孕妇。

近年来，李斯特菌因能用作外源抗原表达的载体，感染抗原提呈细胞，同时激发强烈的细胞免疫（Th1）和较弱的体液免疫而成为分子生物学和免疫学的研究热点。为了提高李斯特菌的安全性，人们开始考虑将 Lm 减毒。Lm 的毒力相关决定簇的不同突变株已被开发成活菌载体的减毒株，用于刺激针对不同病毒的强细胞免疫应答以及癌症的免疫治疗。一个很有希望的疫苗株是 Lm 营养缺陷型菌株，通过缺失细菌的丙氨酸消旋酶（daI）和 D-氨基酸转氨酶（dat）基因（负责细胞壁合成），可降低细菌的毒力，并减少了毒力恢复的可能性。实验证明突变的李斯特菌对小鼠高度减毒，表现出高度的安全性。最近，报道了单核细胞增生李斯特菌减毒疫苗的首次人体安全性研究。该候选疫苗是口服疫苗，疫苗株缺失了细胞间传播所需的 *actA* 基因和能逃脱再次吞噬的 *plcB* 基因。在约 4d 时间内志愿者接种了最大为 10^9 cfu 剂量的疫苗，无严重不良反应。但是，Lm 嗜广泛宿主的特性以及在高危人群中建立

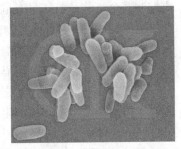

图 5-8　分支杆菌形态

疫苗载体安全体系的复杂性，显著地阻碍 Lm 载体疫苗的临床应用。由于其潜在的危险性，以及减毒株毒力恢复的可能性，目前，减毒单核细胞增生李斯特菌在实际应用中还受到一定的限制。根据《农业转基因生物安全评价管理办法》第十一条确定野生型单核细胞增生李斯特菌为安全等级Ⅲ。

9. 重组卡介苗　牛型分支杆菌（*Mycobacterium bovis-* BCG）属分支杆菌属（*Mycobacterium*），杆菌细长略弯曲，端极钝圆，大小 $1 \sim 4\mu m \times 0.4\mu m$，呈单个或分支状排列，无荚膜，无鞭毛，无芽孢。将牛型结核杆菌培养于胆汁、甘油、马铃薯培养基中，经 230 次传代，历时 13 年，使其毒力发生变异，成为对人无致病性，而仍保持良好免疫性的菌苗株，称为卡介菌（bacilli calmette-giierin，BCG）。卡介菌接种人体后，可获得抗结核免疫力。BCG 疫苗用于结核病的免疫预防，是世界上应用最广泛的减毒细菌疫苗，并取得了良好的安全记录。自 1948 年以来世界上已有 35 亿人接种，它是 WHO 推荐的 2 种出生时即可接种的活疫苗之一。

　　由于牛型分支杆菌卡介苗具有独特的安全性和免疫佐剂作用，科学家日益重视 BCG，将其作为疫苗载体的开发。BCG 具有的许多特性使其成为有吸引力的传递外源抗原的载体。首先，BCG 有极好的安全记录，在人类近 2×10^9 个抗结核病的免疫接种者中证明 BCG 用于人是安全的，并发症极少，安全性高；其次，BCG 在发生强烈免疫应答的感染宿主内能够持续存在，这一特性有助于作为治疗性免疫目的的外源抗原的携带。BCG 作为受体菌安全性较高，已广泛用于多种外源抗原蛋白的表达载体，预防多种疾病。根据《农业转基因生物安全评价管理办法》第十一条确定 BCG 为安全等级Ⅰ。

二、转基因操作的安全性评价

（一）转基因操作的安全性评价概述

　　对动物用转基因微生物相关基因操作进行安全性评价时，主要考虑以下几个方面。

　　（1）动物用转基因微生物中引入或修饰性状和特性的叙述。

　　（2）实际插入或删除序列的资料，插入序列的大小和结构，确定其特性的分析方法；删除区域的大小和功能；目的基因的核苷酸序列和推导的氨基酸序列；插入序列的拷贝数。

　　（3）目的基因与载体构建的图谱，载体特性和安全性，能否向自然界中不含有该类基因的微生物转移。

（4）载体中插入区域各片段的资料，启动子和终止子的大小、功能及其供体生物的名称；标记基因和报告基因的大小、功能及其供体生物的名称；其他表达调控序列的名称及其来源（如人工合成或供体生物名称）。

（5）基因操作方法。

（6）目的基因表达的稳定性，目的基因的检测和鉴定技术。

（7）重组 DNA 分子的结构、复制特性和安全性。

参照《农业转基因生物安全评价管理办法》第十二条有关标准将基因操作对受体生物安全等级的影响分为 3 种类型：

类型 1，增加受体生物安全性的基因操作，包括：去除某个（些）已知具有危险的基因或抑制某个（些）已知具有危险的基因表达的基因操作。

类型 2，不影响受体生物安全性的基因操作，包括：改变受体生物的表型或基因型而对人类健康和生态环境没有影响的基因操作；改变受体生物的表型或基因型而对人类健康和生态环境没有不利影响的基因操作。

类型 3，降低受体生物安全性的基因操作，包括：改变受体生物的表型或基因型，并可能对人类健康或生态环境产生不利影响的基因操作；改变受体生物的表型或基因型，但不能确定对人类健康或生态环境影响的基因操作。

（二）常用菌株的转基因操作

1. 酵母菌

（1）转入抗菌肽基因，用作饲料添加剂。柞蚕抗菌肽具有广谱杀菌功能，人们将抗菌肽 D 基因转化于啤酒酵母中表达，用于防治动物中的疾病。采用天然的抗菌肽基因或者人工突变合成，如黄亚东等根据天蚕抗菌肽 A 第 1~11 位氨基酸序列及柞蚕抗菌肽 D 第 12~37 位氨基酸序列，选择酵母偏爱的遗传密码设计合成 141bp AD 基因，再用定点突变技术，在赖氨酸密码子 AAG 后加入天门冬酰胺密码子 AAC，成为 144bp 的基因，编码 38 个氨基酸残基的抗菌肽。通过发酵生产出重组抗菌肽制品，杀菌效价达 5 000U/mL，用做饲料添加剂，代替抗生素饲喂肉鸡、仔猪及对虾，对预防疾病、提高存活率、增加体重、降低料肉比等有较好的效果。2004 年，农业部转基因生物安全办公室批准在广东、山东及海南省生产应用。

（2）转入酸性植酸酶基因，生产饲用酶制剂。植物中的磷大部分以植酸的形式存在，极难被单胃动物消化吸收，同时植酸极易与钙、锌、铜、锰等离子结合形成不易吸收的络合物，大大降低这些矿物元素的吸收利用率。如果利用植酸酶将植酸分解，仅可提高单胃动物对磷的利用，而且可提高其他矿物质元素的利用率。

用基因工程方法，将来自于黑曲霉或者人工改造获得的重组植酸酶基因，经同源重组整合到酵母染色体中进行表达，表达产量高，重组酸性植酸酶产量可达 50 万 U/mL，较原始菌株提高 1 000 倍以上。"九五"期间获得了国家"863"项目的支持，其突出优点是：受体菌是饲用酵母，安全性好；表达产物直接分泌到培养基中，具有酶活性，可直接用于生产饲用酶制剂。重组植酸酶成果 1999 年获得国家计划委员会生物技术产业化专项 1 亿元，实施产业化生产，相关技术已申请国家发明专利。

中国农业科学院成功地在毕赤酵母中表达了来源于黑曲霉 NRRL3135 的植酸酶 phya 基因，使植酸酶的表达量提高了近 3 000 倍。彭日荷等按照毕赤酵母的偏爱密码子，合成 1.3kb 烟熏曲霉耐高温植酸酶基因 fphy，植酸酶获得有效分泌和高效表达。表达产物耐高温性很强，90 ℃处理 80min 后仍有 40％的活性。

（3）用毕赤酵母表达重组生长激素。我国科学家利用基因工程技术，从大鳞大麻哈鱼脑垂体中分离生长激素基因，经过对天然鱼生长激素基因进行重组改造，构建了多拷贝的重组质粒，转化到酵母菌中，获得高效表达重组鱼生长因子的工程菌。使用重组鱼生长因子饲喂养殖鲈、牙鲆等海水鱼类，养殖实验证明，可提高产量 20％左右，取得显著的促生长效果，而且其营养成分也明显提高。

（4）重组酵母表达甘露聚糖酶。甘露聚糖类物质是自然界中半纤维素的第二大组分，在饲料原料等中分布广泛，对畜禽是一种抗营养因子。甘露聚糖酶能水解甘露聚糖类物质生成甘露寡糖，对动物的生长发育具有一系列积极作用。我国科学家在酵母中表达甘露聚糖酶，表达量达到 2.0×10^5 U/mL，表达水平高于目前国内外报道和实际生产水平，重组甘露聚糖酶添加到动物饲料中，可明显促进动物的生长。

酵母菌的基因工程中采用的表达载体为整合型载体，也称穿梭载体。它可以在大肠杆菌中保存、扩增和构建，线性化后转入酵母细胞，外源基因一般整合在毕赤酵母的 AOX1 和 HIS4 上，整合的方式有两种：插入与替换。外源基因整合后，在强启动子醇氧化酶启动子 PAOX1 引导下表达外源蛋白。常用的分泌型表达载体有 pPIC9、pPIC9K、pHIL - S1p、YAM7SP6 等，这些载体都以组氨酸脱氢酶筛选标志基因（His4）作为选择标记，具有共同的一般结构。采用的启动子为强启动子，即醇氧化酶启动子 PAOX1，受甲醇诱导和葡萄糖或甘油的抑制，在甲醇诱导下，大量表达外源蛋白。

转入的酸性植酸酶基因、生长激素基因、抗菌肽基因均对人畜无害，目的基因整合到受体酵母中，能稳定表达。组氨酸脱氢酶筛选标志基因比较安全，在培养时根据重组转化子是否能在无组氨酸的情况生长而被筛选，筛选方式安全有效。相关基因操作对受体酵母菌的安全性影响较小。根据《农业转基因生物安全评价管理办法》第十二条有关标准将基因操作对酵母菌安全等级的影响定为类型 2，即不影响酵母菌安全性的基因操作。

2. 大肠杆菌　在大肠杆菌表达的外源蛋白有：重组鲑、虹鳟和鲤生长激素，重组大黄鱼生长激素，重组黑曲霉植酸酶，重组猪防御素，重组猪生长激素等。

将外源基因克隆至质粒载体中，常用的载体有 pET - 28a（＋）、pET - 22b（＋）、PET21a（＋）、pBV220，是以大肠杆菌 Lac 操纵子调控机理为基础设计、构建的表达系统，在诱导剂 IPTG 存在的情况下，外源基因得到表达。表达产物主要以包涵体形式存在，菌体破碎离心后，沉淀目的蛋白，经过离心纯化、尿素溶解、柱层析复性后，得到活性蛋白。筛选标记常为 Amp^r、Kan^r 抗生素抗性基因。

中国水产科学研究院珠江水产研究所成功地构建了基因重组鲑、虹鳟和鲤生长激素基因，在重组大肠杆菌菌株表达鲤生长激素达细胞总蛋白量的 32％，在重组酵母菌株表达虹鳟生长激素达细胞总蛋白量的 3％，用这些基因重组鱼生长激素作为浸泡剂一次性浸泡罗非鱼苗可持续 2 个月使其生长率提高 50％，用其添加于饲料投喂可使生长率提高 30％～119％，其可应用于生产基因重组鱼生长激素饲料添加剂或鱼苗用促生长浸泡剂，应用于水产饲料工业、养殖业，预期有较大经济效益。

在大肠杆菌中表达的重组蛋白经纯化后应用于生产实践中，表现出了良好的效果。采用的基因操作对受体菌的安全性无影响，根据《农业转基因生物安全评价管理办法》第十二条有关标准将基因操作对大肠杆菌安全等级的影响定为类型 2，即不影响大肠杆菌安全性的基因操作。由于其产品是纯化的重组蛋白，受菌体本身的影响比较小；在纯化过程中，培养菌加的抗生素不存在于最终产品中，因此对产品的安全性无影响。

病毒活载体疫苗构建原理是在某些病毒的基因组中有一些核苷酸序列（如痘病毒的 *TK* 基因，腺病毒的 E1 和 E3 区等）是病毒的复制非必需区，将其切除、突变或在该区域内插入外源性基因片段后，均不影响病毒的复制。利用基因工程技术，可以将该复制非必需区克隆出来，经过体外改造后，将异源基因及启动子调控序列等插入其中，再通过体内同源重组技术，获得重组病毒，利用该重组病毒接种动物后，可以诱导机体产生针对异源蛋白的特异性免疫反应。

3. 痘苗病毒　痘苗病毒已被开发为各种类型的表达载体，广泛应用于表达各种具有生物活性的蛋白质。

在减毒株痘苗病毒中表达的外源蛋白有多种动物和人类病原体的抗原蛋白、细胞因子、肿瘤相关抗原、癌基因等，并得到了广泛应用。在减毒株痘苗病毒中表达的病原体的抗原基因有：日本脑炎病毒 prM/M、E 和 NS1 多蛋白，轮状病毒 VP₇ 外壳蛋白，鼠源疟原虫孢子体基因，马传染性贫血病病毒的外膜蛋白，AIDS 病毒（HIV-1）核心蛋白 gag 与编码干扰素（IFNα-2b）的融合基因，猪呼吸与繁殖障碍综合征病毒 NJ-a 株 *ORF*4、*ORF*5 与 *ORF*6 基因，犬瘟热病毒 *H*、*F* 基因等。近年来，随着细胞因子及基因工程技术的进展，表达多种细胞因子及肿瘤抗原的重组痘苗病毒相继构建成功，使利用重组痘苗病毒进行抗肿瘤及抗病毒治疗成为可能。目前重组痘苗病毒已成功表达了 IL-1～IL-6、IL-10、GM-CSF、IFNα、IFNγ 等细胞因子，并在其抗病毒免疫及抗肿瘤免疫中进行了大量研究。此外，利用编码不同肿瘤相关抗原（*p*97 基因）、癌基因（*neu* 癌基因）及其他抗原（CEA 抗原）的重组痘苗病毒作为免疫原，可有效地进行肿瘤特异性主动免疫治疗。

重组痘苗病毒的构建往往采用同源重组，将外源基因插入痘苗病毒的非必需区。目前主要用于插入外源基因的非必需区有 *TK*（胸苷激酶）基因和 *HA*（血凝素）基因。胸苷激酶编码基因是位于痘病毒基因组 DNA 的 Hind Ⅲ-J 片段上。痘苗病毒正常功能的表达并不需要这个片段，当其被外源 DNA 取代之后，不会影响病毒基因组的复制。将编码胸苷激酶基因的痘苗病毒基因组的 Hind Ⅲ-J 片段，克隆进质粒载体分子上，并在此非必需区中插入痘苗病毒启动子，在启动子下游连接欲表达的外源基因。接着对感染痘苗病毒的细胞，转染上述质粒，使重组质粒中所含的痘苗病毒非必需区序列，与痘苗病毒非必需区序列发生同源重组，外源基因在这一过程中重组到痘苗病毒基因组中，形成重组痘苗病毒粒子。外源基因插入痘苗病毒的 *TK* 基因序列，可以明显减低病毒的毒力。

重组痘苗病毒的选择标记广泛采用为胸苷激酶基因，外源基因插入 *TK* 基因后导致 *TK* 基因的灭活，用 5′-溴脱氧尿苷（BudR）筛选出 TK-重组病毒，该选择系统的缺点是 5′-BUdR 为一诱变剂，而且筛选必须在 TK-细胞中进行。近年来，改用大肠杆菌 *gpt*（鸟嘌呤磷酸核糖转移酶）基因作为选择性标记，在霉酚酸、黄嘌呤及次黄嘌呤条件下筛选重组痘苗病毒，然后再将 *gpt* 基因从重组痘苗病毒中去除，这种方法不使用特定的细胞系，也不会导致诱变。此外，新霉素抗性基因（*neo*）也是常用的选择标记。

插入痘苗病毒的外源基因是编码各种病原物抗原蛋白的基因，不影响其安全性。启动子来自于痘病毒本身，外源基因整合到痘病毒基因组中，能稳定遗传和表达。目前多以 β-半乳糖苷酶（*LacZ*）或鸟嘌呤磷酸核糖转移酶（*gpt*）等报告基因作为筛选标记，而这些报告基因的存在大大限制了重组病毒的应用范围，同时报告基因在动物体内的表达产物有可能影响目的抗原的免疫原性。

重组痘苗病毒作为一种有效的载体，由于其可在短期内被清除，使人们不再担心外源蛋白的过度表达可能导致的不良影响，尤其是致癌的可能性。近年来，已开展利用重组痘苗病毒表达 HBsAg，gpl60 等预防乙肝及艾滋病等的临床实验，也证实了重组痘苗病毒的安全性及有效性。

插入痘苗病毒的外源基因是编码各种病原物抗原蛋白的基因，不影响其安全性。启动子来自于痘病毒，外源基因整合到痘病毒基因组中，能稳定遗传和表达。选择标记为胸苷激酶基因（TK）或血凝素基因（HA）以及 $LacZ$ 基因、gpt 等，它们的表达产物对重组病毒无毒性，因此，根据《农业转基因生物安全评价管理办法》第十二条确定痘苗病毒的相关基因操作定为类型 2，即不影响受体痘苗病毒安全性的基因操作。

4. 禽痘病毒　近年来将禽痘病毒作为非复制型载体的研究已经成为一个热点，用它进行表达哺乳动物以及人类病毒的基因也取得了一定的进展，已经成功地应用于狂犬病病毒 gP 基因，麻疹病毒 F 基因，口蹄疫病毒衣壳蛋白前体 $P1-2A$ 基因和蛋白酶 $3C$ 基因，肿瘤的 TAA 基因，人和猫的免疫缺陷症（HIV/SIV）病毒的 env 和 $gag-pol$ 基因，马立克氏病毒 gB 及 $pp38$ 基因，禽流感病毒 HA、NA 和 NP 基因，传染性法氏囊病毒 A 片断的 $VP2-4-3$ 或 $VP2$ 基因，新城疫病毒 HN 及 F 基因，传染性支气管炎病毒 $S1$ 基因，禽网状内皮增生症病毒 env 基因，禽白血病肉瘤病毒 env 基因，火鸡鼻气管炎病毒 F 基因，火鸡出血性肠炎病毒基因，鸡传染性喉气管炎病毒 gB 基因等基因的表达。此外，禽痘病毒还被用来在哺乳动物细胞中表达一些生物活性物质，如白介素类及干扰素等。

重组禽痘病毒的构建分两步：第一步是构建重组质粒，此质粒含有启动子，下游接待表达的外源基因，有时插入标记基因（如 $LacZ$ 等），两侧为痘病毒特异的 DNA 序列。启动子一般选用痘病毒的启动子，如晚期启动子 P11、早期启动子 P7.5、PE/L 早晚期双向启动子等。第二步是将重组质粒导入禽痘病毒感染的细胞中，禽痘病毒 DNA 与转移质粒中的同源序列在细胞内发生同源重组，从而将外源基因组装到 FPV 基因组的特定部位，构建出重组病毒。外源基因常插入到病毒基因的复制非必需区内。复制非必需区 TK 基因是目前应用较多的同源序列，末端重复序列、基因组间的非必需区以及随机筛选的复制非必需区也可作为外源基因的插入位点。

所选用的标记基因有：TK 基因、β-半乳糖苷酶基因（$LacZ$）、鸟嘌呤磷酸核糖转移酶基因（gpt）等报告基因。目前，常用的方法是通过化学底物及颜色变化来筛选重组病毒，即插入报告基因法，也就是将 $LacZ$ 基因或者抗生素基因等与外源基因同时导入禽痘病毒基因组中，通过在培养液中加入如 X-gal、G418 的功能试剂来筛选重组病毒。比如在含 X-gal 的琼脂糖凝胶覆盖层里，含 $LacZ$ 基因的重组病毒所形成的蚀斑为蓝色。

插入禽痘病毒的外源基因是编码各种病原物抗原蛋白的基因，不影响其安全性。外源基因整合到禽痘病毒的复制非必需区 TK 基因中，能稳定表达，由于外源基因存在病毒基因组中，向环境进行其他微生物转移外源基因的几率较低。根据《农业转基因生物安全评价管理办法》第十二条确定禽痘病毒的相关基因操作为类型 2，即不影响受体禽痘病毒安全性的基因操作。

5. 腺病毒　腺病毒广泛用于动物和人类病原体抗原蛋白的表达，以及人类肿瘤基因治疗。

在动物疫病的腺病毒活载体疫苗的研究中，人腺病毒 5 型（human adenovirus serotype 5，HAd5）复制缺陷型的腺病毒载体是最常应用的。HAd5 型作载体构建的猪传染性胃肠炎、伪狂犬和口蹄疫基因工程苗，表达的抗原蛋白有：牛疱疹病毒 gD 糖蛋白、日本乙型脑炎病毒（JEV）、黄热病毒（YFV）、蜱传性脑炎病毒（TBEV）、登革热病毒（DFV）以及 HCV 病毒的抗原基因、猪瘟病毒（CSFV）E2 基因、禽传染性支气管炎病毒（IBV）包膜突起蛋白 S1 亚单位。

在人病毒病的重组腺病毒载体疫苗研究中，已进行研究的病原主要有人/猿免疫缺陷病病毒（HIV）、狂犬病病毒、丙型肝炎病毒、乙型肝炎病毒、SARS 冠状病毒、麻疹病毒、登革病毒、巨细胞瘤病毒、EB 病毒、埃博拉病毒等，其中 HIV 重组腺病毒载体疫苗已在人体进行了免疫试验。此外，腺病毒载体已被广泛应用于人类肿瘤基因治疗。

腺病毒基因组有编码区和非编码区两部分。在编码区，根据 DNA 复制周期的不同分为早期基因区和晚期基因区：前者有 E1～E4 区，主要编码病毒的调节蛋白；后者分为 L1～L5 5 个区，编码病毒的结构蛋白。早期表达的调节蛋白可以调控晚期基因的表达。最先表达的是 E1 基因，它所表达的蛋白（包括 E2 产物）是腺病毒基因组复制、病毒包装和其他蛋白表达翻译所必需的，但其对细胞的毒性也很强。在非编码区，腺病毒双侧末端各含有一小段约 100bp 的末端反向重复序列（ITR）。ITR 含有病毒进行复制和包装所必需的顺式作用元件及 DNA 复制起始点，它是病毒 DNA 复制所必需的。

至今腺病毒载体已经发展了 3 代，第 1、2 代腺病毒去除 E1、E2 和 E4 编码序列，由于 E1 的缺失，造成病毒复制缺陷，E4 缺失则减少了细胞毒性和免疫原性。第 3 代腺病毒仅含有反向末端重复序列 ITR 和包装信号，缺失几乎全部的病毒基因，进一步降低了免疫原性，将其毒性降低到最小的范围。三代重组腺病毒载体均在体内无增殖能力，且转染后，腺病毒基因组不整合入靶细胞基因组。目前最常用的载体为 HAd5 型腺病毒，以及其他血清型腺病毒以及非人类腺病毒载体，它们对啮齿动物均无致瘤性。

重组腺病毒载体的构建过程如下：首先构建一个含多克隆酶切位点和筛选标志的质粒，该质粒含有病毒基因组某段早期序列，然后将一个含有启动子-外源基因- poly（A）的表达盒子插入质粒中腺病毒 E1、E3 或 E4 至右侧 ITR 区之间，构建成载有外源基因的穿梭质粒；其次是构建一个含有非必需区基因缺失后的环状腺病毒 DNA 的质粒，该质粒可在菌体内复制；最后，载有外源基因的穿梭质粒与携环状腺病毒 DNA 的质粒共转染包装细胞，通过同源重组，即获得重组腺病毒。

在缺失了大部分病毒信号的腺病毒的非必需基因区中插入来自人和动物病原的抗原蛋白，构建的重组病毒可用于免疫保护动物，外源基因对腺病毒的安全性无影响，外源基因插入到病毒的非必需基因组中，从而形为重组病毒。腺病毒载体在应用中存在许多问题，如可恢复为有复制力的野生腺病毒、伴发宿主免疫反应和非特异性炎症反应，使外源基因表达短暂、重复治疗无效等。这些缺点限制了其在临床中进一步应用。根据《农业转基因生物安全评价管理办法》第十二条确定腺病毒的相关基因操作定为类型 2，即不影响受体腺病毒安全性的基因操作。

细胞内感染菌是一类能够感染并进入真核细胞内部繁殖的细菌，包括革兰氏阳性菌（如李斯特菌）和革兰氏阴性菌（如沙门氏菌和志贺氏菌），用重组减毒胞内菌通过黏膜自然感染途径运送 DNA 疫苗，是一种很有前途的方法，许多细胞内寄生菌的减毒株能在体内体外作为 DNA 疫苗的载体。通过细菌的直接感染，疫苗载体能特异地靶向诱导部位的抗原提呈细胞（APC），携带质粒的细菌在 APC 内发生裂解或以宿主吞噬小体为桥梁进入胞质，进而到达核内表达出外源蛋白。

6. 沙门氏菌 以减毒沙门氏菌为载体的疫苗已经在很多领域内获得应用，目前国内外学者已相继研制了肺炎链球菌、宋内志贺氏菌、结核分支杆菌、霍乱弧菌、百日咳杆菌、鼠疫耶尔森菌、牛布鲁菌、破伤风梭菌、沙眼衣原体和猪肺炎支原体、甲（乙、丙）型肝炎病毒、人类免疫缺陷病毒、单纯疱疹病毒、伪狂犬病病毒、流感病毒、血吸虫、疟原虫以及肿瘤等疾病的重组减毒鼠伤寒沙门氏菌疫苗。但也许是因为活载体疫苗还没有真正做到完美无缺，其在现实生活中的应用并不普遍。

减毒沙门氏菌载体的构建策略是使致病基因缺失，然后将外源基因整合到沙门氏菌染色体的特定部位，稳定表达外源基因。异源抗原的表达目前主要采用带抗性的质粒载体进行表达、利用染色体整合系统或构建平衡致死系统3种方法。广泛应用的是更安全的载体系统，即以非抗生素为选择压力的染色体-质粒平衡致死系统。该系统中宿主菌是一种染色体的减毒突变体，突变基因是管家基因（housing keeping gene），即其编码产物催化细菌的基本代谢，该基因的缺失导致细菌需能合成必需的营养物质而不能在普通培养基上生长，为了使其能在普通的培养基上正常生长，必须在培养基中加入对应缺失基因的编码产物。研究发现，不在培养基中加入对应缺失基因的编码产物而在突变菌株中导入带有该基因的质粒，突变菌株依然可以在普通培养基中生长，一旦质粒丢失细菌则不能生长，这种质粒与对应细菌构成了一种互补体系。

载体是由大肠杆菌质粒载体骨架、异源抗原基因和启动该基因转录的启动子等基因元件组成的一个真核表达质粒，人们将编码引起保护性免疫应答的目的基因片段插入质粒载体，用电穿孔法将重组表达质粒转化减毒鼠伤寒沙门氏菌。携带质粒的减毒沙门氏菌在穹隆区被单核巨噬细胞和树突状细胞吞噬，吞噬细胞在穹隆处吞噬沙门氏菌后能将吞噬泡内的蛋白递呈给细胞质并与MHCⅠ类分子结合，质粒DNA随之进入宿主细胞的细胞核表达抗原蛋白而介导细胞免疫应答。载体中的启动子为真核强启动子：CMV（人巨细胞病毒）启动子、SV40（猴疱疹病毒）启动子、RSV（呼吸道合胞病毒）启动子以及人珠蛋白基因启动子等。

外源基因的沙门氏菌体系-平衡致死系统避免使用抗药基因为选择标记，安全性较常用的抗性选择标记方法进一步提高。但是，存在着质粒DNA与宿主基因组整合的潜在危险性，并且，减毒沙门氏菌也存在毒力回复的可能性。在减毒沙门氏菌中表达多种人和动物病原的抗原蛋白，构建的重组菌可用于免疫保护动物，外源基因对沙门氏菌的安全性无影响。根据《农业转基因生物安全评价管理办法》第十二条确定沙门氏菌的相关基因操作为类型2，即不影响受体沙门氏菌安全性的基因操作。

7. 志贺氏菌 人们也构建了适合志贺氏菌的载体-宿主平衡致死系统，用于表达大肠杆菌肠毒素基因、大肠杆菌定居因子抗原 *CFA*/Ⅰ和 *CS3* 的基因、大肠杆菌菌毛抗原等抗原基因。

asd 基因是编码天冬氨酸 β-半醛脱氢酶的基因，此酶可催化细菌合成二氨基庚二酸（diaminopimelic acid，DAP）的中间步骤，而DAP是革兰氏阴性菌细胞壁形成的一个组分，缺失时使细菌无法形成完好的细胞壁，而导致细菌死亡。将 *asd* 基因连接到相关质粒上导入 asd 突变株中构成载体-宿主平衡致死系统，既保证了质粒的稳定又提供了细菌细胞壁合成所需的DAP，此系统因不含耐药基因被广泛地应用于临床试验中。例如，郑继平采用基因重组技术将肠毒素大肠杆菌（ETEC）中重要的两种优势抗原定居因子 *CFA*/Ⅰ和 *CS6* 构建在以 *asd* 基因为选择标记的重组质粒上，与 *asd* 基因缺失突变型减毒福氏志贺氏菌

FWL01 构成载体-宿主平衡致死系统。

在减毒福氏志贺氏菌中表达人和动物病原的抗原蛋白，构建的重组菌可用于免疫保护动物，外源基因对志贺氏菌的安全性无影响，其潜在的危险因素包括细菌载体的安全性以及质粒 DNA 整合基因组并最终导致细胞癌变的潜在危险性。可以说，志贺氏菌的相关基因操作一定程度上影响了受体志贺氏菌的安全性。根据《农业转基因生物安全评价管理办法》第十二条确定志贺氏菌的相关基因操作定为类型 2，即不影响受体志贺菌安全性的基因操作。

8. 单核细胞增生李斯特菌（Lm）　　近年来，Lm 的毒力相关决定簇的不同突变株已被开发成活菌载体的减毒株，并已被用于刺激针对不同疾病抗原的强细胞免疫应答以及癌症的免疫治疗。已经成功地表达了淋巴细胞性脉络丛脑膜炎病毒（LCMV）的核孔蛋白（NP）、HIV-Ⅰgap 蛋白以及 HIV-Ⅰgp120 等蛋白，且能诱导很强的细胞免疫效果。将表达肿瘤相关抗原的李斯特菌进行预防接种，不仅能保护动物抵抗肿瘤细胞的致死性攻击，并且能以抗原特异性 T 细胞依赖的方式导致预先诱生的肿瘤缩小。这在多种动物模型中得到了广泛的验证，但在人体的临床试验还未见报道。李斯特菌载体的安全性和效力问题也有待解决。在减毒李斯特菌载体表达了一些疾病的抗原以及肿瘤相关抗原，诱导产生了相应的抗体。这些基因操作对受体菌的安全性无影响，根据《农业转基因生物安全评价管理办法》第十二条确定李斯特菌的相关基因操作为类型 2，即不影响受体李斯特菌安全性的基因操作。

9. 重组卡介苗　　随着重组 DNA 技术的发展，多种不同病毒、寄生虫和细菌抗原，包括细菌毒素，均可在重组卡介苗中成功表达。

目前，已在 rBCG 中表达多种外源基因：破伤风毒素 C 片段、人类（猴类）免疫缺陷症病毒（HIV/SIV）抗原表位（nef、gag、pol、env）、口蹄疫病毒 VP1 表位、麻疹病毒核壳体蛋白、恶性疟原虫环子孢子蛋白（CSP）、约氏疟原虫裂殖子表面蛋白 1（MSP-1）、曼氏血吸虫谷胱甘肽转移酶（GST）、日本血吸虫谷胱甘肽转移酶（GST）、麻风杆菌 18ku 蛋白、伯氏疏螺旋体外表面蛋白 A、肺炎球菌表面蛋白 A、流感杆菌肽糖结合蛋白、单核细胞增多性李斯特菌溶血素等。目前，实验研究的 rBCG 菌苗可防御的疾病有艾滋病、肝炎、白喉、破伤风、麻疹、疟疾和螺旋体病等。

将外源基因导入 rBCG 的转移系统有两种方式：染色体外穿梭载体和染色体整合载体。

（1）染色体外穿梭载体。1987 年，Jacobs 等首先构成穿梭载体，成功地将外源基因导入 rBCG 中。方法是将分支杆菌噬菌体 DNA 和 *E. coli* 质粒 DNA 连接，获得重组质粒，这种穿梭载体既可作为质粒在 *E. coli* 中复制，又可作为噬菌体在分支杆菌中复制。Stover 构建了第二代穿梭载体，选用了 1.8kb 的质粒片断，添加了 *aph* 基因（即 kanr 抗性标记）、多克隆位点、分支杆菌强启动子和转录终止子，使其高效转染 rBCG。

（2）染色体整合载体。要想 rBCG 提供持久的免疫力，外源基因必须稳定地保留在载体，Stover 又研制出整合载体 pMV361，它带有分支杆菌噬菌体附着点（*attp*）和整合酶基因（*int*），经位点特异整合，将 pMV361 整合到染色体 attB 位点。整合载体在无抗生素选择条件下，仍保持稳定。

在 rBCG 表达了不同病毒、寄生虫和细菌抗原，诱导产生了相应的抗体。这些基因操作对受体菌的安全性无影响，疫苗中抗生素抗性基因的导入，有可能导致这种抗性作用在其他细菌之间的传播，对环境造成危害。根据《农业转基因生物安全评价管理办法》第十二条确定 rBCG 的相关基因操作为类型 2，即不影响受体 rBCG 安全性的基因操作。

三、动物用转基因微生物的安全性评价

对动物用转基因微生物的安全性进行评价时，主要考虑以下几个方面。

①动物用转基因微生物的生物学特性；应用目的；在自然界的存活能力；遗传物质转移到其他生物体的能力和可能后果；监测方法和监控的可能性。

②动物用转基因微生物的作用机理和对动物的安全性；在靶动物和非靶动物体内的生存前景；对靶动物和可能的非靶动物高剂量接种后的影响；与传统产品相比较，其相对安全性；宿主范围及载体的漂移度；免疫动物与靶动物以及非靶动物接触时的排毒和传播能力；动物用转基因微生物回复传代时的毒力返强能力；对怀孕动物的安全性；对免疫动物子代的安全性。

③动物用转基因微生物对人类的安全性；人类接触的可能性及其危险性，有可能产生的直接影响、短期影响和长期影响；对所产生的不利影响的消除途径；广泛应用后的潜在危险性。

④动物用转基因微生物对生态环境的安全性；在环境中释放的范围、可能存在的范围以及对环境中哪些因素存在影响；影响动物用转基因微生物存活、增殖和传播的理化因素；感染靶动物的可能性或潜在危险性；动物用转基因微生物的稳定性、竞争性、生存能力、变异性以及致病性是否因外界环境条件的改变而改变。

⑤动物用转基因微生物的检测和鉴定技术。

（一）动物用转基因微生物的安全等级

根据受体生物的安全等级和基因操作对其安全等级的影响类型及影响程度，参照《农业转基因生物安全评价管理办法》第十三条有关标准确定动物用转基因微生物的安全等级。

1. 受体生物安全等级为Ⅰ的转基因生物

（1）安全等级为Ⅰ的受体生物，经类型1或类型2的基因操作而得到的转基因生物，其安全等级仍为Ⅰ。

（2）安全等级为Ⅰ的受体生物，经类型3的基因操作而得到的转基因生物，如果安全性降低很小，且不需要采取任何安全控制措施的，则其安全等级仍为Ⅰ；如果安全性有一定程度的降低，但是可以通过适当的安全控制措施完全避免其潜在危险的，则其安全等级为Ⅱ；如果安全性严重降低，但是可以通过严格的安全控制措施避免其潜在危险的，则其安全等级为Ⅲ；如果安全性严重降低，而且无法通过安全控制措施完全避免其危险的，则其安全等级为Ⅳ。

2. 受体生物安全等级为Ⅱ的转基因生物

（1）安全等级为Ⅱ的受体生物，经类型1的基因操作而得到的转基因生物，如果安全性增加到对人类健康和生态环境不再产生不利影响的，则其安全等级为Ⅰ；如果安全性虽有增加，但对人类健康和生态环境仍有低度危险的，则其安全等级仍为Ⅱ。

（2）安全等级为Ⅱ的受体生物，经类型2的基因操作而得到的转基因生物，其安全等级仍为Ⅱ。

（3）安全等级为Ⅱ的受体生物，经类型3的基因操作而得到的转基因生物，根据安全性降低的程度不同，其安全等级可为Ⅱ、Ⅲ或Ⅳ，分级标准与受体生物的分级标准相同。

3. 受体生物安全等级为Ⅲ的转基因生物

（1）安全等级为Ⅲ的受体生物，经类型1的基因操作而得到的转基因生物，根据安全性增加的程度不同，其安全等级可为Ⅰ、Ⅱ或Ⅲ，分级标准与受体生物的分级标准相同。

（2）安全等级为Ⅲ的受体生物，经类型2的基因操作而得到的转基因生物，其安全等级仍为Ⅲ。

（3）安全等级为Ⅲ的受体生物，经类型3的基因操作得到的转基因生物，根据安全性降低的程度不同，其安全等级可为Ⅲ或Ⅳ，分级标准与受体生物的分级标准相同。

4. 受体生物安全等级为Ⅳ的转基因生物

（1）安全等级为Ⅳ的受体生物，经类型1的基因操作而得到的转基因生物，根据安全性增加的程度不同，其安全等级可为Ⅰ、Ⅱ、Ⅲ或Ⅳ，分级标准与受体生物的分级标准相同。

（2）安全等级为Ⅳ的受体生物，经类型2或类型3的基因操作而得到的转基因生物，其安全等级仍为Ⅳ。

（二）几种代表性的受体微生物

1. 转基因酵母菌　根据《农业转基因生物安全评价管理办法》第十三条，安全等级为Ⅰ的受体生物，经类型1或类型2的基因操作而得到的转基因生物，其安全等级仍为Ⅰ。因此，转基因酵母菌安全等级为Ⅰ。转基因啤酒酵母和转基因毕赤酵母具有较高安全性。多种产品已获得安全证书，并批准生产。华南农业大学、深圳市艺鹏生物工程有限公司、广州市微生物研究所和广州市华桑生物工程有限公司联合研制出酵母重组抗菌肽，代替抗生素用作饲料添加剂。根据《农业部转基因生物安全评价管理办法》的要求，经深圳市疾病预防控制中心对抗菌肽制剂的毒理试验及"三致"试验均证明无毒副作用。在中间试验、环境释放、生产性试验和安全证书等阶段，均未发现活性转基因酵母在环境中存在，在动物体内亦未检出抗菌肽的残留。2004年7月农业部转基因生物安全办公室批准在广东、山东及海南省生产应用，有效期2004—2009年［农业转基因生物安全证书（生产应用）农基安证字（2004）第027号、028号、029号］。

2. 转基因痘苗病毒　近年来表达狂犬病毒糖蛋白的重组痘苗（VRG）有效控制野生动物狂犬病的实验在西欧、北美实验森林区获得成功，以痘苗病毒为载体的狂犬病重组疫苗显示出较大的应用前景。

痘苗病毒-狂犬病毒糖蛋白G重组体，是早期成功利用痘苗病毒载体的例证。20世纪80年代末至90年代初，在比利时、法国、美国和加拿大，用痘苗病毒-狂犬病毒糖蛋白重组疫苗对野生红狐、浣熊和臭鼬进行了大规模的食饵口服免疫试验，收到了良好的免疫效果。该疫苗已被多个国家批准注册，可用于野生动物免疫接种的基因重组载体疫苗。

但是，人们对以痘苗病毒为载体的疫苗仍存在以下顾虑：①由于痘苗病毒感染包括人及多种动物在内的广泛宿主，而且有个别种痘副反应，接种后人体产生比较严重的局部反应，还有百万分之一的几率出现全身性发痘及种痘后脑炎；特别是在一定比例的免疫缺陷患者中可引起严重的并发症，免疫缺陷个体接种痘苗病毒后，可能发生病毒血症，并有散毒的危险。②由于痘苗病毒能在哺乳动物体内复制，人们对它的生物安全性存在某种疑问，担心与天花病毒类似的痘苗病毒在动物上应用会进化出对人类有致病性的新病毒，因而重组痘苗病毒难以成为商品化禽用疫苗。用痘苗病毒作载体在动物模型上进行了大量关于治疗和疫苗的研究工作，但没有应用于人体的实例，以证明其具有足够的安全性。要想在人和动物体广泛应用，重组痘苗病毒的安全性需要进一步提高。根据《农业转基因生物安全评价管理办法》第十三条，受体生物安全等级为Ⅱ的转基因生物，经类型2的基因操作而得到的转基因生物，其安全等级仍为Ⅱ。因此，重组痘苗病毒的安全等级为Ⅱ。

3. 转基因禽痘病毒　禽痘病毒（*Fowlox virus*，FPV）被认为是目前最为安全有效的载体系统，广泛地应用于哺乳动物。目前，已用重组禽痘病毒活载体表达多种人和动物的抗原蛋白，用于禽类以外的动物乃至人类疾病的预防或治疗。禽痘病毒的宿主范围较窄，它仅感染禽类，至今，尚未见报道禽痘病毒在非禽类有产毒性复制，它在哺乳动物体内呈现流产性感染。此外，严格的胞浆内复制避免了禽痘病毒基因重组整合进宿主细胞染色体的可能性，从而消除了重组病毒的应用对人类造成的潜在威胁。经研究表明，鸡痘病毒或金丝雀痘病毒重组体在哺乳动物细胞培养物及哺乳动物宿主体内，既不进行产毒性复制，也不能通过培育适应而复制，但能表达外源基因，并提供免疫保护性。在自然状态下，尚未见野生禽痘病毒传染给哺乳动物及人的先例，也未见有免疫了禽痘病毒疫苗的动物感染散毒及传染给哺乳动物及人的报道，对人类、其他动物及环境均未见记载有不良反应。因此，FPV 可称得上是安全性的载体，它不仅可以用来研制禽类的基因工程活载体疫苗，而且可以作为非复制型病毒载体研制哺乳动物基因工程活载体药物，用于禽类以外的动物乃至人类疾病的预防或治疗。

大量的事实表明以禽痘病毒为基础的重组体在实验动物模型和靶动物上是安全的并具有免疫原性和保护效力。目前，对禽痘病毒重组疫苗的研究目前已开始进入实际运用阶段，以禽痘病毒作为载体表达鸡新城疫病毒和 H5 亚型禽流感病毒的重组活载体疫苗已在美国获得了生产许可证，H5 亚型禽流感病毒的重组活载体疫苗在国内已取得生产许可。以禽痘病毒为载体表达 *NDV F* 基因、*HN* 基因及 *AIV H*5 基因的重组疫苗已获生产许可证。金丝雀痘病毒载体-狂犬病毒糖蛋白重组疫苗已在大量非禽品系中应用，其安全性和免疫性皆很好，并已安全用于人临床试验，保护犬和人免受狂犬病毒的攻击，表现出了很好的安全性和免疫原性。Franchini G. 和 Andersson S. 构建了一系列表达复杂 HIV-Ⅰ株 MN 抗原的金丝雀痘病毒重组体，并通过人类临床试验证明了它们的安全性和免疫原性。重组禽痘病毒对人体和哺乳动物具有较高的安全性，可望在不久的将来得到广泛应用。根据《农业转基因生物安全评价管理办法》第十三条，受体生物安全等级为Ⅰ的转基因生物，经类型 2 的基因操作而得到的转基因生物，其安全等级仍为Ⅰ。因此，重组禽痘病毒的安全等级为Ⅰ。

4. 转基因腺病毒　腺病毒（*Adenovirus*）载体能高效表达外源基因，表达的蛋白具有天然蛋白的特性，可用于制药、基因工程疫苗、基因治疗以及肿瘤治疗等领域，已展现出良好的应用前景。腺病毒载体能有效地将外源基因转染到各种靶细胞或组织中，在腺病毒的生活周期中，其基因不整合到宿主细胞中，无插入突变激活癌基因的危险，且外源基因能游离地表达，因而具有广泛的组织亲和性，这使得腺病毒成为表达和传递治疗基因的主要候选者。我国深圳赛百诺基因技术有限公司用正常人的肿瘤抑制基因 *p*53 和改造后的腺病毒基因载体重组研制而成的"今又生"（重组人 p53 腺病毒注射液），是我国第一个获得国家食品药品监督管理局批准的基因治疗药物，也是世界上第一个获得正式批准的基因治疗药物，于 2004 年 1 月正式上市，主要用于头颈部肿瘤等的治疗。

但是，腺病毒载体仍然存在许多缺陷，并在一定程度上限制了其在临床上的应用。

（1）复制型腺病毒的随机出现。重组腺病毒在细胞中繁殖时，由于腺病毒载体与 293 细胞的 E1 序列有重叠，通过同源重组可重新获得缺失的 E1 区，产生具有复制成分的腺病毒（replication-competent Ad，RCA），理论上，复制型腺病毒产生频率为 $10^{-9} \sim 10^{-6}$。在 293 细胞多次传代过程中，复制活性腺病毒（RCA）已被检测到。为了确保基因治疗临床试验中无 RCA 污染，目前采用两种较为成熟的方法来进行安全性检测，一种是 A549 细胞检测法，一种是 PCR 检测法，后者灵敏度高，每 10^9PFU 有 1 个 RCA 即可检测到。

（2）腺病毒对宿主的免疫原性。腺病毒残余基因的表达会引起细胞毒性反应和宿主的免疫反应，病毒蛋白、病毒壳体、病毒本身的颗粒成分均可诱导炎性反应，存在一定程度的毒性反应。1999 年 9 月美国一名叫 Jesse Gelsinger 的 18 岁青年死于缺陷型腺病毒载体的基因治疗临床试验引发的强烈系统性炎症反应，从此科学界对腺病毒使用的安全性提出了质疑。在应用重组腺病毒的过程中，经常可见到关于其在人体和动物体内引起炎症反应的报道。Horowitz 等肝动脉注射 $7.5 \times 10^9 \sim 2.5 \times 10^{11}$ 病毒颗粒 Ad-CMV-p53，进行临床 I 期治疗肝细胞癌病人，未见剂量依赖性毒性，但出现发热和流感样综合征的副作用。Merrit 等采用 $10^9 \sim 10^{11}$ PFU Ad-CMV-p53 瘤内注射治疗 85 例头颈癌和肺癌病人的临床 I 期试验表明，各种剂量 Ad-CMV-p53 仅引起局部注射的疼痛和发热，并不影响术后愈合，也没有观察到明显的副作用。小鼠皮下瘤内注射低于 10^7PFU 或更小剂量 Ad-CMV-p53，注射部位没有出现临床或组织学改变（如炎症或水肿）；而在 10^8PFU 或更高剂量下，则在原注射部位可见局部炎性细胞浸润和轻度水肿，但无软组织损伤。以上实验表明，在有效剂量范围内，腺病毒尽管可引起局部轻度的、可逆的、自限性炎性反应，但无明显的急性毒性和可检测的慢性毒性产生。丁娅总结重组人 p53 腺病毒注射液（rAd-p53）治疗的晚期实体肿瘤患者的资料，初步评价其安全性与疗效。常规治疗失败的晚期实体肿瘤患者 21 例，有效率 23.8%（5/21），疾病控制率 47.6%（10/21）。常见不良反应为自限性、I～II 度注射部位疼痛、寒战、发热和肌肉酸痛。III 度发热 2 例，骨痛加剧 2 例，低血压 1 例。

尽管在重组腺病毒应用的过程中，发现轻微炎症、注射局部疼痛和发热等不良反应，但未见有严重不良事件，如将来能进一步改进腺病毒载体，消除这些副反应，相信腺病毒载体在基因治疗等领域仍有广阔的应用前景。根据《农业转基因生物安全评价管理办法》第十三条，受体生物安全等级为 II 的转基因生物，经类型 2 的基因操作而得到的转基因生物，其安全等级仍为 II。因此，重组腺病毒的安全等级为 II。

5. 转基因沙门氏菌　沙门氏菌（*Salmonella*）的减毒菌株已批准在人医和兽医上使用。一些以减毒沙门氏菌为基础的疫苗，业已明确不会返祖及造成遗传损害。从它们在小鼠、牛、绵羊、鸡上使用的效果来看，确实有效，并且它们在人的志愿者试验中也显示出巨大的应用前景。越来越多的研究表明，减毒沙门氏菌是一个有效地运送重组抗原的系统，这些抗原来自多种病原体，包括细菌的、病毒的和寄生虫的抗原，甚至肿瘤抗原。

虽然减毒沙门氏菌载体疫苗有诸多优点，但仍存在一些不足。以减毒沙门氏菌为载体递呈核酸疫苗仍然存在着潜在的威胁：①减毒的沙门氏菌很有可能出现毒力返强的危险性；②存在着质粒 DNA 与宿主基因组整合的潜在危险，质粒 DNA 进入宿主细胞后，尤其是进入分化活跃的淋巴细胞，很有可能整合到宿主的基因组中去，从而使原癌基因和抑癌基因的表达失控而导致体细胞癌变；③制备疫苗使用的菌株尽管是减毒株，可能仍存在微弱的致病性，此外，沙门氏菌在体内表达的脂多糖可能对宿主细胞有毒性，还可能会干扰编码基因在宿主细胞中的正确表达和合成；④载体上所含抗生素抗性基因对人体或环境可能造成危害。只有充分解决了其存在的潜在隐患，减毒沙门氏菌作为核酸疫苗的运送载体才能真正地走进临床。

实际应用中，也发现接种重组沙门氏菌产生一些毒性作用，在动物中接种重组沙门氏菌，内脏等部位发生一定程度的变化，有时高剂量服用重组疫苗引起部分动物死亡。戴贤君构建减毒沙门氏菌 ZJ 111 为载体的口服生长抑素 DNA 疫苗，减毒鼠伤寒沙门氏菌系腺嘌呤甲基化酶 *dam* 基因和转录激活因子 *phoP* 基因双突变株。结果表明 10^8 cfu/ mL 是较为安全的口服剂量，草鱼灌服 10^8 cfu/mL 减毒沙门氏菌，幼鱼采食和生长正常，草鱼肝、脾细胞形态正常，肝细胞线粒体略微肿胀，内质网间距略有增大，但病变特征不明显，对草鱼具有相对安全性。但 10^9 cfu/ mL 和 10^{10} cfu/mL 引起鱼的死亡，尤其 10^{10} cfu/mL 致使 26% 鱼死亡（对照死亡率为 76%）。

Camille N. Kotton 构建了表达 HIV Gag 蛋白的沙门氏菌疫苗 CKS257，采用沙门氏菌 3 型分泌表达系统表达 HIV Gag 蛋白，使用的质粒是平衡致死体系。18 个健康成年人口服低剂量 5×10^6 cfu 至高剂量 1×10^{10} cfu 的 CKS257。除高剂量，使用低剂量的疫苗无强的毒副反应发生，83%（15 人）的志愿者对沙门氏菌的脂多糖和鞭毛抗原产生免疫反应。2 名对 HIV Gag 产生免疫反应。HIV 抗原的免疫原性需要加强。

虽然减毒沙门氏菌和野生型菌株相比，其毒性大大降低，安全性提高。但是，动物试验表明，重组沙门氏菌仍残留一定毒性，并且还存在毒力回复等危险，因此，重组沙门氏菌的安全性还需要进一步提高。根据《农业转基因生物安全评价管理办法》第十三条，受体生物安全等级为 II 的转基因生物，经类型 2 的基因操作而得到的转基因生物，其安全等级仍为 II。因此，重组沙门氏菌的安全等级为 II。

6. 转基因志贺氏菌 目前，已经候选出具有强免疫原性的疫苗株，如 2a 型福氏志贺氏菌 SC602、CVD1203 及宋内志贺氏菌 WRSS1 等。这些突变菌株是通过去除与细胞壁合成所必需的代谢产物相关的基因而获得的，营养缺陷型细菌感染哺乳动物细胞后由于缺乏这些代谢产物而溶解。其中，2a 型福氏志贺氏菌 SC602 和 CVD1203 及宋氏志贺氏菌 WRSS1 等志贺氏菌疫苗株都很有希望用于人群的临床研究。但这些疫苗株对人体仍有症状表现，所以它们作为疫苗研究还需要在临床上加以评价。其存在的问题有：①减毒志贺氏菌毒力的回复变异；②必须进一步解决志贺氏菌残留的反应原性问题；③细菌载体的安全性以及质粒 DNA 具有整合宿主细胞基因组并最终导致细胞癌变的潜在危险性。

在应用过程中，有多项关于福氏志贺氏菌疫苗引起炎症反应的报道。美国 Walter Reed 陆军研究所 Katz 在北美洲志愿者中对 2a 型福氏志贺氏菌 SC602 株制备的减毒口服活疫苗进行了安全性与免疫原性测定。2a 型福氏志贺氏菌 SC602 株是缺失 icsA（virG）质粒毒力基因的减毒活疫苗株。34 名受试者中 4 人出现短暂发热，3 人于试验头 3d 出现腹泻。

由于缺乏可靠的动物模型，缺乏安全且具有免疫原性的疫苗株，使研究受到限制。关于重组志贺氏菌疫苗安全性检测的资料较少，因此，还需要进一步研究其安全性。根据《农业转基因生物安全评价管理办法》第十三条，受体生物安全等级为 II 的转基因生物，经类型 2 的基因操作而得到的转基因生物，其安全等级仍为 II。因此，重组志贺氏菌的安全等级为 II。

7. 转基因单核细胞增生李斯特菌（Lm） Lm 嗜广泛宿主的特性以及在高危人群中建立疫苗载体安全体系的复杂性，显著地阻碍 Lm 载体疫苗的临床应用。由于 Lm 在人类能造成严重的和致死性的疾病，特别是对孕妇、新生儿及免疫缺陷患者。如果疫苗从接种者传播给上述易感者，则存在令人担忧的安全问题。关于重组李斯特菌疫苗安全性检测的资料较少，因此，还需要进一步研究其安全性。根据《农业转基因生物安全评价管理办法》第十三条，受体生物安全等级为 II 的转基因生物，经类型 2 的基因操作而得到的转基因生物，其安全等级仍为 II。因此，重组李斯特菌的安全等级为 II。

8. 转基因（重组）卡介苗　rBCG 作为活载体疫苗的具有较高的安全性。目前，实验研究的 rBCG 菌苗可防御的疾病有艾滋病、肝炎、白喉、破伤风、麻疹、疟疾和螺旋体病等。重组 rBCG 疫苗作为一种新型疫苗，已有疫苗进入临床 I 期试验，前景令人鼓舞。Edelman 将包含螺旋体的外膜蛋白（OspA）与支原体脂蛋白信号肽融合，使得 OspA 在 rBCG 的细胞膜上表达，从而构建成功莱姆病疫苗候选株。rBCG - OspA 免疫接种几种动物的结果表明它是安全的并具有免疫原性，用 rBCG - OspA 疫苗免疫小鼠，小鼠体内产生了高滴度的抗 BCG 和 OspA 的血清抗体，随后用包柔螺旋体强毒攻击，小鼠获得保护。在 I 期临床试验中，给 24 名志愿者皮下接种 rBCG - OspA 疫苗，疫苗显示出良好的安全性和免疫原性。该疫苗是首次用于人类进行实验的 rBCG 疫苗，有希望成为莱姆病的候选疫苗。重组 rBCG 疫苗是一种新型疫苗，其安全性较高，用于微生物感染的防治肯定具有十分广阔的前景。根据《农业转基因生物安全评价管理办法》第十三条，受体生物安全等级为 I 的转基因生物，经类型 2 的基因操作而得到的转基因生物，其安全等级仍为 I。因此，重组 rBCG 的安全等级为 I。

（三）减毒病毒和细菌疫苗中存在着的安全隐患

1. 毒力及反应原性回复　当用减毒或细菌病原体作载体时，必须确保减毒表型的稳定性，防止由于回复突变而造成毒力的回复。对载体两个以上基因位点引入独立缺失即可达到此目的，这将消除由于重组或水平基因转移所导致的毒力回复的风险。另外，采用的菌苗尽管是减毒株，可能仍然有微弱的致病性；对于革兰氏阴性菌而言，主要考虑的安全性因素还有脂多糖的毒性效应。

2. 水平基因转移　含有外源基因的活载体释放到环境中，可能会发生基因的水平转移，对环境造成危害。这些基因工程菌毒株在鉴定为无害或确定安全等级之前，都存在着可预见或潜在的生物安全因素，如某些基因工程菌毒株或基因片段带有致病基因、抗药基因等，如缺乏足够的安全意识使这些菌毒株或基因片段进入到环境中，它们一旦在外界环境中发生突变或与环境中的物种发生基因重组等，很可能就会造成生物灾害。在应用转基因微生物时，必须建立系统以尽量减少从疫苗株到黏膜菌群及环境微生物的水平基因转移。采用不同的策略，如结合应用条件致死系统可以达到这个目的。

3. 带目的基因的载体往往有抗生素抗性基因　通过转导后的转基因食品，有可能使动物与人的肠道病原微生物产生耐药性，这是人们最关心的问题。如何采用更加安全有效的选择标记基因是目前人们普遍关注的问题。

4. 潜在性　DNA 疫苗安全性的普遍性问题是它们整合到宿主细胞染色体上的潜在性。整合后将可能引起宿主细胞癌变，或者使宿主的基因失活。

（四）基因工程亚单位疫苗的安全性评价

基因工程亚单位疫苗又称生物合成亚单位疫苗或重组亚单位疫苗，它只含有病原体的一种或几种抗原，而不含有病原体的其他遗传信息，因此，用这些疫苗接种动物，都可使之获得抗性而免受病原体的感染。亚单位疫苗不含有感染性组分，因而无须灭活，也无致病性。自 1981 年成功地将口蹄疫病毒的抗原性多肽基因 VP3 克隆到大肠埃希氏菌内并制成用于牛和猪的疫苗之后，这种方法又成功地应用于猫白血病疫苗以及预防仔猪腹泻病的 K 疫苗等的研制。国外在 20 世纪 80 年代初将乙型肝炎病毒（HBV）S 基因的一个片段克隆在表达载体上，在酵母中表达出了 HbsAg 蛋白，使之成为第一种利用真核表达系统生产的基因工程疫苗，即现在已经大规模生产供给人类使用的第一代重组肝炎疫苗。

迄今，已研制出许多亚单位疫苗，有病毒性疾病的和细菌性疾病的，也有激素类的亚单位疫苗。用于亚单位疫苗生产的表达系统主要有大肠埃希氏菌、枯草杆菌、酵母菌等。已经开发研制基因工程亚单位疫苗有：①细菌性疾病亚单位疫苗，现已研制出包括产肠毒素性大肠杆菌病、炭疽链球菌病和牛布鲁菌病等的亚单位疫苗；②病毒性疾病亚单位疫苗，目前已商品化或在中试阶段的病毒性疾病的亚单位疫苗主要有乙型肝炎、口蹄疫、狂犬病等十几种亚单位疫苗；用酿酒酵母表达鸡传染性腔上囊病病毒 VP2，研制的亚单位疫苗完全可以取代传统灭活疫苗；③激素亚单位疫苗，动物的生长主要受生长激素的调节，而生长激素的分泌受到生长抑制素的抑制。生长抑制素疫苗是以生长抑制素作免疫原，使免疫动物的生长抑制素水平下降，生长激素释放增多，使牛、羊等家畜获得显著的增重效果。杜念兴等将化学合成的生长抑制素基因在大肠埃希氏菌中表达，表达产物具有良好的免疫原性。

亚单位疫苗在所有疫苗中是最安全而实用的，具有如下优越性：①亚单位疫苗避免了直接使用病原物而使接受者可能致病的危险，因此疫苗也不必作无毒测试；②亚单位疫苗利用纯化的蛋白质作为免疫原，可以避免由于外源蛋白、核酸的混杂而造成的副作用。尽管亚单位疫苗在免疫效力上不及活载体疫苗，但它是绝对安全的，对人类、动物健康和对生态环境都没有潜在的危害。因此，它是一种具有很好前景的疫苗。

四、动物用转基因微生物产品的安全性评价

动物用转基因微生物产品的安全性评价主要考虑以下几个方面：
①转基因微生物产品的稳定性。
②生产、加工活动对转基因微生物安全性的影响。
③转基因微生物产品与转基因微生物在环境安全性方面的差异。
④转基因微生物产品与转基因微生物在对人类健康影响方面的差异。
农业转基因产品的生产、加工活动对转基因生物安全等级的影响分为 3 种类型：
类型 1 增加转基因生物的安全性。
类型 2 不影响转基因生物的安全性。
类型 3 降低转基因生物的安全性。
参照《农业转基因生物安全评价管理办法》第十四条有关标准，根据农业转基因生物的安全等级和产品的生产、加工活动对其安全等级的影响类型和影响程度，确定转基因产品的安全等级。

(一) 转基因酵母菌产品

获得转基因酵母菌产品的生产、加工过程包括以下多个步骤：对于分泌型表达载体，基因工程酵母菌发酵后，可直接过滤菌液，滤液中含有重组蛋白，可直接作为液体剂型使用，或将滤液真空浓缩，喷雾干燥，获得粉末，制备固体剂型用于生产。对于组成型表达载体，基因工程酵母菌发酵后，将发酵生产的酵母烘干后粉碎过筛，制成干燥粉剂，作成饲料添加剂直接用于生产应用。在其生产过程中，没有有害物质的产生和引入。发酵用的培养基含有的成分（葡萄糖、玉米浆或淀粉、牛肉膏或蛋白胨、磷酸盐）对生物安全。由酵母表达的重组蛋白（如重组生长激素）作为鱼饲料添加剂，具有无毒、不需提纯等后加工过程，又充分利用了酵母蛋白源，既经济又易于工业化生产等。Tsai 等把含重组生长激素的酵母提取液与饲料混合制成颗粒饵料投喂罗非鱼，使其增重比对照组快了 35.5%。生产的蛋白稳定性好，生产过程对转基因微

生物的安全性无影响，转基因产品对人类和环境具有较高的安全性。

由中国农业科学院构建的基因工程毕赤酵母高效表达植酸酶，发酵液中植酸酶的含量可达 $6 \times 10^5 \sim 8 \times 10^5$ U/mL，比原始菌株黑曲霉提高了 3 000 倍，发酵工艺简便、成本低，适合企业进行生产，于 1998 年申请了发明专利，1999 年通过安全性评估，获准商业化应用，并获得了农业部颁发的新产品文号。投产后 10 个月产量达 650t，纯利润约 475 万元。饲料中添加植酸酶后减少磷酸氢钙用量 7 000t，节约饲料成本 400 万元，畜禽粪便中磷的排出降低了 40%。关于转基因酵母菌产品的生产、加工活动对转基因生物安全等级的影响类型为：类型 2 不影响转基因生物的安全性，因此转基因酵母菌产品的安全等级为Ⅰ。

（二）转基因大肠杆菌产品

在大肠杆菌中表达外源蛋白时，为了提取纯化获得重组蛋白，首先对基因工程菌发酵，发酵后收集菌体，破碎细胞，利用离子交换、亲和层析介质等方法提纯重组蛋白。获得的蛋白纯度较高，具有较强的稳定性。由于产品中不含有活的菌体，并且在纯化过程中，去除了大量的杂质和杂蛋白，产品的安全性较好。关于转基因大肠杆菌产品的生产、加工活动对转基因生物安全等级的影响类型为：类型 2 不影响转基因生物的安全性，因此转基因大肠杆菌产品的安全等级为Ⅰ。

（三）转基因病毒产品

获得重组病毒疫苗及相关产品的生产过程如下：培养适宜细胞、组织，接种重组病毒，待细胞吸附大量的病毒颗粒后，继续培养，此时，病毒在细胞内大量复制并表达外源蛋白。大部分细胞出现空斑或拉网等特异性特征时停止培养，收获细胞，制备液体疫苗，或经冻融、处理后冻干制备成冻干活疫苗。生产过程严格按照 GMP 要求从事生产，并按照国际规范建立整套生产管理、质量控制和质量保证体系。从病毒收获到成品产出，整个生产过程在一个全封闭的系统内完成，极大地减少病毒与环境之间的相互污染，提高生物安全性。活疫苗产品经适宜方法进行储藏，稳定性好，关于转基因病毒产品的生产、加工活动对转基因生物安全等级的影响类型为：类型 2 不影响转基因生物的安全性，因此转基因病毒产品的安全性等同于转基因的重组病毒。

（四）减毒菌的转基因产品

生产活菌疫苗的过程为：将重组菌接种于适宜的固体或液体培养基培养，离心，收集菌体，加入保护剂（牛奶、蔗糖、明胶、甘露醇、谷氨酸钠等）转入西林瓶，制备液体疫苗，或经冷冻真空干燥，制成冻干活菌疫苗。生产过程严格按照 GMP 要求从事生产。活菌疫苗产品稳定性好，加入的保护剂安全有效，没有引入有害物质，关于转基因活菌疫苗产品的生产、加工活动对转基因生物安全等级的影响类型为：类型 2 不影响转基因生物的安全性，因此转基因活菌产品的安全性等同于转基因的减毒菌。

第三节　植物用转基因微生物的安全性评价

对植物用转基因微生物及其产品进行生物安全评价，分析其可能对人类健康和生态环境存在危害的潜在危险程度，从而为采取相应的安全管理措施、防范和控制有关活动的潜在危害提供科学依据。中华人民共和国农业部令第 8 号《农业转基因生物安全评价管理办法》附录Ⅲ中详细规定了植物用转基因微生物安全评价方法和依据。

一、受体微生物的安全性评价

对受体微生物进行安全性评价时，主要考虑以下 4 个方面。

1. 受体微生物的背景资料　是天然野生菌种还是人工培养菌种；原产地及引进时间；在国内的应用情况；对人类健康或生态环境是否发生过不利影响；从历史上看，受体微生物演变成有害生物的可能性；是否有长期安全应用的记录。

2. 受体微生物的生物学特性　寄主植物范围；在环境中定殖、存活和传播扩展的方式、能力及其影响因素；对人畜的致病性，是否产生有毒物质；对植物的致病性。

3. 受体微生物的生态环境　在国内的地理分布和自然生境；与生态系统中其他微生物的生态关系，包括生态环境的改变对这种（些）关系的影响以及是否会因此而产生或增加对人类健康和生态环境的不利影响；对生态环境的影响及其潜在危险程度。

4. 受体微生物的遗传变异　遗传稳定性；是否有发生遗传变异而对人类健康或生态环境产生不利影响的资料；在自然条件下与其他微生物（特别是病原体）进行遗传物质交换的可能性；受体微生物的监测方法和监控的可能性。

最后，参照《农业转基因生物安全评价管理办法》第十一条有关标准确定受体微生物的安全等级（分为 I～IV 级）。

（一）杆状病毒的安全性评价

昆虫病毒是重要的农业微生物病原之一，有 4 个科的病毒已经被成功开发为生物杀虫剂。杆状病毒科的 2 个成员核型多角体病毒（*Nucleopolyherovirus*，NPV）和颗粒体病毒（*Granulovirus*，GV）是应用最广泛的病毒杀虫剂。杆状病毒侵染昆虫，在昆虫体内病毒粒子外有一个蛋白质组成的外壳保护，称为包涵体（图 5 - 9）。

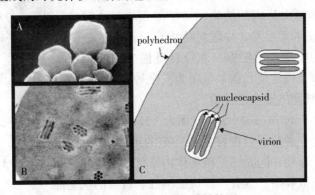

图 5 - 9　杆状病毒电镜结构图

A. 杆状病毒包涵体　B. 包涵体的横切面，内有杆状的病毒粒子　C. 包涵体横切面示意图

（A、B 引自 Jean Adams；C 引自 V. D. Amico）

大量的试验尤其是田间试验证明野生型杆状病毒无论是对环境，还是对哺乳动物都是安全的。由于杆状病毒对昆虫致病性较高且具有化学农药所不可代替的许多优点，已被广泛地应用于生物防治中。

杆状病毒是寄生于节肢动物体内的专性病原体，昆虫是它们的自然宿主，且每种杆状病毒都只能感染一种或几种昆虫，具有宿主专一性。杆状病毒不会感染任何其他动物、植物及人类，具有较高的安全性。国内外学者们对此进行了大量实验来证明它们对其他动植物特别是人类是安全的。试验病毒种类多，受试生物涉及面广甚至包括人类。美国 Ignoffo 等曾用 51 种昆虫病毒（其中有 NPV29 种、GV10 种）对 20 多种脊椎动物（包括两栖类 1 种、鱼类 5 种、鸟类 7 种、哺乳动物 6 种，其中灵长类 2 种）共计 4 200 个试验生物进行感染试验，没有一种情况证明杆状病毒对脊椎动物有中毒致病或异常变态反应。Heimpel 和 Buckmann 曾征集自愿者 10 人，5d 内，每人吞食 NPV 达 5 812 亿，10d、30d 后进行全面检查，没有发现任何异常病症。

用 NPV 所作的大量安全实验可以得出结论：用杆状病毒作为杀虫剂，在田间施用防治害虫是非常安全的。所有用于生物防治的被检测过的杆状病毒制剂对有益昆虫都是安全的。在田间应用之后，它们不会引起环境的任何污染，任何情况下，都不会危及人类的生命和健康。杆状病毒对人、哺乳动物或其他脊椎动物或无脊椎动物并不造成感染，它们也不感染植物。因此，杆状病毒的安全性是公认的，根据《农业转基因生物安全评价管理办法》第十一条确定杆状病毒为安全等级Ⅰ。

（二）荧光假单胞菌的安全性评价

按照《伯杰氏鉴定细菌学手册》第二版，荧光假单胞菌（*Pseudomonas fluorescens*）

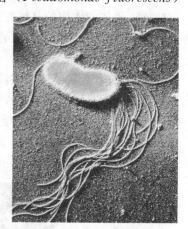

（图 5 - 10）属于假单胞菌科假单胞菌属（*Pseudomonas*）。假单胞菌是一群革兰氏阴性的杆菌或球杆菌，需氧生长，多数有鞭毛有动力。假单胞菌广泛存在于自然界，是土壤和水体微生态系统的重要组成部分，也是自然界的碳、氮循环的重要组成部分。某些荧光假单胞菌是植物根际促生细菌，它们能通过产生多种次生代谢物及有效的根际定殖防治多种植物病害，在农业和环境保护方面有着突出作用。作为遗传重组微生物的受体菌，它也具有良好的安全性。目前采用的受体菌株多为人们从自然界中分离的植物病害生防菌，受体菌株为对人类健康和生态环境无害，并且对植物病原菌有较好的拮抗性，具有较高的安全性。根据《农业转基因生物安全评价管理办法》第十一条确定荧光假单胞菌为安全等级Ⅰ。

图 5 - 10　荧光假单胞菌

（三）枯草芽孢杆菌的安全性评价

枯草芽孢杆菌（*Bacillus subtilis*）（图 5 - 11）属芽孢杆菌属（*Bacillus*），是一种嗜温性的好氧产芽孢的革兰氏阳性杆状细菌，其生理特征丰富多样，在自然界中广泛存在，同时还是植物体内常见的内生细菌，对人畜无毒害，对环境无污染，能产生多种抗菌素和酶，具有广谱抗菌活性和极强的抗逆能力。

枯草芽孢杆菌的某些菌株可以生成一些抗菌物质，这些物质对许多病原真菌有较强的拮抗作用，抗病真菌的枯草芽孢杆菌作为一种潜在的新型生物农药正受到广泛的关注，且已有产品问世。目前该菌已经在黄瓜、辣椒、水稻、小麦、玉米等农作物上显出很好的病害防治效果。作为拮抗微生物，枯草芽孢杆菌已在 1998 年即作为农药登记，被用于防治几种作物病害。20 世纪 90 年代初，美国 Gustafson 公司以 Epic、Kodiak 为注册商标大量生产枯草芽孢杆菌杀菌剂，随后国际

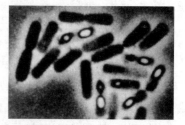

图 5 - 11　枯草芽孢杆菌

上多家公司相继推出枯草芽孢杆菌杀菌剂。我国近年来也开始有各种枯草芽孢杆菌杀菌剂的

规模化生产，如云南省农业科学院开发的"百抗"及湖北省武汉天惠生物工程有限公司生产的枯草芽孢杆菌可湿性粉剂及上海市农业科学院开发的防治番茄叶霉菌的 G3 等。

目前使用的受体菌多为从自然界分离筛选的生防菌，如：颜念龙分离筛选到一株可以在多种作物体内内生定殖的枯草芽孢杆菌（BS-2），具有内生和防病等优良特性，对黄瓜枯萎病、辣椒枯萎病、蔬菜炭疽病和其他一些真菌性病害具有较好的防治作用；枯草芽孢杆菌 B916 是江苏农业科学院植物保护所与国际水稻研究所合作分离的一株水稻纹枯病生防菌，田间试验表明它对水稻纹枯病防效达 50%～81%，并对水稻稻瘟病和稻曲病等具有广谱抑制作用。

枯草芽孢杆菌杀菌剂具有对人畜相对安全、环境兼容性好、不易产生抗药性等优点。已有很多优良的枯草芽孢杆菌菌株应用于生产实践，是目前应用最为成功的微生物杀菌剂之一。多年的生产实践业已证明，枯草芽孢杆菌是一种对人畜安全，对环境友好的受体菌。根据《农业转基因生物安全评价管理办法》第十一条确定枯草芽孢杆菌为安全等级 I。

（四）木霉的安全性评价

无性世代的木霉菌（*Trichoderma* spp.）属于不完全菌门，丝孢纲，丛梗孢目，木霉菌属，有性世代则大多属子囊菌门，核菌纲，肉座菌目，肉座菌属。目前国内外已有 50 多种木霉制剂注册生产，被广泛用于灰葡萄孢、镰刀菌、立枯丝核菌等所引起的多种植物真菌病害的防治。生防木霉主要有以下几种：绿色木霉（*T. viride*）、康宁木霉（*T. koningii*）、哈茨木霉（*T. harzianu*）等。其中，哈茨木霉用于防治植物病原真菌，如丝核菌、疫霉菌、腐霉菌。早在 1981 年，用于防治李属果树银叶病的哈茨木霉制剂已在欧洲商品化生产。对生防木霉菌（*Trichoderma* spp.）的生物安全性评价，表明木霉菌对植物安全，对植物根际土壤微生物无影响；木霉菌孢子在水中不能萌发，不会对鱼类的生长造成影响；对大鼠和白兔的毒性试验显示低毒和无刺激，木霉菌株的胞外代谢产物对人、畜无毒。

木霉菌作为自然界广泛存在的天然生防菌，可用于预防灰葡萄孢、镰刀菌、立枯丝核菌等所引起的多种植物真菌病害的防治。木霉菌作为活体微生物制剂，与其他微生物农药一样无毒、无污染、无残毒，不伤害土壤中其他有益微生物，不影响土壤和环境中微生态循环，用于设施蔬菜及陆地等作物土传病害的生物防治无明显性风险。经检测，对动物和环境安全，根据《农业转基因生物安全评价管理办法》第十一条确定木霉菌为安全等级 I。

（五）联合固氮菌的安全性评价

植物根际中存在一类自由生活的能固氮的细菌，定殖于植物根表或近根土壤，部分则能侵入植物根的皮层组织或维管中，靠根系分泌物生存繁殖，与植物根系有密切的关系，但并不与宿主形成特异分化结构，将植物与细菌之间的这种共生关系称为联合共生固氮（associative symbiotic nitrogen fixation）。联合固氮的种类和分布非常广泛，从禾本科作物到木本植物以及竹子的根际中都有发现。目前，转基因联合固氮菌中常用的受体菌有以下几种：粪产碱菌（*Alcaligenes faecalis*）、阴沟肠杆菌（*Enterobacter cloacae*）、催娩克氏杆菌（*Klebsiella oxytoca*）、产气肠杆菌（*Enterobacter gergoviae*）、巴西固氮螺菌（*Azospirillum brasilense*）等。

其中，粪产碱菌广泛分布于水稻、玉米和甘蔗等的根系。该菌为革兰氏阴性杆菌，具有周生鞭毛。固氮螺菌属（*Azospirillum*）为革兰氏阴性，弧状或短杆状，有鞭毛，常见的 2 种是产脂固氮螺菌（*A. lipoferum*）和巴西固氮螺菌。前者主要与 C_4 植物联合固氮；后者多与 C_3 植物联合共生。接种固氮螺菌有益于谷物生长的事实已得到普遍的承认。据 Ghonsikar 等报道，高粱接种固氮螺菌后根量增加 29％，根体积增加 39％，子粒增产 18％，饲草增加 43％。

联合固氮菌是固氮生物中重要的类群，分布广，受益作物多，对于非豆科植物而言，联合固氮可能成为将来农、林、牧业中潜在的稳定氮源，其生态意义和经济效益都是不可低估的。根据《农业转基因生物安全评价管理办法》第十一条确定联合固氮菌为安全等级 I。受体菌为从植物根际分离的野生固氮菌，是一种安全性较好的微生物。

（六）重组根瘤菌的安全性评价

根瘤菌属于根瘤菌科（Rhizobiaceae），根瘤菌属（Sinorhizobium）和慢生根瘤菌属（Bradyrhizobium），为一类革兰氏染色阴性需氧杆菌，有鞭毛，无芽孢。目前常用的受体菌有以下几种：大豆慢生根瘤菌（B. japonicum）、费氏中华根瘤菌（Sinorhizobium fredii）等。

根瘤菌-豆科植物共生固氮体系是自然界固氮效率很高的一个体系，该体系广泛分布于地面各处。据估计，其年固氮量约占各种生物固氮体系总量的 50％，大大超过世界化工合成氨产量的总和，成为农业生产的主要氮源。根瘤菌剂在世界范围得到推广和普及，特别是美洲国家，积极发展种植苜蓿、大豆（播种面积在美国约占总播种面积 50％以上），以发挥生物固氮作用，减少化学氮肥施用量，取得了明显经济效益。

根瘤菌作为一种广泛应用的对农业生产具有重大意义的固氮菌，安全性好。根据《农业转基因生物安全评价管理办法》第十一条确定根瘤菌为安全等级 I。

（七）苏云金芽孢杆菌的安全性评价

苏云金芽孢杆菌（Bacillus thuringgiensis）是一种土壤细菌，在《伯杰氏系统细菌学手册》第九版中被列为第二类第十八群，芽孢杆菌属（Bacillus）的一种。苏云金芽孢杆菌革兰氏染色呈阳性，杆状，营养体具有周生鞭毛或无鞭毛。在菌体的一端形成内生芽孢，另一端同时形成伴孢晶体。伴孢晶体是一种蛋白质，由一种或多种多肽组成，对敏感昆虫有特异的毒杀作用。对无脊椎动物中的原生动物门、线形动物门、扁形动物门和节肢动物门 4 个门（尤其是节肢动物门中的鳞翅目、双翅目、膜翅目、鞘翅目等）800 余种昆虫和有害生物均有不同程度的致病性，对 20 多种重要农作物害虫防效显著。

苏云金芽孢杆菌（简称 Bt）杀虫剂是公认的一类无公害的生物农药，是目前国内外生产量最大、应用面积最广的微生物杀虫剂。人们就苏云金芽孢杆菌对有益昆虫、鸟类、哺乳动物及人类的影响展开了广泛的研究，证明苏云金芽孢杆菌是一种对人畜安全、对环境无害的生防菌。来自许多国家的大量研究表明 Bt 对动物没有毒性。Bt 用于害虫防治已超过 60 年，但没有由 Bt 引起人感染的临床报告。作为一种受体菌，苏云金芽孢杆菌具有较高的安全性。根据《农业转基因生物安全评价管理办法》第十一条确定苏云金芽孢杆菌为安全等级 I。

二、基因操作的安全性评价

对植物用转基因微生物相关基因操作进行安全性评价时，主要考虑以下几方面的内容：

①植物用转基因微生物中引入或修饰性状和特性的叙述。

②实际插入或删除序列的资料；插入序列的大小和结构，确定其特性的分析方法；删除区域的大小和功能；目的基因的核苷酸序列和推导的氨基酸序列；插入序列的拷贝数。

③载体的名称和来源；载体特性和安全性；能否向自然界中不含有该类基因的微生物转

移；载体构建的图谱。

④载体中插入区域各片段的资料；启动子和终止子的大小、功能及其供体生物的名称；标记基因和报告基因的大小、功能及其供体生物的名称；其他表达调控序列的名称及其来源（如人工合成或供体生物名称）。

⑤基因操作方法；重组 DNA 分子的结构、复制特性和安全性。

⑥目的基因的生存前景和表达的稳定性；目的基因的检测和鉴定技术。

最后，参照《农业转基因生物安全评价管理办法》第十二条有关标准将基因操作对受体生物安全等级的影响分为 3 种类型，即增加受体生物的安全性、不影响受体生物的安全性、降低受体生物的安全性。

(一) 杆状病毒基因操作的安全性评价

野生型杆状病毒制剂由于杀虫速度相对较慢、寄主范围窄等缺陷，限制了其商业化生产和推广应用速度。为了提高其毒力，加快杀虫效率，人们通过基因工程技术对杆状病毒进行重组，以获得新一代高效、安全的病毒杀虫剂。重组杆状病毒的策略主要包括删除影响杀虫速度的非必需基因、插入作用于昆虫的毒素蛋白或影响昆虫正常生理代谢的酶或激素等，以获得重组病毒增加杀虫速度，缩短害虫致死时间，减少对作物的危害。目前构建重组杆状病毒杀虫剂的主要手段有以下几种。

1. 缺失病毒非必需基因增加杀虫效果　在杆状病毒的基因组中存在某些与病毒 DNA 复制无关的非必需基因，通过对这些非必需基因的缺失，可提高杆状病毒的杀虫活性。缺失的基因有：*egt* 基因和 *pp*34 基因等。*egt* 基因是杆状病毒在个体水平调控感染宿主生长发育的唯一已知基因，缺失 *egt* 基因的重组病毒可引起幼虫生长发育代谢的失调，加速感染虫体的死亡；*pp*34 基因编码的多角体膜蛋白是构成多角体膜的主要组分。Zuidema 等用插入失活法破坏这一基因后，病毒多角体外周不存在膜状结构，而病毒的感染性有所提高。*pp*34 基因缺失病毒对寄主感染性提高的原因，可能与该病毒的病毒粒子更容易从多角体中释放有关。

2. 插入外源基因提高杀虫速度　用杆状病毒表达系统，插入外源基因，获得重组病毒增加了杀虫速度，缩短了害虫致死时间，减少了对作物的危害，这是目前构建重组病毒杀虫剂的主要研究途径。

(1) 插入昆虫激素基因。如果把昆虫激素基因插入病毒基因组中，过量的昆虫激素就能破坏昆虫的正常生长，引起体内生理调控紊乱。Maeda 首先把烟草角虫 (*Heliothis virescens*) 利尿激素基因插入家蚕核多角体病毒 (BmNPV) 基因组，重组 BmNPV 接种家蚕后，由于过量的异源利尿激素扰乱了蚕体水分平衡，使病毒致死时间缩短 20%。至今已成功插入杆状病毒并实现重组的昆虫激素基因有：利尿激素基因、保幼激素酯酶基因、羽化激素基因、蜕皮激素基因、促前胸腺激素 *PTTH* 基因等。

(2) 插入昆虫毒素和细菌毒素基因。插入昆虫毒素基因是提高杆状病毒杀虫速度最有效的方法之一。目前在杆状病毒基因组中插入的昆虫毒素基因有蝎毒素、北非蝎神经毒素、麦秆蒲螨神经毒素、蜘蛛毒素等基因。这些昆虫毒素基因在幼虫表达后，可迅速将昆虫麻痹，使之停止取食，提早死亡。苏云金芽孢杆菌 δ 内毒素也可作为重组杆状病毒杀虫剂的活性组分。经基因工程技术成功地插入杆状病毒并在昆虫细胞表达的苏云金芽孢杆菌毒素基因表达产物经敏感昆虫口服具有高度的杀虫活性。

(3) 插入植物蛋白酶抑制剂基因。植物蛋白酶抑制剂基因编码的植物蛋白酶抑制因子是植物抵抗害虫的天然防御体系。季平等把慈姑蛋白酶抑制剂 B 基因插入家蚕 BmNPV 基因组中，重组病毒对家蚕的致病能力比野生型病毒稍有增强的倾向，半数致死时间可提早 10h 左右。

（4）插入昆虫病毒增强蛋白基因。昆虫病毒增强蛋白基因编码的昆虫病毒增强蛋白是一种磷脂蛋白，分子质量在 89～110ku。增效蛋白能增强多种核型多角体病毒（NPV）对昆虫幼虫的感染力。

表达系统常用的启动子为杆状病毒的晚期启动子 p10、早期启动子 IE1、迟早期启动子 p35、lef3 和 39K。为了保证重组病毒的安全性，要慎重选择启动子，D. Murges 发现早期启动子如 IE1 和组成型表达启动子（如 hsp70）发挥功能时不需要病毒的早期基因表达产物，因此，它们能启动基因在非允许的昆虫细胞和哺乳动物细胞中表达，以其构建的重组病毒安全性较低。相反，使用杆状病毒迟早期启动子，如 39K（pp31 基因的启动子），发挥功能时需要杆状病毒其他基因（如 IE1）的表达产物驱使，这样，迟早期启动子不能启动基因在非允许细胞包括哺乳动物中表达，构建的重组病毒安全性较高（T. D. Morris，1992）。Avital Regev 构建了表达蝎子神经毒素 AaIT 的 AcMNPV，发现基因由杆状病毒迟早期启动子 39K 控制时，比晚期启动子 p10 控制时，害虫幼虫的死亡率明显提高。以 LacZ 为报告基因，发现启动子 39K 只在昆虫中表达，但在哺乳动物中不表达，因此，使用启动子 39K 构建的重组病毒更安全。

插入的外源基因均是针对昆虫，对人类和环境无害，根据《农业转基因生物安全评价管理办法》第十二条确定杆状病毒的相关基因操作定为类型 2，即不影响受体杆状病毒安全性的基因操作。

（二）荧光假单胞菌基因操作的安全性评价

科学家将具有杀虫效果的 Bt Cry 基因转入野生型荧光假单胞菌中，构建了具有杀虫防病双重效果的工程菌。在国家"863"计划资助下，中国农业科学院植物保护所植物病虫害生物学国家重点实验室研制了具有杀虫防病双重效果的转二价、三价 Bt Cry 基因的荧光假单胞菌工程菌 IPP202、BioP8，受体菌株均为从自然界中分离的荧光假单胞菌 P303。转 Bt 工程菌解决了 Bt 本身存在的杀虫蛋白多以裸露晶体的形式存在而易受紫外线破坏的弱点，同时发挥受体菌荧光假单胞菌 P303 在多种植物上定殖能力的优点，使其具有在植物周围大量繁殖而起到杀虫作用的优势。Steve L. Evans 等将苏云金芽孢杆菌杀虫蛋白基因 Cry34Ab1 和 Cry35Ab1 同时转入荧光假单胞菌，从工程菌中纯化的蛋白具有高的杀虫活性。

在转基因荧光假单胞菌工程菌中使用的载体有两种类型：质粒载体和染色体整合型的载体。

1. 质粒载体 应用于假单胞菌基因操作的质粒通常是一些广宿主的质粒。除了使用假单胞菌本身的启动子外，也经常采用大肠杆菌的某些强的启动子（如 Lac、tac 启动子）。为防止耐药性的播散，多采用非抗生素的筛选标志，如营养缺陷型筛选、产色底物筛选、荧光蛋白筛选等标记基因。质粒载体的缺点是遗传稳定性较低，当假单胞基因工程菌投放到自然环境中，难以对其施加选择压力，在失去选择压力的条件下，质粒上的基因片段随着细菌的传代而丢失。同时质粒在自然界菌群间的水平播散也会有潜在的危险。

2. 染色体整合型的载体 考虑到质粒载体的遗传稳定性不高，现在人们更倾向于使用染色体整合型的载体，如 Tn10、Tn5 转座子载体以及带有同源序列的同源重组载体。在转座酶作用下,目的基因整合入假单胞菌的染色体中进行稳定遗传。

转入的 $Bt\ Cry$ 基因杀虫目标为农业上的害虫,对人畜无害,因此,根据《农业转基因生物安全评价管理办法》第十二条确定荧光假单胞菌的相关基因操作定为类型 2,即不影响受体荧光假单胞菌安全性的基因操作。

(三)枯草芽孢杆菌基因操作的安全性评价

人们将 Bt 杀虫蛋白基因 $Cry\ Ⅰ\ Ac$ 转入生防菌枯草芽孢杆菌中,构建了多种兼有杀虫防病作用的工程菌株。陈中义通过基因工程手段将 Bt 杀虫蛋白基因 $Cry\ Ⅰ\ Ac$ 导入了水稻纹枯病生防菌株枯草芽孢杆菌 B916,新构建的工程菌株 Bs2249 兼有杀虫防病作用,玉米螟试虫取食工程菌株处理的人工饲料后第二天即停止进食,随后陆续死亡,6d 后,在非选择压条件和选择压条件下培养物杀虫生物测定校正死亡率分别为 91.4% 和 88.6%。刘济宁将 $Cry\ Ⅰ\ Ac$ 基因导入枯草芽孢杆菌 JAAS01D,成功构建了杀虫工程菌株 JAA01D-1Ac,对小菜蛾、甜菜夜蛾和欧洲玉米螟的杀虫活性分别为 71.1%、56.7% 和 88.9%。在构建枯草芽孢杆菌工程菌中采用的载体有质粒载体和染色体整合型载体。

转入的 $Bt\ Cry$ 基因杀虫目标为农业上的害虫,对人畜无害,因此,根据《农业转基因生物安全评价管理办法》第十二条确定枯草芽孢杆菌的相关基因操作定为类型 2,即不影响受体枯草芽孢杆菌安全性的基因操作。

(四)木霉基因操作的安全性评价

对木霉的基因操作主要涉及以下几个方面:①转入苏云金芽孢杆菌的 $Cry\ Ⅰ\ Ab$ 基因,以构建兼具杀虫防病双重功效的工程菌株,如高兴喜等通过 PEG-CaCl₂ 介导的原生质体法将来自苏云金芽孢杆菌的 $Cry\ Ⅰ\ Ab$ 基因导入生防真菌哈茨木霉中。转化子不但保持了野生菌株的抑菌活性,而且表现出了一定的杀虫效果。转化子对玉米螟幼虫的矫正死亡率为 75.00%。②转入几丁质酶基因、隐地蛋白基因、β-1,4-葡聚糖酶基因等以提高木霉的拮抗活性,如 Hara 等将携带沙雷氏菌(*Serratia marcescent*)的几丁质酶基因转化到哈茨木霉,体外拮抗试验表明,转化子对罗氏小核菌(*Sclerotium rolfsii*)的抑菌圈大于野生菌株。③转入杀菌剂抗性基因,构建对杀菌剂有抗性的工程菌,如杨谦等用含有多菌灵抗性基因的质粒转化木霉菌,获得了对杀菌剂有抗性的工程菌株。④利用原生质融合技术构建抗性加强的木霉,1993 年,Harman 等用哈茨木霉进行了原生质体融合试验,将哈茨木霉菌株 $T\ 95$ 的赖氨酸和组氨酸缺陷型株系融合,选出比亲本菌株拮抗谱广、根际定殖能力强、防病效果好的融合子,并以 F-Stop 为商品名注册登记。

将外源基因转入木霉的方法有:PEG-CaCl₂ 介导的原生质体法、根癌农杆菌介导转化。其转化载体具有潮霉素抗性选择标记,外源基因整合到哈茨木霉基因组 DNA 中进行稳定表达。

基因操作主要是引入外源基因(几丁质酶、隐地蛋白、苏云金芽孢杆菌的 $Cry\ Ⅰ\ Ab$ 基因)以提高其抗病菌活性或构建杀虫防病工程菌。这些基因都来自于自然界中分离的抗性基因,对人畜无害,因此,根据《农业转基因生物安全评价管理办法》第十二条确定木霉菌的相关基因操作为类型 2,即不影响受体木霉菌安全性的基因操作。

(五)联合固氮菌基因操作的安全性评价

人们在联合固氮菌中转入固氮正调控基因 $nifA$、吸氢酶基因 hup、一般氮代谢调节基因 $ntrc$,构建了耐铵固氮菌及固氮活性提高的工程菌。通过构建携带这些外源基因的质粒载体的固氮菌,或者通过转座子携带外源基因插入到固氮菌的染色体基因组中。

1. 转入固氮正调控基因 *nifA*，以构建耐甘铵、泌铵型联合固氮菌 联合固氮菌中固氮酶的合成受环境中化合态氮的阻遏，当化合态氮（NH_4^+）的浓度大于 10mmol/L 时固氮菌不能固氮。经过重组修饰的耐铵工程菌能显著提高固氮效率、有效减轻铵对固氮的阻遏作用，如国外构建的巴西固氮螺菌 SP7 取得了很大的成效，该细菌可以固氮而且分泌固氮产物至土壤中，具有耐铵的特性；我国科学家构建了不受铵阻遏的组成型表达的 *nifA* 质粒，将其引入粪产碱菌、阴沟肠杆菌和催娩克氏杆菌，多年的试验研究结果表明，经过重组修饰的耐铵工程菌能显著提高固氮效率、有效减轻铵对固氮的阻遏作用，田间应用可节约化肥 15％以上。"八五"与"九五"期间，我国水稻联合固氮菌累计试验示范应用面积达 13 万 hm^2 以上。

2. 含有吸氢酶基因 *hup* 的高吸氢效率的工程菌 转入吸氢酶基因 *hup* 的工程菌能够把在固氮酶固氮过程中放出的氢重新吸收利用，从而提高固氮效率。黄黎亚克隆大豆根瘤菌吸氢酶结构基因（*hupSL*）片段，插入质粒载体并转化固氮菌，转化子的吸氢酶活性高表达，固氮效率和固氮酶活性显著提高。

3. 同时转入固氮酶正调控基因 *nifA* 和一般氮代谢调节基因 *ntrc* 的耐铵工程菌株 中国农业科学院原子能研究所、北京大学等构建了携带固氮酶正调控基因 *nifA* 和一般氮代谢调节基因 *ntrc* 的耐铵粪产碱菌工程菌株 Ac1541。室内外试验结果证实重组的工程菌固氮作用较自然菌株有明显提高，田间应用能够有效促进植物生长和减少化肥用量。这一成果在国际尚属首创，于 2000 年通过安全性评估，成为我国第一个获准商品化生产的基因工程产品。菌肥产品田间示范显示：用于盐碱地水稻可节约纯氮肥 12％～20％，用于大棚蔬菜效果尤其突出，不仅可减少氮肥用量 15％～50％，而且可增产 11％～33％，蔬菜品质也有明显提高。

4. 转入 *dct* 基因 固氮斯氏假单胞菌（*Pseudomonas stutzeri*）A1501 是一种定殖于水稻根部的联合固氮菌。闫春玲将含有 A1501 四碳二羧酸转运系统结构基因 *dctPQM* 的亚克隆大片段克隆到具有广泛宿主范围转移特性的质粒载体 pSZ21 上。通过三亲接合试验，*dctPQM* 基因随机转座插入到菌株 A1501 的染色体基因组中，含有额外拷贝 *dct* 结构基因的遗传工程菌株表现了较高的固氮活性，其固氮水平明显高于野生型菌株 A1501。

针对联合固氮菌的基因操作主要涉及转入固氮正调控基因 *nifA*、吸氢酶基因 *hup*、一般氮代谢调节基因 *ntrc*，以构建耐铵固氮菌及固氮活性提高的工程菌，这些基因来自于固氮菌，对人畜和环境无害，因此，根据《农业转基因生物安全评价管理办法》第十二条确定联合固氮菌的相关基因操作为类型 2，即不影响受体联合固氮菌安全性的基因操作。

（六）重组根瘤菌基因操作的安全性评价

通过重组 DNA 技术等遗传操作提高根瘤菌的共生固氮能力是生物固氮研究的热点课题之一，由 Tn5 携带外源基因插入到细菌染色体中。在根瘤菌中转入的外源基因有以下两种。

1. 正调节基因 *nifA* *nifA* 基因是固氮基因 *nif/fix* 基因的正调节基因，可以激活根瘤菌固氮基因转录表达包括编码固氮酶的结构基因，从而提高根瘤固氮酶活力。美国 Scupham 等将固氮正调节基因 *nifA* 与增强碳素代谢的四碳二羧酸转移酶基因 *dct* 共同整合于苜蓿根瘤菌的染色体，新构建的菌株比出发菌株增产达 12.9％。该工程菌已于 1997 年获准进入有限商品化生产应用；我国科学家构建了携带有能组成型表达（不受铵阻遏）*nifA* 的质粒，将其引入大豆根瘤菌后，其固氮作用不再受铵抑制，用此基因工程菌接种水稻和大豆可获得增产，重组苜蓿根瘤作为第一个可提高固氮效率的基因工程根瘤菌肥而投放到国际市场。

2. 转入四碳二羧酸运输系统 *dct* 基因　四碳二羧酸运输系统（dicarboxylicacids transport system，简称 Dct 系统）是存在于细菌中的一种能量运输系统，它能将细胞周质中的四碳二羧酸以主动运输的方式转运到细胞内，供菌体进行生长和生物固氮作用。导入 *dct* 基因能明显地影响共生固氮系统的固氮效率并促进植物生长。Bosworth 的田间小区试验结果表明，同时导入额外拷贝的 *nifA* 和 *dctABD* 基因可获得显著的增产效果；李友国等将苜蓿根瘤菌的 *dctABD* 基因导入大豆慢生根瘤菌，结果发现，大豆慢生根瘤菌的固氮能力显著提高，接种转化大豆慢生根瘤菌的大豆地上部分干重和总氮量明显高于接种未转化大豆慢生根瘤菌的对照大豆。

此外，华中农业大学利用快生型根瘤菌 B52 的基因文库转移到慢生型大豆根瘤菌 22-10 中所构建的基因工程菌株 HN-32、HN-33，目前在黑龙江和广西大豆主产区已大面积示范推广。通过对基因安全性检测，证明工程菌是安全的，且有固体和液体菌种投放市场。

针对根瘤菌的基因操作主要是转入固氮正调节基因 *nifA*、四碳二羧酸运输系统 *dct* 基因、吸氢酶基因 *hup* 等基因，以提高固氮活性，这些基因均来自于自然界中分离的天然菌株，对人畜和环境无害，因此，根据《农业转基因生物安全评价管理办法》第十二条确定根瘤菌的相关基因操作为类型 2，即不影响受体根瘤菌安全性的基因操作。

（七）苏云金芽孢杆菌基因操作的安全性评价

为了拓宽苏云金芽孢杆菌杀虫剂的杀虫活性谱，提高杀虫效果，延缓抗性产生，科学家应用现代生物学技术对苏云金芽孢杆菌及其产品进行改造，构建出了一批综合性能优良的高效广谱苏云金芽孢杆菌工程菌。国内已构建了 10 余种含有不同 Bt 杀虫基因，适用于防治棉花、蔬菜等作物多种鳞翅目和鞘翅目害虫的工程菌，部分菌剂已获准进入田间试验或环境释放。

目前，针对苏云金芽孢杆菌的基因操作主要有以下几种：①转入新的杀虫基因 *Cry I Ac*，以增加 *Cry I Ac* 基因在受体菌中的拷贝数，提高抗虫活性。例如，华中农业大学利用苏云金芽孢杆菌转座子 Tn4430 的位点专一性重组系统，首先构建出含有 *Cry I Ac*10ku 和 20ku 蛋白基因的位点专一性重组质粒 pBMB1808，在受体菌内，pBMB1808 发生位点专一性重组，丢掉了质粒上携带的抗生素抗性基因以及其他所有非 Bt 基因，得到环境安全的高毒力工程菌 WG001。工程菌对小菜蛾、棉铃虫、甜菜夜蛾的毒力较出发菌株 YBT1520 和目前使用的生产菌株均有较大提高。*Bt* 菌剂 WG001 作为我国第一个获准商品化生产的基因工程微生物农药产品，即将进入市场应用。②转入新的抗虫谱和作用机制不同的杀虫基因，以拓宽受体菌的杀虫谱。科学家将对鞘翅目害虫有毒性的 *Cry3Aa* 基因导入对鳞翅目害虫有活性的野生菌株 YBT-803-1 中，该工程菌不仅对柳蓝叶甲有较高毒力，而且保持了原受体菌具有的对鳞翅目害虫的杀虫活性，拓宽了苏云金芽孢杆菌的杀虫谱。此外，还构建了杀虫防病的苏云金芽孢杆菌工程菌、增加残效期的苏云金芽孢杆菌工程菌、杀虫固氮的苏云金芽孢杆菌以及具有延缓抗性的苏云金芽孢杆菌工程菌。

针对苏云金芽孢杆菌的基因操作主要是转入抗虫谱不同的新的杀虫蛋白基因，以提高杀虫活性，扩大抗虫谱，这些基因均来自于自然界中分离的天然菌株，因此，根据《农业转基因生物安全评价管理办法》第十二条确定苏云金芽孢杆菌的相关基因操作为类型 2，即不影响受体苏云金芽孢杆菌安全性的基因操作。

三、植物用转基因微生物的安全性评价

对植物用转基因微生物进行安全性评价，主要考虑以下几个方面。

①与受体微生物比较，植物用转基因微生物如下特性是否改变：定殖能力、存活能力、传播扩展能力；毒性和致病性；遗传变异能力；受监控的可能性；与植物的生态关系；与其他微生物的生态关系；与其他生物（动物和人）的生态关系，人类接触的可能性及其危险性。

②应用的植物种类和用途。与相关生物农药、生物肥料等相比，其表现特点和相对安全性。

③试验应用的范围，在环境中可能存在的范围，广泛应用后的潜在影响。

④对靶标生物的有益或有害作用，对非靶标生物的有益或有害作用。

根据受体生物的安全等级和基因操作对其安全等级的影响类型及影响程度，参照《农业转基因生物安全评价管理办法》第十三条有关标准确定植物用转基因微生物的安全等级。

（一）转基因杆状病毒的安全性评价

当杆状病毒基因组中插入诸如昆虫毒素等外源基因或异源启动子时，是否会对其他非靶目标造成不利影响，甚至威胁呢？试验证明重组杆状病毒无论是对非靶目标鳞翅目昆虫、非鳞翅目节肢动物，还是对脊椎动物均是安全的。重组病毒杀虫剂的环境安全性评估包括以下几方面。

1. 对非靶标鳞翅目昆虫的安全性　大多数杆状病毒的宿主范围限制在鳞翅目昆虫同一科内极为相关的少数种内。通过对含 *AaIHT* 基因和野生型 AcMNPV 感染 48 种鳞翅目昆虫（分属 9 个种）LD_{50} 的比较，发现含外源毒素基因的重组 AcMNPV 并不改变宿主域和杆状病毒的相对感染性。

2. 对非鳞翅目节肢动物的安全性　由于外源基因导入杆状病毒，它们对捕食性蜘蛛、寄生蜂等有益节肢动物是否也产生毒害作用？答案是否定的。用感染重组病毒的幼虫喂食一些常见昆虫捕食者比如甲虫、草蛉、螳螂、蜘蛛等并没观察到重组病毒对它们的不利影响。将含 *AaIHT* 的病毒粒子注射到意大利蜜蜂（*Apis mellifera*）体内也未观察到病变。资料表明，重组杆状病毒对非靶目标节肢动物是安全的。

3. 对脊椎动物的安全性　Possee 等报道，含有 *AaIHT* 基因的重组病毒已对豚鼠、鼠进行了安全性试验，这些试验包括对鼠的皮下注射 1×10^6 PIBs、鼠口服 1×10^6 PIBs、豚鼠对重组病毒的急性皮肤暴露试验等。所有受试动物没有受到任何不良影响，没显示任何病症。大量的试验不仅是从环境兼容上，还是从生物个体水平上，细胞形态观察上，基因表达水平上都证实杆状病毒作为表达载体对哺乳动物是安全的。杆状病毒在哺乳动物细胞中不能复制，仅造成流产感染。NPV 只能在哺乳动物细胞中作为一个短时期表达的载体。

4. 重组病毒杀虫剂对捕食性天敌的影响　许多文献报道了重组病毒对捕食性天敌的影响。Smith 等用重组病毒（在野生病毒中插入昆虫选择性神经毒素基因 *LqhIT2*）做了较大规模的野外试验，观察病毒对小花蝽、小毛瓢虫、锚斑长足瓢虫、姬蝽、大眼长蝽等的影响。实验显示，这些天敌的密度和多样性在重组病毒处理区和野生病毒处理区内基本相同，重组病毒和野生病毒对这些天敌种群具有相似的作用。研究报道显示，重组病毒对捕食性天敌个体发育和种群特征等的影响很小。重组病毒通过捕食天敌的移动而获得的扩散力（单位时间内形成新的侵染循环的次数）很有限。

5. 重组病毒杀虫剂对寄生性天敌的影响　Smith 发现羽化的寄生蜂不携带病毒 DNA，表明病毒 DNA 不存在于寄生蜂组织中，减少了重组病毒传播的可能性。从感染重组病毒和野生病毒的烟芽夜蛾羽化出来的寄生天敌的大小和头宽相似；野生病毒和重组病毒对内寄生蜂发育的影响相似，重组病毒通过寄生蜂向外传播的可能性也很小。

6. 重组病毒的生态效应　关于释放重组病毒的生态效应都有在野外和温室试验方面的报道。这些报道研究了重组病毒和野生病毒竞争的情况，得出的结论是：和野生病毒相比，重组病毒的适应性降低，对环境的影响也很低；在野外，重组病毒总比野生病毒的危险性低。重组病毒在环境中持续生存力下降会影响其扩散力。重组病毒向外扩散的机会大为减少，因而不太可能在环境中形成侵染循环。

中国科学院武汉病毒研究所胡志红等把蝎毒素基因 *AaIT* 插入棉铃虫 HaSNPV 基因组，并缺失部分 *egt* 基因序列，构建了重组病毒工程株 HaGFPAaITegt⁻，对 HaGFPAaITegt⁻ 的定殖能力、传播扩展能力、毒性和致病性等安全性指标进行了评价。发现重组病毒在宿主体内的繁殖能力较野生型病毒低，子代产量较野生型病毒低；重组病毒传播扩展能力较野生型病毒低。蝎毒素为特异性昆虫神经毒素，对植物和其他微生物没有影响，对脊椎动物的神经系统没有活性，对捕食性和寄生性天敌均无可检测的病理影响。重组病毒与 HaSNPV 一样，对植物、动物和其他微生物无不良影响，对脊椎动物（小鼠）无害。农业部生物基因工程安全委员会审批意见是：工程株 HaGFPAaIT egt⁻ 安全等级为Ⅰ级，同意进行田间试验。

武汉大学病毒所王福山等用 p10 基因启动子控制 *Bt CryⅠAb* 截短基因插入 AcNPV 多角体基因组中，构建成重组病毒。挑选正常健康的家兔、小白鼠、非洲鲫、金鱼、鸡、家鸽，口服或水中投毒感染，所有供试动物经重组病毒感染后体重均有增加，活动正常，脏器无病变，电子显微镜负染观察未发现有 NPV 的毒粒、包涵体颗粒或其他病毒样颗粒存在。

目前的实验证据表明，杆状病毒杀虫剂（包括重组杆状病毒杀虫剂）对人畜、鸟兽、鱼虫（益虫）不造成感染，对人民的身体健康没有危害，不会造成农业生态环境的污染，它可代替（或部分代替）化学农药，保护环境，维持生态平衡。国家农业基因工程产品安全委员会已 3 次批准重组病毒为一级遗传工程安全体，同意环境释放。十多公顷环境释放的结果亦证明：该重组病毒具有可靠的安全性。根据《农业转基因生物安全评价管理办法》第十三条确定重组杆状病毒为安全等级Ⅰ。

（二）转基因荧光假单胞菌的安全性评价

对荧光假单胞菌工程菌株 BioP8 进入土壤后的微生态行为进行跟踪监测和分析，未发现荧光假单胞菌工程菌株 BioP8 对土壤中细菌群落组成和结构产生明显地可检测得到的影响，具有良好的生态安全性。转三价 *Bt Cry* 基因的荧光假单胞菌工程菌在经过温室和田间的环境释放安全检测后证明是对人畜安全无毒的，安全等级为Ⅰ级，并获准加入环境释放阶段。

经农业部基因工程安全委员会批准，从 1998—2000 年分别在北京中国农业科学院植物保护所试验地和江苏连云港市农业科学研究所试验地进行了工程菌株 IPP202 和 BioP8 防治棉花和蔬菜害虫的中间试验，并对工程菌株的田间残留与扩散进行了追踪检测。实验表明荧光假单胞菌工程菌在试验地土壤中没有残留和扩散。对样品培养物进行特异 *Bt Cry* 基因扩增没有得到相应的产物。2002 年，在河北省农林科学院植物保护研究所试验地进行了工程菌株 BioP8 在棉田的生态安全性试验，工程菌 BioP8 在棉田棉叶和土壤中均能定殖、存活；工程菌 BioP8 对土壤中天然的芽孢杆菌菌数的消长动态没有什么影响；工程菌 BioP8 对棉田中的天敌有较明显的保护作用，对节肢动物群落的结构和多样性没有影响和冲击效应，可在一定程度上保持棉田的生态平衡。田间小区试验表明工程菌 BioP8 对小菜蛾等蔬菜害虫具有很好的防效，目前该工程菌株已经通过农业部转基因生物安全管理办公室批准进入环境释放阶段。

工程菌在环境中没有残留和扩散，工程菌株生存竞争能力弱于天然菌株，具有良好的生物安全性。受体菌为从环境中分离的无害自然生防菌株，对人和环境无害，目的基因多为 Bt 杀虫蛋白。根据《农业转基因生物安全评价管理办法》第十三条确定重组荧光假单胞菌为安全等级Ⅰ。

（三）转基因枯草芽孢杆菌的安全性评价

日本 SDS 生物技术公司开发枯草芽孢杆菌新微生物杀菌剂（*Bacillus subtilis* QSF - 713），该制剂对蔬菜灰霉病、白粉病有实用价值，为此，于 2002 年 5 月获得了在番茄、葡萄上防治灰霉病、白粉病的农药登记。对该菌剂进行安全性检测，通过对大鼠的经口、静脉注射、呼吸道吸入等给药试验，均无不良影响。对鱼类、淡水无脊椎动物、鸟类、植物、土壤微生物及非靶标昆虫也无不良影响。

重组枯草芽孢杆菌安全性高，受体菌为从自然界中分离的生防菌，对人畜无害，目的基因多为 Bt 的杀虫蛋白。《农业转基因生物安全评价管理办法》第十三条规定，安全等级为Ⅰ的受体生物，经类型 2 的基因操作而得到的转基因生物，其安全等级仍为Ⅰ。因此，确定重组枯草芽孢杆菌为安全等级Ⅰ。

（四）转基因木霉菌的安全性评价

重组木霉菌安全性高，受体菌为从自然界中分离的生防菌，对人畜无害，目的基因多为 Bt 的杀虫蛋白、抗真菌蛋白等。《农业转基因生物安全评价管理办法》第十三条规定，安全等级为Ⅰ的受体生物，经类型 2 的基因操作而得到的转基因生物，其安全等级仍为Ⅰ。因此，确定重组木霉菌为安全等级Ⅰ。

（五）转基因联合固氮菌和根瘤菌的安全性评价

重组固氮菌安全性高。受体菌为从自然界中分离的固氮菌，对人畜无害，目的基因多为固氮正调控基因 *nifA*、吸氢酶基因 *hup*、一般氮代谢调节基因 *ntrc* 等。《农业转基因生物安全评价管理办法》第十三条规定，安全等级为Ⅰ的受体生物，经类型 2 的基因操作而得到的转基因生物，其安全等级仍为Ⅰ。因此，确定重组联合固氮菌和根瘤菌为安全等级Ⅰ。

（六）转基因苏云金芽孢杆菌的安全性评价

1. 苏云金芽孢杆菌基因工程菌 BMB696B 对实验动物的安全性评估　工程菌 BMB696B 的外源基因来源于 Bt 的营养期杀虫蛋白基因，其受体菌是从土壤中分离的高毒力野生菌株 YBT 1520，就 BMB696B 粉剂对实验动物进行了相关的毒理学试验。实验证明，工程菌 BMB696B 没有经口和经皮的急性毒性、没有急性皮肤和眼刺激性、没有致敏性。苏云金芽孢杆菌基因工程菌 BMB696B 对实验动物无急性毒性、无皮肤和眼的刺激性、无致敏性，是值得进一步开发应用的安全可靠的生物杀虫剂。

2. 重组苏云金芽孢杆菌工程菌 WG001 环境安全性分析　将 WG001 制剂喷洒在大田种植的棉花叶面上，随后研究工程菌在环境中的定殖、存活、扩散、对土著微生物的影响、杀虫晶体蛋白基因 *Cry*Ⅰ*Aa* 和 *Cry*Ⅰ*Ac* 在环境中的水平转移。实验结果表明，在正常使用情况下，棉田叶面喷洒工程菌后，没有发现棉田生态系统发生明显变化。应用该菌剂防治棉铃虫，潜在风险小，可以大面积试用，不会危害人体、动植物体健康，引发生态灾害。

此外，Peng 将营养期杀虫蛋白基因（VIP）转入苏云金芽孢杆菌。对工程菌粉剂进行毒性实验,结果表明大白兔口服 5 000mg/kg(体重)菌粉时,也没有观察到明显的毒副作用,兔的体重、进食量均不受影响。组织和血液分析,均未发现明显变化,说明该转基因工程菌具有较高安全性。

重组苏云金芽孢杆菌安全性高。受体菌为从自然界中分离的苏云金芽孢杆菌,目的基因多为抗虫谱不同的新的杀虫蛋白基因等。《农业转基因生物安全评价管理办法》第十三条规定,安全等级为Ⅰ的受体生物,经类型 2 的基因操作而得到的转基因生物,其安全等级仍为Ⅰ。因此,确定重组苏云金芽孢杆菌为安全等级Ⅰ。

四、植物用转基因微生物产品的安全性评价

植物用转基因微生物产品的安全性评价主要考虑以下几个方面。

①转基因微生物产品的稳定性。

②生产、加工活动对转基因微生物安全性的影响。

③转基因微生物产品与转基因微生物在环境安全性方面的差异。

④转基因微生物产品与转基因微生物在对人类健康影响方面的差异。植物用转基因微生物产品的生产、加工过程主要包括微生物菌种的液体发酵或固体发酵,与肥料基质按一定比例混合,制成液体菌剂或固体菌粉,加入的配料和基质多为加稳定剂和助剂、无机化肥,目的是为了增加菌剂的稳定性,对人畜和环境无害。因此,转基因产品的生产、加工活动对转基因生物安全等级的影响类型为类型 2,不影响转基因生物的安全性。

根据《农业转基因生物安全评价管理办法》第十四条规定,安全等级为Ⅰ的转基因生物,经类型 1 或类型 2 的生产、加工活动而形成的转基因产品,其安全等级仍为Ⅰ。

第四节　动、植物用转基因微生物的安全管理

由于基因工程使基因对生态环境和人类健康可能带来什么样的后果难以预料,目前的科学水平不能精确地预测转基因可能产生的所有表型效应,也很难明确地回答公众对基因工程产品提出的各种各样的安全性问题。为了加强对转基因生物产品的安全管理,世界各国,特别是发达国家对转基因技术及其产业化都极为重视,许多国家制定了相关的法律、法规和条例,以加强管理和控制。

目前,大多数国家对生物技术及其产品的管理模式是:在法律、法规和条例的指导下,由政府有关部门行使管理权。对动物用转基因微生物进行安全性评价,一般将动、植物用转基因微生物分为 4 个安全等级,并且实行分级管理。

一、国外的安全管理

各国政府对基因工程活疫苗的注册和野外释放的审批持慎重态度,对基因重组载体活疫苗的审批更为严格。

风险预防原则、国际合作原则、无害利用原则和谨慎发展原则构成生物安全国际法四项最基本的原则。国际社会在 1980 年就开始了生物安全立法,通过了《生物多样性公约》和《卡塔赫纳生物安全议定书》,对生物安全问题作出了比较全面具体的规定。

　　生物安全国际法一经出现，便在很大程度上推动了各国的生物安全立法的发展。迄今为止，已有数十个国家在生物安全方面开展研究，并陆续制定了有关生物技术实验研究、工业化生产和环境释放等一系列安全准则、条例、法规和法律。

（一）美国

　　美国环境保护局、农业部、食品和药物管理局负责管理控制转基因产品，他们分别适用《联邦杀虫剂、杀菌剂和杀鼠剂条例》、《有毒物质管制条例》、《联邦有害植物条例和植物检疫条例》、《联邦食品、药品和化妆品条例》管理作为农药的转基因生物、作为新型化学品的转基因微生物，行使对农作物和食品的安全管理，行使确保食品和医药产品安全的职责。

　　1997 年 4 月，环境保护局又发布了《生物技术微生物产品准则》和《关于新微生物申请的准备要点》，要求用于商业目的的微生物研究、开发和生产活动均须通报环境保护局，同时还规定了一系列通报制度和一些特定的赦免情形。2002 年 5 月提出的《转基因生物责任法案》（HR4816）针对转基因生物所造成的损害确定相应的责任：转基因生物所造成的负面影响由制造该转基因生物的生物技术公司承担；对于因转基因生物所造成的损害，农民有权获得赔偿；制造转基因生物的生物技术公司不得推卸其责任。

（二）欧盟

　　欧洲共同体做出决策，起草制定欧洲共同体关于转基因生物的单项法律。1990 年欧洲共同体通过《关于封闭使用基因修饰微生物的 90/ 219/EEC 指令》。这是世界上第一个有关管理基因工程实验和转基因生物的区域性专门立法。该指令建立了封闭使用转基因微生物的规范，要求对转基因微生物进行分类，规定使用人必须对基因工程的封闭使用对人类健康和环境的风险事先做出评估，并向主管部门申请微生物基因工程的操作设施的初次使用，在得到批准后方可进行。2005 年 7 月 5 日，欧洲食品安全局转基因科学小组全体会议又通过了转基因微生物及其食品和饲料风险评估指导文件草案。文件中对所有转基因微生物及其试图用于生产食品和饲料的产品按不同审查级别进行风险评估。

（三）日本

　　日本科学技术厅颁布了适用于在封闭设施内重组 DNA 研究的《重组 DNA 实验准则》，要求在实验之前，从事该项工作的研究机构必须依据受体、外源 DNA、载体和转基因生物的特性进行安全评估，并据此选择相应的物理和生物控制等级。《农、林、渔业及食品工业应用重组 DNA 准则》则将转基因微生物的应用划分为 4 个安全性等级，对各等级的应用分别作出了相应的规定，并规定在大规模应用之前应进行应用试验。

　　此外，2000 年瑞士修订《联邦保护法》，规定了经转基因技术的活有机体的产品（如种子、农药、肥料、动物饲料、活疫苗等）使用的基本规则和要求，如通报和批准程序。

二、国内的安全管理

　　我国对转基因生物及其产品的控制和管理是很严格的。2001 年 5 月 23 日，国务院第 304 号令公布了《农业转基因生物安全管理条例》。2002 年 1 月 5 日，农业部同时发布了《农业转基因生物安全评价管理办法》、《农业转基因生物进口安全管理办法》、《农业转基因生物标识管理办法》（农业部令 2002 年第 8、9、10 号）。《农业转基因生物安全评价管理办法》第二章详细规定了评定转基因生物安全等级和安全评价的标准和办法，第三章规定了对转基因生物进行申报和审批的程序和管理办法。

　　研究单位应当按照农业部制定的农业转基因微生物安全评价各阶段的报告或申报要求、安全评价的标准和技术规范，办理报告或申请手续。在实验研究结束后拟转入中间试验的，试验单位应当向农业转基因生物安全管理办公室报告。中间试验结束后拟转入环境释放的，或者在环境释放结束后拟转入生产性试验的，试验单位应当向农业转基因生物安全管理办公室提出申请，经农业转基因生物安全委员会安全评价合格并由农业部批准后，方可根据农业转基因生物安全审批书的要求进行相应的试验。生产性试验结束后，经农业转基因生物安全委员会安全评价合格并由农业部批准后，方可颁发农业转基因生物安全证书。

　　此外，中华人民共和国农业部令第8号《农业转基因生物安全评价管理办法》附录Ⅲ中详细规定了植物和动物用转基因微生物安全评价方法和依据，并规定在中间试验、环境释放和生产性实验及安全证书申报过程中的要求和条件。

（一）植物用转基因微生物各阶段申报要求

1. 中间试验的报告要求　中间试验，系指在控制系统内或者控制条件下进行的小规模试验。报告中间试验一般应当提供以下相关附件资料：目的基因、载体图谱与转基因微生物构建技术路线；受体微生物和转基因微生物的毒理学试验报告或有关文献资料；根据安全性评价的要求提出具体试验设计。

2. 环境释放的申报要求　环境释放，系指在自然条件下采取相应安全措施所进行的中规模的试验。申请环境释放一般应当提供以下相关附件资料：受体菌、转基因微生物的毒理学试验报告或有关文献资料；跟踪监测要求的资料；中间试验阶段安全性评价的总结报告；根据安全性评价的要求提出具体试验设计。

3. 生产性试验的申报要求　生产性试验，系指在生产和应用前进行的较大规模的试验。申请生产性试验一般应当提供以下相关附件资料：检测机构出具的受体微生物、转基因微生物的毒理学试验报告或有关文献资料；环境释放阶段审批书的复印件；跟踪监测要求的资料；中间试验和环境释放阶段安全性评价的总结报告；根据安全性评价的要求提出具体试验设计。

4. 安全证书的申报要求　对于已经完成生产性试验的转基因微生物，才能申请安全证书。申请安全证书一般应当提供以下相关附件资料：中间试验、环境释放、生产性试验阶段安全性评价的总结报告；转基因微生物对人体健康、环境和生态安全影响的综合性评价报告；该类植物用转基因微生物在国内外生产应用的概况；植物用转基因微生物检测、鉴定的方法或技术路线；植物用转基因微生物的长期环境影响监控方法等相关资料。

（二）动物用转基因微生物各阶段申报要求

1. 中间试验的报告要求　报告中间试验一般应当提供以下相关附件资料：试验设计（包括安全评价的主要指标和研究方法等，如转基因微生物的稳定性、竞争性、生存适应能力、外源基因在靶动物体内的表达和消长关系等）。

2. 环境释放的申报要求　申请环境释放一般应当提供中间试验阶段的安全性评价试验总结报告；毒理学试验报告（如急性、亚急性、慢性试验，致突变、致畸变试验等）；试验设计（包括安全评价的主要指标和研究方法等，如转基因微生物的稳定性、竞争性、生存适应能力、外源基因在靶动物体内的表达和消长关系等）。

3. 生产性试验的申报要求　申请生产性试验一般应当提供以下相关附件资料：环境释放阶段审批书的复印件；中间试验和环境释放安全性评价试验的总结报告；食品安全性检测报告（如急性、亚急性、慢性实验，致突变、致畸变实验等毒理学报告）；通过监测，目的基因或动物用转基因微生物向环境中的转移情况报告；试验设计（包括安全评价的主要指标和研究方法等，如转基因微生物的稳定性、竞争性、生存适应能力、外源基因在靶动物体内的表达和消长关系等）。

4. 安全证书的申报要求　申请安全证书的动物用转基因微生物应当经农业部批准进行生产性试验，并在试验结束后方可申请。申请安全证书一般应当提供以下相关附件资料：各试验阶段审批书；各试验阶段安全性评价试验的总结报告；通过监测，目的基因或转基因微生物向环境中转移情况的报告；稳定性、生存竞争性、适应能力等的综合评价报告；对非靶标生物影响的报告；食品安全性检测报告（如急性、亚急性、慢性试验，致突变、致畸变试验等毒理学报告）。

农业部负责农业转基因生物安全的监督管理，建立全国农业转基因生物安全监管和监测体系。发现农业转基因生物对人类、动植物和生态环境存在危险时，农业部有权宣布禁止生产、加工、经营和进口，收回农业转基因生物安全证书，由货主销毁有关存在危险的农业转基因生物。对于违反规定，从事安全等级Ⅲ、Ⅳ的农业转基因生物实验研究或者从事农业转基因生物中间试验，未向农业部报告的；未经批准擅自从事环境释放、生产性试验的；在生产性试验结束后，未取得农业转基因生物安全证书，擅自将农业转基因生物投入生产和应用的，均按照《农业转基因生物安全管理条例》规定处罚。

◆ 思考题

1. 分别从动物、植物用转基因微生物两方面简述受体微生物的安全性评价。
2. 简述对动物用转基因微生物相关基因操作进行的安全性评价。
3. 植物用转基因微生物的安全等级分为哪几种？
4. 什么是基因工程亚单位疫苗？并说明其安全性评价内容。
5. 如何对动物用转基因微生物产品进行安全性评价。
6. 如何对植物用转基因微生物产品进行安全性评价。

第六章　兽用基因工程生物制品的安全性

第一节　兽用基因工程生物制品概况

一、兽用基因工程疫苗的分类

基因工程疫苗是使用 DNA 重组生物技术，把天然的或人工合成的遗传物质定向插入细菌、酵母菌或哺乳动物细胞中，使之充分表达，经纯化后而制得的疫苗。应用基因工程技术能制出不含感染性物质的亚单位疫苗、稳定的减毒疫苗及能预防多种疾病的多价疫苗。根据基因工程疫苗研制的技术路线和疫苗组成的不同，将基因工程疫苗分为以下几类：基因工程亚单位疫苗、重组活载体疫苗、基因缺失疫苗、核酸疫苗、多肽疫苗和转基因植物疫苗。

二、兽用基因工程疫苗的开发与应用

（一）基因工程亚单位疫苗或基因工程蛋白质疫苗

此类疫苗是利用基因工程的方法将病原微生物的主要免疫原在异源宿主细胞内表达后制备而成。20 世纪 70 年代，寄生虫学家 Odile Puijalon 在世界上率先进行了大肠杆菌表达外源基因的试验，从此揭开了以基因重组方法表达和制备蛋白质的序幕。世界上第一个基因重组蛋白质疫苗是乙肝表面抗原疫苗，该苗自 20 世纪 80 年代开始使用以来，在乙肝的免疫预防方面发挥了重要的作用。到目前为止，亚单位疫苗或基因工程蛋白质疫苗仍然是疫苗发展的主要方向。主要原因在于：首先，大规模生产蛋白质的生物反应器（如大肠杆菌、蚕细胞和酵母细胞等）和生产工艺（包括蛋白质提纯技术）都很成熟。其次，安全性可靠，绝大多数蛋白质对机体不存在感染和其他致病作用，安全性明显高于弱毒疫苗和 DNA 重组质粒疫苗。

基因工程蛋白质生产的生物反应器主要有细菌、蚕细胞及酵母细胞（毕赤酵母菌 *Pichia pastoris* 和酿酒酵母菌 *Saccharomyces cerevisiae*）和其他真核细胞。这几种生物反应器各有其优点和局限性。细菌尤其是大肠杆菌的培养方法最简单，需要的试验条件最少，几乎在任何具备摇床和培养瓶的实验室都可以进行重组蛋白质表达的试验。但是大肠杆菌表达重组蛋白质主要存在以下几个问题有待解决。

1. 重组蛋白质的分子结构与原始蛋白质的结构存在差异　虽然用于大肠杆菌的表达质粒很多，但目前大肠杆菌表达质粒的启动子多采用 *Lac*、*trp*、*pl*、*recA*、*tacT* 和 T7 等几种。这些启动子都是较强的启动子，因而蛋白质表达的过程多为高效表达。但是大量的重组蛋白质在细胞质内表达后，由于细胞质的还原环境及缺少足够的折叠辅助蛋白质（如 chaprone），往往造成表达后的处理（尤其是二硫键的形成）过程无法完成，导致大量半折叠或

没有形成最终结构的多肽在细胞质内集聚，进而形成包涵体。尽管有些蛋白质经包涵体提纯后仍可再复性形成正确的结构，但很多蛋白质不能回复到原始结构。因而，应该避免用大肠杆菌表达含有过多疏水氨基酸和半胱氨酸的蛋白质（如膜蛋白）。为了减缓高效表达过程，可降低培养的温度，因为处于对数生长期的大肠杆菌在 37 ℃ 的环境中每隔 20min 就分裂 1 次，而在 16～20℃ 的环境状态下其繁殖速度就很慢，主要是由于细菌内的各种蛋白质的合成过程都变得比较缓慢，蛋白质产量虽然降低了，但所表达的蛋白质多成可溶性状态。这种方法需要可调控温度的特殊培养装置，如低温摇床或可控制温度的培养发酵罐。减缓高效表达的另一个方法是在培养基内的细菌达到对数生长期后再启动表达过程。随着培养基中营养成分的减少和代谢物的增加，处于对数生长后期的细菌的繁殖过程和细胞内的蛋白质合成速度都减慢，这时启动表达过程有利于对表达后蛋白质的折叠处理。该方法的一个缺点是培养基中的有些氨基酸的含量可能很低，氨基酸缺乏往往是造成核糖体提前从 mRNA 模板上脱离下来的一个主要原因，从而导致所提纯的重组蛋白质的分子质量大小不一（经 SDS - PAGE 分析发现有很多的条带）。

2. 有些异源蛋白质对大肠杆菌还有毒害作用，高效表达后会导致细菌过早停止繁殖甚至死亡　尽管革兰氏阴性菌（大肠杆菌）可以将表达的蛋白质输送到细胞膜和细胞壁之间，但重组蛋白质仍不能被分泌到细胞外。

3. 很多生物的密码子序列组成与细菌的密码子存在差异　各种生物体在进化过程中都形成了各自的密码子序列的特征。编码同一氨基酸的密码子在不同物种间可能有所区别。另外一些生物的 DNA 序列富含 C/ G 碱基（如弓形虫）或 A/ T 碱基（如恶性疟原虫），大肠杆菌的基因组序列中 4 种碱基的组成却趋于平衡。因而，在将目的基因克隆到表达载体之前需要对该基因序列进行优化（sequence optimization），使该序列更接近大肠杆菌的密码子组成。

4. 大肠杆菌表达的重组蛋白质不能用于检测 T 细胞免疫应答反应　这主要是由于 T 细胞对重组蛋白质中的非特异成分（如来自大肠杆菌等的 LPS 和细菌本身的蛋白质）非常敏感。这是目前检测 T 细胞免疫应答反应都使用合成肽的原因之一。

除了大肠杆菌表达系统外，目前重组蛋白质表达系统还有乳酸菌、酵母细胞和蚕细胞等。乳酸菌表达系统的优点是蛋白质表达过程可通过 pH 调节，不再需要向培养基中加入类似异丙基-β-D-硫化半乳糖苷（IPTG）的诱导物，既简化了操作程序又降低了成本。此外，乳酸菌的一个重要特点是可以将重组蛋白质分泌到细胞外（即细菌培养基内），因而非常适合表达对大肠杆菌有毒性作用的蛋白质。一般情况下，凡是能被分泌到细胞外的蛋白质都具有正确的分子结构。此外，大肠杆菌和乳酸菌的一个共同优点是这些细菌都没有对表达的蛋白质进行糖基化的反应系统。因而，所表达的蛋白质没有任何化学修饰，便于对重组蛋白质进行结构和功能的分析。

蚕细胞和酵母细胞是目前应用最为广泛的真核细胞表达系统。由于这些细胞具备完整的蛋白质组装和修饰系统，所表达的重组蛋白质的结构多接近于原始蛋白质。此外，对这两种细胞进行悬浮高密度培养，其蛋白质的产量和纯度均高于大肠杆菌表达方法。用于人的蛋白质疫苗多由这两种细胞表达的蛋白质制备而成。但是，由于这两种细胞都具备完整的表达后修饰过程，因此再进行基因克隆时必须先将所要表达的蛋白质序列中的糖基化位点突变成非糖基化位点。

总之，不论原核生物表达系统还是真核生物表达系统，只有重组蛋白质的结构与原始蛋白质的结构一致时，其所引起的免疫学反应才能对病原发挥免疫抑制作用。此外，外源性抗原（如蛋白质类疫苗）在机体内主要是通过 MHC Ⅱ途径递呈给免疫应答系统的，所激发的免疫应答多趋向于体液免疫应答，而且需要很强的免疫佐剂。

（二）DNA 核酸疫苗

在发现直接注射含有抗原基因的 DNA 表达质粒也能获得特异性的抗感染免疫后，各种 DNA 疫苗和虫苗的研究快速发展起来，且在以小鼠为模型的免疫及功能试验中都取得了令人振奋的保护效果。很多人认为，DNA 疫苗可以解决疫苗研究过程中存在的很多问题，如免疫原性低，疫苗成分稳定性差，需要冷藏保存环境及成本过高等。然而，经过近 20 多年来的探索，人们逐渐认识到 DNA 质粒疫苗的免疫原性还远不如蛋白质和重组病毒疫苗。其中的一个关键技术问题是纯净的 DNA 分子不能主动进入细胞，而且质粒 DNA 必须从细胞质传输到细胞核内才能被转录成 mRNA，进而进行表达。因为在正常的高等生物的生命活动过程中并不存在质粒 DNA 的主动传输过程。

目前 DNA 质粒疫苗具有用量大（多在毫克水平）、表达时间短及免疫原性低等特点。尽管人们对 DNA 疫苗免疫原性的研究还在进行大量的投入，在取得关键性技术突破之前，DNA 质粒型疫苗（包括虫苗）还不能取代蛋白质和重组病毒类疫苗。

目前提高 DNA 质粒疫苗的免疫原性的尝试有：

（1）在编码抗原基因的上游插入可复制 mRNA 的 RNA 复制酶，以增加 mRNA 和蛋白质的转录及其表达量。目前的 DNA 质粒疫苗多采用 CMV（cytomega virus）启动子，尽管该启动子具有很弱的种属特异性，但有人认为 CMV 易引起转化细胞过早地产生干扰素（interferon，IFN）和肿瘤坏死因子（tumor necrosis factor，TNF）应答反应，进而导致细胞的凋亡。为了解决这一问题，可用非病毒性启动子取代 CMV 启动子，同时在抗原基因的上游插入一个编码 RNA 复制酶（RNA replicase）的基因。RNA 复制酶可在细胞质内将编码抗原的 mRNA 复制 100 万倍以上，进而增加了目的抗原的表达量。

（2）在抗原基因的下游插入编码细胞因子（如 IL1、IL12 等）的基因，通过细胞因子的非特异性免疫激活作用增强机体的应答反应。

（3）增强细胞转染效率。将 DNA 与脂类化合物混合制成脂质体及用基因枪的方法取代常规注射的方法。

（4）以 prime-boost 法加强体液或细胞免疫应答反应。由于外源基因是在免疫的动物或人体内表达后再递呈给免疫系统的，所以抗原决定簇既可以通过 MHC Ⅰ途径，又可以通过 MHC Ⅱ途径递呈给免疫系统。但大量的免疫试验证实 DNA 类疫苗多以激发机体产生 T 细胞介导的细胞免疫应答为主。但是也可以根据需要，通过不同的加强免疫方式引导机体以体液免疫或细胞免疫为主。例如，用重组 DNA 质粒作初始免疫原，再用含有相同基因的重组痘病毒加强免疫，所获得的免疫应答反应主要是细胞免疫应答。要达到体液免疫为主的目的，可先用重组 DNA 质粒或重组病毒作为初始免疫原，再用蛋白质抗原加强免疫。

（5）改变质粒 DNA 的非编码区，增加有利于体液或细胞免疫应答反应的 CpG 决定簇。CpG 决定簇主要是指在细菌 DNA 中那些没有甲基化的 CpG 序列，高等生物在进化过程中形成了识别这些序列的先天性免疫反应系统。非甲基化的 CpG 可激发免疫系统（单核细胞、树突状细胞）分泌有利于体液或细胞免疫反应的细胞因子。根据序列组成的不同，有些 CpG 决定簇以激发体液免疫应答反应为主，有些 CpG 决定簇以激发细胞免疫应答反应为主。此外，不同种动物识别的 CpG 决定簇的序列也有所差异，如对小鼠有很强作用的CpG 决定簇对人和其他高等哺乳动物的免疫刺激却很弱。因而，不同种类的动物可能需要设计不同的 CpG 决定簇作为免疫增强剂。

（三）重组活载体疫苗

以病毒作为载体制备活载体疫苗是当前疫苗研究的另一主流发展趋势。首先，病毒是生命进化过程中的最初等生物之一，高等生物体内具有识别病毒成分（蛋白质和核酸）的完整的先天免疫机制。很多病毒的结构蛋白质成分就是很好的免疫增强佐剂，因而对病毒的免疫应答反应往往迅速有效。其次，病毒可主动将基因（包括 RNA）传输到细胞内，因而不存在 DNA 质粒疫苗的细胞膜屏障问题。外源基因在细胞内的表达量往往是 DNA 质粒的数万倍。目前，抗疟疾和 HIV 的重组痘病毒和腺病毒疫苗都已进入了 II 期临床试验。

1. 重组 DNA 病毒疫苗　重组 DNA 病毒疫苗主要是将抗原基因克隆到经过遗传学修饰的痘苗病毒和腺病毒载体上而制备的重组 DNA 病毒疫苗。由于痘苗病毒在消灭天花病毒的免疫预防过程中发挥了决定性和高效的免疫激活作用，人们随后开始利用痘苗病毒作为载体进行其他传染病的预防。痘苗病毒的基因组在 180 kb 以上，编码 200 多个功能蛋白质。在将一种痘苗病毒作为载体制备重组病毒之前，首先需要将病毒基因组内的与毒力有关的基因剔除。在分子生物学方法诞生之前，人们主要是通过反复的细胞传代的方法使病毒丢失一些基因。如今可以采用基因敲除的方法将一些基因定点敲除。一般认为痘苗病毒有 18 个与其致病力有关的基因。

由于痘苗病毒的基因组较大，重组病毒可容纳单一或多个外源抗原基因。外源基因的克隆都是通过基因重组的方式进行的，即将含有外源基因的质粒转染痘苗病毒感染的细胞，再通过缺失选择（negative selection）的方法，筛选重组病毒。作为疫苗载体，痘苗病毒具有两个缺点，一是病毒的结构复杂，接种后必然刺激机体产生非相关性抗病毒免疫反应，从而稀释了特异性的免疫反应；二是不能保证重组病毒的安全性。因而，重组病毒疫苗对有些个体（如 HIV 感染者）并不一定很安全。目前比较常用的 MVA 病毒（modified vaccinia virus Ankara）是毒力最弱的一种疫苗载体，此外还有 NYVAC（New York vaccinia）。为进一步避免交叉免疫反应，还有人采用动物病毒（如禽病毒）作为人用疫苗的载体。目前由重组痘病毒作为载体进行的疫苗试验有很多种，其中包括狂犬病疫苗、HIV 疫苗、疟疾疫苗、结核病疫苗等。

重组腺病毒是最先被用来作为基因治疗的载体，由于各种原因，以腺病毒作为载体在基因治疗方面一直没有取得重要突破。该种病毒具有感染分裂和非分裂细胞的特性，更适合作为疫苗的载体。腺病毒共用 50 多个血清型，基因组在 34～43kb 之间。目前应用较多的疫苗载体多是将 E1 基因删除的变异型。重组的病毒载体可容纳 1.8～3.5kb 的外源基因。重组腺病毒载体的一个最大缺点是自然存在的抗病毒免疫，尤其是机体内的抗腺病毒中和抗体，是抑制疫苗发挥作用的重要因素。

除了上述痘病毒和腺病毒载体疫苗以外，目前作为疫苗载体的病毒还有弱毒麻疹病毒、弱毒流感病毒及黄热病病毒等。这些病毒的免疫原性很高，多可达到"一针见效"的免疫效果，且生产上具有成熟的 GMP 设备，相信未来有愈来愈多重组疫苗会选择这些病毒作为载体。

2. 重组 RNA 病毒疫苗　与重组 DNA 病毒疫苗相比，尽管以 SFV 和 VSV 为代表的重组 RNA 疫苗的免疫保护效果非常可观（如抗 Ebola 和 Marbo 病毒疫苗等），但还停留在动物模型的试验阶段。SFV 疫苗载体是根据从非洲乌干达分离到的 Semliki 森林病毒（Semliki forest virus，SFV）改造而成。SFV 病毒是一种正链 RNA 病毒，其基因组只有 12kb，编码 RNA 复制酶（RNA replicase）和病毒结构基因（主要编码病毒表面的棘蛋白和膜蛋白）。

由于该病毒基因组结构简单，因而很容易将外源基因克隆到病毒基因组内。SFV 重组疫苗的制备方法是将抗原基因完全取代病毒的结构基因，再将病毒的两个结构基因分别克隆到另外两个表达载体上。将上述 3 个重组质粒同时转染真核细胞，3 个质粒在细胞内同时转录并表达。由于 RNA 复制酶的活性，使转录的 3 种 RNA 在细胞内大量扩增并表达。表达的两个结构蛋白质能识别含有 RNA 复制酶和抗原基因的 mRNA，并将其包装成只含有该 mRNA 的假病毒颗粒。用这种假病毒颗粒免疫后，使编码抗原的 mRNA 在细胞内大量复制并表达，但不能再包装成新的表达颗粒。因而该系统的生物安全性高于其他 DNA 疫苗系统。此外，由于 RNA 复制酶和大量抗原的表达，细胞的其他自身蛋白质合成系统都被关闭，在抗原被表达 20h 以后，被感染的细胞开始进入细胞凋亡的过程（这是 SFV 疫苗被称作自杀疫苗的主要原因）。抗原合成细胞凋亡后很快被巨噬细胞吞噬，因而非常有利于将抗原决定簇递呈给免疫系统。

根据水疱性口炎病毒（vesicular stomatitis virus，VSV）构建的重组疫苗载体在很多传染病的免疫试验中都取得了较 SFV 系统更好的效果。VSV 是弹状病毒属的一种 RNA 病毒，其基因组含有一条 11kb 的负链 RNA，编码 4 种内部结构蛋白，包括核蛋白（N）、磷酸蛋白（P）、基质蛋白（M）和病毒聚合酶（L）。

此外，还编码一种跨膜糖蛋白（G）。重组的病毒载体是在病毒结构基因的上游插入 T7 噬菌体启动子，可将抗原基因克隆到 G 和 L 之间（ Xho1 和 Nhe1 酶切位点），抗原蛋白在病毒表面表达。VSV 重组疫苗的优点是重组病毒易于获得，并且滴度高。免疫后重组病毒在机体内可繁殖几个周期，而不造成病理反应，但能激发机体产生很强的免疫应答反应。

但这两类疫苗在短期内还不能在人体上进行免疫试验，主要是因为 SFV 疫苗的 GMP 生产系统还没有解决，而 VSV 疫苗在人体上的安全性还是人们关注的重要因素。重组基因工程病毒疫苗的一个主要技术问题是如何避开先天或后天的抗病毒免疫。

（四）重组活细菌类疫苗

早在 1884 年人类就尝试了用弱毒伤寒菌免疫的可行性。起初的活菌疫苗如 BCG 和弱毒伤寒菌疫苗都是利用弱毒活菌免疫后产生对该病原菌的特异性免疫反应。近年来，随着分子生物学技术的不断成熟，人们开始利用弱毒菌或无毒菌作为载体（vaccine vehicle）制备多价免疫或治疗性疫苗。目前用于研制活疫苗的细菌主要有两类：第一类是弱毒菌，主要有牛结核杆菌 BCG（Mycobacterium bovis BCG）、减毒沙门氏菌（Salmonella typhimurium）、单核细胞增生李斯特菌（Listeria monocytogenes）、福氏霍乱弧菌（Vibrio cholerae）和福氏志贺氏菌（Shigella flexneri）等。利用这些弱毒或减毒菌所制备的疫苗具有很多的优越性，首先，活菌免疫多经口腔、鼻腔或其他黏膜途径接种，免疫的途径更接近于自然感染过程，在操作上较其他种疫苗更容易进行。其次，在免疫过程中不需要非常专业的技术人员，操作程序简单而经济。缺点是有些弱毒菌有可能重新恢复毒力。此外，这类疫苗不适于对免疫功能低下的人群（如艾滋病患者、器官移植病人和接受放疗或化疗的病人）使用。第二类是食用有益菌类，主要有乳酸球菌、芽胞乳酸杆菌和高氏链球菌等。这类细菌的优点是对人和动物没有任何危害，多年来一直用于制备各种食品（如奶酪等）。此外，这些细菌具有完整的分泌系统，可以将所表达的蛋白质分泌到细胞外，因而可以将这类细菌开发成预防和治疗兼备的生物反应器，如将具有分泌单链抗体功能的细菌接种到肠道或生殖道，可以达到治疗和预防特殊疾病感染的目的。这类疫苗的缺点是免疫原性较低，主要是由于食源性细菌的抗原递呈功能较弱。口服用疫苗的另外一个缺点是重组细菌可能会不断地经消化道排放到自然环境。可导致自然环境中基因（耐药基因和抗原基因）的污染。这也是目前还没有一种活菌疫苗被正式批准使用的一个主要原因。随着分子生物学技术的不断完善，制备出不具有耐药性基因，甚至在离开机体就失去活力的重组细菌必将使这个问题得以解决。

基因工程重组疫苗作为现代分子生物学和分子免疫学的一个主要发展方向，在各种疾病的免疫预防方面发挥越来越大的作用。虽然抗寄生虫虫苗的发展速度还落后于细菌和病毒疫苗的发展速度，但随着各种寄生虫基因组序列的测定以及新的免疫技术的不断出现，相信会研制出更多的抗寄生虫虫苗并在控制危害较为严重的寄生虫病（如疟疾、血吸虫病等）方面发挥重大的作用。

第二节　兽用基因工程生物制品的安全性

兽用基因工程生物制品近年来在养殖行业中的应用已经越来越广泛，但是在其应用过程中，应始终关注着它的安全性问题。因为其直接关系着动物健康，甚至人类的健康问题。因此，一种新的兽用基因工程生物制品要应用于临床，其安全性一定是最先要考虑到的问题。

在对动物使用一种新的兽用基因工程生物制品之前，首先要考虑这种制品是否对使用动物具有毒性，当在确认其无毒害作用之后，进一步考虑它的使用是否会具有致癌的可能性。兽用基因工程生物制品是介于生物治疗剂与基因治疗剂产品之间的产品。外源基因导入后，有可能激活内源性原癌基因，或者使宿主抗癌基因失活，这一可能性不应忽视。例如，在目前检查的1 800余种核酸疫苗中，虽然没有发现外源基因与宿主染色体整合的证据，但核酸疫苗在真正应用于动物机体之前，这个问题必须加以解决，若核酸疫苗 DNA 与宿主染色体发生整合，可能会发生难以预料的严重后果。兽用基因工程生物制品的使用还有可能产生抗 DNA 抗体。目前对于抗 DNA 抗体的产生原因有两种观点：一是由淋巴细胞增生而产生，二是抗原特异性选择引起淋巴细胞活化而产生。这两种观点均有证据支持。在小鼠实验中核酸疫苗可诱导产生单股 DNA（ssDNA）抗体，但产生的抗天然双股 DNA（dsDNA）抗体常与载体结合，而不是原来的 DNA 抗体。因此，接种质粒 DNA 似乎不太可能产生抗 DNA 抗体和自身免疫疾病，但也不能完全排除这种可能性。持续表达外源抗原可能产生不良后果。从理论上讲，外来抗原表达的时间越长，产生不良后果的可能性越大，不良后果包括：产生耐受性、自动免疫、过敏反应、超免反应等。另外还有两个不容忽视的后果：一是持续低水平表达的抗原可能会被血中的抗体清除，不能引起足够的免疫应答；二是持续高水平表达外来抗原，可能诱导机体产生超免反应，最终导致机体免疫抑制而易感染其他病原体。

目前基因疫苗的研究绝大多数都是集中在对 DNA 疫苗的研究上，RNA 疫苗的研究近几年才出现。由于 RNA 具有不会整合到宿主细胞染色体中、只产生编码蛋白的优点，所以人们也开始了对其开发研究，已出现了有关肿瘤 RNA 疫苗的研究报道。随着研究的深入，也有希望得到新的发展。它们的安全性也会得到进一步的改善和提高。以下就从几个不同的方面对兽用基因工程生物制品的安全性进行简单的介绍。

一、受体细胞的安全性

受体细胞也称宿主细胞，即指用于制备基因工程生物制品的表达系统，具体可分原核表达系统和真核表达系统两大类。随着分子生物学研究的不断深入，基因表达技术也有了很大的提高。迄今为止，已经研究开发出了多种原核表达系统和真核表达系统。例如，原核生物表达体系中的大肠杆菌表达系统、枯草芽孢杆菌表达系统、链霉菌表达系统等，其中大肠杆菌表达系统被广泛应用。真核生物表达系统比较复杂一些，包括酵母表达系统、昆虫细胞表达系统、哺乳动物细胞表达系统等。这些外源基因表达系统在基因表达量、表达产物的分离纯化及活性、成本等方面各有优缺点，同样在安全性方面也有着不同的表现。

在选择受体细胞时应重点考虑以下几点：①安全性高，不会对外界环境造成生物污染；②便于重组 DNA 分子的导入；③便于筛选克隆子；④能使重组 DNA 分子在其细胞内稳定维持；⑤适合于外源基因的高效表达和表达产物的分泌或积累；⑥具有较好的翻译后加工机制，便于真核生物目的基因的高效表达；⑦对遗传密码的应用上无明显偏倚性；⑧遗传性稳定，易于扩大培养或发酵；⑨在理论研究或生产实践上有较高的应用价值。而在上述 9 个条件中，受体细胞表达的安全性是首要考虑的条件，只有证明受体细胞表达的产物是没有毒性、没有潜在的致癌性、没有其他病原体的污染、遗传背景较为明确，这样才可以考虑其能否成为受体细胞的其他几个条件。

（一）原核生物表达系统

原核表达系统是基因工程技术中最早使用的表达系统，也是目前掌握最为成熟的表达系统。该项技术主要是将已克隆目的基因片段的载体转化细菌，通过诱导表达、纯化获得所需的目的蛋白。由于细菌培养操作简单、生长繁殖快、价格低廉，外源基因表达产物的水平高，基因背景和表达特性清楚等因素，使得细菌表达系统成为最受欢迎的异源蛋白表达系统之一。此表达系统中最为常用的是大肠杆菌和枯草芽孢杆菌。

1. 大肠杆菌表达系统 大肠埃希氏菌（*E.coli*）通常称为大肠杆菌，是 Escherich 在 1885 年发现的，在相当长的一段时间内，一直被当作正常肠道菌群的组成部分，认为是非致病菌。

直到 20 世纪中叶，才认识到一些特殊血清型的大肠杆菌对人和动物有病原性，尤其对婴儿和幼畜（禽），常引起严重腹泻和败血症。大肠杆菌是一种普通的原核生物，是人类和大多数温血动物肠道中的正常菌群，但也有某些血清型的大肠杆菌可引起不同症状的腹泻，根据不同的生物学特性将致病性大肠杆菌分为 5 类：致病性大肠杆菌（EPEC）、肠产毒性大肠杆菌（ETEC）、肠侵袭性大肠杆菌（EIEC）、肠出血性大肠杆菌（EHEC）和肠黏附性大肠杆菌（EAEC）。大肠杆菌是研究微生物遗传的重要材料，如局限性转导就是 1954 年在大肠杆菌 K12 菌株中发现的。莱德伯格（Lederberg）采用两株大肠杆菌的营养缺陷型进行实验，奠定了细菌接合方法学和基因工程的研究基础。

大肠杆菌表达系统是基因表达技术中发展最早，目前应用最广泛的经典表达系统。由于其具有培养条件简单、生长繁殖快、安全性好、可以高效表达不同外源基因产物等特点，因此是许多外源基因表达系统中最好的一种，是目前研究最深入、发展也最完善的表达系统。与其他表达系统相比，大肠杆菌表达系统具有遗传背景清楚、目的基因表达水平高、培养周期短、抗污染能力强等特点，在基因表达技术中占有重要的地位，是分子生物学研究和生物技术产业化发展进程中的重要工具。

2. 枯草芽孢杆菌表达系统 枯草芽孢杆菌即枯草杆菌，是芽孢杆菌属的一种。

枯草芽孢杆菌单个细胞 $0.7\sim0.8\mu m\times2\sim3\mu m$，着色均匀。无荚膜，周生鞭毛，能运动。革兰氏阳性菌，芽孢 $0.6\sim0.9\mu m\times1.0\sim1.5\mu m$，椭圆到柱状，位于菌体中央或稍偏，芽孢形成后菌体不膨大。需氧菌。可利用蛋白质、多种糖及淀粉，分解色氨酸形成吲哚。有的菌株是 α 淀粉酶和中性蛋白酶的重要生产菌；有的菌株具有强烈降解核苷酸的酶系，故常作选育核苷生产菌的亲株或制取 5′-核苷酸酶的菌种。在遗传学研究中应用广泛，对此菌的嘌呤核苷酸的合成途径与其调节机制研究较清楚。广泛分布在土壤及腐败的有机物中，易在枯草浸汁中繁殖，故名枯草芽孢杆菌。枯草芽孢杆菌有一个得到很好开发的分泌系统，重组蛋白质常常能以可溶的活性形式高产量地分泌到培养基中。但由于枯草芽孢杆菌同时也分泌一些蛋白酶，它们有很强的降解活性，因此这一点也就必然不会具有吸引力。另外，可用的载体相当有限，极少有蛋白质在枯草芽孢杆菌中的表达高于在大肠杆菌中的表达。

在基因工程应用的安全性方面，枯草芽孢杆菌是一类好氧型、内生抗逆孢子的杆状细菌，自身没有致病性，只具有单层细胞外膜，能直接将许多蛋白分泌到培养基中。在营养缺乏的条件下，枯草芽孢杆菌停止生长，但同时加快代谢作用，产生多种大分子的水解酶和抗生素，并诱导自身的能动性和趋化性，从而恢复生长。在极端的条件下，还可以诱导产生抗逆性很强的内源孢子。枯草芽孢杆菌作为革兰氏阳性细菌的典型代表，对于其生理、生化、遗传及分子生物学的研究已有 40 多年的历史。近年来，随着分子生物学和基因工程的发展，枯草芽孢杆菌作为基因工程表达系统发展迅速，并展现出良好的应用前景。

（二）真核生物表达系统

原核生物表达系统的优点在于能够在较短时间内获得基因表达产物，而且所需的成本相对比较低廉。但与此同时原核表达系统还存在许多难以克服的缺点：如目的蛋白常以包涵体形式表达，导致产物纯化困难；原核表达系统翻译后加工修饰体系不完善，表达产物的生物活性较低。因此，利用真核表达系统来表达目的蛋白越来越受到重视。目前，基因工程研究中常用的真核表达系统有酵母表达系统、昆虫细胞表达系统和哺乳动物细胞表达系统。

1. 酵母表达系统　酵母菌是一类低等真核生物，它既有类似原核生物的生长特性，又有一般真核生物的分子和细胞生物学特性。它是很大的一个群体，据最新报道，至少包括 80 个属 700 种 10 000 多个独立菌种。

酵母系统表达外源基因的优点在于：①酵母长期广泛应用于酿酒和食品工业，不会产生毒素，安全性可靠；②酵母是真核生物，能进行一些表达产物的加工，有利于保持生物产品的活性和稳定性；③外源基因在酵母中能分泌表达，表达产物分泌至胞外不仅有利于纯化，而且避免了产物在胞内大量蓄积对细胞的不利影响；④遗传背景清楚，容易进行遗传操作；⑤较为完善的表达控制系统，如 PMA1 和 PDR5 等强启动子可以介导目的蛋白高水平表达，表达蛋白的丰度可以达到膜蛋白的 10%，此外，采用诱导表达启动子可以在时间上严格控制目的蛋白的表达，如 GAL1 - 10（半乳糖诱导）、PH05（胞外无机磷诱导）和 HSE（37℃温度诱导）；⑥生长繁殖迅速，培养周期短，工艺简单，生产成本低。酵母菌用于真核基因的表达、分析，既具有原核生物表达系统生长迅速、操作简单、价格便宜等优点，又具有类似哺乳动物细胞的翻译后修饰过程，因而特别适用于大量生产真核重组蛋白，正是由于有这些优点，使酵母功能基因组的研究得以走在生物功能基因组研究的前列，是应用最为普遍的真核表达系统之一。

最早应用于基因工程的酵母是酿酒酵母，后来人们又相继开发了裂殖酵母、克鲁维酸酵母、甲醇酵母等，其中，甲醇酵母表达系统是目前应用最广泛的酵母表达系统。目前甲醇酵母主要有 H Polymorpha，Candida Bodini，Pichia Pastoris 3 种，以 Pichia Pastoris 应用最多。

目前，将质粒载体转入酵母菌的方法主要有原生质体转化法、电击法及氯化锂法等。甲醇酵母一般先在含甘油的培养基中生长，培养至高浓度，再以甲醇为碳源，诱导表达外源蛋白，这样可以大大提高表达产量。利用甲醇酵母表达外源性蛋白质其产量往往可达克级。与酿酒酵母相比其翻译后的加工更接近哺乳动物细胞，不会发生超糖基化。甲醇是高毒性、高危险性化工产品，使得实验操作过程中存在不小的危险性，且不宜于食品等的蛋白生产。

酵母表达系统作为一种后起的外源蛋白表达系统，由于兼具原核以及真核表达系统的优点，正在基因工程领域中得到日益广泛的应用。

2. 昆虫细胞表达系统 昆虫细胞表达系统即利用昆虫细胞表达目的蛋白。杆状病毒表达系统是目前应用最广的昆虫细胞表达系统，该系统通常采用苜蓿银纹夜蛾核型多角体病毒（AcNPV）作为表达载体。在 AcNPV 感染昆虫细胞的后期，核多角体基因可编码产生多角体蛋白，该蛋白包裹病毒颗粒可形成包涵体。核多角体基因启动子具有极强的启动蛋白表达能力，故常被用来构建杆状病毒传递质粒。克隆入外源基因的传递质粒与野生型 AcNPV 共转染昆虫细胞后可发生同源重组，重组后多角体基因被破坏，因而在感染细胞中不能形成包涵体，利用这一特点可挑选出含重组杆状病毒的昆虫细胞，但效率比较低，且载体构建时间长，一般需要 4~6 周。此外，昆虫细胞不能表达带有完整 N 联聚糖的真核糖蛋白。

一般情况下杆状病毒表达系统所能表达的外源蛋白只有少部分是分泌性的，大部分为非分泌性。为了解决这个问题将 Hsp70（热休克蛋白 70）与外源蛋白共表达可明显提高重组蛋白的分泌水平，这是因为分泌性多肽被翻译后必须到达内质网进行加工才能被分泌至胞外。

杆状病毒-S2 表达系统是将重组杆状病毒转染果蝇 S2 细胞。杆状病毒-S2 表达系统的表达载体利用的是果蝇启动子，如 Hsp70 启动子、肌动蛋白 5C 启动子、金属硫蛋白基因启动子等，其中，Hsp70 启动子的作用最强。重组杆状病毒感染 S2 细胞后不会引起宿主细胞的裂解，且蛋白表达水平与鳞翅目细胞相似，因此，杆状病毒-S2 系统是一个很有应用前景的昆虫细胞表达系统。昆虫细胞表达系统，特别是杆状病毒表达系统由于其操作安全，表达量高，目前与酵母表达系统一样被广泛应用于基因工程的各个领域中。

3. 哺乳动物细胞表达系统 由哺乳动物细胞翻译后再加工修饰产生的外源蛋白质，在活性方面远胜于原核表达系统及酵母、昆虫细胞等真核表达系统，更接近于天然蛋白质。哺乳动物细胞表达载体包含原核序列、启动子、增强子、选择标记基因、终止子和多聚核苷酸信号等。

将外源基因导入哺乳动物细胞主要通过两类方法：一是感染性病毒颗粒感染宿主细胞，二是通过脂质体法、显微注射法、磷酸钙共沉淀法及 DEAE-葡聚糖法等非病毒载体的方式将基因导入到细胞中。外源基因的体外表达一般采用质粒表达载体，如将重组质粒导入 CHO 细胞可建立高效稳定的表达系统，而利用 COS 细胞可建立瞬时表达系统。目前，病毒载体已成为动物体内表达外源基因的有力工具，在临床基因治疗的探索中也发挥了重要作用。痘苗病毒由于其基因的分子质量相当大，利用它作为载体可同时插入几种外源基因，从而构建多价疫苗。另外，逆转录病毒感染效率高，某些难转染的细胞系也可通过其导入外源基因，但要注意的是逆转录病毒可整合入宿主细胞染色体，具有潜在的危险性。

外源蛋白的表达会对哺乳动物细胞产生不利影响，因此利用哺乳动物细胞表达外源基因时，一个主要问题便是外源基因不能持久稳定地表达。

哺乳动物细胞表达系统常用的宿主细胞有 CHO、COS、BHK、SP2/0、NIH3T3 等，不同的宿主细胞对蛋白表达水平和蛋白的糖基化有不同的影响，因此在选择宿主细胞时应根据具体情况而定。

二、基因操作的安全性

基因操作技术，又称重组 DNA 技术，或称基因工程。在体外将不同来源的 DNA 分子重新组合，并使之在宿主细胞中增殖和表达。基因操作主要包括以下 4 个方面的操作：目的基因的获取、载体的选择与制备、基因的重组和基因的转化与表达。对于基因操作的安全性有如下要求。

(一) 基因的分子特征

从基因水平、转录水平和翻译水平，考察外源插入片段的整合和表达情况。

1. 表达载体相关资料

(1) 目的基因与载体构建的物理图谱。需要详细注明表达载体的名称和来源，包括所有元件名称、位置和酶切位点。对于载体本身的安全性要考虑。载体首先应对外界环境没有危害性。

(2) 目的基因。详细描述目的基因的供体生物、结构（包括基因中的酶切位点）、功能和安全性。

①供体生物：如 *HA* 基因来源高致病性禽流感××毒株。

②结构：完整的 DNA 序列和推导的氨基酸序列。

③功能：生物学性状，如血凝素特性。

④安全性：从供体生物特性、安全使用历史、基因结构、功能及有关安全性试验数据等方面综合评价目的基因的安全性。

(3) 表达载体其他主要元件。

①启动子：供体生物来源、大小、DNA 序列（或文献）、功能、安全应用记录。

②终止子：供体生物来源、大小、DNA 序列（或文献）、功能、安全应用记录。

③标记基因：供体生物来源、大小、DNA 序列（或文献）、功能、安全应用记录。

④报告基因：供体生物来源、大小、DNA 序列（或文献）、功能、安全应用记录。

⑤其他表达调控序列：来源（如人工合成或供体生物名称）、名称、大小、DNA 序列（或文献）、功能、安全应用记录。

2. 目的基因在表达系统中的整合情况 采用 PCR、Southern 杂交等方法，分析外源插入片段在表达系统中的整合情况，包括目的基因和标记基因的拷贝数、标记基因或其他调控序列删除情况、整合位点等。

(1) 外源插入片段的 PCR 检测。片段名称、引物序列、扩增产物长度、PCR 条件、扩增产物电泳图谱（含图题、分子质量标准、阴性对照、阳性对照、泳道标注）。

(2) 外源插入片段的全长 DNA 序列。实际插入表达系统的全长 DNA 序列和插入位点的两端边界序列。提供 PCR 验证时相应引物名称、序列及其扩增产物长度。

3. 外源插入片段的表达情况

(1) 转录水平表达。采用 RT - PCR 或 Northern 杂交等方法，分析主要插入序列（如目的基因、标记基因等）的转录表达情况，包括在细胞内的表达量等。

①RT - PCR 检测：引物序列、扩增产物长度、RT - PCR 条件、扩增产物电泳图谱（含图题、分子质量标准、阴性对照、阳性对照、泳道标注）。

②Northern 杂交：探针序列位置、特异性条带的大小、Northern 杂交条件、杂交图谱（含图题、分子质量标准、阴性对照、阳性对照、泳道标注）。

（2）翻译水平表达（蛋白质）。采用 ELISA 或 Western 杂交等方法，分析主要插入序列（如目的基因、标记基因等）的蛋白质表达情况。

①ELISA 检测：描述定量检测的具体方法，包括相关抗体、阴性对照、阳性对照、光密度测定结果、标准曲线等。

②Western 杂交：相关抗体名称、特异性条带的大小、Western 杂交条件、杂交图谱（含图题、分子质量标准、阴性对照、阳性对照、泳道标注、样品和阳性对照的加样量）。

（二）基因的遗传稳定性

遗传稳定性主要涉及质粒的不稳定性，包括分离的不稳定性和结构的不稳定性两个方面。前者是指，在细胞分裂过程中，有一个子细胞没有获得质粒 DNA 拷贝，并最终增殖成为无质粒的优势群体；而后者主要是指，由转位作用和重组作用所引起的质粒 DNA 的重排和缺失。所以在鉴定遗传稳定性时，应从以下几个方面入手。

1. 目的基因整合的稳定性　用 Southern 或 PCR 手段检测目的基因在转化体中的整合情况，明确转化体中目的基因的拷贝数以及在后代中的分离情况，提供不少于 3 代的试验数据。

2. 目的基因表达的稳定性　用 Northern，RT - PCR，Western 等手段提供目的基因在转化体不同世代时，其转录（RNA）和（或）翻译（蛋白质）水平表达的稳定性，提供不少于 3 代的试验数据。

3. 目标性状表现的稳定性　用适宜的观察手段考察目标性状在转化体不同世代的表现情况，提供不少于 3 代的试验数据。

（三）重组载体的安全性

重组载体的安全性就是检测该载体能否向自然界中不含有该类基因的微生物进行转移。检测原因就是质粒具有迁移作用。

非接合型的质粒，由于分子小，不足以编码全部转移体系所需要的基因，因而不能够转移。但如果在其寄主细胞中存在着一种接合型的质粒，那么它们通常也是可以被转移的。这种由共存的接合型质粒引发的非接合型质粒的转移过程，称质粒的迁移作用。

三、兽用基因重组活疫苗的安全性

基因工程重组活疫苗是利用基因工程技术将保护性抗原基因（目的基因）转移到载体中使之表达的活疫苗。以病毒和细菌为载体的活疫苗是疫苗研究领域的一大发展趋势，其原理是将外源目的基因插入已有的病毒或细菌疫苗株（如痘苗、卡介苗）基因组或其质粒的某些部位使之高效表达，但不影响该疫苗株的生存与繁殖。接种这种重组疫苗以后，除对原来的病毒或细菌的保护之外，还获得对插入基因相关疾病的保护力。一般认为用活载体作疫苗在刺激保护性免疫方面优于其他基因工程疫苗。目前有多种理想的病毒载体和细菌载体，如痘病毒、腺病毒、疱疹病毒、疫苗株沙门氏菌、李斯特菌、卡介苗等都可以用于制备基因重组活疫苗。这种活体重组疫苗可以是非致病性微生物通过基因工程的方法使之携带并表达某种特定病原物的抗原决定簇基因，产生免疫原性；也可以是致病性微生物通过基因工程的方法修饰或去掉毒性基因以后，仍保持免疫原性。在这种疫苗中，抗原决定簇的构象与致病性病原体抗原的构象相同或者非常相似。基因重组活载体疫苗克服了常规疫苗的缺点，兼有死疫苗和活疫苗的优点，在免疫效力上很有优势。基因重组活疫苗可分为基因缺失疫苗与基因突变疫苗、复制性活载体疫苗和非复制性活载体疫苗三类，它们之间分别具有各自的特点，在安全性方面的表现也不尽相同。

表6-1　重组活疫苗可能的载体

病　毒	细　菌
牛痘病毒	BCG（卡介苗）
禽痘病毒	沙门氏菌
金丝雀痘病毒	枯草杆菌
腺病毒	李斯特菌
火鸡疱疹病毒	大肠杆菌
水痘-带状疱疹病毒	乳酸杆菌
微 RNA 病毒	志贺氏菌
黄病毒	
脊髓灰质炎病毒	
伪狂犬病病毒	

（一）基因重组活疫苗的分类

1. 基因缺失疫苗与基因突变疫苗　这类疫苗是人为地使病毒的某一基因完全缺失或发生突变从而使该病毒的野毒株毒力减弱，不再引起临床疾病，但仍能感染宿主并诱发保护性免疫力。最有代表性的例子是猪伪狂犬病毒（PRV）糖蛋白 E 基因（gE）缺失及胸腺核苷酸激酶基因（TK）突变失活株的活疫苗，gE 和 TK 基因产物的缺失，使野毒株 PRV 的致病性显著减弱。其免疫力不仅与常规的弱毒疫苗相当，而且由于其 gE 基因的缺失，使其成为一种标记性疫苗。即用该疫苗免疫的猪在产生免疫力的同时不产生抗 gE 抗体，而自然感染的带毒猪具有抗 gE 抗体。正是因为它具有这一特殊的优点，所以正在实施根除伪狂犬病计划的部分欧洲国家，只允许用这种 gE 基因工程伪狂犬病活疫苗，而不再允许使用常规的伪狂犬病活疫苗。虽然，到目前为止这类疫苗中成功的例子还不多，但的确是研制疫苗的一个重要方向。这类疫苗安全性方面存在的问题主要有：用于致弱的毒株毒力是否确认被消除；突变与缺失产生的新基因是否具有新的毒力、致病性和致癌性两个方面。只有保证了这两个方面的安全，其才有可能被进一步应用于实践生产。

2. 复制性活载体疫苗　这类疫苗以某种非致病性病毒（株）或细菌为载体来携带并表达其他致病性病毒或细菌的保护性免疫抗原基因。即用基因工程方法，将一种病毒或细菌免疫相关基因整合到另一种载体病毒或细菌基因组 DNA 的非复制必需片段中构成重组病毒或细菌，在被接种的动物体内，特定免疫基因可随重组载体病毒或细菌的复制而适量表达，从而刺激机体产生相应的免疫抗体。

常作为载体的病毒有痘苗病毒、禽痘病毒、火鸡疱疹病毒、腺病毒、伪狂犬病病毒、反转录病毒、慢病毒等。此类疫苗具有常规疫苗的所有优点，而且便于构建多价疫苗，建立鉴别诊断方法。

细菌活载体疫苗是指将病原体的保护性抗原或表位插入已有细菌基因组或其质粒的某些

部位使其表达。或将病原体的保护性抗原或其表位在细菌的表面表达。目前主要有沙门氏菌活载体疫苗、大肠杆菌活载体疫苗、卡介苗活载体疫苗以及以单核细胞增生李斯特菌和小肠结肠耶尔森氏菌为载体的其他细菌活载体疫苗。

在实验室条件下应用的比较成功的这类基因工程疫苗有：能表达猪瘟病毒囊膜糖蛋白E2 的重组 PRV（TK），能表达鸡新城疫病毒的血凝素或融合蛋白的重组 FPV，能表达禽流感病毒血凝素基因的重组 FPV，能表达禽流感病毒血凝素基因的重组 FPV，能表达马立克病病毒（MDV）糖蛋白 B 抗原的重组 FPV，能表达鸡新城疫病毒囊膜糖蛋白、Ⅰ型 MDV糖蛋白 B 抗原或传染性法氏囊病病毒 VP2 抗原的重组火鸡疱疹病毒（HTV），能表达狂犬病囊膜糖蛋白的重组痘苗病毒，能表达狂犬病囊膜糖蛋白的重组犬疱疹病毒等。不过，复制性活载体疫苗都有一个共同的缺陷，即畜禽体内的抗载体病原的抗体会干扰或完全抑制活载体的复制，从而影响插入基因的表达。因此这类疫苗不能用于已有抗活载体抗体的畜禽和二次免疫。

虽然复制性活载体疫苗在免疫动物时与自然感染时的真实情况很接近，可以避免很多缺点，但是用痘病毒、疱疹病毒和腺病毒作载体在安全性方面却仍旧存在这一些问题，这些病毒在体内复制的复杂要求，毒力性质不稳定，并且有可能引起组织的持续感染，还有疫苗病毒感染的进行性过程等都是存在安全风险性的，必须认真对待。

3. 非复制性活载体疫苗　这类基因工程疫苗的构建方法与前一类复制性活载体疫苗相同，但选用的载体病毒不能在免疫接种动物的体内复制，是一种宿主限制性疫苗。不过，特定强毒的免疫原性基因仍能在接种动物体内少量表达，并足以刺激保护性免疫反应。例如，以金丝雀痘病毒（CPV）为载体表达狂犬病病毒囊膜糖蛋白基因的重组病毒疫苗用来预防人和哺乳动物的狂犬病（KV）。此外，以 CPV 为载体在整合进犬瘟热病毒（CDV）、猫白血病病毒（FLV）、马的日本脑炎病毒（EEV）、马流感病毒的相应免疫原基因后，也已在实验室中显示出良好的免疫效果。

（1）活载体疫苗的优点。

①活载体疫苗可同时启动机体细胞免疫和体液免疫，避免了灭活疫苗的免疫缺陷。

②活载体疫苗可以同时构成多价以至多联疫苗，例如以鸡痘病毒为载体的鸡马立克氏病＋新城疫＋鸡痘三联疫苗等，既能降低生产成本，又能简化免疫程序，还能克服不同病毒弱毒疫苗间产生的干扰现象。

③疫苗用量少，免疫保护持续时间长、效果好，不需添加佐剂，降低了成本。

④不影响该病的监测和流行病学调查。

（2）活载体疫苗的缺点。

①基因缺失疫苗株可与野生型强毒株进行基因重组，从而使重组病毒毒力增强。Katz等的研究表明，猪 PRV 基因缺失疫苗株和野生型强毒株均可在非靶动物浣熊体内存活并繁殖，这就为 2 个毒株间的基因重组，进而导致毒力增强提供了先决条件。

②痘苗病毒能在哺乳动物体内复制，而与天花病毒类似的痘苗病毒在动物上应用会进化出对人类有致病性的新病毒，引起未种痘病毒疫苗人群感染，并使极少数感染者发病，因而重组痘病毒疫苗难以商品化。

③活载体疫苗在二次免疫时还会诱发针对载体的排斥反应等。非复制性活载体疫苗同复制性活载体疫苗一样也仍然存在一些毒株毒力残存问题和接种动物感染的问题，因此也具有一定的安全性问题，仍需进一步研究改进。

（二）兽用基因工程活疫苗的安全性问题

兽用基因工程活疫苗的安全性问题主要表现在对人类、动物健康和对生态环境的潜在危害两个方面。

1. 对人类和动物健康的潜在危害 兽用基因工程活疫苗对人类、动物健康可能造成何种危害，其严重程度（如症状轻重、愈后情况、人群免疫力、是否引起流行等）如何，目前的科学水平还难以给予准确的回答。但是，根据国内外对常规弱毒活疫苗长期应用的经验，结合近年来在转基因微生物安全性方面已经积累的一些试验研究数据，可以将兽用基因工程活疫苗对人类、动物健康的潜在危害性分为以下 3 个主要方面。

（1）致病性。兽用基因工程活疫苗对人、动物的致病性主要是指其感染并致人和动物发病的能力，包括毒性、致癌、致畸、致突变、致过敏性等。在转基因工作中，人们对受体微生物、外源基因和标记基因等可以进行有意识和有目的地选择和控制，但基因的多效性和次生效应有时会产生不可预知的变化，使得重组体与供体和受体微生物相比较，可能增加新的致病性，或使原有的致病性增强。

（2）抗药性。病原菌对药物的抗性是治疗疾病时经常会遇到的一个问题。对抗生素类药物的抗性问题尤其突出。因此，转基因工作所涉及的微生物、基因及其产品对抗生素和其他主要药物的抗性自然备受关注。人们对转基因微生物的抗药性基因可能导致人和动物对抗生素等药物产生抗药性表示担忧，不仅因为相关的转基因微生物可能直接与人和动物接触，还因为转基因微生物或其质粒上携带的抗药性基因有可能通过基因转移而使其他与人类和动物关系更密切的致病性微生物获得该基因，从而引发更大的麻烦。所以，在兽用微生物基因工程工作中，科学家尽量避免使用对人畜常用的、重要的抗生素和其他主要药物有抗性的微生物和标记基因。即使在工作中需使用作为标记基因的抗药性基因，也采用一些新技术使其不能表达甚至自动解离，使人类和动物的健康能够得到更好的保障。

（3）食品安全性。动物是人类的食物来源之一。因此，人们对兽用基因工程活疫苗应用于动物之后，对动物产品作为人类食品的安全性也存在疑虑。首先，重组疫苗微生物进入动物体后是否致癌、致畸和致突变，人类食用此种动物产品后是否对健康产生影响。其次，重组疫苗微生物及其基因是否残留在动物产品中，人类食用后是否对健康产生影响。

2. 对生态环境的潜在危害 人类对于地球上复杂的生态系统和各种微生物在生态系统中作用的认识还是比较肤浅的，因此科学界对转基因微生物对于生态环境的影响还存在争议。兽用基因工程活疫苗应用动物后，疫苗微生物可以经消化、呼吸等系统释放到环境中，从而可能对环境质量或生态系统造成不利影响。目前对转基因微生物对环境的影响主要有以下 5 个方面的考虑。

（1）致病性和毒性。在环境中的基因工程疫苗微生物可能对动物（包括靶动物、非靶动物和非脊椎动物）和植物具有一定的致病性和毒性，也可能与供体微生物和受体微生物相比较，产生更强或新的致病性和毒性。Ronald 等（1996）报道，猪伪狂犬病病毒基因缺失疫苗株和野生型强毒株均可在非靶动物浣熊体内存活并繁殖，这就为两个毒株间的基因重组，进而导致毒力增强提供了先决条件。

（2）生存竞争能力。兽用微生物在环境中的生存竞争能力包括存活力、繁殖力、持久生存力、定植力、竞争力、适应性和抗逆能力等。一般地，这些能力越强，微生物对生态环境造成影响的可能性也就越大。转基因微生物是否具有自然发生的微生物所不具备的生存竞争优势，是否能够通过对生态位点和营养等的竞争将一种甚至多种本地微生物减少到对生态环境和生物多样性造成严重影响的程度，甚至这些微生物进入人或动物体后，是否对正常肠道菌群产生影响？人们还不能作出完全肯定或者否定的回答。但也有一些试验结果表明，除极少数情况外，大多数转基因菌株与其非转基因的亲本菌株（受体菌株）在自然环境中的存活、定植和竞争能力基本上是一致的，并不具有特殊的生态竞争优势，甚至在相当多的试验条件下，转基因菌株的生存竞争能力还比非转基因菌株弱。

（3）传播扩散能力。传播扩散能力是指微生物通过土壤、空气、水、植物残体、昆虫或其他动物等进行近距离或远距离转移的能力。微生物传播扩散能力越强，其对环境的影响就越大。基因工程疫苗菌株在使用区内和向使用区外的环境（特别是水体和高空气流）中传播、扩散的能力和机制及其对生态环境的潜在危害是生物安全评价的一个极重要的指标。

（4）遗传变异能力。遗传变异能力是指基因工程疫苗菌株及其基因（特别是转基因）在不同生理生态条件下遗传的稳定性及其发生适应性变异或突变等的能力。由于微生物生长繁殖速度快，即使是低于百万分之一甚至亿万分之一的变异率，也能在较短的时间内迅速发展为数量可观的种群，从而对生态环境造成影响。所以，遗传稳定性也是安全性评价的一项重要指标。

（5）遗传转移能力。遗传转移能力是指基因工程疫苗菌株（特别是转基因）向本地非转基因的同种微生物和其他生物（包括微生物、植物和动物）发生遗传物质转移的能力。与疫苗菌株属于同一物种的本地菌株以及其他生物物种在获得该遗传物质（完整的转基因或其一部分）后，有可能存在其演化为新的有害生物或增强有害生物危害性的风险。例如，有多篇研究报告报道，猪伪狂犬病病毒基因缺失疫苗株可以与野生型强毒株进行基因重组，从而使重组病毒毒力增强，并且失去诊断标记基因，进一步则可导致标准血清学试验不能检测的强毒株扩散，使疫病扑灭计划难以实现。因此，基因工程疫苗菌株中的抗生素抗性基因和其他外源基因（如诊断标记基因、增强生存竞争能力或传播扩散能力的基因等）向自然环境中的本地微生物或其他生物发生遗传物质转移的可能性及其可能带来的生态环境影响也是生态学家十分担忧的一个问题。

人们对基因重组载体活疫苗的环境释放，是否会给人类、动物和生态环境带来危险，还存在种种疑虑（如重组疫苗株与野生株可能发生基因重组改变致病性等问题）。"自杀性"疫苗载体的研究或许能给解决重组活疫苗的安全性问题带来福音。作为重组疫苗载体的这类细菌和病毒，不能在宿主动物体内繁殖，但能将治疗或预防基因（蛋白质）投递进入动物细胞内。这对于免疫接种、基因治疗和毒性药物投递（靶特异性器官）是非常有用的；同时，由于在动物体内和环境中不能存活，因此可以解决重组子的潜在危害性的问题。

四、兽用 DNA 疫苗的安全性

DNA 疫苗（也称核酸疫苗）是指将编码引起保护性免疫应答的目的基因片段插入质粒载体，然后将重组质粒直接导入机体，它通过宿主细胞的转录系统表达目的抗原，进而诱生保护性免疫应答的一种生物制剂。近年来，许多畜禽病毒性传染病，已不能依靠传统疫苗（如灭活疫苗、弱毒疫苗等）对其进行防治，DNA 疫苗的出现使得这一状况得到改善。编码病毒、细菌和寄生虫等不同种类抗原基因的质粒 DNA，能够引起脊椎动物（如哺乳类、鸟类和鱼类等）多个物种产生强烈而持久的免疫反应。DNA 疫苗被称为继灭活疫苗和弱毒疫苗、亚单位疫苗之后的第三代疫苗，具有广阔的发展前景。

（一）DNA 疫苗介绍

DNA 疫苗的诞生源于 DNA 重组技术的进步，1990 年 Wolff 等人发现肌肉注射质粒 DNA 可使外源性基因在体内有效表达，使得裸 DNA 或重组核酸作为一种疫苗的概念得以确立。与传统疫苗相比，DNA 疫苗具有易于制备、可塑性和外源基因容量大以及储存运输方便等优势。十几年来，DNA 疫苗的研究非常活跃，也取得了很多技术上的突破。为了增强 DNA 疫苗的传递效率，已经使用的给药途径包括有针头（needle）和无针头（needle-less）系统，如注射器（syringe）、液喷（fluid jet injection）、基因枪（bio jector device）和口服（oral）等；免疫部位主要为肌肉内和皮内接种，最近还发展了肠道、呼吸道、皮肤和眼部黏膜局部多点免疫等方法，而且将药物缓释技术也应用到了 DNA 疫苗的制剂研究中。为了增强 DNA 疫苗的免疫原性和抗原表达，采取了优化抗原序列、引入甲病毒复制酶序列、添加细胞因子佐剂和化学佐剂等方法。

DNA 疫苗具有许多优点：

①DNA 接种载体（如质粒）的结构简单，提纯质粒 DNA 的工艺简便，因而生产成本较低，且适于大批量生产。

②DNA 分子克隆比较容易，使得 DNA 疫苗能根据需要随时进行更新。

③DNA 分子很稳定，可制成 DNA 疫苗冻干苗，使用时在盐溶液中可恢复原有活性，因而便于运输和保存。

④比传统疫苗安全，虽然 DNA 疫苗具有与弱毒疫苗相当的免疫原性，能激活细胞毒性 T 淋巴细胞而诱导细胞免疫，但由于 DNA 序列编码的仅是单一的一段病毒基因，基本没有毒性逆转的可能，因此不存在减毒疫苗毒力回升的危险，而且由于机体免疫系统中 DNA 疫苗的抗原相关表位比较稳定，因此 DNA 疫苗也不像弱毒疫苗或亚单位疫苗那样，会出现表位丢失。

⑤质粒本身可作为佐剂，因此使用 DNA 疫苗不用加佐剂，既降低成本又方便使用。

⑥将多种质粒 DNA 简单混合，就可将生化特性类似的抗原（如来源于相同病原菌的不同菌株）或一种病原体的多种不同抗原结合在一起，组成多价疫苗，从而使一种 DNA 疫苗能够诱导产生针对多个抗原表位的免疫保护作用，使 DNA 疫苗生产的灵活性大大增加。

由于 DNA 疫苗的众多优点，使得 DNA 疫苗在疾病防治方面的应用已经逐步推广开来。以下就是关于 DNA 疫苗的几个应用实例。

（1）猪繁殖与呼吸障碍综合征病毒（PRRSV）疫苗的应用。*PRRS* 基因片段 *ORF*5 编码的囊膜糖蛋白 GP5 是该病毒的 3 个主要结构蛋白之一。含有 *ORF*5 基因质粒 DNA 能诱导猪抗 GP5 特异性中和抗体的产生，且免疫猪的外周血单核细胞在 GP5 重组蛋白存在时能够发生转化反应，显示了 GP5 特异性细胞免疫的产生。Meng 等人将 GP5 基因克隆入巨细胞病毒（CMV）早期启动子的控制之下构建成真核表达质粒而制备出 DNA 疫苗，用其免疫仔猪后可诱导抗体的产生，实验室攻毒后显示出良好的保护效果。

（2）牛疱疹病毒（BHV）疫苗的应用。用表达 *BHV*1 *gD* 基因的质粒 DNA 疫苗免疫牛，能产生很高的中和抗体。攻毒试验后发现，免疫组比非免疫组的病毒排放量明显减少。此疫苗通过肌肉或皮内注射均可引导免疫反应的产生，但皮内注射引起的免疫反应更强。

（3）猪瘟病毒（CSFV）疫苗的应用。CSFV 主要保护性抗原 E2 基因真核表达质粒，免疫家兔最少可抵抗 10 个最小感染剂量（MID）的猪瘟兔化弱毒苗（HCIV）的攻击；免疫猪可抵抗致死剂量的 CFSV 石门株强毒的攻击。

（二）DNA 疫苗安全性问题

虽然 DNA 疫苗有着众多的优点和部分应用，但是仍有些学者对于 DNA 疫苗的安全性存有疑虑，他们担心 DNA 有可能会整合到宿主细胞的染色体上而造成插入突变，进而引发癌变或其他疾病。因此对于生物治疗剂包括基因治疗的致癌性一直都在争论，不过，从目前的研究数据来看 DNA 疫苗的整合危险性相当低，但是由于没有灵敏和有效的监测手段，对于 DNA 整合危险性还不能下完全的结论，仍有一系列问题需要阐明。

（1）注射疫苗后究竟哪些细胞会摄取 DNA，哪些细胞会表达该 DNA，表达持续多久。

（2）DNA 在这些细胞中的转归如何，DNA 是否进入细胞核，是否复制，如果进入细胞核是处于整合状态还是以附加体形式存在。临床前研究表明，DNA 疫苗引起免疫耐受的可能性很小，另外，如果合理应用 DNA 疫苗骨架序列中的 CpG 序列（免疫刺激 DNA 序列），不仅可以避免引起自身免疫疾病还可以增强疫苗的免疫原性。从临床角度讲，DNA 疫苗的效力还有待提高，体液免疫和细胞免疫达不到理想的保护强度，长期的安全性还需要继续研究。

（3）外源抗原的长期表达可能导致不利的免疫病理反应。人们对由注射 DNA 表达的抗原的免疫反应的机理知之甚少，对抗原表达所持续的时间的了解也有限，尽管有些专家认为能持续几个月，这样就可能出现耐受性的问题。其他的免疫病理反应在理论上也可能出现，并且难于恢复。

（4）可能形成针对注射 DNA 的抗体和出现不利的自身免疫反应。像全身性红斑狼疮那样的自身免疫紊乱中，可以出现特异性高亲和力的抗 DNA 抗体。也有人认为，注射质粒 DNA 有可能产生高水平的抗 DNA 抗体，并引起自身免疫紊乱。虽然产生抗 DNA 抗体以试图复制疾病的试验通常难以成功，但尚不清楚非意图性抗体诱导反应是否能产生像自身免疫紊乱或免疫耐受那样的副反应。已知将可进行有丝分裂的特异性细菌 DNA 序列结合进质粒 DNA 疫苗中可以提高动物的免疫反应。

（5）所表达的抗原可能具有生物学活性。必须关注在体内合成的抗原可能产生意外的生物学活性。如必要的话，必须采取适当的步骤，如缺失变异，以消除这种活性而保留所需要的免疫反应。

目前 DNA 疫苗接种剂量普遍较大，对生产提出了更高的要求，同时普遍使用抗生素抗性基因会造成生物污染，应该在 DNA 疫苗本身的骨架设计上增添新的思路。

五、兽用基因工程生物制品工业化生产的潜在危害

兽用基因工程生物制品主要是用动物或人畜共患致病性微生物制成的，因此兽用基因工程生物制品的研究、开发和应用的安全性问题，尤其是对人类、动物健康和生态环境的潜在危险性更是引起科学家和公众的高度重视和关心。搞清楚这些问题，认识到可能存在的风险及其程度，并采取相应的安全管理、防范和控制措施，将有助于兽医生物技术更好地发展。随着生物技术的不断进步与发展，兽用基因工程生物制品在养殖业中的应用越来越广泛。兽用基因工程生物制品的生产也趋向于工业化生产。而随之带来的生物安全问题也越来越引起人们的关注。

（一）兽用基因工程生物制品与生物安全

近年来，生物安全问题备受国内外关注，生物安全术语也经常见诸于各类媒体。生物安全可理解为国家安全的组成部分，它是指与生物有关的各种因素对国家、社会、经济、人民健康及生态环境所产生的危害或潜在风险。在这个定义中，与生物有关的因素是生物安全的

主体，社会、经济、人类健康和生态环境是承载生物安全的客体，现实危害或潜在风险是生物安全的外在表现（或称效应）。其中这里所讲述的与生物有关因素主要有：自然界天然的生物因子、转基因生物和生物技术。

由于生物制品本身的特性和安全防护方面的漏洞，也会出现某些生物灾害，造成不应有的损失。概括起来主要有相关实验研究人员的感染、病原微生物对环境的污染以及遗传性状不稳定。可以说兽用生物制品从研制开发到产品的应用，甚至可以延伸到应用之后的一定时期，都存在着生物安全方面的因素与风险。兽用生物制品的生物安全直接影响动物的健康，而动物的健康又会影响人类的健康，总而言之，兽用生物制品的生物安全问题直接或间接影响人类的生命健康安全，关注与重视兽用生物制品的生物安全问题，不仅仅是提高和保障动物的健康问题，更重要的是提高与保障全人类的生命健康、促进社会稳定的问题。

（二）我国兽用基因工程生物制品工业化生产存在的问题

我国的兽用基因工程生物制品经过数十年的发展已经取得了惊人的进步，无论是从数量上还是质量上的发展速度之快都是难以想象的。最先进的生物技术在兽用基因工程生物制品的研究与生产中得到了广泛和充分的应用。正因如此，生物安全问题就显得尤为重要。经人工改造的基因片段从实验室或生产车间的生物逃逸而造成的对环境及物种的不良影响，已经是一种摆在我们面前不得不面对的重要的危险因素。

兽用基因工程生物制品工业化生产存在的生物安全问题主要有以下几个方面。

（1）重组DNA疫苗的生物危害。开发基因工程疫苗时，要获得一个符合需要的优秀的基因工程菌（毒）株，就必须进行实验室内的基因切割、连接、修饰等工作。而这些基因工程菌（毒）株都存在着可预见或潜在的生物安全因素。如某些基因工程菌（毒）株或基因片段带有致病基因、抗药基因等，如缺乏足够的安全意识使这些菌（毒）株或基因片段进入到环境中，它们一旦在外界环境中发生突变或与环境中的物种发生基因重组等，很可能就会造成生物灾害。

（2）重组基因活疫苗的安全性问题。重组活疫苗存在着生产过程中的安全问题，与普通活疫苗一样发生基因突变、重组的几率也相对较高。因此对于重组活疫苗的生产及田间释放，都要进行严格的安全评估和控制。

（3）质粒DNA疫苗的安全性问题。质粒DNA疫苗存在在野外与动物体基因组或其他生物发生整合重组的可能。

（三）加强兽用基因工程生物制品生物安全的措施

1. 改变观念，提高法律意识，依法组织兽用基因工程生物制品的工业化生产　从事兽用生物制品生产的单位应严格遵守国家和行业的有关法律、法规来进行生产与经营。应认真学习和遵守《兽药管理条例》等有关法律、法规。提高生物安全意识。严格按照《中华人民共和国兽用生物制品规程》进行生产与检验，并遵守其规定的某些行业规范。

2. 认真执行《兽药生产质量管理规范》，全面保障产品质量　《兽药生产质量管理规范》（简称兽药GMP）是国际通行的兽药生产、质量管理制度和基本准则，也是兽药产品国际贸易的通行证。实践证明，实施兽药GMP管理制度对保证制品的质量、规范生物制品生产活动起着至关重要的作用，同时也是生产、管理水平的集中体现。兽药GMP的内容包括硬件方面，如厂房建设、设备、仪器、环保设施、仓库、实验动物、原材料等；软件方面，如管理、生产工艺、规章制度、档案记录、检验程序与规程、人员素质和培训制度等都有非常明细的要求。

3. 加强基因工程产品的管理与控制　农业转基因产品的生物安全性一直是一个敏感的

话题，得到的关注相对也较多。因为对于转基因产品因生物安全问题造成的危害是可以预见但不可以预料的，其一旦造成危害往往是灾难性的和不可估量的。兽用基因工程生物制品工业化生产在操作、废弃物的处理到田间释放都应进行严格而慎重的管理。要加强安全管理，防止基因工程菌（毒）株及其产品对人类健康、人类赖以生存的环境和农业生态平衡可能造成的危害，应按照农业部颁布的《农业生物基因工程管理实施办法》、《农业转基因生物安全评价管理条例》和其他国家、行业的要求进行安全等级的划分和安全性评价。根据不同安全级别应有不同的硬件要求和管理措施。

4. 加强生物安全意识，提高人员素质 对兽用基因工程生物制品生产的从业人员（生产、管理、检验人员）进行培训与教育是十分必要的，通过人员素质的提高，来带动行业的发展并为生物安全提供人员的保障。

第三节 兽用基因工程生物制品的安全性评价概况

一、危害性分类标准

通过对基因工程菌（毒）株及其产物的危害性分类，可确定基因工程工作的生物安全等级。根据所致疾病的严重程度、感染的途径、毒力和传染力，同时考虑是否存在有效的治疗（如耐药性）和免疫手段、虫媒的存在与否、病原体的数量、是否为外来病原、对其他种生物的影响、是否为突发病原和新病原等危害性进行分类。

1. 第一类危害性 个体和群体危害性低。该类生物剂不可能引起健康动物的疾病。

2. 第二类危害性 中度的个体危害，有限的群体危害。该类基因工程菌（毒）株能够引起动物的疾病，但在正常情况下不可能对家畜以及实验室工作人员、群体人员或环境造成严重的危害性。极少引起严重疾病的感染，具备有效的治疗和预防措施，传播的危险性受到限制。

3. 第三类危害性 高度的个体危害，低度的群体危害。该类基因工程菌（毒）株通常引起严重的人类或动物的疾病，并造成严重的经济损失。但一般情况下偶然接触不会引起个体间的传播，可以用抗微生物剂或抗寄生虫剂预防或治疗。

4. 第四类危害性 高度的个体和群体危害。该类病原体通常引起极为严重的人类或动物疾病，并且一般不可预防或治疗，在个体之间、动物与人类之间容易直接、间接或偶然接触传播。

二、安全性评价标准

1. 第一类制品的安全性评价 对此类制品进行安全性评价的重点是，生物体的分子特性及受体生物基因和所有缺失或增加基因的特性。显然，灭活生物不会对环境造成威胁，因此安全性评价程序只是确保对遗传工程体做适当特性鉴定和终产品的灭活，不再评价产品环境释放的安全性问题。重组体的特性鉴定应包含以下几个方面。

（1）分子特性。

①受体的特性：其特性包括亲本生物、基因缺失和（或）增加前受体生物的描述、从亲本到受体生物的基因修饰。

②缺失的特性：其特性包括缺失的基因、缺失对受体生物表现型的可能影响。

③供体基因的特性：其特性包括结构基因和调节因子的特性、供体生物、供体基因（包括插入的标记基因）。

④重组体构建的特性：其特性包括构建过程摘要、中间克隆载体、对受体进行基因修饰的方法、对供体进行基因修饰的方法、重组体筛选方法和鉴定及提纯方案。

⑤基础种子的分子特性：其特性包括基础种子的命名、基础种子鉴定的项目和方法、基础种子在使用代和超过 5 代（最高传代水平）的稳定性。

（2）生物学特性。

①受体的特性：其特性包括毒力、克隆位点基因操作的生物学影响、在敏感宿主体内的组织亲和性、水平基因转移或重组、宿主特异性、环境分布、地理分布、生物安全等级。

②供体的特性：其特性包括毒力、供体基因编码的生物学功能、供体基因安全使用的记录、在敏感宿主体内的组织亲和性、水平基因转移、宿主特异性、供体基因的致病性和毒性、供体基因产生抗药性的能力、生物安全等级。

③基础种子的特性：其特性包括纯粹性、灭活和检测方法。

2. 第二类制品的安全性评价　对此类制品进行安全性评价的重点是，缺失基因的特性、疫苗生物（遗传工程体）和接受基因修饰的受体生物的分子和生物学特性。

（1）分子特性。

①受体的特性：其特性包括亲本生物、缺失前受体生物的描述、亲本生物到受体生物的基因修饰、遗传标记。

②缺失的特性：其特性包括结构基因和调节因子的特性、缺失的基因、缺失对受体生物表现型的可能影响、插入基因的名称及特性。

③基因缺失体构建的特性：其特性包括构建过程摘要、中间克隆载体、对受体进行基因修饰的方法、插入标记基因的方法、基因缺失体的筛选方法和鉴定及提纯方案。

④基础种子的分子特性：其特性包括基础种子的命名、基础种子鉴定的项目和方法、基础种子在使用代和超过 5 代（最高传代水平）的稳定性。

（2）生物学特性。

①受体的特性：其特性包括毒力、受体生物安全使用的记录、在敏感宿主体内的组织亲和性、水平基因转移或重组潜在性、宿主特异性、环境分布、地理分布、生物安全等级。

②基础种子的特性：其特性包括毒力（对靶动物和非靶动物）、基因修饰的生物学影响（基因缺失的表现型影响、基因缺失生物的安全使用记录、遗传标记的表现型影响）、纯粹性、遗传稳定性、表现型稳定性、在敏感宿主体内的组织亲和性、水平基因转移或重组潜在性、潜伏或扩散能力、宿主特异性、超剂量使用的影响、生物体在环境中存活力、环境分布。

3. 第三类制品的安全性评价　对此类制品进行安全性评价的重点是，基因修饰的载体活疫苗的特性鉴定，并包括对受体、供体和重组基础种子生物的分子和生物学特性鉴定。

（1）分子特性。

①受体的特性：亲本生物、受体生物的描述、亲本生物到受体生物的基因修饰、克隆位点、克隆位点基因的名称、遗传标记。

②供体的特性：其特性包括结构基因和调节因子、供体生物、供体基因、在重组生物体中供体构建对表现型的可能影响。

③重组生物体构建的特性：其特性包括构建过程摘要、中间克隆载体、受体的基因修饰方法、供体基因的基因修饰方法、重组子筛选方法和鉴定、提纯方案。

④基础种子的分子特性：基础种子命名、基础种子鉴定的项目和方法、基础种子在使用代和超过 5 代（最高传代水平）的稳定性。

（2）生物学特性。

①受体的特性：其特性包括毒力、受体生物安全使用记录、在敏感宿主体内的组织亲和性、水平基因转移或重组的潜在性、宿主特异性、环境分布、地理分布、生物安全等级。

②供体的特性：其特性包括结构基因和调节基因的生物学特性、毒力、供体基因编码的生物学功能、供体基因的安全使用记录、在敏感宿主体内的组织亲和性、供体基因的致病性或毒性、供体基因产生抗药性的能力、生物安全等级。

③基础种子的特性：其特性包括毒力（对靶动物和非靶动物）、在克隆位点基因修饰的生物学影响（在克隆位点基因编码的生物学功能和克隆位点安全使用的记录）、纯粹性、遗传稳定性、表现型稳定性、在敏感宿主体内的组织亲和性、水平基因转移或重组潜在性、潜伏或扩散能力、宿主特异性、超剂量使用的影响、环境中该生物的存活力、环境分布。

4. 其他制品的安全性评价 其他动物用制品包括 DNA 疫苗、利用转基因动植物生产的生物和生化制品、抗生素、化学药品等。对这些制品的安全性评价，应根据其特点采取跨部门、跨专业的方式进行。在制品中，涉及微生物和寄生虫的内容应按照动物用基因工程生物制品的要求进行评价，涉及动植物的内容应按照转基因动植物的要求进行评价，而涉及人和动物共用的抗生素和化学药品则农业部门应与医药卫生部门协调进行安全性评价。

5. 环境释放的安全性评价 环境释放安全性评价的重点是，评价试验性疫苗生物体从封闭设施引入到环境的限制性释放的安全性。

（1）试验地的确定。确定试验地点时应考虑将来的商业应用。试验条件应与将来疫苗无限制商业投放和使用的条件（如兽医师、小动物兽医院、商品养鸡场使用等）相一致。

（2）试验地的特点。试验地的大小，包括相关的地理和环境情况；试验地周边地区的情况，包括非靶动物种的分布情况；应提供试验地条件和先前在该地所进行过的研究的资料。

（3）人员。研究人员资历、培训和在研究中作用。

（4）试验设计。对于小规模野外试验，研究方案应包括：动物数量、动物的描述、用苗途径、试验材料总剂量、接种的次数和持续时间、废弃物的处理方法、试验地的消毒。试验设计应最大限度减少试验生物体的扩散和控制异源遗传材料的转移。

（5）在环境中逃逸和散播的潜在性。应评估从释放地逃逸和扩散的潜在性；评价试验地周围地区受污染的可能性，包括非靶动物感染的可能性。

（6）在环境中定居的潜在性。应评价引入的疫苗生物在试验地和（或）环境中定居的能力。应评价下列环境特征：①其他生物的存在；②营养状态；③理化因子；④有毒化学物和代谢物的存在。

（7）监测。对于安全性评价来说，环境监测是至关重要的。监测是避免出现意外不利事件的关键措施。因此，在开始研究前就应该确定在试验地内或周围，对释放疫苗生物进行监测的方法和程序。监测方法应该敏感和特异，应准备好记录监测结果的各种用具。

（8）意外事件的应急措施。研究者应制定出意外事件发生时的应急措施。应急措施包括尽快终止研究的程序和制定防止已释放疫苗生物定居、扩散或散播的方法。

6. 进口兽用基因工程生物制品的安全性评价 进口兽用基因工程生物制品安全性评价的重点是，通过控制污染制品的进口，以防止外来动物病进入本国。因此，需要对在制品的研制和生产过程中可能出现的污染进行充分的评估。

　　（1）兽用基因工程生物制品的安全性鉴定。按照上述的要求，对不同类型的制品分别进行安全性评价外，还应进行以下的评价：①基础种子可能污染的外来病原、检测方法及其敏感性。②生产用细胞（原代细胞和传代细胞）、血清和其他动物源材料可能污染的外来病原、检测方法及其敏感性。③终产品可能污染的外来病原、检测方法及其敏感性。

　　（2）兽用基因工程生物制品的研制和生产。在制品的研制和生产过程中，存在污染外来病原的可能性。因此，对研制和生产过程和设施进行安全性评价是非常必要的。评价的内容包括以下几方面。

　　①研制：设施的封闭情况（空气处理系统、封闭设备、程序的可操作性和可靠性），设施内保存其他微生物的情况、菌种的制备及特性等。

　　②生产：设施的封闭情况（空气处理系统、封闭设备、程序的可操作性），设施内其他产品的生产和其他微生物菌种的保存情况、生产工艺及终产品的检验等。

　　在上述不同类型的安全性评价中，兽用基因工程生物制品对人类健康的潜在危害，应根据已知的亲本生物的分子和生物特性，加上用包括非人类灵长类等动物进行的安全性研究数据，与卫生部门协调进行评价。活基因工程产品的环境影响的评价，采用相似的方式与环保部门协调进行。

三、复核检验

　　复核检验是兽用基因工程生物制品安全性评价的重要环节，可以保证安全性评价的科学性、公正性和准确性。在安全性评价时，需先对申报商品化的制品，特别是活制品进行安全性复核检验。美国等生物技术发达国家采用这种安全性评价模式。国家建立技术支持机构如美国的国家兽医服务实验室，或者委托某一研究机构建立专业实验室，承担动物用基因工程生物制品的复核检验。

第四节　兽用基因工程生物制品的安全管理

　　兽用基因工程生物制品的安全性问题出现在研究、开发、生产、使用、越境转运和废弃物处理等各个环节的相关活动之中，尤其是在兽用基因工程活疫苗环境释放后表现更为明显。这些问题主要表现在对人类、动物健康和对生态环境的潜在危害两个方面。因此，对兽用基因工程生物制品研究与开发进行生物安全控制是非常必要的，其目的在于加强基因工程工作的安全管理，将兽用基因工程生物制品在研究与开发，以及商品化生产、储运和使用中可能发生的对人类、动物健康和生态环境的潜在危害降低到最低程度。随着兽医生物技术的发展，兽用基因工程生物制品的安全性问题引起了人们的广泛重视，各国政府制定并采取了一系列的生物安全控制对策及相关措施。

一、国外的安全管理

（一）法律法规体系的建立

　　随着遗传工程技术及其产业化进程的迅速发展，各国对此都极为关注，许多国家制定了相关的法律、法规和条例，以加强管理和控制。经济合作与发展组织（OECD）、联合国工业发展组织（UNIDO）、世界卫生组织（WHO）、联合国粮农组织（FAO）等国际组织也积极进行协调，试图建立众多国家都能接受的生物技术产业统一管理的标准和程序。但由于各国的国情不同，因此管理办法各异，发达国家和许多发展中国家采取立法和条例的形式予以引导管理，也有一些发展中国家尚未制定出相应的管理法规。

美国没有对生物技术产品进行集中管理的专门法规。原则上是在现有法律、法规基础上由有关行政和业务主管部门根据各自管辖范围的分工和基因工作的性质实施相关基因工程产品的安全性管理，因此所涉及的政府部门与法规较多。就兽用基因工程生物制品而言，主要由农业部动植物检疫局和国家环境保护局依据《病毒-血清-毒素法》、《国家环境政策法》、《联邦法规》等有关法律、法规实施管理。

欧盟对生物技术的管理主要是法规、条例指导，各成员国据此建立适合本国的法规体系，并由政府有关部门行使管理。

其他国家一般都分别采取上述欧盟或美国的管理方式。

（二）安全管理

1. 兽用基因工程生物制品的分类及其管理　美国依据制品的生物学特性和安全性，将利用生物技术生产的兽用生物制品主要分成三大类，并依法采取相应的管理措施。对目前一些虽然尚处在研究阶段，但近期内有可能实现商品化的制品，也正在研究制定相应的管理要求。

（1）第一类制品。该类制品包括由 rDNA 诱导的灭活病毒、细菌、寄生虫、细菌类毒素、病毒亚单位、细菌亚单位、寄生虫亚单位、细胞毒素等制成的产品和用于预防、治疗或作为诊断试剂盒试剂的单克隆抗体制品。这一类制品对环境不具有危害性和不形成新的或异常的安全性问题，因此按照常规产品的要求进行管理。

（2）第二类制品。该类制品包括通过增加或缺失一个或多个基因修饰而成的活微生物或寄生虫疫苗。增加的基因可以编码标记抗原、酶或其他生化副产品。缺失的基因可以编码毒力、致癌性、标记抗原、酶或其他生化副产品。在审查这一类制品的申报时，需对增加或缺失 DNA 片段的特性，以及与修饰生物体表现型有关的特性进行安全性评价。基因修饰必须使修饰体与野生体比较，在毒力、致病性或存活性方面不得增强，也就是说，基因修饰不得降低原生物体的安全特性。

（3）第三类制品。该类制品包括携带有编码免疫抗原的重组外源基因的活载体疫苗。活载体可以携带一个或多个外源基因，并且已被证明对免疫靶动物是有效的。活载体疫苗不得引起与提供外源基因的生物体有关的疾病。同时，特殊遗传信息的增加，应保证使这些微生物或寄生虫与天然或野生株比较，不增强其毒力、致病性或存活力。修饰过程必须保证不产生新的、不利的黏着或侵袭因子或增强其特性，不产生不利的定居特性，在宿主体内不具有异常存活力、致癌特性或其他缺失效应。重要的是增加或缺失的基因不危及这些疫苗株的安全特性。大多数情况下其安全特性提高，因此对人类、其他动物种或环境不具有任何新的危害。

（4）兽用 DNA 疫苗。注册常规疫苗的大多数要求适用于 DNA 疫苗的注册，但出于这些产品的独特性，对其管理略有不同。在申报资料中，基础种子或基础细胞的特性包括质粒和细菌（质粒复制宿主细胞）的分子水平的资料，使用"自杀性"载体投递质粒到宿主组织时，应附加与基因重组活细菌疫苗相似的资料要求。

（5）兽用转基因植物源生物制品。目前还没有申报的产品。美国正在由兽用生物制品管理部门牵头，植物保护和检疫、环保、食品和药物管理部门配合，制定和修订相关的法规、准则和标准，以满足该类制品注册的管理需要。

（6）其他兽用基因工程生物制品。除上述制品外，其他兽用基因工程生物制品包括基因工程生化制品（如基因工程生长激素、干扰素等）、抗生素、化学药品等。对这些制品，按照各自的特点，由主管的政府部门协调和管理，相关部门加以配合。

2. 活基因工程生物制品的安全管理　目前，欧美各国对兽用活基因工程生物制品，特别是对基因重组活疫苗的管理都极为严格，一般不轻易批准进行大规模环境释放或商品化生产。

美国将兽用基因工程生物制品从封闭实验室研究到不受限制投放市场的注册产品的过程分为四个阶段：第一阶段为实验室研究和开发，第二阶段为使用靶动物和非靶动物进行的受控封闭试验，第三阶段为使用靶动物进行的限制性野外试验，第四阶段为产品的注册审查。

第一阶段的工作遵循实验室生物安全、重组 DNA 分子研究和实验动物管理及使用等有关法规和准则，其安全性问题主要由单位生物危害或生物安全委员会按照有关要求进行控制，并根据所操作的生物剂的危险程度（由低到高分成四类危害性生物剂）采用相应生物安全等级的实验室。

在第二和第三阶段的试验以前，主管部门根据"个案"和"实质等同性"原则对制品的安全性进行评价和对试验方案进行审查。这两个阶段对生物安全等级的要求和物理封闭设施几乎与第一阶段相同，但对象主要是试验动物，因此原则上仍采用相应的动物生物安全等级（分为四级）。当然，也可根据第一阶段的试验数据调整安全等级。

第三阶段的野外试验（环境释放）是活基因工程生物制品安全控制的重点，而安全控制的关键措施是隔离。在此隔离条件下，试验动物的转移被限制在一个有确定边界或限制的户外环境控制的地带。野外试验包括在检疫隔离条件下的野外试验和在动物生产条件下的限制性野外试验。

申报活基因工程生物产品野外检验或注册时，当主管部门认为申报的活动可能对人类环境质量有潜在的明显影响时，需编制 EA。在编制 EA 后，如果主管部门认为申报的活动对人类环境的质量不具有显著的不利影响时，编制未发现显著影响 FONSI，并提供支持这一结论的理由。同时，在《联邦注册》中，以通告的形式，将 EA 和 FONSI 向公众公布，征求意见。30d 后，如果没有收到对 FONSI 提出异议，则主管部门批准野外试验或给予注册。如果申报的活动对生态或公众健康有影响，则编制 EA 和 FONSI 时，可举办一次或多次公众会议，邀请感兴趣的人员、申报者、主管官员、其他联邦和州政府官员发言或陈述，会议纪要作为公众记录的一部分。如果主管部门认为申报的活动可能对人类环境有显著影响，国家环境保护局则要求主管部门编制"环境影响陈述"，对显著的环境影响进行充分和全面的讨论，并将避免或减少不利影响的有效措施通告决策者和公众。

二、国内的安全管理

（一）法律法规体系的建立

我国于 1993 年和 1996 年分别颁发了《基因工程安全管理办法》和《农业生物基因工程安全管理实施办法》。对基因工程安全性管理的范围、安全等级和安全性评价、申报和审批、安全控制措施等有关事宜作出了规定，并规定我国基因工程工作安全管理实行安全等级控制、分类归口审批制度。

(二) 安全管理

我国由农业部依据《农业生物基因工程安全管理实施办法》对兽用基因工程生物制品实施安全管理,并实行分安全等级、分阶段审批制度,但缺乏环境释放和商品化后的安全监控措施。

(三) 发展趋势

与发达国家相比,我们尚有诸多差距,特别是在专业化管理方面做得还不够。为了促进我国兽用生物技术的发展,保证人畜健康和生态环境,建立与国际接轨的法律、法规及管理体系是非常必要的。

尽快制定《国家生物安全法》或《国家生物安全条例》,对生物技术的应用和基因工程体的环境释放,以及动物、植物和微生物安全性问题进行立法控制。在法律的框架下,制定各种条例、办法和准则等管理规定。

我国将兽用生物制品作为一种特殊的商品加以管理,农业部制定了一系列的管理办法。但是,对于研究与开发过程中的上游阶段,即实验室研究阶段的工作管理不够。而恰恰在这一阶段容易出现安全性问题,如实验室工作人员受到感染、病原体逸出实验室进入环境等。因此,应该尽快制定《实验室生物安全准则》,以规范我国生物实验室的建立、设施配置、封闭等级、生物安全等级、管理要求等,并且明确规定从事不同安全等级的试验研究工作需采取相应的物理封闭等级或实验室生物安全等级,保护实验室工作人员的健康,并防止有害生物体(包括有害基因工程体),特别是人畜致病性生物体逸出实验室对人畜和生态环境造成危害。

同时,还应补充和完善现有的法律、法规。应增加对兽用新生物技术,特别是基因工程生物制品管理的有关规定;增加对兽用生物技术生物制品的研究、生产、经营和使用等方面的管理要求;对用实验动物进行基因工程体的封闭控制试验等要求作出规定;对基因工程疫苗,特别是基因重组活疫苗进行野外动物试验时,实验动物的隔离、运输和处理,以及环境卫生等有关事项作出相应的规定。同时,加强有关法律、法规之间的协调和衔接。

最后,加强监督管理。各级监督管理部门应按照法律、法规的要求,切实起到监督的职能,做好监督工作。对兽用基因工程生物制品研制过程的各个环节都要实施监督,特别要做好对环境释放的监督管理工作。

◆ 思考题

1. 什么是受体细胞?选择受体细胞时应重点考虑哪几点?
2. 对于基因操作的安全性的要求是什么?
3. 基因重组活疫苗的分类有哪些?
4. 兽用基因工程活疫苗的安全性存在哪些问题?
5. 兽用 DNA 疫苗的安全性包括哪几点?
6. 简述兽用基因工程生物制品的安全评价的要求。
7. 简述国内外兽用基因工程生物制品安全管理概况。

第七章　转基因食品的安全性

转基因技术（genetically modifide technology）是指利用分子生物学手段，将某些生物的基因转移到其他生物物种上，使其出现原物种不具有的性状或产物。以转基因生物为原料加工生产的食品就是转基因食品（genetically modifide food）。通俗地讲，转基因食品就是指采用转基因技术开发的食品或食品添加剂，它是通过一定的遗传学技术将有利的基因转移到另外的微生物、植物或动物细胞内而使它们获得有利特性，如增强动植物的抗病虫害能力、提高营养成分等，由此可增加食品的种类、提高产量、改进营养成分的构成、延长货架期等。

第一节　转基因食品概况

一、转基因食品的分类

世界上第一例转基因食品是 1993 年投放美国市场的番茄。动物来源的、植物来源的和微生物来源的转基因食品发展非常迅速，各种类型转基因食品相继生产出来。尽管至今尚无人给转基因食品进行分类，但按惯例，按转基因的功能和转基因食品的原料来源是可以对其进行分类的。

（一）按转基因的功能分类

1. 增产型　农作物增产与其生长分化、肥料、抗逆、抗虫害等因素密切相关，故可转移或修饰相关的基因达到增产效果。比如抗病虫害棉花、玉米、大豆等。苏云金芽孢杆菌（*Bacillus thuringiensis*，*Bt*）产生的特有蛋白质对螟虫具有天然的杀虫作用。将 *Bt* 中抑菌基因分离出来，并导入棉花、玉米、大豆、番茄中，就可以发挥特有的抗虫作用，从而提高植物的产量。

2. 控熟型　通过转移或修饰与控制成熟期有关的基因可以使转基因生物成熟期延迟或提前，以适应市场需求。最典型的例子是延熟番茄，番茄中的聚半乳糖醛酸苷酶是果胶降解酶，能使番茄成熟，并与水果软化和腐烂有关。为了降低它的活性，在番茄的聚半乳糖醛酸苷酶基因上游导入一个控制活性的 DNA 序列，从这个序列转录的信使 RNA（mRNA）可以抑制番茄中聚半乳糖醛酸苷酶的表达。这样转基因番茄就可以抵抗软化和微生物感染，成为延熟番茄。它可以使其采摘后仍然保持青色，这样就可以保持较长的货架期，在需要销售时通过乙烯作用就可使其变红成为消费者喜爱的样子。

3. 高营养型　许多粮食作物缺少人体必需的氨基酸，为了改变这种状况，可以从改造种子储藏蛋白的基因入手，使其表达的蛋白质具有合理的氨基酸组成。如豆类通常缺乏含硫氨基酸——甲硫氨酸和半胱氨酸，然而可以通过遗传工程技术改进蛋白质的品质，如增加植物中营养蛋白质的表达量、改变氨基酸组成和转入其他植物蛋白基因来获得蛋白质。现已培育成功的有转基因玉米、马铃薯和菜豆等。

4. 保健型　保健型即转移病原体抗原基因或毒素基因至粮食作物或果树中，人们吃了这些粮食和水果，相当于在补充营养的同时服用了疫苗，起到预防疾病的作用。有的转基因食物可防止动脉粥样硬化和骨质疏松。一些防病因子也可由转基因牛、羊奶得到。例如，把一种有助于心脏病患者的酶基因克隆至牛或羊中，便可以在牛乳或羊乳中产生这种酶。

5. 新品种型　通过不同品种间的基因重组可形成新品种，由其获得的转基因食品可能在品质、口味和色香方面具有新的特点。如人们经过选择，挑选出合乎需要的基因和启动子，再通过重组 DNA 技术来改造豆油的组成成分。现在相应的多种基因工程产品已经投放市场，其中，有的豆油不含有软脂肪，可用作色拉油；有的豆油富含 80％油酸，可用于烹饪；有的豆油含 30％以上的硬脂酸，适用于人造黄油以及使糕饼松脆。

6. 加工型　由转基因产物做原料加工制成，花样最为繁多。如美国的 Biotechnical 公司克隆了编码黑曲霉的葡萄糖淀粉酶基因，并将其植入啤酒酵母中，在发酵期间，由酵母产生的葡萄糖淀粉酶可将可溶性淀粉分解为葡萄糖。这种由酵母代谢产生的低热量啤酒不需要增加酶制剂，且缩短了生产工序。又如，基因工程技术还可将霉菌的淀粉酶基因转入 E.coli，并将此基因进一步转入酵母单细胞中，使之直接利用淀粉生产酒精，省掉了高压蒸煮工序，可节约 60％的能源，生产周期大为缩减。

（二）按转基因食品的原料来源分类

1. 转基因植物食品　转基因植物食品主要包括抗除草剂转基因作物、抗虫转基因作物和其他转基因作物。如从鼠伤寒沙门氏菌和大肠杆菌中分离的 EPSPS 是除草剂草甘膦抵抗型，已经将其转入烟草、番茄、牵牛花和大豆，这些转基因食品均表现出能够耐受草甘膦的特性。磺酰脲和咪唑啉类除草剂抑制植物呼吸链和氨基酸合成途径中的乙酰乳酸合成酶（acetolactate synthase，ALS）。从烟草和拟南芥中分离出 ALS 的两个天然突变基因，可以耐受磺酰脲和咪唑啉类除草剂。将 Bt 中的抑菌基因转入植物中，可以得到抗虫害的转基因大豆、棉花、玉米、番茄等。将抗黄瓜花叶病毒的基因导入青椒和番茄中，也可取得良好效果。

2. 转基因动物食品　转基因动物的研究主要集中在医药方面，如建立生物反应器，生产可用于人体器官移植的动物器官，建立诊断、治疗人类疾病及新药筛选的动物模型等。而用于食品生产的转基因动物除转基因鱼外，其他畜禽还处于研究的起始阶段。在 20 世纪 80 年代，人们已将外源生长激素基因转入鲤、鲫、泥鳅中，获得了生长速度快、饲料利用率高的转基因鱼。目前人们正对转基因动物的食用安全性方面进行研究，以推动转基因鱼的商品化。中国农业大学生物学院瘦肉型猪基因工程育种取得初步成果，已获得第二、三、四代转基因猪。1997 年 9 月上海医学遗传研究所与复旦大学合作的转基因羊的乳汁中含有人的凝血因子，既可食用，又可以药用，在通过动物廉价生产珍贵药物上迈出了重大的一步。1999 年 2 月 19 日诞生的我国首例转基因试管牛"陶陶"，产奶量可望达 10 000kg，比山羊高 20 多倍。

3. 转基因微生物食品　转基因微生物主要应用在两个方面，一是发酵工业，生产各种酶制剂、维生素、激素、抗生素等食品或饲料添加剂，通过转基因技术可使这些微生物的生产效率明显提高。目前，奶酪生产中使用的凝乳酶，饲料中使用的植酸酶以及养殖业中使用的牛生长激素（BST）和猪生长激素（PST）等，大部分来自转基因微生物。二是作物生产，如生物农药、固氮菌等。

4. 其他特殊转基因食品　用转基因植物或动物生产基因工程疫苗或抗体——食品疫苗，是当前研究的热点之一。已报道研究成功的有乳汁中含抗人类病毒疫苗的转基因牛、羊；鸡蛋中含抗感染人类抗体、人类生长因子、人类干扰素的转基因鸡；在血清中含人类抗体的转基因猪。

二、转基因食品的现状

转基因食品的研究已有几十年的历史，但真正商业化是近十几年的事。世界首例转基因植物即转基因烟草于 1983 年问世。1986 年，首次批准了进入田间试验的转基因植物——抗虫和抗除草剂的转基因棉花。1987—1999 年，仅美国批准进行大田试验的转基因植物就达 4 779 项。自第一例转基因植物培育成功至今，科学家已在 200 多种植物中实现了基因转移，创造出了具有丰产、优质、抗病虫、抗除草剂、抗旱、抗寒、抗盐碱等优良性状的植物新品种，主要包括粮食作物（如水稻、大豆、小麦等）、经济作物（如棉花、向日葵等）、蔬菜（如番茄、黄瓜、甘蓝、胡萝卜、茄子等）、瓜果（如苹果、核桃、草莓、香蕉等）、牧草、花卉及杨树等造林树种。

开发具有特殊营养品质和保健作用的转基因作物以生产"功能食品"，这将对食品加工业产生很大的促进作用，使其生产出较多的高附加值食品。如用转基因技术提高维生素含量的研究已在包括水果和蔬菜等多种作物中进行。利用转基因技术还可培育无过敏原的植物食品。Nakamura 等成功地获得了过敏蛋白明显减少的转基因水稻。另外，无子果实具有品质好、口味好、易加工等特点，深受消费者喜爱。采用转基因技术生产无子果实近年来也取得了可喜进展。例如，通过单性结实基因的导入，调控生长素或细胞毒素基因特异表达和"终止子"技术的运用，已成功地获得无子果实，这将有利于提高果蔬产品的市场价值。目前转基因食品已走进了寻常百姓家中，它可以为人们提供质量更高、营养成分搭配更合理的膳食。

随着转基因动植物技术的不断进步，许多国家正试图以此作为生物反应器，开发生产有经济价值的食品和药物。目前可以用动物反应器生产的药物蛋白质有十几种，其中重要的有人血红蛋白、α_1-胰蛋白酶抑制因子（ATT）、人乳蛋白和人 C 蛋白等。1984 年我国科学家将冠以重金属螯合蛋白基因启动和调控顺序的人生长激素（GH）导入金鱼受精卵，培养出世界上第一批转基因鱼。近年来，转基因鱼类研究普遍开展，仅美国就有约翰·霍普金斯大学、马里兰大学和奥本大学联合研究小组，明尼苏达大学，俄勒冈大学等正在从事鲤、鲫、斑马鱼、鲑、鲶等转基因鱼工作。另外，加拿大、英格兰、法国、爱尔兰、德国、以色列、日本、挪威、印度、印度尼西亚、匈牙利、马来西亚、泰国和俄罗斯等国也相继开展鱼类基因转移工作。目前，我国转基因鱼涉及鲤、鲫、团头鲂、胡子鲶、鲮、鲍等多种淡水与海洋鱼类，涉及鱼类和其他动物生长激素基因共 7 种。现已培育出红鲤、镜鲤、普通鲫、银鲫和白鲫等生长加速的转基因鱼。

随着转基因农作物在全球的迅速推广，转基因农作物产品市场销售额也逐年迅速增加。1995 年转基因农作物的全球销售额仅为 7 500 万美元。从目前的发展趋势预测，到 2010 年可增至 200 亿美元。

三、转基因食品的安全性问题

（一）各国对转基因食品的态度

随着转基因作物商业化生产的不断发展，转基因食品在传统食品市场中所占的份额在不断增加，关于转基因食品是否安全的争论也将更加激烈。各国对转基因食品的认识及态度各不相同。

美国是世界上最早进行转基因研究的国家，也是最早将转基因产品商业化及收益颇多的国家，现已成为转基因农产品最大的生产与出口国。在美国市场上转基因产品已接近 4 000种（包括婴儿食品在内），占市场流通农产品的 60%，年销售额超过 100 亿美元。美国的大豆 90% 以上为转基因大豆，玉米、小麦等作物中超过 50% 为转基因作物。可以说转基因食品在美国早已大行其道，消费者对不断推出的新食品也习以为常。但欧洲的反应却有些不同，欧盟成员国认为转基因食品应用于生产和消费的时间尚短，食品的安全性和可靠性都有待于进一步的研究和证明。特别是在英国，强烈抵制输入基因工程粮食、种子和加工食品，反对进行基因工程作物的田间试验。他们的这些民间运动十分活跃，并颇具社会影响力，如阻止装载基因工程粮食和种子的货轮靠岸，焚烧进口的基因工程粮食，甚至捣毁基因工程作物试验田等。

欧洲议会于 1997 年 5 月通过了《新食品规程》的决议，规定欧盟成员国对上市的转基因食品必须要有基因改良体（GMO）的标签，包括所有转基因食品或含有转基因成分的食品。标签内容应包括：①GMO 的来源；②过敏性；③伦理学考虑；④不同于传统食品，如成分、营养价值、效果等的特点。1998 年 1 月又增补了标签指南，规定来自于转基因豆类和玉米的食品必须标签。否则，像比萨饼等外卖快餐将被处以高达 5 000 英镑的罚款。总之，美欧之间对转基因食品的安全性问题的立场不同：欧洲国家认为，只要不能否认其危险性，就应该限制；美国则主张，只要在科学上无法证明它有危险性，就不应该限制。

发展中国家也是转基因作物的主要种植国（除中国外还有阿根廷、巴西、埃及和印度）。对发展中国家来说，转基因食品不是奢侈品，而是一个生存问题，利用转基因技术发展农业将成为解决吃饭问题的重要出路之一。中国公众对转基因产品的认识比较模糊，多数人不知道转基因食品为何物。广州市统计局 2001 年做的调查表明：大部分被访问者对转基因食品认识不多，有 3 成的人认为转基因食品可能有副作用，超过 7 成的被访问者认为应该对转基因技术和转基因食品立法做出相应规范。被调查市民的反应，从一个侧面反映了中国老百姓对转基因食品的不了解，同时也希望政府部门加强对转基因知识的宣传和教育，并通过立法对该种技术和食品做出说明和标注。

（二）公众担心的问题

尽管各国对转基因食品安全性的认识和态度不一，但人们目前对转基因食品的担忧基本上可归为以下 3 类：①转基因食品里加入的新基因在无意中对消费者造成健康威胁；②转基因作物中的新基因给食物链其他环节造成无意的不良后果；③人为强化转基因作物的生存竞争性，对自然界生物多样性的影响。其中人们最关心的是对健康是否安全，这样就需对其主要营养成分、微量营养成分、抗营养因子的变化、有无毒性物质、有无过敏性蛋白及转入基因的稳定性和插入突变等进行检测，重点是检测其特定差异。其安全性评价主要包括：①转基因食品中基因修饰导致的新基因产物的营养学评价、毒理学评价及过敏效应；②新基因的编码过程造成现有基因产物水平的改变；③对新陈代谢效应的间接影响；④基因改变可能导致突变；⑤转基因食品摄入后基因转移到胃肠道微生物引起的后果；⑥遗传工程体的生活史及插入基因的稳定性等。

（三）转基因食品对人体健康可能产生的影响

1. 食品营养品质改变　外源基因可能对食品的营养价值产生无法预期的改变，其中有些营养降低，而另一些营养增加。

2. 抗生素抗性　抗生素抗性基因是目前转基因植物食品中常用的标记基因，与插入的目的基因一起转入目标作物中用于帮助在植物遗传转化中筛选和鉴定转化的细胞、组织和再生植株。标记基因本身并无安全性问题，有争议的一个问题是其在基因水平上有发生转移的可能性，如抗生素标记基因有可能转移到肠道微生物上皮细胞中，从而降低抗生素在临床治疗中的有效性。

3. 潜在毒性　遗传修饰在打开一种目的基因的同时也可能会无意中提高天然的植物毒素。例如，马铃薯的茄碱、木薯和马豆的氰化物、豆科的蛋白酶抑制剂等有可能被打开而增加这些毒素的含量，给消费者造成伤害。

4. 转基因食品中潜在的过敏原　在自然条件下存在许多过敏原。转基因作物通常插入特定的基因片断以表达特定的蛋白，而所表达蛋白若是已知过敏源，则有可能引起过敏人群的不良反应。例如，为增加大豆含硫氨基酸的含量，研究人员将巴西坚果中的 2S 清蛋白基因转入大豆中，而 2S 清蛋白具有过敏性，导致原本没有过敏性的大豆对某些人群产生过敏反应，最终该转基因大豆被禁止商品化生产。

目前，转基因食品的安全性问题在科学上暂时难以给出定论。但是转基因食品作为高科技食品，进入普通百姓家是不可逆转的趋势，人们对它提出种种质疑，是对人类自身健康和利益负责的态度。为了国家经济和技术安全，为了保护环境和人类健康，应建立我国技术性防范体系，以保护我国农业的健康发展。除此之外，国家还应完善组织机构建设，建立统一监管、部门分工管理的体制，建立健全转基因食品管理制度，以使转基因食品扬长避短，更好地造福于人类。

第二节　转基因食品的安全性分析原则

随着转基因作物和转基因食品的大规模种植和商业化生产，其安全性问题越来越受到人们的广泛关注。为此，科学家制定了评价转基因食品安全性的若干原则。

一、基因供体分析

基因供体分析包括以下几方面的内容：
①基因供体及相关部分的安全食用史，包括毒性、过敏性、抗营养作用、致病性的描述及与人类健康的关系。
②基因供体本身安全性和加工方式对安全性的影响及与人类健康的关系。
③如果基因供体是微生物，则对其致病性和与病原体的关系进行评价。
④评价过去和目前食用和食用之外的其他暴露途径。

二、基因修饰插入 DNA 分析

基因修饰插入 DNA 分析包括以下几方面的内容：
①修饰基因导入受体过程的安全性评价。
②修饰基因稳定性的安全性评价。

③导入基因对宿主其他基因的影响。

三、受体分析

受体分析内容包括以下几方面的内容：
①基因受体的安全食用史。
②基因受体的培育与繁殖史。
③基因受体基因型和表型的安全性。
④基因受体在日常膳食中的作用，以及对人群健康的意义。

四、实质等同性分析

1993 年，经济合作与发展组织（OECD）提出了转基因食品安全性分析的原则——实质等同性（substantial equivalence）原则，即如果一种新食品或食品成分与已存在的食品或食品成分实质等同，就安全性而言，它们可以等同对待，也就是说，新食品或食品成分能够被认为与传统食品或食品成分一样安全。OECD 认为，转基因食品及成分是否与目前市场上销售的传统食品具有实质等同性，这是转基因食品及成分安全性评价最为实际的途径。

（一）实质等同性原则的核心观点

实质等同性不是转基因食品安全性评估的全部内容，而是评估过程的一部分，或者说是评估过程的起点。它为进一步的科学研究提供了一个有效的框架，在这一框架之下，任何安全评估都要求通过对已预料到的或未预料到的效果进行全面的分析，才能判断各种转基因食品和它们所对应的传统食品是否一样安全。这种分析需要处理大量的信息，如农学性状、表型性状的改变的数据，以及有关主要的营养成分和毒性物质的组成成分的数据。例如，日本科学家通过分析水稻茎组织分泌液中的有机酸和单糖含量以及从根中分泌到营养液中的酚类物质及叶子中的挥发性物质，得到抗水稻条纹病毒的转基因水稻与非转基因水稻之间没有差别的结论。

实质等同性本身不是危险性分析，是对新食品与传统市售食品相对的安全性比较。它既可以是很简单的比较，也可能需要很长时间，这完全取决于已有经验及食品成分的性质。实质等同性分析可在食品或食品成分水平上进行，这种分析应尽可能以物种（如大豆作为一个物种）作为单位来比较，以便灵活地用于同一物种生产的各类食品。分析时应考虑物种及其传统产品的自然变异范围。分析的内容应包括遗传工程体的分子生物学特征、表现特征、主要营养素、抗营养因子、毒性物质和过敏原等。实质等同性分析所需的数据可以来自现有的数据库、科学文献、父代或其他传统亲缘种系积累的数据。

实质等同性需比较的内容为：对植物来说包括形态、生长、产量、抗病性及其他有关农艺性状；对微生物来说包括分类学特征（如培养方法、生物型、生理特征）、定殖能力或侵染性、寄主范围、有无质粒、抗生素抗性、毒性；对动物来说包括形态、生理特征、繁殖、健康特征及产量的影响。

食品成分比较包括：脂肪、蛋白质、碳水化合物、矿物质、维生素及抗营养因子（如豆科作物中的酶制剂、脂肪氧化酶）、毒素（如马铃薯中的茄碱；番茄中的番茄素，小麦中的硒等的含量是否增加）和过敏原（如巴西坚果中的 2S 蛋白），一般情况下，只需分析由于基因改变可能出现不良影响的食品成分，而没有必要分析食物的广谱成分。但如果通过其他特征表明由于基因改变可能出现不良影响，那么就应考虑对其进行分析。关键营养素和毒素物质的判断是通过对食品功能的了解以及插入基因的表达产物的了解来实现的。有些实质等同性的结论并不能在所有地区都适用，所以在应用实质等同性时，应考虑国家（地区）、文化背景和社会实践的差异，若发现有未预料的效应，则应根据具体情况作必要的补充分析。

为证明实质等同性，必须将进行过基因改造的活生物体或以其为来源的某一食品产品的性状与传统食品的同一性状进行比较，如果对数据进行正确的分析后发现两者之间的差异程度和变化水平在可接受的范围之内，那么就可以证明该种转基因食品与传统食品具有实质等同性。例如，美国 Monsanto 公司对抗除草剂草甘膦的转 *epsps* 基因大豆的安全性评价过程中，转基因大豆与对照的传统大豆相比：①主要营养元素与抗营养因子无明显差别；②不引起过敏反应，对啮齿类动物是安全的；③饲喂大鼠、鸡、乳牛、鲇和鹌鹑，在饲料转化率及促进生长发育等方面没有统计上的显著差异。结论是该转基因大豆与商用大豆品种有实质等同性。

在评估未预料到的效果的过程中，通过对未经基因改造的农作物及其相关植物的了解，可以选择在特定作物中与人类健康有关的主要营养成分和有毒成分作为重点观察的指标。在掌握了大量的有关农学特征、表型性状以及其他特性的信息后，对这些指标在基因改性处理前后发生的变化进行评估。

在实质等同性评估的应用过程中，一旦证明某种转基因食品与传统食品具有实质等同性，就可认为这种基因食品与其相对应的传统食品一样安全，不需要再进行进一步的安全评估了。如果转基因食品和其相对应的食品有着特定性状的差异，应该在传统食品长期安全食用的经验基础上考察这些特定性状的差异，并针对这些差异进行营养学、毒理学及免疫学的实验。

运用实质等同性的评估方法，可以得到以下结论：①能够证明转基因活生物体，或者利用其生产的食品或食品成分与传统食品或食品成分具有实质等同性。②如果不能证明完全的实质等同性，那么能够证明除了某一插入的特定性状的差异之外，转基因活生物体或者利用其生产的食品或食品成分与来自传统生物体的食品或食品成分具有实质等同性。③不能证明转基因活生物体和利用其生产的食品或食品成分与传统的实质等同性，这是因为对它们之间的差异还不能进行充分的认定，或者是没有合适的传统生物体来做比较。

（二）实质等同性分析数据的收集

1. 收集信息 在进行实质等同性分析前收集有关食品来源——转基因活生物体特征的信息。这些信息大致包括以下几类：

（1）寄主信息。寄主的来源、毒性、分类、学名，与其他生物体的关系，作为食品和食物来源的历史，生产毒素的历史，致敏性，传染性（微生物），在寄主和相近的生物种中存在的抗营养因子和生物活性物质，与寄主有联系的重要营养成分。

（2）基因修饰和插入的 DNA。媒介、基因构建；DNA 组成的表达；来源、使用的转化方法和助催化方法。

（3）改性组织。选择的方法，与寄主相比的形态性状，控制和导入基因表达的稳定性，新基因的拷贝数，导入基因转移的可能性，导入基因的功能，插入基因的特性。

2. 分析信息 在掌握了以上信息之后，需要对食品产品的特征信息进行分析。这些分析应该是将基因食品与来自父系的或者其他可食用的系的产品进行比较，或者将已转基因食品为来源的产品（如蛋白质、糖类或脂肪）和传统的产品进行比较。需要用到的数据主要包括以下三类。

（1）在合适的层次上（株/亚种/变异体）的生物性状的数据。对于植物应该包括形态学的描述、开花次数、抗病性和产量等；对于微生物应该包括分类学的性状、传染性、寄主范围、是否存在质粒、抗生素抗性模式和毒性等；对于动物应该包括形态学、生长、生理学、繁殖、健康性状和产量等。

（2）与消费者最终消费的产品相联系的数据。例如，玉米通常用来加工制造食用油和食用蛋白质，在比较中对于玉米油脂和蛋白质成分的分析就十分重要。

（3）与关键物质相联系的数据。关键物质是指那些在生物体中含有的或者从生物体中生产出来的物质，当其含量被改变后，将会对来自该种生物的食品卫生问题和营养问题发生重要的影响。关键物质包括毒性和抗营养成分，也包括维生素和其他营养素等重要成分。

为获得可比较的数据，从而判断转基因食品与传统食品的差异是否在可以允许的范围之内，数据的收集工作应该做到以下几点：①选择进行比较的传统成分，应该是与转基因植物相对应的传统成分。因为不同的植物采取不同的育种技术，使得进行直接的比较较为困难，所以必须十分仔细地挑选进行比较的对象。②转基因食品和传统食品的数据应该来自相同种植条件下的植物。③应该获得在不同地理位置和不同年份种植的作物数据，而不是搜集在一个地点一年之内的多个重复样本的数据。④如果转基因食品具有抗除草剂的基因，那么应该搜集喷洒了除草剂的转基因食品的数据，如果转基因植物是用于抵抗其他的环境胁迫（如昆虫、盐碱或者干旱等），那么必须获得它们在这些环境下的生长数据。⑤应该采取灵敏、具体的方法来分析数据，以发现其中的变化。

（三）实质等同性分析数据的处理

为判断转基因食品与传统食品是否存在差异，需要用适当的统计方法处理从试验中获得的数据，并且应该标明使用的置信区间。当数据出现统计学上的显著差异时，应该着重考虑是否因为偶然的原因使某些数据在统计学上出现显著差异，在不同的地区和时间这些差异是否能够经常的重复。还可以将出现的差异与文献资料中的数据进行比较，但由于文献资料列出的一系列数据通常是在不同的论文或测量过程中使用不同的参数获得的，并不是所有的数据都全面反映了传统植物的情况，也不一定全面反映目前植物生长的方式，而且分析的方法还有可能并不可靠，因此这种比较必须十分谨慎，不能轻易地下结论。

（四）实质等同性原则的争议

实质等同性的概念目前已被许多国家所采用，并已经演化为一系列的决策系统，以指导监管当局对转基因食品在不同的评价阶段做出合理的结论。即便如此，许多学者还是对实质等同性原则评价转基因食品安全性的合理性提出了广泛的质疑。有关对实质等同性原则提出异议的权威文章"Beyond 'substantial equivalence'"在英国《自然》（Nature）杂志上发表，该文是由英国的 Erick Millstone 等撰写。文章的核心观点是：转基因食品在化学上与传统食品相似并不能提供足够的证明表明其安全。实质等同性概念是有利于转基因食品的生产厂商而不是有利于消费者，各国监管当局对实质等同性概念的态度已经成为转基因食品安全性评价程序进一步发展的障碍。转基因食品的安全性评估，最好是进行全面的生物学、毒理学、免疫学试验，而不仅仅是进行化学试验。

支持实质等同性原则的学者则反驳 Millstone 等人的观点。M. J. Gasson 认为，Millstone 等的观点歪曲了 OECD 专家委员会的工作，如 Millstone 等暗示制定规则的委员会依靠实质等同性原则作为转基因食品安全评价的唯一基础，仅仅用化学检验而忽视了生化、毒理学、过敏性和免疫学的实验和检测方法。M. J. Gasson 强调专家委员会是在个案分析的基础上进行仔细、广泛的考虑，并不仅仅依靠实质等同性原则来评价转基因食品的安全性。2000 年和 2001 年 FAO 和 WHO 共同召集了两次联合专家顾问委员会的会议，认为目前并无其他策略可以为转基因食品的安全性评估提供更好的方法，以代替实质等同性原则的使用，应用实质等同性原则将有助于加强安全评估的框架。

支持和反对实质等同性原则的争论激烈，而且似乎支持的一方要占优势。如何看待正反两方的观点，我们应该从以下几个方面把握：

①实质等同性原则在概念上确实存在模糊性，即概念不清晰，这也是导致实质等同性原则可能被误用的原因之一。但它毕竟是由来自 OECD 的 19 个成员国 60 位专家花费两年时间讨论出来的结果，并且得到 FAO 和 WHO 专家顾问委员会的认可，有它的科学性和合理性，并不像 Millstone 等说的那样一无是处。

②用最终食品化学成分的检测方法来评价转基因食品的安全性是不充分的，即实质等同性原则是结果评价法，而不是过程评价法，存在缺陷，这种化学成分的检测方法不能代替全面的生化、毒理学、过敏性和免疫学的实验和检测方法。

③实质等同性原则是由国际组织（OECD、FAO、WHO）的权威专家制定，具有权威性和科学性，值得信赖。

④实质等同性原则为我们评价转基因食品的安全性提供了一个选择，但不是唯一的方法。

⑤用传统的食品作为对比来评价转基因食品的安全性，有一定的科学性和合理性。因为传统的现存食品是经过人类长时间的食用，其结果已证明对人类健康安全可靠。

总之，用实质等同性原则评价转基因食品安全性既有其合理性，又存在严重不足。其合理性在于它为我们评价转基因食品安全性提供了一个可供选择的方法或指导原则；其不足主要在于这种方法单一，而且它是结果评价而不是过程和结果相结合的评价方法。我们不能单独运用某一种方法或原则来评价转基因食品安全性，而应将实质等同性原则、个案分析的方法和预防原则等有机结合起来，进行动态的分析和评价，确保转基因食品的安全，使之为人类造福。

第三节　转基因食品的安全性评价概况

一、过敏性评价

食物过敏是一个全世界关注的公共卫生问题，约 2 % 的成年人和 6 % ~ 8 % 的儿童患有食物过敏症。食物过敏是指对食物中存在的抗原分子的不良免疫介导反应。过敏反应是免疫球蛋白 E（IgE）与过敏原的相互作用引起的。典型的抗原分子或过敏原是一类能刺激某些个体的 IgE 反应的蛋白质，其作用机制尚不完全清楚。1999 年国际食品法典委员会第 23 次会议公布了常见致敏食品的清单，包括花生、大豆、牛奶、鸡蛋、鱼类、贝类、小麦和坚果等，90 % 以上的过敏反应是由这八大类常见致敏食品而引起的。另外还存在其他 160 类食物也可引起过敏反应。几乎所有的食物致敏原都是蛋白质，但在食物的多种蛋白质中只有少数几种是致敏原。多数食物致敏原引起人的 I 型过敏反应，症状主要为口周红斑、唇肿、口腔疼痛、舌咽肿、恶心以及呕吐等。食物过敏反应通常在食物摄入后的几分钟到几小时内发生。极敏感的人对微量的过敏食物即有反应，个别人在摄入大量过敏食物后甚至有终身反应。目前尚无预防过敏反应的措施。

　　一般由食物产生过敏的过程如下：一种过敏原或此种特殊过敏原中的具有免疫活性的片断，穿过肠道黏膜屏障。这种分子或片断（Fc 段）能刺激不同类型的淋巴细胞，最终导致这些细胞产生对此种过敏原特异的 IgE 抗体。这些 IgE 抗体也具有结合肥大细胞和嗜碱性细胞表面受体的特殊能力，而这些细胞含有组胺等介质。以后的过敏原和 IgE 抗体相结合，导致能刺激平滑肌的细胞组胺等介质的释放，这些介质能导致血管舒张和支气管平滑肌收缩，并最终出现过敏性反应的所有症状。

　　通常食物过敏具有如下共同的特点：①过敏原为具有酸性等电点（pI）的蛋白质或糖蛋白，一般分子质量在 10 000～80 000u。②它们通常能耐受食品加工、加热和烹调操作。③能抵抗肠道消化酶的作用。值得指出的是，这些特性并不是过敏原所特有的，因为非过敏原分子同样可具有这些特性。

　　转基因食品与传统食品最主要的差异在于前者含有用基因工程技术导入的外源基因及其表达产物——蛋白质，由于外源基因编码的蛋白是传统食品所不含有的新成分，因而成为人体过敏原的危险性很大。因此，转基因食品致过敏性评价是安全性评价中的一项十分重要的内容。1988 年，国际食品生物技术委员会（International Food Biotechnology Council，IFBC）开始建立包括致敏性在内的转基因食品安全性的评估标准和评估程序。1996 年，国际食品生物技术委员会与国际生命科学研究会（International Life Science Institute，ILSI）制定了评估遗传改良食品致敏性的树状分析策略，着重于分析转入基因的来源、与已知致敏原

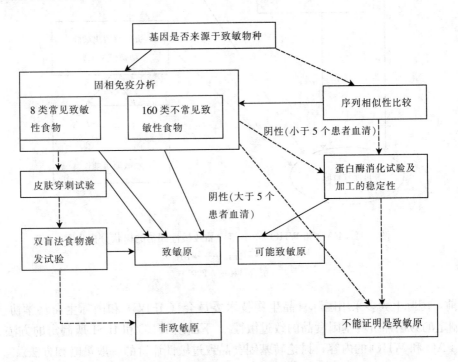

图 7-1　FAO 和 WHO 2000 年食品致敏性评估的树状分析步骤

（——→阳性；----→阴性）

（引自吕相征，2003）

序列的相似性、表达产物与已知过敏患者血清中特异 IgE 抗体的免疫学反应和重组蛋白质的理化特性等。1996 年，联合国粮农组织和世界卫生组织生物技术和安全联合专家咨询会议推荐把实质等同性作为转基因食品安全性评估的原则，包括基因来源、分子质量、序列相似性、耐热和耐加工稳定性、耐消化性等评估指标。2000 年 6 月，FAO 和 WHO 植物源性转基因食品安全联合咨询会讨论了转基因食品的安全问题，进一步发展和完善了 IFBC 和 ILSI 提出的遗传改良食品致敏性树状评估策略（图 7-1）。

2001 年，FAO 和 WHO 生物技术食品致敏性联合专家咨询会议进一步发展和完善了已有评估程序，公布了新的转基因食品潜在致敏性树状评估策略（图 7-2）。与 2000 年公布的评估策略相比，新的评估策略删除了皮肤穿刺试验和双盲法食物激发试验，增加了定向筛选血清学试验和动物模型试验。在该评估策略中，首先是判断基因的来源，根据基因是否来源于已知对人体致敏的物种而采取不同的分析步骤。

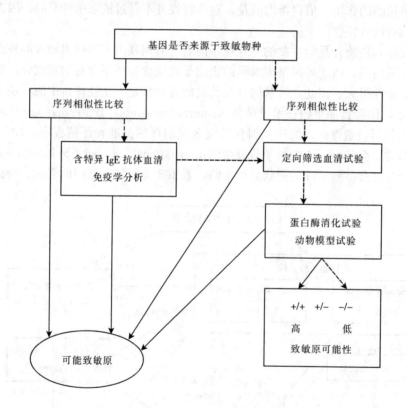

图 7-2　FAO 和 WHO 2001 年食品致敏性评估的树状分析步骤

（———→阳性；- - - -→阴性）

（引自吕相征，2003）

目前，国际上大多采用国际食品生物技术委员会（IFBC）和国际生命科学协会（IL-SI）所制定的方法评价转基因食品的致过敏性。下面以 IFBC 和 ILSI 所制定的方法为蓝本，并结合 FAO 和 WHO 的内容，讨论转基因食品致过敏性评价的一般策略和方法。

对转基因食品致过敏性评价方法的第一步是根据转基因食品中外源基因的来源将外源基因供体分为常见过敏原、不常见的过敏原和外源基因供体的过敏性未知三大类。其中大豆、花生、坚果、小麦、牛乳、鸡蛋、鱼和贝类这 8 种食物被列为常见过敏原。此外，还有 160

多种其他食物曾有引起过敏反应的历史，这一类食物属不常见过敏原。在转基因食品中还经常使用另外一类外源基因，其供体无食用历史，例如，以病毒和某些细菌为供体的外源基因，其食物过敏性未知，这一类外源基因的供体被归为第三大类。根据转基因食品中外源基因供体所属类别的不同，采取相应的方法对转基因食品的致过敏性进行评价（图7-3）。

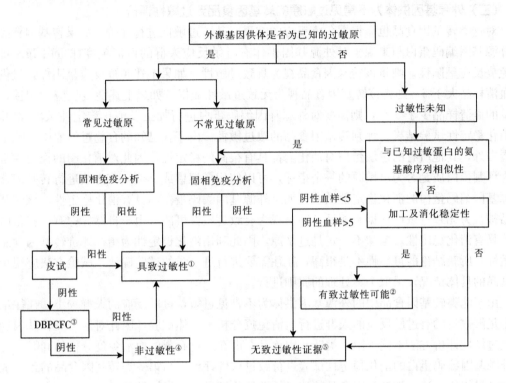

图 7 - 3　转基因食品致过敏性评价流程图
(引自朱茂军，2003)

注：参照 FAO 和 WHO 及 IFBC 和 ILSI 的方法。①在血清和人体试验中，任何一个试验结果出现阳性，都表明该外源基因编码蛋白过敏或潜在过敏原，含有此类外源基因编码蛋白的转基因食品必须加以标示，防止对此类蛋白有过敏反应的人群误食。②对与已知的过敏蛋白无氨基酸序列相似性，或外源基因供体为不常见过敏原并且外源基因编码蛋白与过敏人群血清 IgE 免疫反应为阴性，但供试血样＜5，并且外源基因编码蛋白具有加工和消化酶稳定性的转基因食品，应视为具有致过敏性可能。FAO 和 WHO 认为对此类食品的致过敏性需按个案处理（case - by - case）的原则进一步试验确认。③双盲无效物对照试验。④通过一系列的血清和人体试验，结果皆为阴性，表明含有此类外源基因表达蛋白的转基因食品无致过敏性。⑤对与已知过敏蛋白无氨基酸序列相似性，并且外源基因表达蛋白不具有加工及消化酶稳定性的转基因食品，可视为无过敏性证据。同样，对外源基因供体为不常见过敏原，外源基因编码蛋白与过敏人群血清 IgE 的免疫反应为阴性，且供试血样＞5 的转基因食品，也视为无致过敏性证据。但是仅靠上述两个标准来评判此类转基因食品致过敏性的结果可信度一般，FAO 和 WHO 建议将其他一些因素，如外源基因表达水平、编码蛋白的功能等同时作为此类转基因食品致过敏性评价的依据。

（一）外源基因的供体为常见过敏原的转基因食品致过敏性评价

对此类转基因食品，除非其外源基因编码蛋白与来源于对外源基因供体有过敏反应人群的血清免疫球蛋白 IgE 抗体的免疫反应为阴性，否则可以直接视为具致过敏性。对上述免疫反应呈阴性的转基因食品，还需进一步进行皮试和双盲无效物对照试验，对其致过敏性进行进一步的评价。皮试和双盲无效物对照试验结果只要有一个呈阳性，则将该转基因食品视为具致过敏性。只有皮试和双盲对照试验结果全部呈阴性的转基因食品才能被最后确认为非过敏性食品。由于这类转基因食品的外源基因供体为常见过敏原，因此容易获得足够数量的有过敏反应的人群进行血清免疫分析和人体试验，所以上述评价结果具有非常高的可信度。

（二）外源基因供体为不常见过敏原的转基因食品致过敏性评价

对这类转基因食品也需根据免疫反应的结果对其致过敏性进行评价。如果转基因食品中的外源基因编码蛋白与来源于对外源基因供体有过敏反应人群的血清免疫球蛋白 IgE 抗体的免疫反应呈阳性，则将该转基因食品视为具致过敏性。如果上述免疫反应呈阴性，且供试的血清样品大于 5，则将该转基因食品视为无致过敏性证据。如果上述免疫反应为阴性，但供试的血清样品少于 5 个，则需要对外源基因编码蛋白进行加工及消化稳定性试验，并根据消化稳定性试验结果，评判转基因食品的致过敏性。由于在已知的食物过敏原中，除了花粉蛋白外，其他所有的过敏蛋白对消化酶都具有很高的稳定性，因此对消化酶的稳定性常被作为评判蛋白质是否为过敏原的一个指标，可以使用模拟胃或其他一些方法进行转基因食品外源基因编码蛋白的消化稳定性试验。如果外源基因编码蛋白不具有消化稳定性，该转基因食品被视为无致过敏性证据，相反，则被视为有致过敏性可能。由于自然界中有一些蛋白质虽然具有消化稳定性，但却不一定是过敏原，因此利用消化稳定性为指标评价转基因食品致过敏性，所获结论的可靠性不是很高，往往需要进行进一步的试验确认，试验方法应视转基因食品的具体情况，采取个案处理的原则进行。

由于此类转基因食品中的外源基因供体为不常见过敏，过敏反应的人群较小，往往难以获得足够数量的有过敏反应的人群进行血清免疫分析和人体试验，因此对这一类转基因食品的致过敏性评价方法不同于第一类转基因食品，即在进行有限的血清免疫分析的同时，还借助外源基因编码蛋白的消化稳定性试验进行致过敏性评价。与第一类转基因食品的致过敏性评价结果相比，这一类转基因食品的致过敏性评价结果的可靠性较低。

（三）外源基因供体无食用和食物过敏史的转基因食品致过敏性评价

在所有转基因食品中，对此类转基因食品的致过敏性评价最困难。虽然在一般情况下，这类转基因食品中外源基因的表达水平都很低，因而引起过敏反应的可能性不很大，但是在转基因食品被正式批准上市之前，仍需要进行相关的致过敏性评价。在 IFBC 和 ILSI 制定的转基因食品致过敏性评价方法中，对这类转基因食品的致过敏性评价主要是以转基因食品中外源基因编码蛋白与已知的过敏蛋白的氨基酸序列相似性比较和消化稳定性试验为依据。目前已有 300 多种已知的过敏蛋白的氨基酸序列被测定，因此，通过蛋白质的氨基酸序列相似性比较是转基因食品致过敏性评价的一个有效手段。在 IFBC 和 ILSI 制定的转基因食品致过敏性评价方法中，判断不同蛋白质之间具有氨基酸序列相似性的标准是至少要有 8 个连续的氨基酸残基完全相同，理由是能够与 T2 细胞特异结合并引起过敏反应的最小肽链长度为 8 个氨基酸残基。虽然 IFBC 和 ILSI 的方法是目前对外源基因供体无食用历史的转基因食品进行致过敏性评价的常用方法，但也有人对这一方法的判断标准提出异议，认为该判断标准未能将蛋白质的空间结构在过敏蛋白与 T2 细胞结合时所起的作用考虑在内。事实上，具有完整空间结构的过敏蛋白分子中与 T2 细胞结合的氨基酸残基在一级结构中有可能是不连续的。由于这一类转基因食品中的外源基因供体无食用历史，因此无法像第一类和第二类转基因食品那样利用食物过敏症患者进行血清免疫分析和人体试验进行致过敏性评价。目前转基因食品中大量使用的外源基因的供体多属于第三种类型，例如目前在转基因植物性食品中广泛使用的抗生素抗性基因、抗病及抗虫基因大多来自于无食用历史的微生物。因此，此类转基因食品的致过敏性评价是转基因食品安全性评价中的重点内容。IFBC 和 ILSI 及 FAO 和 WHO 目前所采用的方法都是以过敏蛋白的氨基酸序列相似性比较和消化稳定性试验为基础，对外源基因供体无食用历史的转基因食品的致过敏性进行评价，这种评价方法的结果存在着可信度低等问题。因此，如何针对此类转基因食品的特点，建立更加可靠的致过敏性评价方法将是今后转基因食品安全性评价的一个研究重点。

二、毒性评价

毒性是指化学物质对机体损伤的能力。描述一种物质的毒性时，总是和剂量相联系的，所谓毒性大的物质，是指使用较少的数量即可对机体造成损伤；而毒性较小的物质，是指需要较多的数量才可对机体造成损伤。从某种意义上来说，只要达到一定的数量，任何物质都可能表现出毒性；反之，只要低于一定剂量，任何物质都不具有毒性。

许多食品本身就含有大量的毒性物质和抗营养因子，如蛋白酶抑制剂、溶血剂、神经毒素等抵抗病原菌的入侵。如大多数谷类食品含有蛋白酶抑制因子，许多豆类含有高水平的凝集素和生氰糖苷植物凝集素，如果在食用前未经过加热或浸泡处理，能导致严重恶心、呕吐和腹泻。生食木薯和某些豆类，其生氰糖苷剂量能导致慢性神经症状，甚至死亡。目前发现有 1 458 种毒蛋白，表 7-1 列出了部分毒蛋白。

表 7-1　1 458 种蛋白质中部分有毒蛋白分类

(引自刘谦等，2001)

来　源	数目（种）	实　例
枯草芽孢杆菌	53	枯草芽孢杆菌球型的灭蚊毒蛋白基因
霍乱弧菌	29	毒蛋白基因 ctxA 、ctxB
大肠杆菌	92	大肠杆菌细胞致死毒蛋白基因
苏云金芽孢杆菌	31	苏云金芽孢杆菌溶细胞毒素基因
昆　虫	41	杀虫毒蛋白 DTX11
酵　母	39	M-1 plasmid Killer 的毒蛋白
玉　米	7	NADPH HC 毒蛋白还原酶
细胞毒素	114	细胞毒素 1~10
人类相关	150	Killer 毒蛋白抑制人的蛋白的 cDNA 克隆

现有食品中许多毒素含量并不一定会引起效应。当然如果食品处理不当，某些食品（如木薯和一些豆类）能引起严重的生理问题甚至死亡。评价这些食品毒性的原则应该是：转基因食品不应含有比其种食物更高的毒素。生物体进化过程中有时会产生基因突变而不再发挥作用的代谢途径——沉默途径（silent pathway），其产物或中间物可能含有毒素。但一般情况这类途径较少发生，尤其在较长期的安全食用的食品作物里（因为培养者通常在商业化前就已经除去了高含量毒素的物种）。然而转基因变种中，沉默途径有可能被激活，一些有害基因得到开放，原来低水平表达的毒素在变种过程中可能被高水平的表达，甚至产生新的

毒素。

从理论讲，任何基因转入的方法都可能导致 GMO 产生不可预知的或意外的变化，包括多项效应。靠设计一个试验来鉴别这些效应是不可能的。所以对于转基因食品，首先应判断其与现有食品有无实质等同性，对于关键营养素、毒素及其他成分要进行重点比较。若受体生物有潜在毒性，还应检测其毒素成分有无变化，插入基因是否导致毒素含量的增加或产生了新的毒素。表观上可分析比较新食品及产品与现有食品（成分）的化学组分。另外，可进一步使用的检测方法包括 mRNA 分析、基因毒性和细胞毒素分析。

对食品及其产品作安全性评价最直接的方法是动物试验或其他毒性测试。同时要对传统的动物试验方法进行改进，以适应评价的目的。建议以后的研究应侧重对毒理学临界敏感点的测定，例如转基因食品基质检测的免疫毒性、神经毒性、致癌性与遗传毒性，多种模型动物的建立等。同时，对 GMO 毒性评价还应考虑其对环境生态的效应。模型动物对动物界的覆盖面也应尽可能地广。

我国卫生部于 1985 年修订的《食品安全性毒理学评价程序和方法》所规定的内容也适用于转基因食品的安全性评价。食品毒理学评价包括 4 个阶段：

第一阶段：急性毒性试验。经口急性毒性：LD_{50}，联合急性毒性。

第二阶段：遗传毒性试验，传统致畸试验，短期喂养试验。

第三阶段：亚慢性毒性试验——90d 喂养试验、繁殖试验、代谢试验。

第四阶段：慢性毒性试验（包括致癌试验）。

三、抗生素标记基因的安全性

标记基因可应用于植物遗传转化中，促进转化细胞、组织和转基因植物的生长。目前应用的有抗生素抗性标记基因、除草剂抗性标记基因等。其中抗生素抗性标记被应用在大量遗传工程植物体转化、修饰过程中，对于基因遗传工程植物体的生产起着关键作用。抗生素抗性标记基因的使用，引发了人们的担忧：转基因植物中的标记基因是否会在肠道中水平转移至微生物，从而影响临床抗生素的使用。

水平基因转移又称侧向基因转移，是指在差异生物个体之间或单个细胞内部细胞器之间所进行的遗传物质的交流。水平基因转移作为生物研究安全性问题，也引起了社会和媒体的广泛关注，其中人们比较关心的问题是抗生素抗性基因从转基因植物水平转移至土壤细菌或者植物相关细菌可能造成的危害和以转基因植物为原料生产食品可能发生的抗性基因的水平转移。下面就先以水平转移的机制（转化、转导和接合）来分析以上事件发生的可能性。

（一）转化

转化是指细菌细胞从环境中吸收裸露的 DNA 并将其整合到自身基因组的过程，它不需要受体细胞与供体细胞之间有任何联系，主要步骤：首先是外源双链 DNA 吸附结合到细胞表面，然后迁移进入细胞内部，最后通过同源重组等方式整合到细菌基因组中。许多细菌在自然条件下就具有转化能力。此外，环境中的 DNA 通过吸附土壤和混凝土分子使其对核酸酶的抵抗能力增强 100~1 000 倍，并保持转化能力数周甚至数月。因此，转化事件的发生在自然界是普遍存在的。

由于整合步骤一般采用同源重组的方式，因此转化过程所吸收的外源 DNA 多要求是与细菌基因组同种的或相近的，这在很大程度上限制了抗性基因通过转化方式从转基因植物转移至细菌细胞的可能性。但也有一些细菌例外，如乙酸钙不动杆菌和枯草芽孢杆菌等，它们所吸收的 DNA 就不受同源性的限制，因此不能完全排除抗性基因通过转化方式从转基因植物转移至细菌细胞的可能性。

（二）转导

转导是 DNA 通过细菌病毒（噬菌体）在原核生物细胞之间相互转移的过程，需要供体和受体的共同存在。转导的机制是非病毒 DNA 经不确定的包装进入噬菌体分子内，再通过噬菌体的吸附和注射过程进入其他宿主细胞。噬菌体能够感染的宿主种类比较有限，并且转导过程涉及噬菌体的繁殖再生，要求噬菌体在植物和细菌两种细胞类型中都可以完成复制，这是没有先例的，因此抗生素抗性基因通过这种方式从转基因植物转移至细菌的可能性是非常渺茫的。

（三）接合

目前关于水平转移的报道考虑最多的就是接合转移，它是通过质粒或转座子介导的 DNA 片段转移，需要受体细胞和供体细胞的接触。接合可以分为以下 4 种方式：①自身具有移动性的接合质粒发生转移；②本身不具有移动性但带有接合转移基因的质粒在其他接合质粒的作用下发生转移，而后者通常并不发生移动；③两个质粒融合成为一体，从而赋予不具有移动性的质粒移动性；④转座子介导的转移，尽管该系统能够将 DNA 从细菌细胞中转移至高等生物细胞内（包括植物细胞），但反向的转移从未见有报道。

综上所述，抗性基因通过水平转移从转基因植物进入细菌的可能性非常微小。但是也不能完全排除抗生素抗性基因通过某些未知机制从转基因植物转移至细菌的可能性。那么还需要结合目前转基因植物构建过程中使用较多的抗生素抗性基因的情况来分析它们偶尔转移可能带来的危害。

四、重组微生物基因的转移和致病性

评估基因的转移应基于遗传工程体的性质、基因构建的特点以及各微生物的特点。基因转移的可能性也应基于所转基因的特性与功能。如果转入基因能给予微生物特定的优势，如抗生素抗性、毒性、黏附力或细菌抗生素产量等，那么发生基因转移的可能性就会增大。

如果转入基因未能增强受体微生物的任何生存性能，就不必作进一步的安全评估，反之则要进行安全性评估，要重点考虑的：一是需作载体修饰，以尽量减少基因转入其他微生物的可能性；二是来自重组微生物的食品中应不含活菌，不应在重组微生物中使用目前在治疗中有效的抗生素标记。

同时，也要考虑重组微生物的致病性。选择目标微生物时要作严格的微生物试验，以证明其无致病性。同时需考虑这些活的重组微生物的生物学特性，如在肠胃中的存活、生长和繁殖能力，通过转化、转导或接合交换质粒的能力。

五、转基因动物食品与激素

引入的遗传物质产生的不利后果主要表现在哺乳动物本身的生长、发育和繁殖能力，所以哺乳动物本身的生长、发育和繁殖能力是安全性评价的重要内容。一般来说，健康的哺乳动物可作为人类食品，但考虑到某些鱼类和无脊椎动物含有毒性物质，所以并不能保证来自健康动物的食品就一定是安全的。水生食用生物虽有良好的健康状况，也不能作为食品安全的依据。在这方面一般都依据实质等同性原则进行安全性分析。

另外，评价转基因动物食品的安全性还要考虑的是用于饲喂动物的药物、饲料的安全性。人们将具有性激素类似活性的物质用于养殖业，促进畜禽和水生动物的生长，提高饲料转化率，改善动物食品质量。因此人们食用动物食品时，就开始接触动物体内的激素。对于天然激素，如雌二醇、孕酮、睾丸激素等，由于这些成分是自然产生的并且与哺乳动物体内正常生长所需激素是一致的，对于人体来说，大部分此类激素是由其本身产生的，少量来自食用动物，而且大部分激素都是皮下注射（也有少量被掺加在饲料中喂食），在体内可以以稳定的速度释放，如果这些激素被很好地控制和管理，肉类中的激素浓度可以保持在正常生理范围内，对消费者不会造成安全性问题，因此通常这类激素肉类食品不需要进一步的安全性分析。

对于人工合成的激素类，如赤霉烯酮、美仑孕酮乙酸酯等，与天然激素不同，它们不能被生物体自己产生，并且这些成分代谢速度不如天然激素类快，即使是微量的改变也可能给人的生理带来永久的变化，因此必须进行严格的安全性检查和评价。评价方法是用动物毒性试验来决定肉类中此类成分的安全限度。要求加工后的肉类中激素残留必须低于安全水平，否则视该食品不安全，不允许进入市场销售。

第四节　转基因食品的安全管理

由于转基因食品与人们的日常生活紧密相关，所以人们首先想到的是该新型食品是否对人类的健康产生不利影响。虽然目前专家们对这一问题的答案见仁见智，不尽统一，但是有一点是一致的，厂家和商家有义务清楚地向消费者说明所售食品是否属转基因食品，是否含有转基因的原料及其含量，即有向消费者告知的义务。但目前的科学技术水平还难以完全准确地预测到外源基因在受体遗传背景中的全部表现，人们对转基因食品的潜在危险性和安全性还缺乏足够的预见能力，因此，必须采取一系列严格措施对遗传工程体实验研究和商品化生产进行全程安全性评价及监控管理，以保障人类和环境的安全。目前各国均针对自己的国情制定或开始制定综合性的生物技术安全指南和管理措施，建立起一系列的转基因食品安全管理的程序和规范。

一、国外的安全管理

（一）联合国转基因食品的管理

1992 年联合国召开环境与发展大会，在有关条款中提到了生物技术安全性问题。至1999 年 2 月，已召开了 6 次关于生物安全议定书的特别专家工作组会议，给出了议定书的初稿。FAO 和 WHO 联合成立的食品规格委员会于 2000 年 3 月在日本举行为期 4d 的会议，旨在 2003 年前制定出关于转基因食品的国际标准。此次会议有 36 个国家、8 个国际机构和16 个非政府组织的代表参加。2000 年 12 月，联合国在法国蒙彼利埃召开了转基因生物国际大会。会议决定建立一个国际生物安全信息中心，以加强全世界对转基因产品的管理和信息交流。该信息中心收集世界各国关于转基因生物的政策法规、管理办法、科研进展以及各国所有允许和禁止的转基因产品的目录清单。经过多年的争论后，由62个国家签署通过了被称为《卡塔赫纳生物安全协定书》的联合国有关规范转基因有机物（genetically modified organism，GMO）贸易的协定，联合国的这项协定要求任何含GMO的产品须粘贴可能含GMO的标签。对某些产品，出口商须事先告知进口商他们的产品是否含GMO，政府或进口商有权拒绝进口这种产品，该协议所指的GMO产品包括转基因种子和鱼，以及由GMO制成的产品，如烹调油、面酱和其他预加工的食品。

（二）欧盟转基因食品的管理

欧盟对转基因食品持反对态度，认为重组DNA技术有潜在危险，不论何种基因、哪类生物，只要通过重组技术获得的生物都必须接受安全性评价和监控。欧盟委员会成立了欧盟食品独立权力机构，发表了欧盟《食品安全白皮书》，推出了一项食品安全计划。欧盟食品独立权力机构统一管理欧盟境内所有与食品安全有关的事物，包括指挥食品危机预警系统、与消费者就食品安全进行直接对话、建立与各国食品卫生和科研机构的合作网络、负责向欧盟委员会递交有关食品卫生的分析报告。《食品安全白皮书》对从食品的制造到销售，畜禽饲料的生产和转基因食品都做出了规定，力求做到生产过程透明，让消费者放心。其中规定2000年起在欧盟境内销售的转基因食品必须贴上专门标志，让消费者心中有数。

1990年4月，欧盟颁布了欧盟理事会90/220令，规定了转基因生物的批准程序。1997年5月欧盟通过了《新食品规程》的决议，规定欧盟成员国对上市的转基因产品要有GMO标签，这包括所有转基因食品或含有转基因成分的食品。1998年9月，欧盟增设了标签指南，规定来自转基因豆类和玉米的食品（尚不包括食品添加剂，如大豆卵磷脂）必须加标签。1999年10月，欧盟又提出了转基因原料的混入上限需在1%以下。2000年欧盟在其官方公报上发布50/2000号法规，对某些转基因食品的标签做出了强制性规定。欧盟认为虽然有些生产商并不想在食品中加入转基因大豆和玉米，但转基因物质仍然有可能在耕种、收集、运输、储存和加工过程中混入食品，对食品造成偶然的污染，这样就需要对这些转基因物质规定一个最高限量，超过这一限量就应该在食品标签上予以说明。欧盟规定，在以下两种情况下可不在食品标签上作附加说明：①食品成分中根本不含有转基因的蛋白质或DNA。在这种情况下，生产商仍需按照有关规定标明该食品的成分。②食品中的转基因物质是偶然污染造成的，而且其含量不超过1%，在这种情况下，生产商必须提供证据，证明他们采取了适当措施以避免使用转基因物质作为原料，食品中存在的转基因物质成分是偶然侵入而造成的污染。该法规自2000年4月1日生效，也就是说，从2001年4月起，食品中任何成分、添加剂或食用香料含有超过1%的转基因原料就需标志。由于现有的检测技术仅能检测食品中1%以上的转基因含量，欧盟的食品标签法规无疑使欧盟成为世界上对转基因食品要求最严格的地区。

（三）美国转基因食品的管理

美国分别由农业部（USDA）、环境保护局（EPA）、食品和药物管理局（FDA）负责环境和食品等方面的安全性评价和审批。任何一种转基因作物本身及其生产过程都必须根据具体情况，经过上述3个机构中一个或多个进行审查。美国没有为转基因生物安全单独制定法律，仅是EPA、FDA和USDA在一些法律指导下，制定了一系列管理条例，用以监测和控制转基因作物及其食物产品的安全性（表7-2）。

表7-2 美国生物技术管理机构职能及其管理法规

管理机构	管理范围	法 律	条 例
农业部（USDA）	控制有害生物、植物、牲畜及负责监督转基因作物的普及种植	《联邦植物有害生物法》（FPPA）	遗传基因工程生物及其产品简化的申请内容与程序；遗传基因工程生物及其产品；受控生物体的报告程序及解除控制的申请；介绍利用基因工程改变或开发的生物和产品；该生物和产品是有害生物或有理由相信其是有害生物
环境保护局（EPA）	监控微生物、植物农药，农药的新用途，新微生物及负责管理转基因作物抗杀虫剂的性能	《联邦食品、药品与化妆品法》（FFDCA）；《联邦杀虫剂、杀真菌剂、杀啮齿类动物药物法》（FIFRA）；《毒物控制法》（TSCA）	根据FIFRA/FFDCA制定的条例：植物杀虫剂，补充通知，管理指南。根据FIFRA条例制定的植物杀虫剂管理指南。微生物杀虫剂：实验用许可和通告。政策声明：FIFRA和TSCA下微生物产品。转基因技术微生物产品：毒品控制法下的最终条例
食品与药品管理局（FDA）	负责管理食品、饲料、食品添加剂、兽药、医药及医疗设备，并确保转基因食品对人的安全性	《联邦食品、药品与化妆品法》（FFDCA）	政策声明：植物新品种加工食品

资料来源：美国大豆协会，ASA，2001。

　　审查过程中，3个部门的侧重点不同，如转基因抗虫特性和抗除草剂特性的食品作物必须由 USDA、EPS 和 FDA 同时审查，转基因油料作物必须经由 FDA 和 USDA 审查；转基因园艺作物由 USDA 单独审查（表7-3）。

表7-3 美国转基因技术管理机构

新性状或作物类型	管理机构	管理范围
抗虫的粮食作物	USDA	农业安全
	EPA	环境、食品/饲料安全
	FDA	食品/饲料安全
抗除草剂的粮食作物	USDA	农业安全
	EPA	相应除草剂的新用途
	FDA	食品/饲料安全
抗除草剂的观赏植物	USDA	农业安全
	FDA	相应除草剂的新用途
粮食作物含油量的改变	USDA	农业安全
	FDA	食品/饲料安全
观赏植物花色的改变	USDA	农业安全
降解污染物的改性土壤微生物	EPA	对环境是否安全

资料来源：ASA，2001。

1992 年 FDA 颁布了食品安全和管理指南，以保证 FDA 对那些通过现代生物技术所生产的食品和食物成分进行管理的权利。指南表明一种新食品的研制方法，如生物技术，并不能作为决定这种新食品安全性的因素。安全性评价应根据实质等同性原则来进行。生物技术食品要接受 FDA 的食品销售法规的管理，加入食物中的物质应按食品添加剂的要求进行上市审批。FDA 同时认为，由于重组 DNA 技术等的快速发展，管理方针应具有足够的灵活性以便允许随技术革新而做必要的修改。

FDA 在 1992 年的指南中，要求利用生物技术生产食品的生产商要考虑转基因食品发生的预料之中及预料之外的改变，还要检查受体、DNA 的供体、被转入或修改的 DNA 及其产物的特性。FDA 认为食品的安全性只是相对的，绝对安全的食品是不存在的。但是生产商必须保证不能将有毒物质转入受体，食物产生的毒性物质及抗营养因子不能超过无法接受的水平。应该考虑在营养成分、毒性、过敏和抗营养方面可能发生的质量和数量上的变化。新转入的或已知功能的转基因物质，如果曾经在其他的食物中以相当的水平被食用，或与那些安全食用的食物相似，则不需要再通过 FDA 的批准。如果要将结构、功能和成分特性均不同的蛋白质或脂类转入到食物中，则需要进行上市前审批。对于碳水化合物，如果转入未引起其消化性或营养价值的改变，一般不需要进行上市前的审批。

如果转入的 DNA 来源于一种已知的过敏原或可能的过敏原，生产商就应向 FDA 进行咨询，并且生产商应保证其不是过敏原。生产商应向 FDA 提交转入物质的安全性报告，FDA 接到有关安全报告后，如果没有特殊的安全问题，则不再对该产品的安全性做进一步的考虑。

2000 年 5 月，FDA 又公布了转基因作物及食品管理新措施。与原规定相比，新措施要求在推出新的转基因作物品种之前至少要提前 4 个月报告 FDA，并提供研究数据。按照新规定的要求，FDA 对一种新的转基因作物进行评估后，要将安全检测数据公布在网上，供消费者查阅。FDA 认为，科学评估结果表明美国销售的所有含生物技术成分的食品具有与普通食品一样的安全性，公众应该继续树立对转基因食品的信心。由于有些食品加工商打算在食品包装上标明产品是否含有转基因成分，FDA 将制定有关标准，以确保这种标签是真实的。FDA 认为没有必要对转基因作物做额外的检测和强制对所有转基因食品贴标签。

FDA 在 2001 年 1 月出台了《转基因食品管理草案》，规定在标签中使用来源"生物工程的"和"生物工程改造的"等字样，而不用"GMO"、"非 GMO"、"GM"等字样。

（四）加拿大转基因食品的管理

在过去的 20 年中，生物技术在加拿大得到了迅速的发展，加拿大已成为世界上生物技术领先国家之一。目前，从开发生物技术产品的公司数量，就业人数及该行业的销售额等方面来衡量，加拿大仅次于美国。加拿大在对转基因食品的态度上受美国影响较深。与欧盟国家相比，加拿大公众舆论对转基因产品的接受程度较高，加拿大政府对转基因产品的管理也与美国类似。

在加拿大，负责法规和标签的权力机构是卫生部（Health Canada），其所属的健康保护局（Health Protection Branch）在加拿大食品管理局（Canadian Food Inspection Agency）领导下行使权力。加拿大政府在 1993 年制定的对生物技术产业的管理政策中规定，政府利用现有的法规和管理机构对转基因农产品进行管理，目前的管理机构有：卫生部产品安全局负责食品、药品、化妆品和除虫剂等产品中的生物技术产品的审查，农业部食品检验局负责植物、动物饲料和饲料添加剂、化肥和畜药等产品中的生物技术产品的审查，环境部负责审查转基因产品对环境的影响。

1994 年加拿大食品管理局制定了《新食品安全评价准则》（Guidelines for the Safety Assessment of Novel Foods），1995 年该局又制定了《新食品管理条例》（the Novel Food Regulations），并于 1998 年对该条例作了修订。这些规定对"新食品"作了定义：①没有安全食用史的物质（包括微生物）。②采取新方法生产、制作、保存或包装的食物，或使食物发生巨大变化的方法，所谓巨大变化是指该方法依据制造商的经验或通常接受的理论可能会对食物成分、结构、公共价值或已确认的食物生理作用产生有害影响，或可能改变该食物的代谢或对食物安全性及食物的安全使用产生影响。加拿大的新食物包括来源于改变了基因的植物、微生物或动物。例如，生物出现了在转基因前不具有的特性，或该生物转基因前的特性不能重现，或出现了一种或几种该生物在正常情况下不具有的特性。可见该规定对"新食品"的定义范围较广，与欧盟对"新食品"的定义相同。

加拿大对转基因产品的审查制度和技术标准是参照 WHO、OECD 和 FAO 等国际组织的要求而制定的，并与其他国家的规定相一致。加拿大的新食品法规以实质等同性原则为基础，要求生产商在新食品销售和发布广告前的 45d 内向健康保护局提交书面报告。报告内容包括新食品的普通名称、研制和生产的过程中发生的任何主要变化、制作指导及食用量的估计、在加拿大以外的使用情况以及标签上的所有其他内容。健康保护局应在 45d 内做出答复，如果需要新食品制造商提供更多的信息，这一期限可以延长。在生产商提交报告的基础上，如果认为新食品是安全的，健康保护局应通知制造商，并允许该食品进行广告宣传及进入市场。如果评价要求的某些内容与某种产品不相关，那么生产商就可以不提交这些资料。

加拿大生物技术的发展一直得到了政府的鼓励和支持。加拿大政府于 1998 年制定了新的加拿大生物技术战略，为加拿大生物技术产业的发展创造了良好的环境。同时加拿大政府成立了生物技术部长间协调委员会及生物技术咨询委员会，负责就重点问题向政府提交研究报告。

关于转基因食品的标识问题，加拿大政府目前的政策是：由于市场销售的所有转基因产品均被认定为实质上同等于传统产品，在产品标识上两者应享受相同待遇。即不强制要求销售商对转基因产品贴特殊标记。只有在产品中某种营养成分含量变化较大或有可能对某些人群产生过敏作用时除外。

关于转基因食品可能导致长期副作用问题，加拿大政府目前的态度为：从目前市场销售的转基因产品来看，它们潜在的致毒因素或致过敏因素与传统食品并无不同，所以至少目前并无必要对某种食品进行长期实验。如果今后生物技术能生产出从未遇到的营养成分、有毒成分或致过敏成分，加拿大政府则会考虑对其开展中长期实验研究。

总的看来，加拿大对食品的审查制度着重于产品的特性而非产品的生产过程，即在管理中对产品是否由转基因技术产生并未作区分。这反映了加拿大政府对转基因食品的接受程度较高。另外，美国和加拿大迄今尚未发生过类似于欧洲国家疯牛病那样的恐慌，这可能也是转基因食品在加拿大并未成为一个政治性话题，加拿大公众对转基因食品容忍程度较高的原因之一。

（五）日本转基因食品的管理

日本是较早开展生物技术安全立法工作的国家之一，并从一开始就非常重视其安全管理。日本政府制定了一系列的法规以保证研究和应用重组 DNA 生物的安全性。早在 1979 年 8 月 27 日，日本政府就颁布了《重组 DNA 生物实验指南》，随后多次进行修订。1996 年

3 月颁布了第 10 次修正案。1989 年 4 月，日本农林水产省大臣颁布了《农、林、渔及食品工业应用重组 DNA 准则》，并先后 3 次修订。日本目前实施的是 1995 年第三次修正案。

日本有文部科学省、通产省、农林水产省和厚生劳动省 4 个部门进行转基因食品安全的管理。文部科学省负责审批实验室生物技术研究与开发阶段的工作。1987 年，该省颁布了《重组 DNA 实验准则》，负责审批试验阶段的重组 DNA 研究。通产省也称经济产业省，负责推动生物技术在化学药品、化学产品和化肥生产方面的应用。有关的准则于 1986 年 6 月颁布，该准则是针对将重组 DNA 技术的成果应用于工业化活动。规定了在工业应用中的基本要求及条件，以确保重组 DNA 技术的安全，并促进该技术的合理应用。厚生劳动省也称健康与福利部，负责药品、食品和食品添加剂的审批，同时也负责转基因食品安全问题。1986 年颁布《重组 DNA 工作准则》。1992 年 4 月，该部门又制定了不直接用于消费的转基因产品的食品安全指导原则。1994 年 8 月，首次批准使用该指导原则的是转基因凝乳酶（在制造奶酪过程中使用的一种牛奶凝结酶，而且也得到美国和欧盟的批准）。1996 年，开始实施评估抗除草剂食品标准。农林水产省负责审批重组生物向环境中的释放。

日本政府规定：首先，转基因实验必须遵循文部科学省的《重组 DNA 实验准则》，转基因农作物的开发首先要在封闭环境中开展。其次，实验室中开发出来的转基因作物要想进行商业化，即田间种植后用作食品或饲料，必须在田间种植和上市流通之前，逐一地对其环境安全性、食品安全性和饲料安全性进行认证。环境安全性，需要遵守农林水产省制定的《在农林渔、食品和其他相关产业中应用重组 DNA 生物体指南》；食品安全性，自 2000 年 5 月 1 日起必须遵守由厚生劳动省根据食品卫生法制定的《食品和食品添加剂指南》（2001 年 4 月 1 日起，根据《食品卫生法》未作安全审查的禁止销售与进口）；饲料安全性，必须遵守由农林水产省制定的《在饲料中应用重组 DNA 生物体的安全评估指南》。根据以上 3 点由开发者对转基因产品先进行安全性评价，然后再由政府组织专家进行审查，确认其安全性。只有被确认了安全性的转基因产品才能实现商品化到日本消费者的手中。任何利用重组 DNA 技术开发的食品和食品添加剂，如果没有经过安全评估，禁止进口或在日本销售。

另外，日本食品流通局负责《新食品法规》的制定和转基因食品的标识。日本《转基因食品标识法》于 2001 年 4 月 1 日正式生效。该法对已经通过日本转基因安全性认证的大豆、玉米、马铃薯、油菜子、棉子 5 种农产品及以这些指定农产品为主要原料，加工后仍然残留重组 DNA 或由其编码的蛋白质食品，制定了具体标识方法。其要点如下：第一，加工食品的标识方法。以指定农产品为原料的加工食品（包括该食品的再加工食品）。如果食品中重组 DNA 或由其编码的蛋白质仍有残留，那么所有食品生产者、制造商、包装商或进口商，必须在食品标签上注明其主要原料。第二，指定农产品的标识方法。除了对加工食品贴标签外，还要对指定的农产品进行标识。此外，该法还规定了每年都要对指定农产品及其加工食品的种类进行修订，修订时需要考虑的因素有：最新商品化的转基因农产品、分销及用作食品原料的转基因农产品的实际情况、去除和分解重组 DNA 及由其编码的蛋白质的实际情况、由于检测方法的进步而得出的新结论、消费者的观点。此外，还应考虑在有机食品和加工食品的生产、制造、流通及加工中，对转基因农产品及以其为原料的加工食品的处理情况和制定国际统一制度的进展情况。

由于日本的食品主要依赖进口，所以日本建立了以转基因食品为重点的科技、农业、食品卫生相衔接的基因工程管理法制体系和评价制度。从 1998 年 10 月 15 日，日本通过安全评价达到一般性场地开放性试验的转基因植物 35 种，通过食品安全确认的共 23 种，主要是来自美国的转基因大豆和加拿大的转基因油菜。

（六）俄罗斯转基因食品的管理

俄罗斯国家卫生防疫部门、粮食质量监察部门及消费者权利保护机构负责监察转基因食品和药物标识实施工作。俄罗斯本身几乎不生产转基因食品，政府明令禁止转基因食品上市销售。俄罗斯已制定《关于完善转基因食品及医疗药物销售监控系统的决议》。从 2000 年 7 月 1 日起，利用基因技术得到的食品和药物在上市销售前，必须在俄罗斯国家卫生防疫监察部门进行登记，获得由俄罗斯医学科学院食品研究所颁发的许可证。上市销售的转基因食品和药物在包装上必须有提醒性标识。禁止利用转基因技术生产的无提醒标识食品及药物上市销售。该决定还规定，所有从事转基因产品的企业、法人和自然人，必须把利用转基因技术生产的原料和有关成分列在商品运输文件中。

针对当前俄罗斯市场上转基因食品流通中存在的问题，2004 年 12 月 31 日，俄罗斯联邦国家总防疫师奥尼欣科签署了《关于对转基因食品加强监督的命令》。奥尼欣科在命令中对俄罗斯当前针对转基因食品的立法、执法情况和俄罗斯市场上转基因食品流通中存在的问题进行了总结，并针对当前的形势发出了加强转基因食品监管的命令。命令内容如下：第一，各行政区及交通管辖区的总防疫师将加强对转基因食品的国家卫生防疫监督作为 2005 年的重点工作之一；每季度第一个月的 10 号前，向联邦卫生流行病中心上报上一季度食品转基因检查情况；在居民中开展宣传工作。其中包括使用大众传媒就转基因食品的安全问题和消费者获知完整可靠的食品生产工艺信息的权利进行宣传；在 2005 年 3 月 1 日前就已完成的工作情况进行汇报。第二，联邦消费者权利保护及人身安全监督局卫生监督处在 2005 年 1 月 15 日前准备好《一些商品的销售规则》中转基因食品商标标注方面的补充草案；在 2005 年 4 月 1 日前准备好向俄罗斯联邦政府提出关于设立基因工程活动跨部门委员会的建议；将组织联邦消费者权利保护及人身安全监督局的专家召开完善转基因食品监督的讨论会列入 2005 年的组织活动计划；会同联邦卫生流行病中心、饮食科学研究所和俄罗斯医学科学院制定并提交批准 2005 年培训食品中转基因成分数量测量方法方面的实验医生；会同联邦消费者权利保护和人身安全监督局实验室委员会采取措施完善食品中转基因成分确定方面的实验室研究方法；会同联邦卫生流行病中心，在每季度第一个月的 20 号前上报上一季度食品中转基因成分检查情况。

（七）澳大利亚和新西兰转基因食品的管理

1998 年，澳大利亚在该国的食品标准法典中增添了有关基因技术生产的食品标准——A18，要求所有用基因技术生产的食品在澳大利亚销售时，均要经过澳大利亚、新西兰食品机构（ANZFA）评定并列入标准。标准中规定：基因技术生产处理后的食品如与原食品不是本质上相同或含有新的遗传物质时，要在标签上标明。生产转基因食品的企业必须向 ANZFA 申请。澳大利亚、新西兰食品标准评议会（ANZFSC）用 6 个月的时间审批，在经过 12 个月评估后，还需要 3 个月的时间才能将申请通过的食品列入法规中。该标准从 1999 年 5 月 13 日起实施。标准列出了已经有关机构按当局颁布的安全性评估标准对其审批后获批准通过的转基因食品。标准还就转基因食品的标签做出了明确的规定：由基因技术生产的食品或食品成分含有新的遗传物质或遗传物质被改变，且其特性、性质与原食品不是本质上相同时，也要进行标识，包括餐馆、学校食堂、宴会、机场、医院销售的所有食品。标准要求，如果生产者知道食品中含有转基因成分，则要在标签上标明；如果生产者对食品成分不确定，标签上必须指出可能含有转基因成分。

（八）韩国转基因食品的管理

20 世纪 80 年代末以来，韩国的政府、大学和私营机构已培育了 14 个转基因作物。为确保转基因作物环境安全评价工作开展，农林部（MAF）做了大量的工作，并起草了《转基因农产品的环境安全评价办法》，于 2001 年下半年开始实施。其安全评价的范围包括通过转基因方法获得的农作物品种的环境安全性，特别是目的基因、受体生物、供体生物、转基因方法、目的基因整合与表现的稳定性、繁殖特征、是否产生有毒物质、基因漂移、对农业环境的影响及演变为杂草的可能性。如果确认转基因作物与常规作物在环境安全性上没有差别，则允许进行环境释放。

为了建立食物安全评价体系，韩国食品与药品管理局（KFDA）发布了《转基因食品安全评价办法》，从 1999 年 8 月起开始实施。该办法对转基因食品的安全评价建立在科学的数据基础之上，充分考虑到了对人体安全的影响。在安全评价中考虑的因素包括目的基因、受体生物、供体生物、转基因方法以及毒性、过敏性、抗营养因子等在内的食品安全特性。与非转基因作物相比，转基因作物的这些特性应在公众可接受的范围之内。转基因作物的毒性、过敏性、抗营养因子等都需要在动物身上做相应的试验。

目前，韩国有两种转基因产品的标识办法，一个是《转基因农产品标识办法》（MAF），另一个是《转基因食品标识办法》（KFOH）。已从 2001 年 3 月 1 日起开始实施《转基因农产品标识办法》。列入标识范围的包括大豆、豆芽和玉米。马铃薯的标识从 2002 年 3 月开始实施，由转基因产品的经营商负责进行标识。转基因产品含量超过 3% 的必须进行标识。转基因农产品可标为转基因产品、含有转基因产品和可能含有转基因产品 3 种类型。2001 年 7 月 13 日，韩国食品与药品管理局制定颁布了《转基因食品标识基准》。按照该基准，对于生产、加工和进口的大豆及玉米制品、豆粉、玉米淀粉、辣椒酱、面包、点心、婴儿食品等 27 类食品及食品添加剂，其制造过程中使用的 5 种主要原材料中，只要有 1 种以上为转基因技术种植、培育及养殖的农、畜、水产品，且基因变异 DNA 或外来蛋白质存留在最终产品时，必须用 10 点以上的字号标明基因重组食品或含有某种基因重组的 DNA 食品。在原材料名称的旁边用括号注明基因重组或基因重组的某某材料。违法者将处以 2 年以下徒刑或 1 000 万韩元的罚款。对于大豆、玉米等 4 种农作物必须标明是否为转基因农作物，违法者也将处以 1 000 万韩元的罚款。加工后不再含有转基因成分的食品不在标识范围内，如酱油、豆油等。

（九）其他国家转基因食品的管理

泰国政府严格控制转基因产品的进口，而且不允许在国内进行商业买卖。目前，转基因玉米获准进口在饲料中使用，大豆仅限于用做榨油。泰国政府还没有要求对转基因产品加贴标签或对含转基因成分的产品加以说明。

根据《食品和物品法》中保障食品安全和对食品诚实标识的规定，瑞士 1995 年起对转基因食品进行审批和标识管理，转基因食品经批准后方可上市，进口转基因食品必须加以标识。联邦卫生局所属的实验室对申报的转基因食品进行检验。主要是检测转基因食品的安全性以及转基因在食品中所占的含量。瑞士联邦政府规定，从 2000 年 7 月 1 日起，食品中转基因成分不超过 1% 的，不需在标签上标明，超过 1%，商品标签上的说明字样由过去的转基因制品改变为由××转基因品所制。食品中转基因物质的含量无法确定时，尽管可能含量是微量，仍需要在食品标签上说明。自 1996 年，联邦卫生局收到第一份转基因食品（大豆）申请以来，已有数十个转基因食品申请上市。

巴西卫生部已仿效欧盟的做法，制定颁布了相关的转基因食品标识的规定，要求转基因食品的标识必须符合国际标准，含有转基因成分的食品必须在其商品标签上标识说明。

二、国内的安全管理

我国由于转基因技术发展较欧美晚，在安全法规和管理上起步晚于发达国家，但是我国非常重视转基因作物和转基因产品的管理，并制定了一系列转基因产品管理办法。

1993 年 12 月 24 日，国家科学技术委员会发布《基因工程安全管理办法》。该办法按照潜在的危险程度将基因工程分为 4 个安全等级，分别为Ⅰ、Ⅱ、Ⅲ、Ⅳ级，分别表示对人类健康和生态环境尚不存在危险、具有低度危险、具有中度危险、具有高度危险，规定从事基因工程实验研究的同时，还应当进行安全性评价。其重点是目的基因、载体、宿主和遗传工程体的致病性、致癌性、抗药性、转移性和生态环境效应以及确定生物控制和物理控制等级。

1996 年 7 月 10 日，农业部发布《农业生物基因工程安全管理实施办法》。该实施办法就农业生物基因工程的安全等级和安全性评价、申报和审批、安全控制措施以及法律责任都作了较为详细的描述和规定。

1999 年，国家环境保护总局发布了《中国国家生物安全框架》，提出了我国在生物安全方面的政策体系、法规框架、风险评估、风险管理技术准则、国家能力建设；还成立了有关的机构，有七八个部门参加，还发布了一个框架文件。

2001 年 5 月 23 日，国务院 304 号令公布了《农业转基因生物安全管理条例》。其目的是为了加强农业转基因生物安全管理，保障人体健康和动植物、微生物安全，保护生态环境，促进农业转基因生物技术研究。在这个条例里面，把农业转基因生物进行了定义，规定了对研究、试验的要求，要取得的安全证书。生产、加工，要取得生产许可证；经营，要取得经营许可证。要求在中国境内销售列入目录的农业转基因生物要有明显的标志。对进口与出口也规定，所有出口到中国来的转基因的生物以及加工的原料，都需要中国颁发的转基因生物安全证书，如果不符合要求，要退货或者销毁处理。

2002 年 1 月 5 日，农业部根据《农业转基因生物安全管理条例》的有关规定公布了《农业转基因生物安全评价管理办法》、《农业转基因生物标识管理办法》和《农业转基因生物进口安全管理办法》。《农业转基因生物安全评价管理办法》评价的是农业转基因生物对人类、动植物、微生物和生态环境构成的危险或者潜在的风险。安全评价工作按照植物、动物、微生物 3 个类别，以科学为依据，以个案审查为原则，实行分级分阶段管理。该办法具体规定了转基因植物、动物、微生物的安全性评价的项目、试验方案和各阶段安全性评价的申报要求。《农业转基因生物标识管理办法》规定，不得销售或进口未标识和不按规定标识的农业转基因生物，其标识应当标明产品中含有转基因成分的主要原料名称，有特殊销售范围要求的，还应当明确标注，并在指定范围内销售。进口农业转基因生物不按规定标识的，重新标识后方可入境。《农业转基因生物进口安全管理办法》规定，对于进口的农业转基因生物，按照用于研究和试验的、用于生产的以及用作加工原料的 3 种用途实行管理。进口农业转基因生物，没有国务院农业行政主管部门颁发的农业转基因生物安全证书和相关批准文件的，或者与证书、批准文件不符的，作退货或者销毁处理。

2002 年 4 月 8 日，卫生部根据《中华人民共和国食品卫生法》和《农业转基因生物安全管理条例》，制定并公布了《转基因食品卫生管理办法》。其目的是为了加强对转基因食品的监督管理，保障消费者的健康权和知情权。该办法将转基因食品作为一类新资源食品，要求其食用安全性和营养质量不得低于对应的原有食品。卫生部建立转基因食品食用安全性和营养质量评价制度，制定并颁布转基因食品食用安全性和营养质量评价规程及有关标准，评价采用危险性评价、实质等同、个案处理等原则。食品产品中（包括原料及其加工的食品）含有基因修饰有机体或表达产物的，要标注"转基因××食品"或"以转基因××食品为原料"。该办法2002年7月1日实施，也是对所有的转基因食品要求标识。

　　我国是一个人口大国，高产的转基因作物是解决不断增加的人口对粮食需求的重要途径之一。但是转基因作物商品化的历史还比较短，它的食品安全性和环境安全性问题长期以来一直受到各方面的关注。其安全性评价是一个系统的、复杂的过程。转基因食品进入市场需要经过详细、科学的论证，并将存在一定的风险。我国转基因食品安全性评价起步较晚，迄今为止还没有建立一个完整的安全性评价的框架体系。管理方面，虽然出台了几部法规，但是法规的执行需要强大的技术支持，我国对转基因食品安全性评价体系还不健全，没有严格的实施标准和技术监督措施。各地区技术力量发展不平衡，在各项检测技术上还存在着欠缺，所以将法律规定真正落实还需要一个过程。随着转基因技术的发展，必然会出现更多的法律、规范的需求。

◆ 思考题

　　1. 转基因食品存在哪些安全性问题？
　　2. 评价转基因食品安全性的若干原则是什么？
　　3. 简述实质等同性分析原则。
　　4. 简述转基因食品的安全性评价原则。
　　5. 比较国内外对转基因食品安全管理的异同。

第八章 生物多样性的安全性

"生物多样性（biodiversity）"一词是 20 世纪 80 年代出现的。随着环境的恶化，生态系统遭到进一步破坏，联合国环境规划署（NNEP）于 1992 年 6 月 1 日发起的政府间谈判委员会第七次会议在内罗毕通过了一项旨在保护地球生物资源的国际性公约——《生物多样性公约》。1992 年 6 月 5 日，由签约国在巴西里约热内卢举行的联合国环境与发展大会上签署。该公约是一项有法律约束力的公约，旨在保护濒临灭绝的植物和动物，最大限度地保护地球上多种多样的生物资源，以造福于当代和子孙后代。公约主要规定：发达国家将以赠送或转让的方式向发展中国家提供新的补充资金以补偿他们为保护生物资源而日益增加的费用，应以更实惠的方式向发展中国家转让技术，从而为保护世界上的生物资源提供便利；签约国应为本国境内的植物和野生动物编目造册，制订计划保护濒危的动植物；建立金融机构以帮助发展中国家实施清点和保护动植物的计划；使用另一个国家自然资源的国家要与那个国家分享研究成果、盈利和技术。我国于 1992 年 6 月 11 日签署该公约，1992 年 11 月 7 日批准，1993 年 1 月 5 日交存加入书。截至 2004 年 2 月，该公约的签字国有 188 个。

1995 年，NNEP 发表的关于全球生物多样性的巨著《全球生物多样性评估》（GBA）给出了一个较简单的定义："生物多样性是生物和它们组成的系统的总体多样性和变异性。"用句通俗的话说：生物多样性是由地球上所有的植物、动物和微生物，它们所拥有的全部基因以及各种各样的生态系统共同构成的。

生物多样性由遗传（基因）多样性、物种多样性和生态系统多样性等部分组成。遗传（基因）多样性是指生物体内决定性状的遗传因子及其组合的多样性。物种多样性是生物多样性在物种上的表现形式，可分为区域物种多样性和群落物种（生态）多样性。物种的多样性是生物多样性的关键，它既体现了生物之间及其与环境之间的复杂关系，又体现了生物资源的丰富性。目前已经知道大约有 140 万种生物，这些形形色色的生物物种就构成了生物物种的多样性。生态系统多样性是指生物圈内生境、生物群落和生态过程的多样性。遗传（基因）多样性和物种多样性是生物多样性研究的基础，生态系统多样性是生物多样性研究的重点。

生物多样性是一个自然现象，是大自然的产物，是生物进化的结果，无论人类对它的认识如何，它始终存在于世界各地。不过，生物多样性还有别于其他自然现象，如山川、河流等基本不受环境的影响，如果没有大的地质和地貌波动，它们的特征不变；而生物多样性则不然，它会随着地理位置、气候条件、地理历史过程和人为活动等发生明显的变化。所以，更确切地说，生物多样性是生物与环境相互作用所产生的一种自然现象。然而，地球表面的生物多样性是复杂的，它既受分布区环境的影响，又受生物自身变异和进化规律的支配。进化论先驱达尔文也对生物在地球表面的分布感到惊奇，他发现各地生物相似与否，无法从气候和其他自然地理条件上得到圆满的解答。他认为生物的时空分布是有规律的，不论它们是在连续的世代中产生的变异，还是在迁移到远地以后所产生的变异，都遵循同一谱系演变法则，在这种情况下变异规律都是一样的，而且所产生的变异都是自然选择作用积累起来的，可以说，生物多样性也是生命进化的产物。

目前，由于人口迅速增加，我国人均资源拥有量持续下降，加之对资源的需求日益增长和长期不合理的开发利用，已使自然生态系统受到严重破坏。大面积的森林消失、草场退化、沙漠扩展、水体污染、湿地消失，生物多样性优势大大削弱。我国目前受威胁的生物物种估计占区系成分的 15%～20%，高于世界 10%～15% 的水平。我们无法估计最近 40 年来究竟有多少物种在我国消失，但是生物多样性的严重损失已经对我国的生态环境、社会经济发展产生了严重的影响。为了当代和子孙后代的生存和发展，我国必须采取果断措施，切实加强生物多样性安全工作。

第一节　生物多样性概况

一、世界生物多样性概况

（一）地球生物资源概况

目前地球上究竟有多少物种还很难准确断定。据不完全统计，被科学描述过的物种约 140 万种，其中脊椎动物 4 万余种，昆虫 75 万种，高等植物 25 万种，其他为无脊椎动物和微生物等，还有很多物种没有被人类发现。1980 年，科学家被热带森林昆虫多样性所震惊，仅对巴拿马 19 棵树的研究中发现，全部 1 200 种甲壳动物中的 80% 以前没有命名。这表明世界上的生物种类相当丰富，而且，人类尚未认知的占有很大的比例。同时，在分类学上，不引人注目的物种难于得到适当的关注，如生活于土壤中的虱子、线虫及生活于热带森林树冠中的昆虫都很小，难于研究也难于估计其物种数目。而且，由于培养和鉴定标本的困难，对细菌所知甚少，微生物学家仅鉴别了约 4 000 种细菌。然而，每克土壤中就可能含细菌 4 000 多种，海洋沉积物中细菌物种的数目同样巨大。

生物多样性的丰富程度通常以某地区的物种数来表达，虽然在科学上描述的仅有 140 万种，据估计全世界有 500 万～5 000 万个物种。除对高等植物和脊椎动物的了解比较清楚外，对其他类群如昆虫、低等无脊椎动物、微生物等类群，还不太了解。各物种已知种类和估计种类大致情况如表 8-1 所示。

表 8-1　世界生物物种已知数和估计数统计

类群名称	已知种类	估计种类	类群名称	已知种类	估计种类
哺乳动物	4 181	5 000	高等植物	285 750	300 000
鸟　类	9 040	11 000	真　菌	69 000	1 500 000
爬行类	6 300	—	细　菌	3 000	30 000
两栖类	4 010	—	病　毒	5 000	130 000
鱼　类	21 400	28 000	蕨　类	40 000	60 000
昆　虫	751 000	1 500 000	藻　类	3 060	
裸子植物	750		苔　藓	10 000	
被子植物	220 000				

近年来由于对热带森林和深层的海底的研究，认为地球上存在的物种有 1 000 万～8 000

万种，这样大大增加了物种的估计数。

（二）世界生物多样性分布特点

全球生物多样性的分布是不平均的。生物多样性并不是均匀地分布于全世界所有国家。全球生物多样性主要分布在热带森林，仅占全球陆地面积 7% 的热带森林容纳了全世界半数以上的物种。

热带生物学研究重点委员会（NAS，1980）根据生物多样性的丰富程度、特有种分布以及森林被占用速度等因素，确定了 11 个需要特别重视的热带地区：厄瓜多尔海岸森林、巴西可可地区、巴西亚马孙河流域东部和南部、喀麦隆、坦桑尼亚山脉、马达加斯加、斯里兰卡、缅甸、苏拉威西岛、新喀里多尼亚、夏威夷。

陆地生物物种主要分布在热带森林，亚热带和温带也有较丰富的生物多样性。马达加斯加、巴西大西洋沿岸森林、厄瓜多尔西部、哥伦比亚乔科省、西亚马孙河高地、喜马拉雅山东部、马来半岛、缅甸北部、菲律宾和新喀里多尼亚 10 个热点地区约占陆地总面积的0.2%，却拥有世界总种数 27% 的高等植物，其中 13.8% 还是这些地区的特有物种。遗憾的是，由于我国生物多样性研究起步晚，资料缺乏，因此在特别需要重视的地区中，我国诸多具有世界意义的关键地点没有被列入。

海洋也蕴藏着极其丰富的多样性，至今仍不断有举世瞩目的新发现。在高级分类阶元——门的水平上，海洋生态系统比陆地及淡水生物群落变化多，有更多的门和特有门。世界生物多样性较丰富的海域包括西大西洋、东太平洋、西印度洋等。

位于或部分位于热带的少数国家拥有全世界最高比例的生物多样性，包括海洋、淡水和陆地中的生物多样性，这些国家被称为生物多样性巨丰国家（mega diversity country），包括巴西、哥伦比亚、厄瓜多尔、秘鲁、墨西哥、刚果（金）、马达加斯加、澳大利亚、中国、印度、印度尼西亚和马来西亚。这 12 个国家占全世界所拥有的 60%～70% 甚至于更高的生物多样性。

巴西、刚果（金）、马达加斯加、印度尼西亚 4 国拥有全世界 2/3 的灵长类；巴西、哥伦比亚、墨西哥、刚果（金）、中国、印度尼西亚和澳大利亚 7 国具有世界一半以上的有花植物；巴西、刚果（金）、印度尼西亚 3 国分布有世界一半以上的热带雨林（表 8-2）。

表 8-2　生物多样性特别丰富的国家

（1）哺乳动物		（2）鸟类		（3）两栖动物	
国　家	物种数	国　家	物种数	国　家	物种数
印度尼西亚	515	哥伦比亚	1 721	巴　西	516
墨西哥	449	秘　鲁	1 701	哥伦比亚	407
巴　西	428	巴　西	1 622	厄瓜多尔	358
刚果（金）	409	印度尼西亚	1 519	墨西哥	282
中　国	394	厄瓜多尔	1 447	印度尼西亚	270
秘　鲁	361	委内瑞拉	1 275	中　国	265
哥伦比亚	359	玻利维亚	1 250	秘　鲁	251
印　度	350	印　度	1 200	刚果（金）	216
乌干达	311	马来西亚	1 200	美　国	205
坦桑尼亚	310	中　国	1 195	委内瑞拉、澳大利亚	197

（续）

(4) 爬行动物		(5) 燕尾蝴蝶（凤蝶）		(6) 被子植物	
国　家	物种数	国　家	物种数	国　家	物种数
墨西哥	717	印度尼西亚	121	巴　西	55 000
澳大利亚	686	中　国	99～104	哥伦比亚	45 000
印度尼西亚	600	印　度	77	中　国	27 000
巴　西	467	巴　西	74	墨西哥	25 000
印　度	453	缅　甸	68	澳大利亚	23 000
哥伦比亚	383	厄瓜多尔	64	南　非	21 000
厄瓜多尔	345	哥伦比亚	59	印度尼西亚	20 000
秘　鲁	297	秘　鲁	58～59	委内瑞拉	20 000
泰国、马来西亚	294	马来西亚	54～56	秘　鲁	20 000
巴布亚新几内亚	310	墨西哥	52	俄罗斯	20 000

二、中国生物多样性概况

中国生物多样性研究的起步比较晚，没有地区被列入世界生物多样性的热点地区，但中国仍是全球生物多样性中十分重要的一部分。中国是世界上生物多样性最丰富的国家之一，物种约占世界总数的10%。我国还拥有包括温带、寒温带、亚热带、高山、丘陵、湖泊、森林和海洋等众多的生态类型，孕育了各种生态类型中的大量物种，使得生态系统多样性和遗传多样性都居世界的前列。12个世界生物多样性巨丰国家依次为：墨西哥、哥伦比亚、厄瓜多尔、秘鲁、巴西、刚果（金）、马达加斯加、中国、印度、马来西亚、印度尼西亚和澳大利亚。这些国家合在一起占有上述类群中世界物种多样性的70%。这就是按生物多样性中国被排在第8位的由来，但其合理性尚有待于进一步从其他方面加以论证。因此中国生物多样性的保护也是世界生物多样性保护的重要部分。

（一）中国生物多样性

根据1998年中国生物多样性国情研究报告统计，中国生物各类群已知种属数量及主要类群特有种属的情况如表8-3所示。

表 8-3　中国生物各类群已知种属数量及主要类群特有种属的情况

（引自《中国生物多样性国情研究报告》，1998）

类　群	中国已知种属数	占世界已知种属的百分比（%）	中国特有种属数	中国特有种属占中国已知种属的百分比（%）
哺乳动物	499 种	11.9	73 种	14.6
鸟　类	1 186 种	13.2	93 种	7.8
爬行动物	376 种	5.9	26 种	6.9
两栖类	279 种	7.4	30 种	10.8
鱼　类	2 804 种	13.1	440 种	15.7

（续）

类　群	中国已知种属数	占世界已知种属的百分比（％）	中国特有种属数	中国特有种属占中国已知种属的百分比（％）
昆　虫	34 000 种	4.5	—	—
藻　类	5 000 种	12.5	—	—
苔藓植物	494 属	—	8 属	1.6
蕨类植物	224 属	—	5 属	2.2
裸子植物	32 属	—	8 属	25.0
被子植物	3 116 属	—	235 属	7.5
真　菌	8 000 种	11.6	—	—
细　菌	500 种	16.7	—	—
病　毒	400 种	8.0	—	—

从表中数字不难看出，中国生物多样性不但非常丰富，而且特有属、种亦十分繁多。中国种子植物有 7 个特有科，即银杏科（Ginkgoaceae）、杜仲科（Nyssaceae）、独叶草科（Kinaoniaceae）、芒苞草科（Acanthochlamydaceae）、伯乐树科（Bretschneideraceae）、大血藤科（Sargentodoxaceae）和马尾树科（Rhoipteleaceae）；243 个特有属，其中裸子植物 8 属，被子植物 235 属；中国特有种植物估计可达 15 000～18 000 种，占高等植物总数的 50％～60％。特有的哺乳动物类有白鳍豚、大熊猫、金丝猴和华南虎等。根据世界自然基金会（WWF）资料，中国的特有种以维管束植物、哺乳动物和鸟类计算，仅次于印度尼西亚，居亚洲第二位。

随着对自然界生物多样性的进一步研究，越来越多的生物类群会被人们认识，但有多少类群已经或正在从地球上消失，我们无法知道。

（二）中国生物多样性的一般特点

中国属于地球上生物多样性巨丰富的国家之一，是北半球国家中生物多样性最为丰富的国家，中国的生物多样性概括起来有下列特点。

1. 物种高度丰富　中国有高等植物 30 000 余种，仅次于世界高等植物最丰富的巴西和哥伦比亚，居世界第三位。苔藓植物 2 200 种，占世界总种数的 9.7％，隶属 106 科，占世界科数的 70％；蕨类植物 52 科，2 200～2 600 种，分别占世界科数的 80％和种数的 22％；裸子植物全世界共 15 科，79 属，约 850 种，中国就有 10 科，34 属，约 250 种，是世界上裸子植物最多的国家；被子植物约有 328 科，3 123 属，30 000 多种，分别占世界科、属、种数的 75％、30％和 10％。

中国的动物也很丰富，脊椎动物共有 6 347 种，占世界总种数的 13.97％。中国是世界上鸟类种类最多的国家之一，共有鸟类 1 186 种，占世界总种数的 13.2％；中国有鱼类 2 804种，占世界总种数的 13.1％。包括昆虫在内的无脊椎动物、低等植物和真菌、细菌、放线菌，其种类更为繁多。目前尚难做出确切的估计，因大部分种类迄今尚未被认识 。

2. 特有物种多　辽阔的国土，古老的地质历史，多样的地貌、气候和土壤条件，形成了多样的生境，加之第四纪冰川的影响不大，这些都为特有属、种的发展和保存创造了条件，致使目前在中国境内存在大量的古特有属种和新产生的特有种类（新特有种）。高等植物中特有种最多，约 17 300 种，占中国高等植物总种数的 57％以上。499 种哺乳动物中，特有种约 73 种，约占 14.6％。尤为人们所注意的是有活化石之称的大熊猫、白鳍豚、水杉、银杏、银杉和攀枝花苏铁，等等。物种的丰富度虽然是生物多样性的一个重要标志，但如前所述，特有性反映一个地区的分类多样性。中国生物区系的特有现象发达，说明了中国生物的独特性。在评价中国生物多样性时，这个因素必须加以考虑。

3. 区系起源古老　由于中生代末中国大部分地区已上升为陆地，在第四纪冰期又未遭受大陆冰川的影响，所以各地都在不同程度上保留着白垩纪、第三纪的古老残遗成分。如松杉类植物出现于晚古生代，在中生代非常繁盛，第三纪开始衰退，第四纪冰期分布区大为缩小，全世界现存 7 个科，中国有 6 个科。被子植物中有很多古老或原始的科属，如木兰科的鹅掌楸、木兰、木莲、含笑，金缕梅科的蕈树、假蚊母树、马蹄荷、红花荷、山茶，樟科，八角茴香科，五味子科，蜡梅科，昆栏树科及中国特有科水青树科、伯乐树（钟萼木）科等，都是第三纪残遗植物。

秦岭以北的东北、华北和内蒙古、新疆和青藏高原，与辽阔的亚洲北部、欧洲和非洲北部同属于古北界（palearctic realm），而南部在长江中下游流域以南，与印度半岛、中南半岛以及附近岛屿同属东洋界（oriental realm）。中国现时的动植物区系主要是就地起源的，但与热带的动植物区系有较密切的关系。许多热带的科、属分布到中国的南部。不少植物如猪笼草科、龙脑香科、虎皮楠科（交让木科）、马尾树科、四树木科等均为与古热带共有的古老科；爬行动物如双足蜥科、巨蜥科，鸟类中的和平鸟科、燕鸥科、咬鹃科、阔嘴鸟科、鹦鹉科、犀鸟科及兽类中的狐蝠科、树鼩科、懒猴科、长臂猿科、鼷鹿科和象科等都来源于热带。

中国植物区系中多单型属和少型属，也反映了中国生物区系的古老性特点。这类属大多数是原始或古老类型。中国 3 875 个高等植物属中单型属占 38％，而特有属中单型属和少型属则占 95％以上。

中国陆栖脊椎动物区系的起源也可追溯至第三纪的上新纪的三趾马动物区系。该区系后来演化为南方的巨猿动物区系和北方的泥河湾动物区系，前者进一步发展成为大熊猫-剑齿象动物区系，后者发展成为中国猿人相伴动物区系。晚更新世以后，继续发展分化，到全新世初期，其面貌已与现代动物区系相似。中国所产的 2 200 多种陆栖脊椎动物中不少为古老种类。扭角羚、大熊猫、白鳍豚、扬子鳄、大鲵等就是著名的例子。

4. 栽培植物、家养动物及其野生亲缘的种质资源异常丰富　中国有 7 000 年以上的农业开垦历史，很早就对自然环境中所蕴藏的丰富的自然资源进行开发利用、培植繁育，因此中国的栽培植物和家养动物的丰富程度是世界上独一无二的。人类生活和生存所依赖的动植物，不仅许多起源于中国，而且中国至今还保有它们的大量野生原型及近缘种。

中国是世界上家养动物品种和类群最丰富的国家，调查表明，包括特种经济动物和家养昆虫在内，中国共有家养动物品种和类群 1 938 个。在中国的家养动物中，还拥有大量的特有种资源，即在长期的人工选择和驯养之后，在产品经济学特征、生态类型和繁殖性状以及体型等方面形成独特的、丰富的变异，成为世界上特有的种质资源。

原产中国及经培育的植物资源更为繁多。例如，在我国境内发现的经济树种就有 1 000 种以上，其中枣树、板栗、茶、油茶、油桐、漆树都是中国特产。中国更是野生和栽培果树的主要起源和分布中心，果树种类居世界第一。苹果、梨、李种类繁多，原产中国的果树还有柿、猕猴桃、荔枝、龙眼、枇杷、杨梅以及包括甜橙在内多种柑橘类果树等。所有这些它们大多数都包括多个种和大量品种。中国是水稻的原产地之一，也是大豆的故乡，前者有地方品种 50 000 个，后者有地方品种 20 000 个。中国还有药用植物 11 000 多种，牧草 4 215 种，原产中国的重要观赏花卉超过 30 属 2 238 种，等等。

各经济植物的野生近缘种数量繁多，大多尚无精确统计。例如，世界著名栽培牧草在中国几乎都有其野生种或野生近缘种。中药人参有 8 个野生近缘种，贝母的近缘种多达 17 个，乌头有 20 个等。

5. 生态系统丰富多彩　就生态系统来说，中国具有地球陆生生态系统各种类型，包括森林、灌丛、草原和稀树草原、草甸、荒漠、高山冻原等，且每种包括多种气候型和土壤型。中国的森林有针叶林、针阔混交林和阔叶林。初步统计，以乔木的优势种、共优势种或特征种为标志的类型主要有 212 类。中国竹类有 36 类。灌丛的类别更是复杂，主要有 113 类，其中分布于高山和亚高山垂直带，适应低温、大风、干燥和常年积雪的高寒气候的灌丛，如常绿针叶灌丛、常绿革叶灌丛及高寒落叶阔叶灌丛，主要有 35 类；暖温带落叶灌丛类型最多，主要有 55 类；其他亚热带常绿和落叶灌丛主要有 20 类。这些均为森林破坏后所形成的次生灌丛。热带肉质刺灌丛在中国分布局限，约有 3 种。草甸可分为典型草甸（27 类）、盐生草甸（20 类）、沼泽化草甸（9 类）和高寒草甸（21 类）。中国沼泽有草本沼泽（14 类）、木本沼泽（9 类）和泥炭沼泽（1 类）。中国的红树林，系热带海岸沼泽林，主要有 18 类。草原分草甸草原、典型草原、荒漠草原和高寒草原，共 55 类。荒漠分为小乔木荒漠、灌木荒漠、小半灌木荒漠及垫状小半灌木荒漠，共 52 类。此外，高山冻原、高山垫状植被和高山流石滩植被主要有 17 类。除此之外，我国海洋和淡水生态系统类型也很齐全。具体种类尚无精确统计。

6. 空间格局繁复多样　中国生物多样性的另一个特点是空间分布格局的复杂多样性。中国地域辽阔，地势起伏多山，气候复杂多变。从北到南，气候跨寒温带、温带、暖温带、亚热带和北热带，生物群域包括寒温带针叶林、温带针阔叶混交林、暖温带落叶阔叶林、亚热带常绿阔叶林、热带季雨林。从东到西，随着降雨量的减少，在北方，针阔叶混交林和落叶阔叶林向西依次更替为草甸草原、典型草原、荒漠化草原、草原化荒漠、典型荒漠和极寒荒漠；在南方，东部亚热带常绿阔叶林和西部亚热带常绿阔叶林在性质上有明显的不同，发生不少同属不同种的物种替代。在地貌上，中国是一个多山的国家，山地和高原占了广阔的面积，如按海拔高度计算，海拔 500m 以上的国土面积占全国面积的 84% 以上，500m 以下还分布着大面积的山地和丘陵，平原不到 10%。

不仅如此，中国山地还有两个突出特点：①垂直高差大，位于中国和尼泊尔边境的珠穆朗玛峰海拔 8 844.43m，而新疆吐鲁番盆地中最低的艾丁湖，湖面在海平面以下 154m。中国西部分布有不少极高山和高山，中部也有少数高山和中山，因此地势崎岖，起伏极大。②汇集了各种走向，中国山脉有 4 个主走向，东西走向，南北走向，东北西南走向，西北东南走向，加上各种走向的其他山脉，相互交织形成网络，这样就形成了极其繁杂多样的生境。这一特点，一方面为不同生境要求的生物提供了生存场所；另一方面，也为它们提供了各种各样的隐蔽地和避难所，无论自然灾害或人为干扰，总有生物物种得以隐蔽、躲避而生存下来。这也正是中国生物高度丰富的重要原因。

此外，更为复杂的地形引起的格局使得物种特有性高。特别是西部多山地区，短距离内分布着多种生态系统，汇集着大量物种。横断山脉是突出代表。那里许多山峰海拔超过 5 000~6 000m，一般也在 4 000m 左右；与邻近的河谷相对高差达 2 000m 以上，形成高山深谷。结合着太平洋东南季风和印度洋西南季风的影响，成为最明显的物种形成和分化中心，不仅物种丰富度极高，而且特有现象也极为发达。中国高等植物、真菌、昆虫的特有属、种，大多分布在这里。例如，位于喜马拉雅山脉和横断山脉交汇处的南迦巴瓦峰（海拔7 782m），它的南坡，在短距离内就分布着以陀螺状龙脑香、大果龙脑香为主的低山常绿季风雨林（600m以下），以千果榄仁、阿丁枫为主的低山常绿季风雨林（600～1 100m），以瓦山栲、刺栲、西藏栎为主的中山常绿阔叶林（1 100～1 800m），以薄叶椆、西藏青冈为主的中山半常绿阔叶林（1 800～2 400m），以喜马拉雅铁杉组成的中山常绿针叶林（2 400～2 800m），苍山冷杉及其变种墨脱冷杉组成的亚高山常绿针叶林（2 800～4 000m），常绿革叶杜鹃灌丛及草甸组成的高山灌丛草甸（4 000～4 400m），直到以地衣、苔藓以及少数菊科、十字花科、虎耳草科等植物组成的高山冰缘带（4 400～4 800m）。

中国位于欧亚大陆东部，是跨越热带、亚热带、暖温带、温带和寒带等多气候带，具有湿润、半湿润、半干旱和干旱等多气候型，地域十分广阔的大国。作为古代进化和分化中心，多元化的气候和复杂多变的自然地理环境为中国丰富的生物多样性的形成与发展提供了极为优越的自然条件，尤其是中国亚热带地区受太平洋季风气候影响，拥有与世界上同纬度的其他国家所没有的特殊的生物多样性。同时中国有许多地区在冰川期对温带物种产生浩劫中，起到了物种避难所的作用。概括起来，中国生物多样性的一般特点可归纳为：物种高度丰富；特有属种繁多；区系起源古老；栽培植物、家养动物及其野生亲缘的种质资源异常丰富；生态系统丰富多彩；空间格局繁复多样。

三、生物多样性的功能价值

生物多样性的意义主要体现在生物多样性的价值。对于人类来说，生物多样性具有直接使用价值、间接使用价值和潜在使用价值。

（一）直接使用价值

生物多样性具有的直接使用价值即人们可以直接收获或使用的那些产品。直接使用价值主要表现在如下几个方面。

1. 食物　人类赖以生存的动植物产品都来自于自然界，正因为自然界生物的多样性，才有人类餐桌上极丰富的食物。有些物品不进入流通领域，一般不出现在国民生产总值中。

2. 药材　在发展中国家，人们仍在大量利用自然环境所提供的医药。我国有5 000多种动植物用于医疗目的，如野生人参等。发展中国家人口的80％依赖植物或动物提供的传统药物，以保证基本的健康，西方医药中使用的药物有40％含有最初在野生植物中发现的物质，比如制作阿司匹林的成分。据近期的调查，中医使用的植物药材达1万种以上。从金钱的角度看，入药的植物的价值是无法算清的。生物多样性的经济价值是多数人所不了解的，目前科学家正在忙着从植物中寻找治疗一些特定疾病的特定药物成分。就在不久以前，科学院在太平洋紫杉树和马达加斯加长春花中发现了用于治疗癌症的植物成分。也许，某一天我们能够从一株植物上发现杀死艾滋病病毒的植物成分。

3. 作物品种　许多物种的最大使用价值体现在它们具有为工、农业以及为农作物遗传改良提供原材料。对于农作物，野生种或变种或许可提供特定的抗虫害或增产的基因，这种基因可整合到作物基因中，从而提高作物品质。

4. 生物控制　野生物种可用作生物控制资源，通过寻找有害物种在其原始生境的天敌来控制外来有害物种。此外，生物多样性还可为人类提供木材、建筑材料、燃料等。

生物多样性还有美学价值，可以陶冶人们的情操，美化人们的生活。如果大千世界里没有色彩纷呈的植物和神态各异的动物，人们的旅游和休憩也就索然寡味了。正是雄伟秀丽的名山大川与五颜六色的花鸟鱼虫相配合，才构成令人赏心悦目、流连忘返的美景。另外，生物多样性还能激发人们文学艺术创作的灵感。

（二）间接使用价值

生物多样性具有的间接使用价值是指生物多样性的环境作用和生态系统服务功能。无论哪一种生态系统，野生生物都是其中不可缺少的组成成分。在生态系统中，各种生物之间具有相互依存和相互制约的关系，它们共同维系着生态系统的结构和功能。野生生物一旦减少了，生态系统的稳定性就要遭到破坏，人类的生存环境也就要受到影响。其具体表现在如下几个方面。

1. 维持生态系统的生产力　生态系统生产力是植物和藻类的光合作用把太阳能转存在活组织中，然后被动物和人类直接利用，成为食物链的主要起点。使得生态系统能够正常有序地运行下去。树和其他绿色植物吸入二氧化碳，制造给自然纯净的氧气。生物多样性是这个世界的空气净化器。

2. 保持水土　保护水土资源的生物群落，在保护流域、缓减洪水和干旱对生态系统的冲击，以及维持水质等方面至关重要。地球上的水资源是有限的，自然生态系统中森林、土壤和细菌、小溪与云彩一起运作，才使我们喝到水。没有生物多样性，这个世界就会变得贫瘠，人类就不能生存在地球上了。

3. 调节气候　植物通过蒸腾作用在局部区域内起到气候调节的作用。科学证据是无法驳斥的，地球的气候正在变化，整个地球上一直发生着奇奇怪怪的事情——珊瑚礁死亡、大型泥石流、不寻常的大雨、一些地区的持续干旱。不管是因为工业排放原因还是自然因素的原因，世界对这些现象的应对机制依旧是相互紧密联系的，从生态系统方面到生态系统中的各类生命之间。在地球上的许多地方，人们发现当他们砍伐森林后，他们的乡村和城镇就容易遭遇洪水。当这种洪水来时，就比以往的洪水要更凶猛、更快速。其原因是因为树可以用它们的根保持水土。根在湿潮季节里吸水并在夏天放出水分来。森林的破坏，导致自然生态调节的失控。

4. 废物处理，物质循环　生物群落能分解和固定污染物，如重金属、杀虫剂和污水等人类活动产物。在这方面，肉眼看不见的微生物的作用特别重要。另外在土壤生物修复中也能起到重要的作用。土壤生物修复是利用土壤中天然的微生物资源或人为投加的目的菌株，甚至用构建的特异降解功能菌投加到污染土壤中，将滞留的污染物快速降解和转化，使土壤恢复其天然功能。

5. 环境监测　对于化学毒物特别敏感的物种能作为监测环境健康的指示剂。某些物种甚至可以替代昂贵的探测仪器。

（三）潜在使用价值

生物多样性的潜在使用价值主要体现在：自然界野生生物种类繁多，人类对它们已经做过比较充分研究的只是极少数，大量野生生物的使用价值目前还不清楚。但是可以肯定，这些野生生物具有巨大的潜在使用价值。一种野生生物一旦从地球上消失就无法再生，它的各种潜在使用价值也就不复存在了。因此，对于目前尚不清楚其潜在使用价值的野生生物，同样应当珍惜和保护。

最后，生物多样性还能为人类提供科研、教学的材料，具有休闲和旅游的价值。

第二节 生物多样性受到的威胁及原因

由于人类活动的加剧对其他生物产生的不良影响以及全球长期对生物多样性保护的忽视，目前全球的生物多样性正在以惊人的速度衰减。生态方面，根据 1997 年世界资源所（WRI）的估计，全世界只剩下 1/5 的森林仍然保持着较大面积和相对自然的生态系统，热带森林正以每年 6.7 万～9.2 万 km² 的速度消失，按此发展，蕴藏着世界一半以上陆地物种的热带森林将在未来 25 年内彻底消亡。物种方面，据专家估计，自恐龙灭绝以来，当前地球上生物多样性损失的速度比历史上任何时候都快，鸟类和哺乳动物的灭绝速度或许是它们在未受干扰的自然界中的 100～1 000 倍。自 1600 年以来，大约有 113 种鸟类和 83 种哺乳动物已经消失，而且还有许多其他物种濒临绝灭或面临严酷的生存威胁。20 世纪 90 年代初，联合国环境规划署首次评估生物多样性的一个结论是：如果目前的趋势继续下去，在可以预见的未来 5%～20% 的动植物种群可能受到灭绝的威胁。遗传方面，生境缩小和片断化导致野生生物物种种内遗传多样性的严重丧失，同时生物技术的出现和大规模应用，对生物多样性产生了不可估量的不良影响，成为一种潜在的威胁。

在生物多样性破坏中，最严重和最直接的就是物种的灭绝。物种是地球上生物存在的基本形式，它是遗传多样性的载体，又是生态系统中最重要的组成部分，它是生命世界与非生命世界连接的纽带。人们认识生物多样性的重要性首先是从物种多样性开始的，早在 20 世纪 80 年代，生物多样性的研究已在国际上引起关注，最初唤起人们警觉的是那些大型的濒危动物。当时，世界自然保护联盟提出的保育都是针对这些大型动物的，这些动物作为生物多样性保育的旗帜发挥了不可替代的作用。中国是地球上生物多样性最丰富的国家之一，由于其特有的地理地貌以及其广袤的国土为生物的繁衍生息提供了一个得天独厚的条件，生活在中国的种子植物有 30 000 余种，仅次于植物最丰富的巴西和哥伦比亚，居世界第三位。中国有脊椎动物 6 300 余种同样居世界前列。此外，中国生物区系的重要特点是特有种丰富。但随着人类的活动范围不断扩大，环境的不断恶化使得生物多样性受到不同程度的威胁。

一、植物多样性受到的威胁

（一）藻类

藻类植物是地球上最重要的初级生产者，它们光合同化生产有机碳的总量约为高等植物的 7 倍。藻类不仅是人类和动物极其重要的食物源，它们在光合作用中放出的氧也是大气中氧的最重要的来源，对自然生态系统的物质循环及环境质量有着重要的影响。藻类植物广泛地分布在海洋和各种内陆水体中以及潮湿地表，其中生长在内陆淡水水体中的为淡水藻，分布于海洋和内陆咸水水体中的为咸水藻。中国的藻类包括有：原核生物中的蓝藻门；原生生物中的硅藻门、甲藻门、金藻门、黄藻门、隐藻门、裸藻门以及属于植物界的红藻门、褐藻门、绿藻门和轮藻门，其中海藻已记录的共 2 458 种。

在正常情况下，自然湖泊生态系统中，藻类群落的物种结构保持着良好的多样性状况，发挥着良好的生态环境效益——保持水质良好状态，且水产丰富。但是当水生生态系统发生逆向转化，如受重金属污染或高度富营养化时，藻类群落物种结构的多样性被破坏，某些物种超常生长而导致有害的赤潮或水华发生，造成水质恶化，危及渔业生产，甚至出现鱼类中毒现象。如 2007 年 4 月太湖多处湖面暴发大规模蓝藻，在情况特别严重的梅梁湖，湖水几乎像绿色油漆一样浓稠。江苏省无锡市城区的大批市民家中自来水水质发生变化，并伴有难闻的气味，无法正常饮用，给人们的生产生活带来了严重的影响。随着工业化和城市化进程的加快，这种严重的环境问题已屡见不鲜。中国常见的能形成有害水华的藻类有：蓝藻，常有毒，其中主要的是微囊藻（Microcystis）、鱼腥藻（Anadaean）、项圈藻（Amabaenopsis）、颤藻（Oscillatoria）、束丝藻（Aphanizomenon）等，它们在中国许多地方发生，危害很大。

虽然中国的淡水藻类资源非常丰富，但是由于自然环境的变化和人类活动，有些罕见的淡水生物种已遭到灭绝或处于濒临灭绝的境地，其中受威胁最严重的是淡水红藻和褐藻。近几十年来，中国北方许多地区由于气候干旱或工业发展而过量抽采地下水，引起地下水位下降，使一些著名泉区的水源枯竭或濒临枯竭，那些依赖泉水环境生长的特有藻类面临厄运，有些已荡然无存。因此，那些正在进行开发的泉源，如果不注意对泉源环境的保护，那么藻类和其他泉水生物也可能面临同样的命运。

（二）地衣

地衣是真菌和藻类或蓝细菌的共生体，是共生生态系统多样性的体现。迄今全世界已知的地衣种类约 20 000 种，而中国还不到 2 000 种，其中中国特有的种类大约 200 种。人类对地衣本质的认识经历了一个漫长的过程，在开发利用方面，地衣尚处于"未开垦的处女地"，是一个潜力很大的生物资源宝库。地衣在自然界生长极为缓慢，而且对污染比较敏感，地衣常常被作为环境污染的指示生物。

由于大气污染和森林采伐，中国许多地方地衣多样性面临威胁。依存于森林树皮附生的中国及东亚特有种，如黄袋衣（Hypogymnia hypotrypa）、粉黄袋衣（H. hypotrypella）、霜袋衣（H. pruinosa）等种类的生存都面临着威胁。因为，它们的兴衰存亡与森林生态系统的兴衰存亡息息相关。产于云南丽江和台湾阿里山松林中的中国特有附生种中华疱脐衣（Lasallia mayebarae）在系统演化上具有重要意义。然而，在云南丽江，这种世界珍稀物种已被森林火灾所吞噬。随着旅游业的大规模发展，特产于华山岩石上的世界珍奇地衣华脐鳞（Rhizoplaca huashanensis）的生存也面临威胁。此外，在抗癌和和抗艾滋病病毒方面具有潜力的东亚食用地衣美味石耳（U. mbilicaria esculenta）也因无节制的采收与买卖而在中国庐山等地濒临绝迹。若不采取必要的保护措施，还有更多珍稀种类将从生态系统中消失。

（三）苔藓植物

中国的苔藓植物非常丰富，有 2 200 多种，占全世界苔藓植物（23 000）的 9.1%。当前中国苔藓植物面临的严重威胁主要来自大气污染、森林采伐、基本建设和其他人类开发活动引起的环境改变。森林采伐改变原有阴湿的生境条件，因而对热带雨林中的苔藓影响最大，例如分布于海南岛热带雨林中的细鳞苔科（Lejeuneaceae）的管叶苔属（Colura）和紫叶苔科（Pleuroziaceae）的紫叶苔属（Pleurozia）的多种重要苔藓植物在森林采伐之后已无法再找到。估计中国濒危及稀有的苔藓植物约在 36 种以上，已证实灭绝的苔藓植物至少有耳坠苔（Ascidiota blepharophylla var. blepharophylla）、拟短月藓（Brachymeniopsis gymnostoma）、闭蒴拟牛毛藓（Ditrichopsis clausa）、拟牛毛藓（D. gymnostoma）和华湿原藓（*Sinocalliergon satoi*）5 种。

（四）蕨类植物

中国地域广大，自然条件复杂，拥有的蕨类植物科属几乎占世界的 95%，共 2 600 种，中国特有的有 500~600 种，占已知中国蕨类植物的 25%。而且随各地区植物考察的深入，不断有蕨类植物新种被发现，与此同时也有一些种由于环境改变或人为破坏而消失或濒临灭绝，如光叶蕨（*Cystoathyrium chinense*）、毛脉蕨（*Trichoneuron microlepioides*）等。有些种类虽然不限产中国，但在中国仅局部地区有分布，如鹿角蕨（*Platycerium wallichii*）仅产靠近缅甸边境的盈江，而埃及苹（*Marsilea aegyptica*）仅产新疆的局部水域。像这些种类的个体数量不多，分布区狭窄，如不保护，很易绝灭。导致蕨类植物濒危的原因主要有：森林破坏造成空气湿度降低；对一些药用及观赏蕨类的摧残性采摘；工农业建设对其生境的破坏等。类似的濒危种类还有很多，估计约占中国蕨类总数的 30% 左右。

（五）裸子植物

虽然中国具有极为丰富的裸子植物物种及森林资源，共 10 科 34 属约 250 种，是世界上裸子植物最丰富的国家。但由于多数裸子植物树干端直、材质优良和出材率高，所以其所组成的针叶林常作为优先采伐的对象，使得该资源受到人类活动的巨大威胁和破坏。如 20 世纪 50 年代中国最大的针叶林区——东北大、小兴安岭及长白山区的天然林被不同程度地采伐，60~70 年代西南横断山区的天然林又相继被开发利用。华中、华东和华南地区，因人口密集和经济发展的需求，中山地带的各类天然针叶林多被砍伐，代之而起的是人工马尾松林、杉木林和柏木林。同时，具有重要观赏价值和经济价值的裸子植物亦破坏严重。初步查明，中国裸子植物绝灭种有崖柏（*Thuja sutchuenensis*）；仅有栽培而无野生植株的野生绝灭种有苏铁（*Cycas revoluta*）、华南苏铁（*C. rumphii*）、四川苏铁（*C. szechuanensis*）；分布区极窄，植株极少的极危种有多歧苏铁（*C. multipinnata*）、柔毛油杉（*Keteleeria pubescens*）、矩鳞油杉（*K. oblonga*）、海南油杉（*K. hainanensis*）、百山祖冷杉（*Abies beshanzuensis*）、元宝山冷杉（*A. yuanbaoshanensis*）和台湾穗花杉（*Amentotaxus formosana*）等，观赏类的如攀枝花苏铁（*Cycas panzhihuaensis*）、贵州苏铁（*C. guizhouensis*）、多歧苏铁等。濒危和受威胁的裸子植物约 63 种，约占种数的 28%。

（六）被子植物

被子植物是植物界中最晚发生、又最具生命力的植物类群。全世界有被子植物约 400 科 10 000 属 260 000 种。中国有被子植物约 300 科 3 100 属 30 000 种，占世界第三位，仅次于巴西和哥伦比亚。

在被子植物中，材质优良的森林树种和药用、经济植物从来都是开发的重要对象。中国人口众多，因此被子植物的物种多样性受到了严重破坏，如兰科（Orchidaceae）和樟树（*Cinnamomum*）、楠木（*Phoebe*）、牡丹（*Paeonia*）、黄连（*Coptis*）以及红豆树（*Ormosia howii*）、水曲柳（*Fraxinus*）、格木（*Erythrophleum fordii*）等，因其树干、根或全株作商品贸易而遭到严重破坏，致使它们的分布区面积急剧缩减，野生资源明显减少。据估计，中国被子植物约有 4 000 种受到各种各样的威胁，列入珍稀濒危保护的植物约 1 000 种，其中分布区域小、植株很少的极危种有缘毛红豆（*Ormosia howii*）、绒毛皂荚（*Gleditsia japonica* var. *velutina*）、普陀鹅耳枥（*Carpinus putoensis*）、天目铁木（*Ostrya rehderiana*）、大苞白山茶（*Camellia granthamiana*）、猪血木（*Euryodendron excelsum*）、圆籽荷（*Apterosperma oblata*）、海南梧桐（*Firmiana hainanensis*）和爪耳木（*Otophora unilocu-*

laris）等。已经绝灭或可能绝灭的被子植物有喜雨草（*Ombrocharis dulcis*）、雁荡润楠（*Machilus minutiloba*）和陕西羽叶报春（*Primula filchnerae*）等。

二、动物多样性受到的威胁

（一）无脊椎动物

无脊椎动物不但在动物界占有优势，在整个生物界也占有重要地位。据统计，全球无脊椎动物已描述的种为 130 多万，占全部动物的 96%，占全部生物的 76%。而且每年都有大量新种被描述。中国目前发现的无脊椎动物种数约占全球总数的 10%，但特有种属比例高。如刺胞动物门水螅纲的桃花水母属（*Craspedacusta*），扁形动物门涡虫纲中细涡虫属（*Phagocata*）3 种中的 2 种为中国特有，多目涡虫属（*Polycelis*）9 种和枝肠涡虫属（*Dendrocoelopsis*）2 种全为中国特有种。

由于绝大多数无脊椎动物个体小，它们受威胁以及灭绝的情况通常不引起人们的注意，以致许多稀有或濒危种类甚至在被描述或列入保护名单之前就已销声匿迹了。无脊椎动物受威胁的主要原因在于原来栖息生境的破坏和环境污染。对于有经济价值的种类更由于过度捕捞而导致数量骤降。

淡水无脊椎动物类，由于溪流、涌泉的断流，水质的污染和变质，使一大批需求低温、洁净、湍流的动物种类，包括多孔动物、刺胞动物、扁形动物、轮虫、线虫、环节动物、甲壳动物、水生昆虫等趋于濒危。据对武汉东湖的长期监测，水体富营养化和渔业的影响使沉水植物群落大量萎缩乃至消失，依托沉水植物而生活的许多动物因而失去了合适的栖息场所。研究结果表明，东湖中轮虫在 20 世纪 60 年代有 80 多种，而到 90 年代下降到仅 50 多种。腔轮虫属中许多种类以及盘状鞍甲轮虫、侧棘伏嘉轮虫等均从水体中消失了。

森林资源的破坏，尤其是热带雨林资源的急剧缩小，使大量有重要学术价值的无脊椎动物趋于灭绝。洞穴开发旅游使洞穴中特有的动物种类处于濒危的境地。

由于过度捕捞而导致无脊椎动物濒危的例子更多。珊瑚作为工艺品或旅游纪念品而被大量采集。角珊瑚生长缓慢，10 年才能长成拇指粗，受破坏后难以恢复。近年来，由于大量珊瑚灰岩被采掘充当建筑材料和烧制石灰，使得珊瑚礁的生态平衡受到很大破坏。据报道，海南省文昌县拜塘村近 10 年因珊瑚礁被破坏，海岸线后退约 200m，致使椰树倒伏，海水浸入村庄。珊瑚岸礁恢复演替的初期，群落中的关键种是澄黄珊瑚。但预测恢复到顶极时期，需要 50~100 年。盐水卤虫可以作为饵料，原来资源丰富，现已依靠进口。中华绒螯蟹因可作为食品，其蟹苗被过度捕捞，造成资源大减。而云南高原滇池中国特产的两种螺蛳和光肋螺蛳，它们的肉和雄生殖腺味道鲜美，经济价值高。近年来，由于该湖严重污染和过度捕捞而濒于灭绝。

（二）昆虫

目前，全球昆虫种类众说不一，曾估计为 150 万种，Erwin（1983）通过对巴西玛纳斯热带雨林树冠昆虫的研究，推测全世界可能有 3 000 万种昆虫。对中国昆虫受威胁情况尚缺乏全面了解。如以约占世界总数的 1/10 来估计，则中国应有 15 万种。但据对调查研究较深入的几大类群统计，远超过这一比例。例如，蚜总科（Aphidoidea）和球蚜总科（Adelgoidea）世界已知 4 000 种，中国已知 1 000 种，占世界的 25%；蝇科（Muscidae）占世界的 23.1%；蚤目（Siphonaptera）占 19.9%；寄蝇科（Tachinidae）占 16.7%；萤叶甲亚科

(Galerucinae) 占 12.6％，等等。中国昆虫同样具有物种多样性高，特有及珍稀昆虫丰富的特点。昆虫在国计民生中占有重要地位。

目前，生态环境恶化是威胁昆虫多样性的主要原因。例如，由于过度挖采，使产冬虫夏草的蝠蛾属昆虫数量急剧下降；因树木被砍伐和环境污染，著名的云南大理蝴蝶泉的蝴蝶明显减少；四川贡嘎山的褐凤蝶由于寄主被挖做中药和过度滥捕，数量也锐减。一些具有商用价值的珍稀昆虫，由于人类的滥捕和盗窃，其生存也受到极大威胁。此外，近年来不合理施用化学农药，致使某些传粉昆虫数量急剧下降。

（三）脊椎动物

目前被记载的脊椎动物共有 45 417 种，中国约有 6 347 种，约占世界总数的 14％。其中中国特有种为 667 种，占中国脊椎动物总数的 10％。中国拥有多样的生态地理条件，如青藏高原及其周边地区，海南岛和台湾岛决定了中国脊椎动物不但物种丰富，而且特有种属比例高。举世闻名的大熊猫（*Ailuropoda melanoleuca*）、白鳍豚（*Lipotes vexillifer*）、麋鹿（*Elaphurus davidianus*）、藏羚羊（*Pantholops hodgsonii*）等均为中国特有种属。

由于绝大多数脊椎动物的肉、卵可供人类食用，毛皮可御寒，并且许多种具有很高的药用价值，所以它们历来是人类捕杀的对象。脊椎动物躯体较大，繁殖方式复杂，世代时间长，使得它们更容易受环境变迁的影响。因此，一般而言，脊椎动物与其他生物类群相比较，受威胁的程度更为严重。

中国的野生脊椎动物无论是分布区域，还是种群数量，均在急剧减缩之中。过去北大荒上"棒打狍子瓢舀鱼，野鸡飞到饭锅里"的情景已随着大规模的农垦而消失。中国在历史上是多虎的国家，但随着栖息地的破坏，如今不仅昔日的景阳冈，就是在整个华北、西北和西南都已失去了虎的踪迹。如不紧急抢救，中国很快就会成为无虎的国家。过去"两岸猿声啼不住"的三峡两岸，今天距离猿类的分布区已逾千里之遥。我们祖先生活中不可缺少的许多大型草食兽类，如麋鹿早已从野外绝灭，野生的马鹿、梅花鹿也已从许多地方绝迹。长江中最大的鱼——白鲟已十分罕见。即使在边远地区脊椎动物的处境也不容乐观。在西北荒漠和草原中，普氏野马和高鼻羚羊已于 20 世纪四五十年代绝灭。蒙古野驴、野骆驼和普氏原羚也面临绝灭的威胁。被保护学者公认的世界上最后一块未被人类"触及"的野生动物王国——青藏高原无人区，近年来也开始受到破坏，大量的淘金者进入，猎杀野生动物。与人们的日常生活相关的许多脊椎动物如黄羊、狍、大黄鱼、小黄鱼、带鱼、鲥等，资源已经枯竭。

三、生物多样性受威胁的原因

大规模的人类活动导致了物种的濒危和灭绝。人类活动对物种的主要威胁包括栖息地破坏、环境污染、过度利用、外来种引入和疾病流行。

（一）栖息地破坏

栖息地破坏包括两个方面：栖息地丧失和栖息地破碎化。大规模的农业生产、工业和商业活动，如开矿、采伐、城市和道路建设、集约化的养殖业等导致栖息地丧失，这是物种濒危和灭绝的主要原因之一。Reid 与 Miller 分析了全球部分灭绝物种和受威胁物种的致危原因，他们发现在已灭绝的 64 种哺乳动物和 63 种鸟类中，有 19 种哺乳动物和 20 种鸟类因栖息地丧失而灭绝，而在受威胁的类群中，栖息地丧失对物种濒危和灭绝的影响更大。但是，自然栖息地丧失因不同地区和不同物种而存在很大差异。在亚洲，2/3 的野生生物栖息地已经丧失，破坏最为严重的是印度次大陆、中国、越南和泰国。在拉丁美洲，1990—1995 年间，中美洲年均森林砍伐率为 2.1%，巴拉圭、厄瓜多尔、玻利维亚和委内瑞拉为 1% 以上。在温带地区，自然的栖息地几乎已不存在，绝大多数的森林已被人类采伐了几遍。只是在一些人类无法接近的山区，个别地区仍保留着小块原始栖息地。我国的森林面积仅占国土面积的 12%，人均林地约为 0.12hm²，仅为世界平均水平的 1/6，而因人为活动的干扰，绝大多数森林已变成了次生林。

全球许多地区因重复种植导致水土流失，大面积的草原因过度放牧而退化，生物群落不可逆的大规模退化和表层土壤的丧失最终导致地表的沙漠化。据估计，在全球范围内，已有 900 万 hm² 的干旱土地通过上述过程变成了沙漠。我国沙漠区有 150 万 hm²，约占国土面积的 15%，每年还以大约 1 560hm² 的速度扩展。许多草原和森林物种因沙漠化丧失栖息地而受到威胁。

栖息地破碎化是促使物种濒危和灭绝的另一个因素。栖息地破碎是指大块的连续自然栖息地被人类活动的栖息地如农田和居民点等分割为面积较小的多个栖息地碎片的过程。导致栖息地破碎的因素多种多样，通常包括农田、森林采伐、城市、道路、铁路、大坝、水渠等限制动植物不能运动和迁移及扩散的障碍。栖息地破碎能减少栖息地面积，改变栖息地的空间结构和碎片内或碎片间的生态过程，包括改变辐射流、水循环、营养循环、传粉过程、捕食者和被捕食者的相互作用等。对于许多物种而言，破碎化导致个体在适宜栖息地碎块间的迁移变得更加困难，种群变得更小，可能导致局部灭绝。栖息地破碎后可能产生下列效应：① 栖息地变小，碎片面积可能小于物种所需的最小巢区或领域面积，即使碎片面积较大，由于碎片上的种群较小，也不能维持种群的长期生存。② 栖息地异质性损失，一些需要几种栖息地类型才能生存的物种因栖息地异质性减少而导致种群濒危或灭绝。③ 种群结构破坏，碎片周围栖息地的某些物种可能在碎片上增加密度，对碎片上的物种的种群造成危害，促使其濒危。④ 隔离效应，一些需要季节性迁移的物种可能会因碎片间的隔离而无法正常迁移，导致种群濒危或灭绝。修筑大坝可能妨碍许多水生动物的繁殖或破坏其季节性的迁徙模式，如三峡大坝的建立，可能对中华鲟、白鳍豚的生存构成威胁。

（二）环境污染

1. 农药污染　大规模的现代农业生产改变了自然生态系统，使农业生态系统环境趋于单一，易于病虫鼠害发生。化学农药特别是有机农药被广泛地用于控制害虫。从 20 世纪 40 年代开始使用有机农药以来，全球的有机农药已发展到数千个品种，总产量每年 200 多万 t。农药在消灭害虫的同时，也杀害了害虫的天敌及其他有益生物，同时，农药还危害与农田相邻的许多保护区的物种。农药作为外来物质进入生态系统，施用后残留在大气、土壤、水域以及动植物体内，通过食物链而浓缩，对动物和人产生危害，并可能改变生态系统的结构和功能。农药对鸟类的影响尤其明显，1960 年在美国加利福尼亚东北部发生了大批食鱼性鸟类死亡事件，经查明，是有机氯农药在食物链中浓缩的结果。据世界 39 个国家的调查，有 118 种野生鸟类的体内残留有 DDT，受 DDT 毒害的亲鸟产卵的蛋壳变薄，孵卵时易破碎，这大大影响了鸟类的繁殖。欧洲 400 多种常见鸟类中，有 60 余种可能因农药污染而绝迹。我国濒危物种也在不同程度上受到农药的危害，如 1993 年在江苏省盐城自然保护区，有 3 只丹顶鹤因觅食了河沟里的死鱼和虾而致死，经化验，死鱼体内有呋喃丹残留，属于二次中毒事故。

2. 空气污染　空气污染不但影响人的身体健康，而且破坏生态系统。各种燃料燃烧向空气中释放大量的氮化物和硫化氢，在大气中与水汽结合形成硝酸和硫酸，极大地降低了雨水中的pH，形成酸雨，降低了局部土壤和水体的pH。据统计，美国每年释放到大气中的硝酸盐和硫酸盐分别为2 100万t和1 900万t。在北美洲、欧洲和东南亚经常发生大面积的酸雨危害。我国每年因酸雨危害而造成的森林和农作物损失为50亿美元；在日本许多检测点显示二氧化硫的沉降已经达到或超过欧美的水平；韩国冻雨的酸度已接近pH 4的水平。许多动植物直接受到酸雨的危害，水中pH的增加导致许多鱼类不能正常的产卵或死亡。重金属也对野生动植物有很大的危害。含铅汽油、采矿和冶炼等工业活动向大气中排放了大量铅、锌和其他有毒金属。在一些重金属矿区及周围的一些地区，往往寸草不生，一片死寂，主要是空气中重金属危害的结果。

3. 水体污染　水是一种可再生资源，然而这并不意味着它是取之不尽、用之不竭的，如果人类破坏了自然界的用水平衡的话，那么水资源也会随之枯竭。随着人类活动对环境的影响日益显著，水体受污染的报道现在也开始频频见于报道。天然水体中由于过量营养物质（主要是指氮、磷等）的排入，引起各种水生生物异常繁殖和生长，这种现象称水体富营养化。这种情况下，在适宜的条件下将会引发藻类的疯长，发展到一定程度就会出现人们常提到的赤潮或水华现象。这将给大多数水生生物带来毁灭性的打击，对于鱼类尤为严重。2007年7月的一则报道称，武汉东湖官桥湖发生大面积死鱼，约3万kg的鱼死于这次事故。事件的主要原因是由于官桥湖周边众多餐馆和居民常年往湖中直排生活污水，造成水体污染严重，水体中总磷含量过高且严重富营养化，再加上湖中鱼类养殖密度过大，以及连日来天气异常闷热，造成大量鱼类缺氧死亡。

4. 过度利用　野生动植物利用是人类物质和生活的重要来源。长期以来，人们把野生动植物当作食物、医药、娱乐、原材料和宠物等加以利用。人类狩猎和采集活动的历史可以追溯到几十万年前的早期人类社会。当时，狩猎和采集是人类获得食物的主要来源，现代的热带丛林部落仍然保留着这个传统。尽管传统的利用方式有时会导致局部的野生动植物绝迹，但大多数地方的野生动植物资源长期处于可持续利用状态。野生动植物贸易是利用的主要动力之一。随着人口的增加和人类活动的加剧，野生动植物及产品贸易的日益国际化和全球化，野生动植物的需要量急剧增加，特别是现代狩猎和采集工具的使用，提高了捕获和采集野生动植物的效率，野生动植物的利用量越来越大。当利用量或收获量超过最大持续产量时，就产生了过度利用问题。过度利用威胁物种的生存。繁殖速度低的哺乳动物和鱼类最易利用过度，如鲸、大象、犀牛等动物。促使种群利用过度的最直接原因是经济因素。

过度利用是物种受威胁的主要因素之一。过度利用能导致种群下降、分布区缩小和物种灭绝。自1600年以来，已有110种兽类灭绝，而其中过度利用导致的有23种，超过20%；在100种灭绝的爬行动物中，32种因过度利用而灭绝；在受威胁的142个兽类类群中，54个类群因过度利用而受威胁；在受威胁的139个爬行动物类群中，63个类群是由于过度利用引起。其他脊椎动物类群中，因过度利用导致灭绝和受到威胁的类群所占比例也很高。过度利用和贸易还会对生物多样性保护产生其他影响，如野生动物贸易可能导致外来种引入。我国许多资源动植物种群处于濒危之中，濒危的主要因素是过度利用。由于传统的中医药、传统饮食文化，以及野生动植物原材料加工业历史悠久和发达，对野生动植物利用量非常大。加之缺乏科学管理，常常导致过度收获。李义明和李典谟（1994）分析了我国103种的兽类受威胁的原因，比较狩猎、栖息地改变、气候变化、污染等因素对它们的影响，认为过度利用和栖息地改变是这些兽类灭绝和受威胁的主要因素，而过度利用是头号因素。过度狩猎的直接原因是食野味的传统饮食文化和传统医药对野生动物的需求。

5. 外来种入侵　外来种入侵不但能造成严重的经济危害，而且常常导致生态灾难，促使土著种种群濒危甚至灭绝。Pimentel（2000）等估计美国的外来植物和动物物种有 10 000种，每年因外来种入侵造成的经济损失约在 1 000 亿美元以上。据 Keeler（1988）的分析，引进的动物和植物中有 30%的物种引起环境中其他物种的明显变化，引入到大陆的哺乳动物，有 26%的物种对其他物种有明显的影响。如果把人类的迁移和定居也算作外来物种的入侵，1600 年以来，全球共有 30 种两栖动物和爬行动物灭绝，受外来动物入侵影响的就有22 种，占 73.3%。1840 年以来，新西兰有 31 种鸟类灭绝，23 种是由外来动物引起，占74.2%。生物入侵无处不在，在大陆和岛屿、水体和陆地、热带和温带，均有发生，但在某些地区生物入侵发生频繁。在全球陆地，单位面积的植物外来种的数量随纬度降低而增加，但在热带地区较低，岛屿上入侵的外来种多于大陆。隔离的岛屿栖息地没有经历外来种的入侵，往往进化出不同的生物区系，通常包含有独特的生物群落和特有物种，对外来种特别敏感。这样的环境包括海岛和许多相对隔离的湖泊。例如，19 世纪中叶英国人把兔和狐狸带入澳大利亚后，导致大面积的农田和作物毁坏，许多草原生态系统和森林生态系统被改变，引起当地 20 种有袋动物灭绝。尼罗河河鲈引入埃及维多利亚湖后，已消灭了该湖几百种鲤鱼科特有种。

外来种的引入途径是多种多样的，但均是人类活动的结果。在自然条件下，许多物种受到环境、气候和地理因素限制而难以扩大它们的分布区，并因此在一定的区域形成了特有的生物区系，这些自然限制包括海洋、沙漠、山脉和河流等。地理隔离导致世界上主要的生物区系按不同的进化路线形成不同的生物区系。人类活动把物种有意识或无意识带到世界各地从而改变了物种分布格局。例如，自 18 世纪到达新殖民地的欧洲定居者把数以百计的欧洲鸟类和哺乳动物物种带到新西兰、澳大利亚和南非等。大量的观赏植物、农作物和牧草被引到新的地区以发展当地的农业、畜牧业和花卉工业，许多种类逐渐逃逸到自然界，并长期生存下来。许多外来种是被人类无意识引入的。如许多检疫病虫害由动植物的贸易而附带引入，一些杂草种子可以通过混入作物种子而传播到其他国家和地区。一些小型哺乳动物和昆虫可以偷乘飞机或轮船而传播到新的地区。轮船常常在它们的压仓物中携带外来物种，倾倒在港口地区的土壤中带有杂草种子、节肢动物和软体动物，而压仓水中则会引入藻类、无脊椎动物和小型鱼类。

第三节　生物多样性的安全管理

近百年来，生物多样性受到严重威胁。值得庆幸的是，目前世界各国都已注意到生物多样性保护的重要性。在 1992 年巴西里约热内卢召开的世界环境与发展大会上，152 个国家和欧洲共同体签署了《生物多样性公约》，从此，生物多样性也从一个纯粹的科学术语，转变成为一个政治名词和经济概念，成为全球关注的热点问题之一。

我国幅员广阔，自然条件复杂多样，孕育了丰富的生物种类，是世界上生物多样性最丰富的国家之一。但由于人口急剧增长和资源的不合理开发利用，生物多样性正面临极为严重的威胁。面临的主要问题包括：水环境和水生态系统遭到破坏，物种受威胁和灭绝严重，遗传种质资源受威胁、缩小或消失。生物多样性保护是今天摆在我们面前最困难的挑战之一，也是迫切的国家战略需求。

保护生物多样性的国际法内容非常丰富，目前的法律规定和相关实践主要集中在生物安全、外来物种入侵、遗传资源获取与惠益分享以及生物多样性的保育等方面。

一、物种保护

通过化石记录揭示出物种的数量是随着时间而逐渐增加的，打断这一增加过程的只有少量的大灭绝事件。其中，有 5 次大灭绝已经被界定得很清楚，每次损失的物种都占当时物种总数很大的比例。灭绝总是要出现的，它属于自然的现象。人类的存在加快了物种的灭绝速度，我们正处在另一次灭绝危机之中。基于此物种保护被人们提到了日益重要的地位。

物种保护是指保护动物、植物和微生物的种、亚种、变种、系和形态，使它们免于灭绝，能够永续利用。中国作为世界生物多样性最丰富的国家之一，在保护物种方面做出了积极的努力。物种保护主要有以下几种方式：就地保护、迁地保护、离体保护、放归自然以及制定相关法律法规和加强宣传教育等手段。

（一）就地保护

就地保护是在野生生物的原产地对物种进行有效保护的一种方式。对一些有价值的自然生态系统和野生生境采取措施，以保护生态系统内生物的繁衍与进化，维持系统内的物质循环、能量流动与生态过程。就地保护最主要的方式是建立自然保护区。1872 年建立的美国黄石国家公园是全世界第一个自然保护区。在此后的 100 多年间，尤其是在过去的数十年中，生物多样性就地保护受到全世界广泛关注，自然保护区已遍布于全世界几乎每个国家，许多国家自然保护区面积都超过国土面积的 10%，少数国家达国土面积的 25% 以上，如丹麦达国土面积的 44.9%、厄瓜多尔达 39.2%、委内瑞拉达 28.7%、法国达 25.8% 等。就地保护的具体方法一般包括以下 3 个方面。

1. 建立保护区 所谓保护区是指在不同的自然地带和不同的自然地理区域内，划出一定范围将自然资源和自然、文化、历史遗产保护起来的场所，包括陆地、水域、海岸和海洋在内。这种场所是一个活的自然博物馆，也是自然资源库，它为观察研究自然界的发展规律，保护管理稀有、珍贵的生物资源以及受威胁的物种，引种驯化和繁殖有发展潜力的物种，进行生态系统以及与工农业生产发展有关的科学研究、环境检测，开展生物学、生态学、环境科学教学和生态旅游等提供良好的基础。

保护区的建立可以通过两种机制：一是政府行为，即通常是国家级、地区级或地方政府行为，政府划定保护区并颁布相应的法令在一定程度上限制当地居民对保护区内资源的利用和开发活动；二是私人购买土地并对生物实行保护措施，如美国大自然保护协会和奥杜邦协会。十多年来，中国政府为了保护生物多样性和履行世界公约，已制定并颁布了包括《自然保护区条例》在内的法律和法规。截至 2004 年年底，中国已建立自然保护区 2 194 个，保护面积约占陆地国土面积的 14.8%，超过了世界平均 12% 的水平。

2. 保护区之外的保护 保护区内外的生物多样性都应得到保护是保护策略的重要组成部分。仅依赖公园和自然保护区保护生物多样性，有陷入"围困心理"的危险，即公园和自然保护区内部的物种和群落得到了严格的保护，而保护区外则受到了肆意的乱采滥伐，生物多样性遭到破坏。这种现象同样会导致保护区内的生物多样性衰退，特别是小型保护区内的物种丧失更为严重。原因是许多物种必须通过迁移来获得保护本身无法提供的资源。另外，一个物种在保护区范围内的个体数可能比该物种的最小繁衍种群量小，因此需要超出保护区面积，即更大的生存面积以维持适宜的可繁衍种群。

3. 生态恢复　生态恢复是生物多样性保护的重要内容和措施。生态恢复是指修复由于人类活动而遭损害的生态系统的多样性和动态功能。这种损害已导致生态系统不可能在短期内回到其先前的状态并且可能会继续退化。一个地区的生物多样性既是本地生态恢复的基础和源泉，又是生态恢复的主要目标。当地生物多样性对生态恢复的贡献越大，生态恢复的成功性也越大。这种方法的主要目的就是恢复生态系统的保护与利用价值以达到生物多样性的持续性。

（二）迁地保护

迁地保护是通过将野生生物从原产地迁移到条件良好的其他环境中进行有效保护的一种方式。一般来说当物种原有生境遭到破坏，或者原有生境不复存在；物种的数目下降到极低的水平，个体难以找到配偶；物种的生存条件突然变化，物种面临生存危机的情况下，迁地保护就成为保存物种的重要手段。物种迁地保护的场所主要有动物园、水族馆、植物园和野生生物繁育中心等。

1. 植物的迁地保护

（1）种子的保存。植物能够结出种子，这是植物保护中所具有的一大优势。在植物生命周期的这个阶段，种子囊括了所有成熟植物在形成过程中所必需的遗传信息。因此，对植物的长期保存来说，种子是十分理想的。另外，就是许多种子天生都要经历一些可持续多年的休眠期，利用种子的这一特点，就有可能进一步延长种子的保存期。

研究表明，许多植物的种子都能对广义的同种环境信号产生反应，因此也能在广义的同种条件下加以保存。按照联合国粮农组织（FAO）所公布的标准，植物种子应该长期保存在$-18℃$或以下，储藏中的种子水分含量也应该在$2\%\sim5\%$。虽然较低的温度是人们所希望的，可从设备的成本和可靠性上看，低温保存并不总是现实的。再有令人遗憾的就是，许多热带植物与某些温带植物的种子都会在干燥之后丧失其继续存活的能力，因此它们无法用FAO的标准来保存。

（2）花粉的保存。保存植物的花粉远不及保存种子那样普及，因而技术也不够先进。花粉颗粒要么被超低温保存在$-196\sim-180℃$，要么被冻干之后保存在$-18\sim5℃$，前者只能保存6年，而后者却能成功地把某些植物花粉保存长达12年。保存花粉的技术主要适用于水果和森林植物。它比保存种子优越的一面是能马上提供植物杂交时所需的花粉，但它需要有雌性的开花器官才能够进行授粉。

（3）植物组织的保存。对那些以无性繁殖和表现为无性生长的植物来说，可以选择组织培养技术达到保存的目的。例如，马铃薯、香蕉和柑橘等植物，通常为了保持其商业特性而采用无性繁殖培育新品种，组织保存具有明显的优点。

2. 动物的迁地保护　动物迁地保护的主要手段是人工繁育，人工繁育对一些极度濒危动物的保护来说，不但是增加个体数量的一种手段，同时还能够保护许多濒危物种，使其物种得到保存。但人工繁育也带来一系列的问题，要想设立一个人工繁育项目，可能就不得不去捕捉所有的残余个体，但这样做也就宣判了该物种从野外的灭绝。在一个已经很小而且濒危的种群中，如果用大量个体来搞人工繁育，很可能会增加这个残余种群的灭绝风险。开展对脊椎动物的人工繁育需要大量资金与空间，而具备这种适宜条件的动物园和水族馆却是不多的。

目前所采用的人工繁育技术主要有：① 精子采集，从雄性动物个体中采集精子的技术。② 人工授精，简单地说，就是把采集到的某个雄性动物个体的精子，尽可能放到雌性动物个体所排出的卵细胞附近，以使其成功受精的机会达到最大。③ 体外受精，采集到的卵细胞无需个体交配，让受精过程在试管中发生。然后，再把所产生的胚胎植入雌性捐献者体内，或是植入代孕母亲体内，或是对其加以保存。④精子显微注射，在卵细胞很难受精的情况下，把精子直接注射到卵细胞中去。⑤ 胚胎移植，使用受胎药可以诱导雌性动物额外排卵和额外受精，在这种情况下，就可以把母体中额外受精的胚胎移到代孕母亲体内进行妊娠。但在挑选代孕母亲的时候，一般要在有亲缘关系的常见物种中进行。人工繁育技术常常遇到的问题是对时机的掌握，因为所有必需的繁殖材料并不是总能同时得到的，使用超低温保存技术，就可以把胚胎、卵子及精子保存在一起，并一直保存到需要时为止。

（三）离体保护

离体保护是对濒危物种的遗传资源，如植物的种子、动物的精液、胚胎以及微生物的菌株等进行长时期的保存。主要方式有建立种子库、基因资源库等。

（四）放归自然

放归自然即野化，指把笼养的后代再次引入到栖息地，复壮面临灭绝的物种或重建已经消失的种群的过程。由于笼养繁殖的种群的个体捕食能力、防御天敌的能力较低，野化工作应循序渐进。例如，鹿、东北虎、野马的放归野化工作已开始，并取得一定成效。

二、外来物种入侵的安全管理

（一）外来物种入侵

1954 年，美国人艾尔特在《动物入侵生态学》中首次提出"生物入侵"这个概念。到 1982 年，生物入侵问题开始被人们广泛关注。随着全球化进程的加快，20 世纪 90 年代中后期，外来生物入侵才真正引起全世界的广泛关注。

所谓外来物种入侵是指由于人为或自然的因素，生物由原生存地侵入到另一个生态环境的过程。随着交通运输的迅猛发展和全球经济一体化步伐的加快，有害生物被有意或无意地带到各地，其威胁已成为一项全球性的问题。入侵的生物由于缺失了自己的天敌而暴发，侵占了原生态系统中的大片领域，威胁其他物种生存甚至使其他物种逐渐减少甚至灭绝。生态系统中的食物链一旦被打破，生物的多样性也就被破坏了。因此，入侵生物不但威胁本地的生物多样性，引起物种的消失和灭绝，而且破坏生态系统的整体功能。据世界自然保护联盟（IUCN）的统计，外来物种入侵是最近 400 年中造成 39％动植物灭绝的罪魁祸首，已成为对全球生物多样性构成严重威胁的第二大因素。

时至今日，中国已成为遭受外来生物入侵最严重的国家之一，由于我国南北跨度 5 500km，东西距离 5 200km，跨越 50 个纬度及 5 个气候带（寒温带、温带、暖温带、亚热带和热带），来自世界各地的大多数外来种都可能在我国找到合适的栖息地。所以我国的外来物种入侵问题具有以下特点：①涉及面广，全国 34 个省、直辖市、白治区及特别行政区均发现入侵种。② 涉及的生态系统多，几乎所有的生态系统，从森林、农业区、水域、湿地、草原、城市居民区等都可见到。③ 涉及的物种类型多，从脊椎动物（哺乳类、鸟类、两栖爬行类、鱼类）、无脊椎动物（昆虫、甲壳类、软体动物）、植物，到细菌、病毒都能够找到例证。④ 带来的危害严重，在我国许多地方停止原始森林砍伐，严禁人为进一步生态破坏的情况下，外来入侵种已经成为当前生态退化和生物多样性丧失等的重要原因，特别是对于水域生态系统和南方热带、亚热带地区，已经上升成为第一位重要的影响因素。

据不完全统计已经有 400 多种外来生物入侵我国，其中包括哺乳类、鸟类、爬行类、两栖类、鱼类、甲壳类以及植物等。在国际自然保护联盟公布的全球 100 种最具威胁的外来生物中，我国占到 50 余种。危害严重的外来物种有紫茎泽兰、薇甘菊、空心莲子草、豚草、毒麦、互花米草、飞机草、凤眼莲、蔗扁蛾、湿地松粉蚧、美国白蛾、非洲大蜗牛、福寿螺、牛蛙等。

随着科学技术的进一步发展，生命科学异军突起与之相对应的转基因技术也得到了长足的发展和应用。转基因生物在生物入侵中开始扮演愈来愈重要的角色，声声警钟再一次告诫我们要合理利用我们所掌握的科技。目前比较引人关注的是转基因植物作为入侵生物所造成的危害。原因主要有以下几个方面：一方面，转基因植物可能会成为杂草。杂草往往生长迅速并且具有强大生存竞争力，能够生产大量长期有活力的种子而且这些种子具有远、近不同距离的传播能力，甚至能够以某种方式阻碍其他植物的生长。由于杂草具有以上这些特征，所以常常给世界农业生产造成巨大损失。一个物种可能通过两种方式转变为杂草，一是它能够在引入地持续存在；二是它能够入侵和改变其他植物的栖息地。转基因植物通过基因工程手段可潜在提高其生存能力从而可能成为入侵性杂草。有报道称，加拿大转基因油菜在麦田中已经变成了杂草，而且难以治理。另一方面，转基因植物通过基因漂移对近缘物种潜在的威胁。基因漂移是指基因通过花粉受精杂交等途径在种群之间扩散的过程。转基因植物基因通过花粉向近缘非转基因植物转移，使得近缘物种有获得选择优势的潜在可能性，使这些植物含有了抗病、抗虫或抗除草剂基因而成为超级杂草。这样会促使大量化学农药的再次应用，造成严重的环境危害。另外随着转基因植物不断释放，大量转基因漂移进入野生植物基因库，进而扩散开来，可能会影响基因库的遗传结构，给生物多样性造成危害。

（二）外来入侵物种的危害

1. 外来生物破坏生态系统，导致物种濒危和灭绝　入侵生物在侵入地疯狂繁殖的主要原因有：① 它们有很强的适应性，一旦栖身，很快就能"入乡随俗"。如空心莲子草，它抗逆性超强，不但不畏严寒酷暑，为了侵占尽可能大的地盘，它更是演化出水生、陆生两种生态型，入侵时可以由陆至水，顺水而下，再由水至陆，是地地道道的"水陆两栖江洋大盗"。②较强的繁殖特性使其"野火烧不尽，春风吹又生"，如水葫芦（凤眼莲）拥有极其强大的繁殖能力，甚至能以有性和无性两种方式繁衍后代，而在入侵的早期，无性生殖更是主要的：每逢春夏之际，水葫芦依靠匍匐枝与母株分离的方式，每 5d 就能克隆出一个新植株，用不了多少时间它就能铺满整个水域，在江南水域为祸不小。③其侵入地的生物群体与生态系统较为脆弱，容易被改变，如给"三北"防护林造成毁灭性危害的天牛，它们正是瞅准了"三北"地区大部分是树木品种单一的人工林，生态系统结构简单，很难抵抗疯狂虫害，才乘虚而入的。据有关部门调查统计，在"三北"地区遭受天牛危害的面积达 16.68 万 hm²，造成的经济损失无法直接用数字衡量。天牛虫害也因此被形象地称作"不冒烟的森林火灾"。相对而言，尽管在西南的混生林里同样能抓到张牙舞爪的天牛，但在那里它们就失去了传说中的毁灭性威力，原因就在于被入侵生态系统的抵抗力不同。④新生环境缺少天敌，没有"螳螂捕蝉，黄雀在后"的自然制约，外来生物通过压制或排挤本地物种的方式改变食物网的组成及结构，特别是杂草，在入侵地往往导致植物区系的多样性变得非常单一，并破坏草场、林地、耕地和撂荒地。如空心莲子草在南美洲算不上令人厌恶，但来到我国以及世界其他地区以后，一下就泛滥成灾了。原因是在南美洲大陆有一种专门对付它的莲草直胸跳甲，在它们的控制下，空心莲子草不得不忍气吞声，做一根乖乖草了。再如铜锤草，又名红花酢浆草，原产美洲热带地区，作为观赏植物引进我国，现已在我国的十余个省市逃逸为野生，成为"暴发型杂草"。

外来入侵生物对生态系统的结构、功能及生态环境产生严重的干扰和危害。如 20 世纪 60~80 年代，我国从英、美等国引进了旨在保护滩涂的大米草。截至 1996 年，我国大米草总面积已达 13 万 hm^2 以上。大米草破坏了近海生物的栖息环境，造成多种生物窒息死亡；堵塞航道，船只不能出海；影响海水的交换能力，使水质恶化。1996 年侵入深圳内伶仃岛的薇甘菊，其危害面积超过 $800hm^2$。薇甘菊有有性和无性两种繁殖方式，攀上灌木或乔木后能迅速形成整株覆盖之势，使植物因光合作用受阻而窒息死亡。原产美洲墨西哥至哥斯达黎加一带的紫茎泽兰约于 20 世纪 40 年代由中缅边境传入云南省，现已在我国西南地区蔓延成灾。紫茎泽兰侵入草场、林地和撂荒地，很快形成单种优势群落，导致原有的植物群落衰退和消失。由于其对土壤肥力的吸收力强，能极大地消耗土壤养分，对土壤可耕性的破坏极为严重。原产南美洲的水葫芦（凤眼莲）现已遍布华北、华东、华中、华南的河湖水塘。连绵 $1\,000hm^2$ 的滇池，水葫芦疯长成灾，布满水面，严重破坏水生生态系统的结构和功能，当地的气候明显变得比较干燥，已导致大量水生动植物死亡，湖中的 68 种鱼有 38 种已不复存在。澳大利亚的一种可能来自巴布亚新几内亚地区的致病真菌自 1920 年侵入以来，导致了数千公顷的森林被毁。这种真菌对 3/4 的植物有害，包括高大的树种和矮小的灌木。在新西兰，一种来源于澳大利亚的夜间活动的袋鼠，估计每晚可吃掉 21t 当地的森林（树皮、树芽、树叶等）。来源于巴布亚新几内亚地区的棕色树蛇，使太平洋关岛上 11 种鸟和一些蜥蜴、蝙蝠在野外绝迹。

外来生物入侵影响到每一个生态系统和生物区系，使成百上千的本地物种陷入灭绝境地，加速了生物多样性的丧失和物种的灭绝，特别是在岛屿和生态岛屿中更为明显。云南大理洱海原产鱼类 17 种，大多为洱海特有，具有重要的经济价值。在有意无意地引入 13 个外来种后，17 种土著鱼类已有 5 种陷入濒危状态，原因之一是外来种和土著种争食、争产卵场所以及吞食土著种的鱼卵等，破坏了原有生态系统的平衡。

2. 外来入侵生物造成的经济影响　外来入侵生物给各国带来了巨大的经济损失。根据联合国生物多样性公约组织发表的报告统计，每年全球因生物入侵造成的经济损失高达数千亿美元。在美国，因外来入侵生物造成的经济损失每年约 1 380 亿美元、印度为 1 200 亿美元、南非为 980 亿美元……外来的杂草，像布袋莲（*Eichornia crassipes*）和水生菜（*Pistia* spp.）已是一个全球性的问题，非洲国家仅在它们的控制上每年花费估计 6 000 万美元。菲律宾因入侵的蜗牛对作物的危害已损失 10 亿美元。我国因外来生物入侵，每年大约损失 560 亿美元。

目前入侵我国的外来生物已达 400 余种，近十年来，新入侵我国的外来入侵生物至少有 20 余种，平均每年递增 1~2 种。在 2005 年我国发生的最危险的森林病虫害，就是由外来入侵生物造成的。据国家林业局统计，现在我国每年仅外来入侵生物引发的森林病虫害面积就达 133 万 hm^2，每年因此而减少林木生长量超过 1 700 万 m^3。以对农业生产中危害最严重的 11 种外来生物进行粗略的损失估计，每年国家用于防治新近入侵害虫的费用高达 14 亿元。20 世纪 50 年代我国作为猪饲料引进推广的凤眼莲近年来疯狂繁殖，堵塞河道，影响通航，严重破坏江河生态平衡，每年对其的打捞费用高达 5 亿~10 亿元，因其造成的经济损失接近 100 亿元。

3. 外来入侵生物对人畜的健康形成威胁　通过动植物的出入境许多病原菌也成为入侵生物，对入侵地人畜的健康形成严重威胁。如由于国际贸易亚洲虎蚊已携带登革热侵入到美国和非洲；国际肉类产品出口可能扩散致命的大肠杆菌；引起恐慌的疯牛病、禽流感等外来病毒，危害难以估量。泛滥于我国西南部的外来植物紫茎泽兰含有毒素，用紫茎泽兰的茎叶垫圈或下田作沤肥，可引起牲畜蹄子腐烂、人的手脚皮肤发炎；马、羊食用后会引发气喘病；种子上带钩的纤毛被牲畜吸入后引起牲畜气管和肺部组织坏死，导致死亡。1996 年，紫茎泽兰使四川凉山州的羊减产 6 万多只。三裂叶豚草，它的花粉是引起人类花粉过敏的主要病原物，可导致枯草热症，在美国约有 20％的人受花粉过敏症的侵扰。过敏者会出现打喷嚏、流鼻涕、哮喘等症状，严重者甚至发生其他并发症而死。我国国内虽然还没有大量的报道，但在国外的许多华人到美国后一两年内就会出现花粉症的症状。目前豚草已分布在东北、华北、华东、华中地区的 15 个省市，如果一旦大面积暴发，后果不堪设想。

麻疹、天花、鼠疫以及艾滋病都可以成为入侵疾病。人类对热带雨林地区的开垦，为更多病毒的入侵提供了新的机会，其中包括那些以前只在野生动物身上携带的病毒，比如多年前袭击刚果等地的埃博拉病毒。不论是疯牛病、口蹄疫、鼠疫这些令人望而生畏的恶性传染病，还是在美国声名狼藉的红蚂蚁，肆虐我国东北、华北的美国白蛾、松材线虫等森林害虫，以及堵塞上海河道、覆盖滇池水面的水葫芦都是生物入侵惹的祸。它们的危害之大已远远超出人们的想象，以致有人称它为整个生态系统的癌变。

（三）外来入侵物种的安全管理措施

随着我国改革开放和经济建设步伐的加快，外来生物入侵问题有增无减。外来物种的生态侵略对可持续发展构成严重威胁，给我国的食品安全，甚至经济安全、政治安全敲响了警钟。因此，应对和控制外来物种入侵带来的危害已成为全球各个国家的重要任务，必须加倍重视生物入侵防治工作。

1. 加快立法步伐，制定针对引进外来物种的法律法规　在各种措施之中，建立相关的法律、法规是关键的一个环节。外来物种入侵的国际法主要有 1992 年形成的《生物多样性公约》。该公约是唯一涵盖了入侵物种和涉及所有内容的国际法规。公约中指出，各缔约国应当"防止引进、控制或消除那些威胁到生态系统、生境或物种的外来物种"，并"制定或维持必要立法或其他规范性规章，以保护受威胁物种和种群"。针对海洋生物入侵，制定了《联合国海洋法公约》、《国际重要湿地特别是水禽栖息地公约》包含了有关入侵物种和湿地的决议。而《野生动物迁徙物种公约》规定：濒危迁徙物种成员国应该预防、减少或控制正在威胁或可能进一步威胁这些物种的因素，包括外来物种。关于植物保护，《国际植物保护公约》要求签约国使用卫生与植物检疫措施来预防有害植物和植物产品的扩散和引入，建立国家植物保护机构并同意在信息交换和制定《植物检疫措施国际标准》等方面进行合作。还有很多地区性协议与控制外来物种密切相关的 WTO 的两个协议：SPS 协议（即《关于卫生和植物卫生措施协议》）以及 TBT 协议（即《贸易技术壁垒协议》），这两项协议都明确规定，在有充分科学依据的情况下为保护生产安全和国家安全，可以设置一些技术壁垒，以阻止有害生物的入侵。

我国已经成为遭受外来入侵生物危害最严重的国家之一，面临的防治形势越来越严峻。多年来，我国在保护生物多样性方面开展了很多工作，如积极参与相关国际法的制定和履行，我国已经建立起一系列防止外来物种入侵的相关法律、法规。目前，我国涉及外来物种控制问题的相关法律主要有《中华人民共和国进出境动植物检疫法》（1992）、《中华人民共和国进出境动植物检疫法实施条例》（1997）、《农业转基因生物安全管理条例》（2001）等。近来，建立了由农业部牵头，环境保护部、国家质量监督检验检疫总局、国家林业局、科技部、海关总署、国家海洋局等相关部门参加的全国外来生物防治协作组，成立了外来物种管理办公室。农业部也成立了外来入侵生物预防与控制研究中心，为外来入侵生物防治提供了组织和技术保障。此外，2005 年农业部已经制定了《农业重大有害生物及外来生物入侵突发事件应急预案》，启动了《外来入侵生物防治条例》和《全国外来入侵生物防治规划》起草工作。为保护和持续利用生物多样性提供了基本的法律制度框架，并在实施方面取得了明显的进展。

　　然而，这些法律、条例及组织体系主要集中在人类健康、病虫害及与杂草检疫有关的方面，并没有充分包含入侵物种对生物多样性或生态环境破坏的相关内容，与从生物多样性保护角度控制外来物种的目标还相差甚远。同时，我国幅员辽阔，生态系统类型繁复，国内跨地区的物种转移迄今尚没有引起充分重视，也没有规章条例管理地区性的物种入侵问题。因此为保护生态环境和生物多样性，控制外来物种，制定有关防止生物入侵的专项法律，且在此基础上，分别制定相应的配套法规，形成一整套适合我国国情，具有可操作性的完善的法律法规体系是十分紧迫而必要的。

　　2. 建立风险评估体系及早期预警、监测和快速反应体系　作为国家与地方管理部门早期预警和决策的依据，外来物种入侵风险评估体系的建立势在必行。需要对外来入侵物种引起的健康风险、对经济生产的威胁、对当地野生生物和生物多样性的威胁，以及引起环境破坏或导致生态系统生态效益损失的风险等方面进行评估。在充分的科学研究和信息收集整理的基础上，制定我国外来入侵物种的管理名录及评估方法，将其作为法律附件，为司法实践提供科学参考。

　　建立外来入侵物种早期预警体系是防止外来有害生物的重要环节。应该建立国家和省级水平的早期预警工作体系。大力加强有关信息系统的建设，并建立起相应的入侵物种数据库和物种鉴定专家数据库。早期预警单位应该进行野外调查，验证所收到的报告与物种鉴定的结果，以及做出是否需要加强监测的建议。而且在监测的管理方面，应立法规定建立定期普查制度并建立专门的入侵物种快速反应体系，以便及时汇总信息以发布国家生态安全预警名录，制止外来物种的入侵和蔓延。

　　3. 培养抵御外来物种入侵的公众意识　在世界范围内，有许许多多的生物入侵都是生产者首先发现的，并赢得了有利的控制时间，从而避免了大范围扩散蔓延。如果公众能够意识到由于自己无意间从国外带回的水果可能携带危险害虫，如地中海实蝇，它有可能引发我国整个水果产业的严重损失，从而避免自己的无意识行为的话，这样生物入侵发生的概率会人为减少。因此，加强科普宣传、培养全民预防生物入侵的意识是非常重要的。

　　4. 加强国际合作　控制外来入侵种涉及的范围十分广泛，它必然涉及国际贸易、海关、检疫等，并可能给经济和外交带来一些影响。而且，有关控制技术措施（如天敌引入等）也涉及国际合作与研究。我国和周边国家，特别是东南亚的信息交流和合作十分必要。有些物种（如紫茎泽兰）是从东南亚国家通过交通运输渠道，甚至也通过自然扩散进入我国。而分布于我国南方的入侵种，也有相当一部分同时还在东南亚国家泛滥。因此保持与这些国家的信息更新和交流的渠道畅通，并加强管理合作是非常必要的。

　　5. 预防为主，有效控制　对于生物引种，在引入前应进行充分的、科学的评估和预测。

不仅要考虑到引进的生物在当前的各种生态学表现，还应预测将来可能出现的各种变化；不仅要看外来种的经济利益，还要看其生态影响。引入后应加强观测，释放后应不断跟踪，如发现问题应及时采取有效对策，避免大面积造成危害。

对于已传入并造成危害的入侵种，应采取迅速的控制对策，其中包括：①人工防除，人工防除是比较粗放易于采用的方法。云南、福建、浙江、上海等地都曾组织大量人力打捞凤眼莲，深圳市也曾多次组织人力拔除薇甘菊。采用该方法对繁殖能力较弱的入侵种或是入侵初期的外来物种进行防治，可取得显著效果，但是防治费用高昂且防除不彻底，一些物种需要年年进行防除。此外，采用火烧、水淹、放牧、种树等措施，也可对入侵种的防治起到一定的作用。②化学防治，化学防治常具有操作简单、见效快速以及在验证通过后易于推广实施等优点，如防治大米草较多采用化学防治。使用除草剂 BC-08 可以在 21d 内杀死大米草的地上部分，60d 左右消灭其地下部分，取得了较好的防除效果，同时对其他周围的水生生物是安全无害的。但是，使用该方法的不足在于防除入侵种时，常会杀灭许多本地生物，而且为了使防治效果持续，需要连续施用，这会诱使入侵种产生抗性而失去其效力。③生物控制，生物控制是一种利用生物多样性保护生物多样性的方法。国内利用生物控制方法进行防治的外来入侵杂草主要有 4 种，即紫茎泽兰、豚草、空心莲子草和凤眼莲，防治期间引入天敌需要较长的时间，因而难以在短期内有效控制入侵种。此外，值得关注的是，引入天敌防治入侵种存在一定的风险，若引入不当，这些天敌可能会成为新的入侵种。④综合治理，综合治理是将人工防除、机械防治、化学防治、生物控制以及替代控制等方法结合起来，发挥各自长处，弥补各自不足，运用它们的综合力解决入侵种的防治问题。对于防治中留下的入侵生物的残体，除了直接掩埋、焚烧等粗放处理外，还能充分发掘其潜在的经济价值，进行再利用，变废为宝。

外来生物入侵给生态系统、生物多样性、农林牧渔业所带来的巨大危害与经济损失应得到高度重视，因为外来生物入侵的生态代价是造成本地物种多样性不可弥补的消失以及物种的灭绝，构成对生物多样性保护与持续利用及人类生存环境的重要威胁。可见，对外来生物入侵的防治不仅对保护我国的生态系统的安全具有重要的意义，对我国的经济发展和人们的身心健康也具有非常重要的意义。

◆ 思考题

1. 生物多样性的概念是什么？
2. 简述中国生物多样性的特点。
3. 简述生物多样性的意义。
4. 分析生物多样性受威胁的原因。
5. 联系我国实际情况分析如何保护生物的多样性。

第九章　实验室生物安全

第一节　实验室生物安全概况

一、实验室生物安全的概念

在研究、诊断、保管或操作传染性物质的实验环境中不可能完全没有风险,在微生物研究实验室、医学临床实验室、动物学实验室和分子生物学实验室等生物类实验室内由于操作失误或某些不正确的操作,国内外已经发生了多起实验室相关感染,因此为了确保实验室工作人员避免操作生物因子及相关材料的危害所制定的相关规则及措施,即为实验室生物安全(laboratory biosafety)。具体而言,也就是在生物类实验室中,必须在实验室设计、建造、使用个体防护装置和严格遵守生物学操作规程等方面采取综合措施,以确保实验室工作人员不受实验对象危害,并防止其操作的对象向周围环境释放,尽量减少危害材料向周围环境的意外释放。

实验室生物安全防护的内容主要包括:实验室的建筑要求和特殊设计;安全设备、个体防护装置和措施;严格的管理制度和标准化的操作程序及规程等方面。它的保护对象包括实验人员、周围环境和实验对象。

二、实验室生物安全的发展概况

生物学实验室是一个独特的工作环境,可能造成室内或周围人员感染传染病,尤其是在与微生物学和动物学相关的实验室内,一直有实验室内感染传染病的报道。1941 年,Meyer 和 Eddie 在其调查报告中指出美国有 74 位实验人员感染布鲁菌,并指出处理微生物培养物或吸入含有布鲁菌的灰尘对实验室人员具有明显的危险性。1949 年,Sulkin 和 Pike 进行了第一次系统调查,总结了 222 例病毒感染,其中 21 例死亡;1951 年,Sulkin 和 Pike 对 5 000名实验人员调查,发现 1 342 个病例中,只有 16% 的病例是由已有记录的事故引起,大部分则与口吸液技术以及注射器和针头的使用有关;1965 年再次调查时增加了 641 例新病例。1967 年,Hanson 等报道了 428 例实验室相关虫媒病毒感染。1974 年,Skinholj 调查显示丹麦临床化学实验室工作人员的肝炎发生率比一般人群高出 7 倍。1976 年,Harring-ton 和 Shannon 调查结果表明,英国医学实验室人员比一般人群感染结核的危险高出 5 倍。至 1976 年,Sulkin 和 Pike 总共积累了 3 821 个病例,这些病例中只有不到 20% 的病例与已知的事故有关,80% 的病例与接触传染性气溶胶有关。

1979 年,Pike 指出"我们具备了防止在部分实验室感染的知识、技术和设备"。但当时国际上并没有任何操作规程、标准、指南或其他文件为实验室操作提供详细的技术、设备介绍及其他规范。《病原体的危险程度分级》(Classification of Etiologic Agents on the Basis of Hazard)在当时被作为传染病实验室的一般参考,此书是《微生物学和生物医学实验室生物安全》（Biosafety in Microbiological and Biomedical Laboratories）的早期蓝本。

随着生物技术在农业、畜牧业和军事等方面的广泛应用，促进了微生物学、病毒学、免疫学、分子生物学、生物信息学、生物制药等一系列生物学科的飞跃发展和创新，在其实验过程中都需要一个对实验操作人员安全、对环境安全及对社会安全的实验室条件来保证。2003 年发生的传染性非典型性肺炎（严重急性呼吸综合征，SARS）和 2004 年开始发生的禽流感给人们的生命健康带来了严重威胁，引起了各国政府的高度重视和广大民众的极度关注。

20 世纪 70 年代以来，实验室生物安全受到了美国、英国、日本等国家的高度重视。世界卫生组织（WHO）、美国卫生部（HHS）、美国国立卫生研究院（NIH）、美国疾病预防与控制中心（CDC）、美国国立癌症中心（NCL）、日本国立预防卫生研究院均制定了生物安全实验室的各种标准和指南。

近年来，我国许多研究所、医院和疾病控制部门纷纷建立起生物安全实验室。因为建立符合安全要求的高等级生物安全实验室，并进行严格管理，是进一步推动我国科学发展的当务之急，也是国家科学技术发展过程中的必备条件。

在 2003 年 SARS 暴发流行和高致病性禽流感发生后，特别是 2003—2004 年 3 起实验室 SARS‐CoV 感染事故的发生，引起了我国政府、广大科研工作人员对实验室生物安全的重视，2004 年国家颁布了国家标准《实验室—生物安全通用要求》（GB 19489—2004）。

三、实验室生物安全的意义

对于在生物类实验室中工作和学习的专业技术人员来说，必须十分重视可能发生的生物危害。在实验室工作中接触具有一定致病力微生物或实验操作相关材料时，如何避免和防止因此而造成的实验室感染、保证实验室生物安全是每个工作人员所必须具备的知识，这不仅保护工作人员本身不受感染和防止传播和扩散，而且也可避免因交叉感染而造成错误的实验结果，可认为生物类实验室工作者是否具备安全意识和相应的技术，是衡量其专业水平的重要标志之一。实验室生物危害的受害者可能还会影响到与其密切接触人员，如同事、家属等。

在某种程度上实验室生物安全受到威胁后，其造成影响可能远远超过一般公害，引起人心惶惶，实验室生物安全还关系到一个国家生物技术研究是否能持续发展，关系到社会稳定。

第二节　实验室生物危害的来源及分级

一、细菌危害

实验室内对实验人员和环境危害较大的主要有以下细菌：炭疽杆菌、百日咳博氏菌、布鲁菌属（牛布鲁菌、犬布鲁菌、羊布鲁菌、猪布鲁菌）、马鼻疽杆菌（假单胞菌属）、弯曲杆菌属（空肠弯曲杆菌、结肠弯曲杆菌、胎儿弯曲杆菌）、鹦鹉热衣原体、肺炎衣原体、沙眼衣原体、肉毒梭菌、破伤风杆菌、白喉棒状杆菌、肠出血性大肠杆菌、土拉热弗朗西斯杆菌、幽门螺杆菌、问号钩端螺旋体（所有血清型）、单核细胞李斯特杆菌、嗜肺军团菌、麻风分支杆菌、结核分支杆菌、淋球菌、脑膜炎奈瑟氏球菌、沙门氏菌属（伤寒沙门氏菌以外的所有血清型）、伤寒沙门氏菌、志贺氏菌属、梅毒螺旋体、肠炎弧菌（霍乱弧菌、副溶血性弧菌）、鼠疫杆菌。

二、真菌危害

有危害的真菌主要包括：皮炎芽生菌、粗球孢子菌、新型隐球菌、荚膜组织胞浆菌、申克孢子丝菌、表皮癣菌属、小孢子癣菌属和毛癣菌属的致病性种类以及其他霉菌。

三、病毒危害

有危害的病毒主要包括：汉坦病毒、亨德拉病毒及亨德拉样病毒、肝炎病毒（甲型、乙型、丙型、丁型、戊型）、猴疱疹病毒、人疱疹病毒、流感病毒、淋巴细胞性脉络丛脑膜炎病毒、痘病毒、脊髓灰质炎病毒、狂犬病病毒、反转录病毒、朊病毒、泡状口腔炎病毒、SARS冠状病毒。

四、实验室生物危害的分级

实验室生物危害等级划分的主要依据是生物的系统地位、自然习性、地理分布或宿主范围、病原性和毒性、传播方式和机制、对抗生素及环境因素的抵抗力、与其他生物间的关系等。其中，对人类及其他高等动物的致病性是考虑的首要依据。生物危害等级划分的具体工作一般由相关领域的科学家、卫生健康及生物安全管理部门的官员共同参与，完成后以目录的形式颁布。目前，各国一般将生物危险性分为4～5个危害等级。世界卫生组织根据具有感染性微生物的相对危害性，将其分为4级（表9-1）。其他组织和部门也有各自的分级标准（表9-2、表9-3、表9-4、表9-5）。

表9-1　WHO实验室生物危害的分级

危害级别	危害程度
危险度1级（无或极低的个体和群体危险）	不太可能引起人或动物致病的微生物
危险度2级（个体危险中等，群体危险低）	病原体能够对人或动物致病，但对实验室工作人员、社区、牲畜或环境不易导致严重危害。实验室暴露也许会引起严重感染，但对感染有有效的预防和治疗措施，并且疾病传播的危险有限
危险度3级（个体危险高，群体危险低）	病原体通常能引起人或动物的严重疾病，但一般不会发生感染个体向其他个体的传播，并且对感染有有效的预防和治疗措施
危险度4级（个体和群体的危险均高）	病原体通常能引起人或动物的严重疾病，并且很容易发生个体之间的直接或间接传播，对感染一般没有有效的预防和治疗措施

表9-2 美国CDC/NIH《微生物和生物医学实验室生物安全》（第四版）的实验室生物危害的分级

危 害 级 别	危 害 程 度
BSL-1	不会经常引发健康成年人疾病
BSL-2	人类病原菌，因皮肤伤口、吸入、黏膜暴露而发生危险
BSL-3	内源性和外源性病原，可通过气溶胶传播，能导致严重后果或生命危险
BSL-4	对生命有高度危险的危险性病原或外源性病原；致命、通过气溶胶而导致实验室感染；或未知传播危险的有关病原

表9-3 《病原微生物实验室生物安全管理条例》的实验室生物危害的分级

危 害 级 别	危 害 程 度
第一类	能够引起人类或者动物非常严重疾病的微生物，以及我国尚未发现或者已经宣布消灭的微生物
第二类	能够引起人类或者动物严重疾病，比较容易直接或者间接在人与人、动物与人、动物与动物间传播的微生物
第三类	能够引起人类或者动物疾病，但一般情况下对人、动物或者环境不构成严重危害，传播风险有限，实验室感染后很少引起严重疾病，并且具备有效治疗和预防措施的微生物
第四类	在通常情况下不会引起人类或者动物疾病的微生物

注：第一类、第二类病原微生物统称为高致病性病原微生物。

表9-4 GB 19489—2004《实验室生物安全通用要求》的实验室生物危害的分级

危 害 级 别	危 害 程 度
危害等级Ⅰ（低个体危害，低群体危害）	不会导致健康工作者和动物致病的细菌、真菌、病毒和寄生虫等生物因子
危害等级Ⅱ（中等个体危害，有限群体危害）	能引起人或动物发病，但一般情况下对健康工作者、群体、家畜或环境不会引起严重危害的病原体。实验室感染不导致严重疾病，具备有效治疗和预防措施，并且传播风险有限
危害等级Ⅲ（高个体危害，低群体危害）	能引起人或动物严重疾病，或造成严重经济损失，但通常不能因偶然接触而在个体间传播，或能用抗生素、抗寄生虫药治疗的病原体
危害等级Ⅳ（高个体危害，高群体危害）	能引起人或动物非常严重的疾病，一般不能治愈，容易直接、间接或因偶然接触在人与人，或动物与人，或人与动物，或动物与动物之间传播的病原体

表9-5 农业部《兽医实验室生物安全管理规范》的实验室生物危害的分级

危 害 级 别	危 害 程 度
生物危害1级	对个体和群体危害程度低，已知的不能对健康成年人和动物致病的微生物
生物危害2级	对个体危害程度为中度，对群体危害较低，主要通过皮肤、黏膜、消化道传播。对人和动物有致病性，但对实验人员、动物和环境不会造成严重危害的动物致病微生物，具有有效的预防和治疗措施

（续）

危害级别	危 害 程 度
生物危害 3 级	对个体危害程度高，对群体危害程度较高。能通过气溶胶传播的、引起严重或致死性疫病、导致严重经济损失的动物致病微生物，或外来的动物致病微生物。对人引发的疾病具有有效的预防和治疗措施
生物危害 4 级	对个体和群体的危害程度高，通常引起严重疫病的、暂无有效预防和治疗措施的动物致病微生物。通过气溶胶传播的，有高度传染性、致死性的动物致病微生物；或未知的危险的动物致病微生物

　　我国对各类病原体的分类基本上是根据《中国医学微生物菌种保藏管理办法》，基本原则与 WHO 相同，只是排列顺序相反，其分类的原则是按其危害程度而定，包括实验室感染的可能性、症状轻重及预后情况，有无致命危险及有效防止实验室感染方法，用一般微生物学操作方法能否防止实验室感染，我国有否此类菌种及是否引起流行以及人群免疫力等情况，各类病原体分为以下 4 类。

　　（1）第一类病原体。相当于表 9－1 中危险度 4 级。第一类病原体是实验室感染机会多，感染后发病的可能性大，症状重并可危及生命，缺乏有效的预防措施，以及传染性强、对人群危害大的烈性传染病，包括国内未发现的或虽已发现但无有效防治的传染病病原体。如鼠疫耶尔森菌乱弧菌（包括 E1－Tor 弧菌等），天花病毒、黄热病毒（野毒株）、新疆出血热病毒（克里米亚刚果出血热病毒）、马堡病毒、埃博拉病毒、猴疱疹病毒、东西方马脑炎病毒、委内瑞拉马脑炎病毒、拉沙热病毒、艾滋病病毒，粗球孢子菌、荚膜组织胞浆菌、杜波氏组织胞浆、SARS 冠状病毒。

　　（2）第二类病原体。相当于表 9－1 危险度 3 级。第二类病原体是实验室感染机会多，感染后症状较重可危及生命，发病后不易治疗，对人群危害较大的传染病的病原体。如土拉热弗朗西斯杆菌、布鲁菌、炭疽芽孢菌、肉毒梭菌、鼻疽假单胞菌、类鼻疽假单胞菌、麻风分支杆菌、结核分支杆菌、狂犬病病毒、森林脑炎病毒、流行性出血热病毒，国内尚未发现病人但在国外已引起脑脊髓炎及出血热的其他虫媒病毒，肝炎病毒，登革热病毒，各种立克次体（包括斑疹伤寒、Q 热），鹦鹉热衣原体、鸟疫衣原体、淋巴肉芽肿衣原体，马纳青霉菌、北美芽生菌、副球孢子菌、新型隐球菌、巴西芽生菌、烟曲霉、着色霉毒菌。

　　（3）第三类病原体。相当于表 9－1 中危险度 2 级。第三类病原体是仅具一般危害性，能引实验室感染机会较少，在一般微生物学实验室中用一般措施能控制感染和传播，或有对之有效的免疫预防的病原体，如脑膜炎奈瑟氏菌、肺炎链球菌、葡萄状球菌、链球菌、淋病奈瑟氏菌及其他致病性奈氏菌、百日咳博德特菌、白喉棒杆菌、致病性大肠埃希菌、小肠结肠耶尔森菌、空肠弯曲菌、酵米面黄杆菌、副溶血性弧菌、变形杆菌、李斯特菌、铜绿色假单胞菌、气肿疽梭菌、产气荚膜梭菌、破伤风梭菌及其他致病性梭菌、钩端螺旋体、梅毒螺旋体、雅氏螺旋体，脑心肌炎病毒、淋巴细胞脉络丛脑炎病毒及未列入第一、第二类的其他虫媒病毒、辛必斯病毒、滤泡性口炎病毒、流感病毒、副流感病毒、呼吸道合胞病毒、腮腺炎病毒、麻疹病毒、脊髓灰质炎病毒、腺病毒、柯萨奇病毒（A 和 B）、艾柯病毒及其他肠道病毒、疱疹类病毒（包括单纯疱疹病毒、巨细胞病毒、EB 病毒、水痘）、狂犬病固定毒、风疹病毒、致病性衣原体，黄曲霉、杂色曲霉、梨孢镰刀菌、蛙类霉菌、放线菌属、奴卡氏菌属、石膏样毛癣菌（粉型）、孢子丝菌。

(4) 第四类病原体。相当于表 9-1 中危险度 1 级。第四类病原体是可用于制造生物制品的各种减毒、弱毒及不属于上述第一、第二、第三类的各种低致病性微生物。

第一类为低危害性致肿瘤病毒：劳斯氏肉瘤、SV-40 病毒、多瘤病毒、CELO 病毒、腺病毒 7-SV-40 病毒、牛乳头瘤病毒、小鼠肉瘤病毒、小鼠乳房肿瘤病毒、大鼠白血病病毒、地鼠白血病病毒、牛白血病病毒、Mason-Pfizer 猴病毒、马立克氏病毒、豚鼠疱疹、蛙病毒、腺病毒、肖普氏纤维瘤病毒、肖普氏乳头瘤病毒。

第二类为中等危害性致肿瘤病毒：腺病毒 2-SV40、猫病毒（FelV）、鼠猴疱疹病毒（HV-Saimiri）、EB 病毒、疱疹 ateles 病毒、雅巴（Yaba）病毒、Gel 病毒、猿猴病毒（FeSV）。

五、与操作相关的实验室危害

气溶胶是以胶体状态悬浮在大气中的液体或固体微粒，其直径可以小至 0.01μm，最大也不过 200μm，一般 1~5μm，是最适宜引起感染作用的尺寸，肉眼很难发现。气溶胶的颗粒大小与危害程度的关系密切，颗粒越细，在空气中悬浮时间越长，越容易穿透普通的介质，越容易潜入呼吸系统的内部。产生气溶胶的过程称为气溶胶化。具有生物危害性质的气溶胶化主要有：微生物悬浮液体的雾化、传染性固体物料的粉化。

实验室内的许多操作都会引起气溶胶化，如接种、移种、通气培养、菌丝收集、离心分离、组织捣碎、菌体粉碎等。

（一）移液操作

使用移液管时常能引起串珠、液膜爆裂等气溶胶化的现象。当移液管内液体以一定的高度流出时，先形成丝状，再断为细滴，出现串珠现象，可以产生数以万计的直径为 1~10μm 的气溶胶。

（二）接种操作

以火焰灼烧已被培养液沾染的接种棒时，上面原来黏附的孢子悬浮液或菌丝等半固体物料会有相当数量的以肉眼不可见的尚未成为灰烬的气溶胶颗粒散落于实验台面。

（三）琼脂培养

琼脂平板培养除可产生上述接种操作的潜在危险外，在培养箱取出培养皿并移去上盖时会滴出夹带病原菌的冷凝液，污染手指及工作台面。此外打翻或从高处坠落培养皿在实验室内也常发生。此外，培养基易受到螨类等小虫的侵害。

（四）深层培养

摇瓶培养或发酵罐培养过程中的气液混合是产生气溶胶的重要途径。

（五）离心培养

所有离心机在分离、均化固体悬浮液的过程中都能产生气溶胶。

（六）注射操作

每一步操作几乎都具有潜在危险。

第三节　生物安全实验室的分级和要求

生物安全实验室包括一般生物安全防护实验室（不使用实验脊椎动物和昆虫）和实验脊

椎动物生物安全防护实验室。每类生物安全防护实验室根据所处理的微生物及其毒素的危害程度各分为 4 级。各级实验室的生物安全防护要求为：Ⅰ级最低，Ⅳ级最高。

一、Ⅰ级生物安全实验室

实验室结构和设施、安全操作规程、安全设备适用于对健康成年人已知无致病作用的微生物，用于基础教学和研究实验室，如教学的普通微生物实验室等。

（一）安全设备和个体防护

一般无须使用生物安全柜等专用安全设备。工作人员在实验时应穿工作服，戴防护眼镜。工作人员手上有皮肤破损或皮疹时应戴手套。

（二）实验室设计和建造的特殊要求

每个实验室应设洗手池，宜设置在靠近出口处。实验室围护结构内表面应易于清洁。地面应防滑、无缝隙，不得铺设地毯。实验台表面应不透水，耐腐蚀、耐热。实验室中的家具应牢固。为易于清洁，各种家具和设备之间应保持生物废弃物容器的台（架）。实验室如有可开启的窗户，应设置纱窗。

（三）操作规程

禁止非工作人员进入实验室。参观实验室等特殊情况须经实验室负责人批准后方可进入。接触微生物或含有微生物的物品后，以及脱掉手套后和离开实验室前要洗手。禁止在工作区饮食、吸烟、处理隐形眼镜、化妆及储存食物。以移液器吸取液体，禁止口吸。制定尖锐器具的安全操作规程。按照实验室安全规程操作，降低溅出和气溶胶的产生。每天至少消毒一次工作台面，活性物质溅出后要随时消毒。所有培养物、废弃物在运出实验室之前必须进行灭活，如高压灭活。需运出实验室灭活的物品必须放在专用密闭容器内。制定有效的防鼠防虫措施。

二、Ⅱ级生物安全实验室

实验室结构和设施、安全操作规程、安全设备适用于对人或环境具有中等潜在危害的微生物，用于初级卫生服务和诊断研究实验室。

（一）安全设备和个体防护

可能产生致病微生物气溶胶或出现溅出的操作均应在生物安全柜（Ⅱ级生物安全柜为宜）或其他物理抑制设备中进行，并使用个体防护设备。处理高浓度或大容量感染性材料均必须在生物安全柜（Ⅱ级生物安全柜为宜）或其他物理抑制设备中进行，并使用个体防护设备。

上述材料的离心操作如果使用密封的离心机转子或安全离心杯，且它们只在生物安全柜中开闭和装载感染性材料，则可在实验室中进行。当微生物的操作不可能在生物安全柜内进行而必须采取外部操作时，为防止感染性材料溅出或雾化危害，必须使用面部保护装置（护目镜、面罩、个体呼吸保护用品或其他防溅出保护设备）。在实验室中应穿着工作服或罩衫等防护服。离开实验室时，防护服必须脱下并留在实验室内，不得穿着外出，更不能携带回家。用过的工作服应先在实验室中消毒，然后统一洗涤或丢弃。当手可能接触感染材料、污染的表面或设备时应戴手套。如可能发生感染性材料的溢出或溅出，宜戴两副手套。不得戴着手套离开实验室。工作完全结束后方可除去手套。一次性手套不得清洗和再次使用。

（二）实验室设计和建造的特殊要求

Ⅱ级生物安全实验室必须满足本标准Ⅰ级生物安全实验室的要求。应设置各种消毒方法的设施，如高压灭菌锅、化学消毒装置等对废弃物进行处理。应设置洗眼装置。实验室门宜带锁，可自动关闭。实验室出口应有发光指示标志。实验室宜有不少于 3～4 次/h 的通风换气次数。

（三）操作规程

1. 常规微生物操作规程　常规微生物操作规程中的安全操作要点与Ⅰ级生物安全实验相同。实验室入口处须粘贴生物危险标志，内部显著位置须粘贴有关的生物危险信息，包括使用传染性材料的名称、负责人姓名和电话号码。

2. 特殊的安全操作规程　进行感染性实验时，禁止他人进入实验室，或必须经实验室负责人同意后方可进入。免疫耐受或正在使用免疫抑制剂的工作人员必须经实验室负责人同意方可在实验室或动物房内工作。实验室入口处须粘贴生物危险标志，注明危险因子、生物安全级别、需要的免疫、负责人姓名和电话、进入实验室的特殊要求及离开实验室的程序。工作人员应接受必要的免疫接种和检测（如乙型肝炎疫苗、卡介苗等）。必要时收集从事危险性工作人员的基本血清留底，并根据需要定期收集血清样本，应有检测报告，如有问题及时处理。

3. 制定和严格执行生物安全程序　将生物安全程序纳入标准操作规范或生物安全手册，由实验室负责人专门保管，工作人员在进入实验室之前要阅读规范并按照规范要求操作。工作人员要接受有关的潜在危险知识的培训，掌握预防暴露以及暴露后的处理程序。每年要接受一次最新的培训。

4. 严格遵守规定，防止利器损伤　除特殊情况（肠道外注射和静脉切开等）外，禁止在实验室使用针、注射器及其他利器。尽可能使用塑料器材代替玻璃器材。尽可能应用一次性注射器，用过的针头禁止折弯、剪断、折断、重新盖帽、从注射器取下，禁止用手直接操作。用过的针头必须直接放入防穿透的容器中。非一次性利器必须放入厚壁容器中并运送到特定区域消毒，最好进行高压消毒。尽可能使用无针注射器和其他安全装置。禁止用手处理破碎的玻璃器具。装有污染针、利器及破碎玻璃的容器在丢弃之前必须消毒。培养基、组织、体液及其他具有潜在危险性的废弃物须放在防漏的容器中储存、运输及消毒灭菌。实验设备在运出修理或维护前必须进行消毒。人员暴露于感染性物质时，及时向实验室负责人汇报，并记录事故经过和处理方案。禁止将无关动物带入实验室。

三、Ⅲ级生物安全实验室

实验室结构和设施、安全操作规程、安全设备适用于主要通过呼吸途径使人传染上严重的甚至是致死疾病的致病微生物及其毒素，用于专门诊断研究实验室，如已有预防传染的疫苗。艾滋病病毒的研究（血清学实验除外）应在Ⅲ级生物安全实验室中进行。

（一）安全设备和个体防护

实验室中必须安装Ⅱ级或Ⅱ级以上生物安全柜。所有涉及感染性材料的操作应在生物安全柜中进行。当这类操作不得不在生物安全柜外进行时，必须采用个体防护与使用物理抑制设备的综合防护措施。在进行感染性组织培养、有可能产生感染性气溶胶的操作时，必须使用个体防护设备。当不能安全有效地将气溶胶限定在一定范围内时，应使用呼吸保护装置。工作人员在进入实验室工作区前，应在专用的更衣室（或缓冲间）穿着背开式工作服或其他防护服。工作完毕必须脱下工作服，不得穿工作服离开实验室。可再次使用的工作服必须先消毒后清洗。工作时必须戴手套（两副为宜）。一次性手套必须先消毒后丢弃。在实验室中必须配备有效的消毒剂、眼部清洗剂或生理盐水，且易于取用。可配备应急药品。

（二）实验室设计和建造的特殊要求

Ⅲ级生物安全实验室可与其他用途房屋设在一栋建筑物中，但必须自成一区。该区通过隔离门与公共走廊或公共部位相隔。Ⅲ级生物安全实验室的核心区包括实验间及与之相连的缓冲间。缓冲间形成进入实验间的通道。必须设两道连锁门，当其中一道门打开时，另一道门自动处于关闭状态。如使用电动连锁装置，断电时两道门均必须处于可打开状态。在缓冲间可进行二次更衣。当实验室的通风系统不设自动控制装置时，缓冲间面积不宜过大，不宜超过实验间面积的1/8。Ⅱ级或Ⅲ级生物安全柜的安装位置应远离实验间入口，避开工作人员频繁走动的区域，且有利于形成气流由"清洁"区域流向"污染"区域的气流流型。

1. 围护结构 实验室（含缓冲间）围护结构内表面必须光滑、耐腐蚀、防水，以易于消毒清洁。所有缝隙必须加以可靠密封。实验室内所有的门均可自动关闭。除观察窗外，不得设置任何窗户。观察窗必须为密封结构，所用玻璃为不碎玻璃。地面应无渗漏，光洁但不滑。不得使用地砖和水磨石等有缝隙地面。天花板、地板、墙间的交角均为圆弧形且可靠密封，施工时应防止昆虫和老鼠钻进墙脚。

2. 通风空调 必须安装独立的通风空调系统以控制实验室气流方向和压强梯度。该系统必须确保实验室使用时，室内空气除通过排风管道经高效过滤排出外，不得从实验室的其他部位或缝隙排向室外；同时确保实验室内的气流由"清洁"区域流向"污染"区域。进风口和排风口的布局应使实验区内的死空间降低到最低程度。通风空调系统为直排系统，不得采用部分回风系统。

相对于实验室外部，实验室内部保持负压。实验间的相对压强以$-30\sim-40Pa$为宜，缓冲间的相对压强以$-15\sim-20Pa$为宜。实验室内的温、湿度以控制在人体舒适范围为宜，或根据工艺要求而定。实验室内的空气洁净度以 GB 50073—2001《洁净厂房设计规范》中所定义的七级至八级为宜。实验室人工照明应均匀，不眩目，照度不低于500lx。

为确保实验室内的气流由"清洁"区域流向"污染"区域，实验室内不应使用双侧均匀分布的排风口布局。不应采用上送上排的通风设计。由生物安全柜排出的经内部高效过滤的空气可通过系统的排风管直接排至大气，也可送入建筑物的排风系统。应确保生物安全柜与排风系统的压力平衡。实验室的进风应经初、中、高效三级过滤。实验室的排风必须经高效过滤或加其他方法处理后，以不低于$12m/s$的速度直接向空中排放。该排风口应远离系统进风口位置。处理后的排风也可排入建筑物的排风管道，但不得被送回到该建筑物的任何部位。进风和排风高效过滤器必须安装在实验室设在围护结构上的风口里，以避免污染风管。实验室的通风系统中，在进风和排风总管处应安装气密型调节阀门，必要时可完全关闭以进行室内化学熏蒸消毒。实验室的通风系统中所使用的所有部件均必须为气密型。所使用的高效过滤器不得为木框架。应安装风机启动自动连锁装置，确保实验室启动时先开排风机后开送风机。关闭时先关送风机后关排风机。不得在实验室内安装分体空调器。

3. 安全装置及特殊设备 必须在主实验室内设置Ⅱ级或Ⅲ级生物安全柜。连续流离心机或其他可能产生气溶胶的设备应置于物理抑制设备之中，该装置应能将其可能产生的气溶胶经高效过滤器过滤后排出。在实验室内所必须设置的所有其他排风装置（通风橱、排气罩等）的排风均必须经过高效过滤器过滤后方可排出。其室内布置应有利于形成气流由"清洁"区域流向"污染"区域的气流流型。实验室中必须设置不产生蒸汽的高压灭菌锅或其他消毒装置。实验间与外部应设置传递窗。传递窗双门不得同时打开，传递窗内应设物理消毒装置。感染性材料必须放置在密闭容器中方可通过传递窗传递。必须在实验室入口处的显著位置设置压力显示报警装置，显示实验间和缓冲间的负压状况。当负压指示偏离预设区间时必须能通过声、光等手段向实验室内外的人员发出警报。可在该装置上增加送、排风高效过滤器气流阻力的显示。实验室启动工作期间不能停电。应采用双路供电电源。如难以实现，则应安装停电时可自动切换的后备电源或不间断电源，对关键设备（生物安全柜、通风橱、排气罩以及照明等）供电。可在缓冲间设洗手池，洗手池的供水阀门必须为脚踏、肘动或自动开关。洗手池如设在主实验室，下水道必须与建筑物的下水管线分离，且有明显标志。下水必须经过消毒处理。洗手池仅供洗手用，不得向内倾倒任何感染性材料。供水管必须安装防回流装置。不得在实验室内安设地漏。

4. 其他要求　实验台表面应不透水，耐腐蚀、耐热。实验室中的家具应牢固。为易于清洁，各种家具和设备之间应保持一定间隙。应有专门放置生物废弃物容器的台（架）。家具和设备的边角和突出部位应光滑、无毛刺，以圆弧形为宜。所需真空泵应放在实验室内。真空管线必须装置高效过滤器。压缩空气钢瓶等应放在实验室外。穿过围护结构的管道与围护结构之间必须用不收缩的密封材料加以密封。气体管线必须装置高效过滤器和防回流装置。实验室中应设置洗眼装置。实验室出口应有发光指示标志。实验室内外必须设置通信系统。实验室内的实验记录等资料应通过传真机发送至实验室外。

（三）操作规程

常规微生物操作规程中的安全操作要点与Ⅰ、Ⅱ级生物安全实验室相同。特殊的安全操作规程如下。

实验室的门必须关上。进入实验室的工作人员必须经实验室负责人同意，禁止干扰正在操作或辅助的工作人员。禁止免疫耐受和正在使用免疫抑制剂的工作人员进入实验室；禁止临时有病或有皮肤破损者在实验室工作；禁止未成年人进入实验室。建立严格的实验室规章制度，有关人员进入实验室时必须明确进入和离开实验室的程序。建立出入登记册制度。收集工作人员和其他风险人群的基本血清留底，以后根据需要定期收集血清样本，应有检测报告，如有问题及时处理。将生物安全程序纳入实验室标准操作规范或生物安全手册，向所有工作人员提供生物安全手册。告知工作人员实验室的特殊危险，工作人员要阅读并按照规范的要求操作。实验室及其辅助工作人员要接受有关的潜在危险知识的培训，掌握预防暴露以及暴露后的处理程序。每年要接受最新的培训。在进入实验室之前，实验室负责人有责任向所有工作人员提供标准微生物学操作规范和技术，仪器操作规范，并由专家提供特殊培训。实验所需物品必须经传递窗送入。

禁止在开放的实验台上和容器内进行感染性物质的操作，应在生物安全柜或其他物理设备中进行。生物安全柜内的工作台表面用适当的消毒剂清理。感染性实验结束后，尤其在感染性物质溢出和溅出后，应由专业人员或经过正规培训的人员进行消毒和清理。实验室中必须备有溢出物处理程序的文件。所有废弃物或物品，在丢弃或重新使用前必须消毒。建立实验室事故和暴露的报告系统。感染性物质溢出及暴露事故发生后，必须及时消毒处理，并向实验室负责人汇报，并记录事故过程和处理经过。禁止将无关动植物带入实验室。

四、Ⅳ级生物安全实验室

实验室结构和设施、安全操作规程、安全设备适用于对人体具有高度的危险性，通过气溶胶途径传播或传播途径不明，一般用于危险病原体研究实验室，如目前尚无有效的疫苗或治疗方法的致病微生物及其毒素。与上述情况类似的不明微生物，也必须在Ⅳ级生物安全实验室中进行。待有充分数据后再决定此种微生物或毒素应在Ⅳ级还是在较低级别的实验室中处理。

Ⅳ级生物安全实验室分为：安全柜型实验室和穿着正压服型实验室。在安全柜型实验室中，所有微生物的操作均在Ⅲ级生物安全柜中进行。在穿着正压服型实验室中，工作人员必须穿着特殊的正压式保护服装。

（一）安全设备和个体防护

在实验室中所有感染性材料的操作都必须在Ⅲ级生物安全柜中进行。如果工作人员穿着整体的由生命维持系统供气的正压工作服，则相关操作可在Ⅱ级生物安全柜中进行。所有工作人员进入实验室时都必须换上全套实验室服装，包括内衣、内裤、衬衣或连衫裤、鞋和手套等。所有这些实验室保护服在淋浴和离开实验室前均必须在更衣室内脱下。

（二）实验室设计和建造的特殊要求

实验室应建造在独立的建筑物内或实验室建筑物内独立的区域。其平面布局为：实验室核心区域由安放有Ⅲ级生物安全柜的房间（安全柜室）和进入通道组成。进入通道至少分3个部分，依次为外更衣室、淋浴室和内更衣室。任何相邻的门之间都有自动连锁装置，防止两个相邻的门被同时打开。对于不能从更衣室携带进出安全柜室的材料、物品和器材，应在安全柜室墙上设置具有双门结构的高压灭菌锅，并有浸泡消毒槽、熏蒸室或带有消毒装置的通风传递窗，以便进行传递或消毒。必须设置带气闸室的紧急出口通道。安全柜室四周可设置缓冲区，为环形走廊或缓冲房间，属核心区域的一部分。缓冲区建设要求同Ⅲ级生物安全实验室。

1. 围护结构　连续经过两个高效过滤器处理。排风口应远离实验室区和进风口。进风和排风高效过滤器必须安装在实验室各房间设在围护结构上的风口里，以避免污染风管。高效过滤器风口结构必须在更换高效过滤器之前实现就地消毒。或采用可在气密袋中进行更换的过滤器结构，以后再对高效过滤器进行消毒或焚烧。每台高效过滤器安装前后都必须进行检测，运行后每年也必须进行一次检测。

2. 安全装置及特殊设备　安全柜室必须设置Ⅲ级生物安全柜。高压灭菌锅的门必须自动控制，只有在灭菌循环完成后，其外门方可开启。必须提供双开门的液体浸泡槽、熏蒸消毒室或用于消毒的通风气闸室，对来自Ⅲ级生物安全柜和安全柜室的不能高压消毒的物品进行消毒，使其安全进出。如果有中央真空管线系统，不应在安全柜室以外的空间使用。在线的高效过滤器尽可能接近每个使用点或截门处。过滤器应易于现场消毒或更换。其他通往安全柜室的气、液管线要求安装保护装置以防止回流。自内更衣室（含卫生间），安全柜室水池下水、地漏以及高压消毒室和其他来源流出的液体在排往下水道之前，必须经过消毒，最好用加热消毒法。地漏必须有充满对被实验传染性物质有效的化学消毒剂的水封，它们直接通往消毒系统。下水道口和其他服务管线均应安装高效过滤器。自淋浴室和外更衣室、厕所排出的液体可以不经过任何处理直接排到下水道中。对液体废弃物的消毒效果必须经过证实。必须为实验室的核心区（安全柜室、内更衣室、淋浴室和外更衣室）的通风系统、警报器、照明、进出控制和生物安全柜设置可以自动启动的紧急电源。

3. 其他要求　工作台表面应无缝或为密封的表面。应不透水，耐腐蚀、耐热。实验室的家具应简单，为开放结构，且牢固。实验台、安全柜和其他设备之间留有空间以便能够清理和消毒。椅子和其他设施表面应铺上非纤维材料使之容易消毒。家具和设备的边角和突出部位应光滑、无毛刺，以圆弧形为宜。在安全柜室、内外更衣室近门处安装非手动操作的或自动洗手池。实验室与外部必须设有通信系统，宜设闭路电视系统。实验室内的实验记录等资料必须通过传真机发送至实验室外。

（三）操作规程

在遵守Ⅰ、Ⅱ、Ⅲ级生物安全实验室操作要点的同时，还应遵守以下规程。

1. 常规微生物操作规程　实验过程中非实验人员进入实验室须经实验室负责人批准。制定尖锐器具的安全操作规程。必须严格执行所有操作程序，减少或避免气溶胶的产生。每次实验结束后，必须消毒工作台面，活性物质溅出及溢出后必须及时处理和消毒。所有的废弃物在丢弃之前用适当的方法消毒，如高压消毒。制定有效的防鼠、防虫措施。

2. 特殊的安全操作规程　禁止非工作人员、免疫耐受和免疫抑制的人员、儿童及孕妇进入实验室。临时有病（如上呼吸道感染等）的工作人员也禁止进入实验室。实验室入口安装带锁的安全门，进入实验室由实验室负责人、生物安全负责人或设备安全负责人管理。进入实验室之前，工作人员必须了解实验室的潜在危险及正确的防护措施。进入实验室的人员必须遵守进入和离开实验室的程序，记录进入和离开实验室的日期、时间及实验室状态。建立有效的应急处理方法。实验室入口处必须粘贴生物危险标志，注明危险因子、实验室负责人姓名和进入实验室的特殊要求（如免疫和防毒面具等）。实验室负责人保证工作人员熟知标准微生物和本实验室所研究微生物的操作规范和技术，掌握实验室设备的特殊规范和操作。工作人员应接受有关致病因子的免疫接种。收集检测工作人员的本底血清并留底，以后根据需要定期收集血清样本，建立血清学监测程序。向工作人员提供生物安全手册，告知有关的特殊危险，要求其阅读并严格按照规范操作。工作人员须接受有关的潜在危险知识培训、掌握预防暴露及暴露后的处理程序。定期接受最新的培训。进入和离开实验室只能通过更衣室和淋浴室通道。只有在紧急情况下才可经气闸门应急通道离开实验室。工作人员在外更衣室更换存放自己的衣服，进入实验室须在内更衣室洁净工作服间穿戴整套实验室工作服，包括内衣、裤子、衬衫、鞋、手套等。离开实验室必须淋浴，进入淋浴室前，在内更衣室非洁净工作服间脱掉衣服，衣服经高压消毒后清洗。实验室所需物品经双门高压室、烟熏消毒室或气闸门送入。

3. 严格遵守规定，防止利器损伤　从Ⅲ级生物安全柜或Ⅳ级生物安全实验室转移的生物学物质必须完整地转到不易破裂的密封一级容器内，再用二级容器包装，通过消毒液池和气闸门运出实验室。除生物学物质须保持完整原始状态外，禁止从Ⅳ级生物安全实验室取出没有经过高压消毒或烟熏消毒的物质。建立实验室感染人员的隔离和医疗护理机构。禁止在实验室处理无关物品。

实验脊椎动物生物安全实验室，其适用微生物范围与同级的一般生物安全实验室相同。在设计实验脊椎动物生物安全实验室时必须遵照相应级别生物安全实验室和GB14925—2001《实验动物环境及设施》中的要求。在设计实验脊椎动物生物安全实验室时必须充分考虑动物活动本身产生的危险（如产生气溶胶、撕咬抓挠对人的危害等），并在安全操作规程、安全设备和个体防护、实验室设计建设方面采取必要措施。使用实验脊椎动物的生物安全实验室必须与一般动物繁殖设施实施物理隔离。Ⅲ级实验脊椎动物生物安全实验室中的动物必须置于带有净化通风装置的负压箱笼系统内。Ⅳ级实验脊椎动物生物安全实验室中的动物，在安全柜型实验室中必须置于Ⅳ级生物安全柜中；在穿着正压服型实验室中，工作人员必须穿着正压服，动物则必须置于带有净化通风装置的负压箱笼系统内。

第四节 生物实验室的废物处理

废物是生物实验中将丢弃的所有物品。在实验室内，废物的处理方法与其污染清除的情况密切相关。实验室日常用品中很少有污染物需要真正清除或销毁。大多数的玻璃器皿、仪器以及实验服都可以重复或循环使用，废物处理的首要原则是所有感染性物质必须在实验室内清除污染、高压灭菌或焚烧。

一、生物实验室废物一般处理

（一）感染性物质
实验室应有盛装废弃物的容器，最好是防碎裂的，里面盛装适宜的消毒液，消毒液使用时新鲜配制。废弃物应保持和消毒液直接接触并根据所使用的消毒剂选择浸泡时间，然后把消毒液及废弃物倒入一个容器里以备高压或焚烧。盛装废弃物的罐子再次使用前应高压并洗净。所有感染性材料都应该在防渗漏的容器里高压灭菌，在处理以前，感染性材料装入可高压的黄色塑料袋。高压后，这些材料可放到运输容器里以备运输至焚烧炉。可重复使用的运输容器应防渗漏，并且有密闭的盖子，这些运输容器在送回实验室重新使用前要消毒并清洗干净。

焚烧是处理污染物（包括宰杀后的实验动物）的最后步骤，污染物的焚烧必须取得公共卫生机构和环卫部门的批准，也要得到实验室生物安全员的批准。

（二）非感染性物质
单克隆抗体、质粒、细胞等非感染性生物材料集中放置在指定的位置，以备高压蒸汽灭菌后废弃；用来盛放的容器应用消毒液浸泡；严格与感染性生物材料区分，防止二者混放；过期的生物性试剂材料应废弃，禁止使用。

（三）有毒、有害化学物品
强酸、强碱等化学物品必须经过中和反应后，消除其腐蚀性，方可废弃；其他的液体废弃物必须经过足够的稀释，对环境与人体无害后，方可废弃；其中含有有毒、有害化学物品的实验材料在使用后应置于带有明显危险标志的容器内，送至指定地点统一处理。

（四）同位素
需要废弃的同位素不应被随意携带出专门的实验室；在保证密封的情况下，穿戴全套防护服将其送至指定地点，途中务必防止泄漏；在当日实验记录中记录处理方法和结果。

（五）一般垃圾
无生物或化学毒害的纸类、玻璃碎片等，应配合后勤工作人员放入分类容器进行资源回收。

（六）锐器

使用后的注射针头不应再次使用。完整的注射器应装在防刺透利器盒里，并且不能装满，当装至容积的 3/4 时就应放入"感染性材料"容器里拿去焚烧。利器盒不许混入垃圾里。一次性注射器应该放入容器里焚烧，必要时要先高压后焚烧。

二、生物实验室三废处理

生物实验室在实验过程中产生的废物，从存在状态上可分为废液、废气、固体废弃物 3 种类型，它们都必须进行严格处理才能达到劳动保护和环境保护的要求，虽然这些三废所包含的有机体和生物活性物质都具有天然可降解的特性，但如在短期内不加控制地大量释放，也会造成意外事故，甚至灾难。

（一）废液（水）的处理

废液的处理主要有化学方法、物理方法和生物方法 3 种。

1. 化学方法 化学方法主要是利用强氧化剂或杀菌剂来杀灭废液中的有害生物。如浓度为 8～20mg/L 的次氯酸钠溶液，在 20℃下接触 1h 可消灭大多数病原菌。次氯酸在水溶液中随着 pH 的升高而逐步解离，在 pH 达到 10 时几乎全部解离，同时对病毒的灭活能力逐步减弱。次氯酸溶液对霉菌孢子的杀灭效果较差。废液中的氨，在氯化作用下，可形成氯胺，也是一种缓慢消毒剂，并较为稳定。投氯操作一般采用转子真空加氯机，出气瓶氯供气，废液可由压力引入加氯机与氯混合后加注到处理的容器中，无需专门密闭设备。利用二氧化氯处理废液可以避免用氯处理导致残余氯过高的缺点，其刺激性较小、稳定性较好，它不与氨反应，对有机体的灭活作用不受 pH 影响，杀灭细菌芽孢的能力比同浓度的氯强。对于病毒的消毒，在短时间的接触时，与同样浓度的氯相比，臭氧效果更好，处理后残余的臭氧浓度低，没有二次污染，并且无腐蚀作用。臭氧还具有除臭味，脱色，去除酚、氰、铁、锰以及部分微生物代谢产物等作用。对于少量至中等规模的病原体污水可用甲醛处理。但其处理设备必须是密闭的容器。通过强碱调节废液的 pH 使病原物灭活或抑制其生长。

2. 物理方法 物理方法主要有加热处理、辐射处理和活性炭吸附处理。

（1）加热处理。加热处理是一种常用的灭活方法。大多数病毒在 55～65℃，接触 1h 即可失活。处理一般废液可以用 62℃，30h 的方法，但此方法不能杀死细菌芽孢。对于含有细胞毒性的废液，可以调节 pH 至 10～12，加热至 100℃，维持 1h。

（2）辐射处理。对于废液由于紫外线穿透能力易受浑浊度影响而减弱，但可因 COD、TOC 的增加而提高。

（3）活性炭吸附处理。就是采用活性炭吸附柱可以去除废液中的细菌、病毒等，去除力较低，但吸附法具有可逆性。

3. 生物方法 生物处理法包括活性污泥处理和滴滤池及生物滤盘法。

（1）活性污泥法。可以去除废液中的细菌、病毒，去除效果与去除时间有关，在 1h 内仅灭活一小部分细胞或病毒，10～15h 则可达 90%～99%，其灭活能力可随通气率的增加而增加，此法对寄生虫卵的去除效果较差。

（2）滴滤池。去除废液中的各种病原体的效果差异较大，与废液中的病原体含量有一定的关系，去病毒效果较差。

（3）生物滤盘法。在中等滤速和高滤速下对一些病毒、大肠杆菌等灭活效率可达

$83\% \sim 94\%$。

（二）废气的处理

生物实验室内去除废气中的生物危害物质主要有加热灭菌、绝对过滤和高效空气过滤 3
种方法。

1. 加热灭菌　对于小型的病原体培养系统排气，可采用加热灭菌或空气焚烧的方法，
在一定容积的圆柱容器内由电热元件加热，温度范围为 $300 \sim 350℃$，使流过的排气中病原
体经过相当的停留时间而失活，再冷却排放。大规模的排气可用天然气加热至 $400℃$。

2. 绝对过滤　绝对过滤是采用微孔滤膜制成的绝对过滤器安装于排气的管道系统，对
于颗粒大小为 $0.2\mu m$ 的细菌粒子，可具有 100% 的过滤效率。一般滤膜材料为聚四乙烯，能
耐受排气夹带的冷凝水和蒸汽灭菌的温度。

3. 高效空气过滤　高效空气过滤是采用高效空气过滤器进行净化，再循环使用或排入
大气中。它对于含有细菌与病毒的空气截留效率可达 99.999% 以上。

（三）固体废弃物的处理

根据处理后回收利用或破坏分解的不同目的，可以有蒸汽灭菌、化学药品处理、辐射灭
菌和焚烧处理等方法。

1. 蒸汽灭菌　对于污染的衣物、器械、容器、工具均可采用蒸汽加压灭菌。操作条件
为 $121 \sim 134℃$、维持 $1h$。其操作的关键是必须除去设备空间内以及被处理物空隙中的空气，
使蒸汽穿透至各个部位，达到温度均匀和停留时间一致的要求。

2. 化学药品处理　化学药品处理包括气体熏蒸和液体浸泡。

（1）气体熏蒸。可用于衣物、外料以及不耐热的器件、仪器或精密器材，利用 $200mg/
L$ 环氧乙烷，温度不低于 $20℃$，停留时间 $18h$ 或 $800 \sim 1\,000mg/L$ 的高浓度、温度 $55 \sim
60℃$、停留时间 $3 \sim 4h$。β 丙酸内酯蒸气对细菌、真菌和病毒均有较强作用，尤其对芽孢杀
灭效果较好。

（2）液体浸泡。适用于玻璃器皿等耐腐蚀器件，用 2% 碱性戊二醛、55% 过氧乙酸、
3% 甲酚皂液之类的消毒剂进行浸泡。

3. 辐射处理　是利用 ^{60}Co、^{137}Cs 产生的射线辐照污染生物危险的固体物料，可达到一定
的灭活效果，非常适用于精密器械、塑料制品、玻璃器材的灭菌。

4. 焚烧处理　对于一次性使用的、可燃性的传染性废料、病原体培养物、含有细胞毒
性的发酵液滤渣、实验动物尸体等可进行焚烧处理，在高温焚烧下使其转化为 CO_2、H_2O、
NO_x 等气体及金属氧化物的灰分。通常致病性的废料需要较低温度与较短焚烧时间，而细
胞毒性物质废料则需要较高温度和较长焚烧时间。

◆ 思考题

1. 实验室生物安全的概念是什么？

2. 实验室生物危害的来源主要有哪些？它们划分的主要依据是什么？

3. 生物安全防护实验室分为几级？Ⅲ级生物安全实验室设计和建造有什么特殊要求？

4. 废液的处理方法有哪几种？

第十章　生物恐怖的危害和防御

生物恐怖作为恐怖活动的一种形式，因有隐蔽性、突发性、袭击途径和防范对象不确定、不易预防控制等特点而受到恐怖分子的青睐，对国际社会造成极大的安全隐患。继美国"9·11"事件后发生的多起炭疽事件标志着生物恐怖活动已成为当今国际社会共同面对的严重安全问题。特别是随着生物技术和微生物基因组计划的进展，人们可以轻而易举地操作和修饰微生物，生物信息量和互联网资源的迅猛增长使得恐怖组织多渠道获取实施生物恐怖的手段成为可能；而生物恐怖病原体由已知的向未知的、重组的方向发展，更加大了人们防控生物恐怖的难度。生物恐怖已引起了国际社会广泛关注和高度重视，同时炭疽事件的发生也推动许多发达国家开展对生物恐怖的应对策略及相关措施研究。

生物因素对人类健康、社会稳定和经济发展所造成的危害是直接而明显的，例如生物战争或生物恐怖袭击常常导致大量人员患病或死亡、大区域大面积农作物减产绝收、大量经济动物患病死亡等，造成严重的社会问题和经济问题，甚至引发社会动荡。深入开展反生物恐怖的研究，探求防御生物恐怖袭击的应对措施，全面提升国家反生物恐怖的技术储备与反应能力，提高防范和应急处置能力，构筑积极的生物安全防御体系，这是世界经济发展与社会安定的重大需求。尤其是中国作为一个人口大国，一旦受到生物恐怖袭击，损失更大，危害更严重，因此做好生物恐怖防御工作是保障我国安全的重要举措之一。

一、生物恐怖的基本特征

(一) 生物恐怖的历史与现状

生物恐怖是由生物武器的使用发展而来的，可以追溯到史前。例如，古人在箭头或标枪上涂抹从植物或动物中提取的毒素以猎杀动物或杀死敌人。古代的军事冲突中，有的国家或部族就有目的地采用了生物战。如公元前 600 年，亚瑟人用黑麦麦角菌来污染敌人的水源。古雅典政治家和战略家梭伦在包围克里沙城邦的时候用臭菘给敌人的水源下毒。生物恐怖和生物战的发展可分为以下 3 个阶段。

1. 第一阶段是第一次世界大战结束前　第一阶段为初始阶段，生物战剂仅限于几种人畜共患的致病细菌，如炭疽杆菌、马鼻疽杆菌等；其生产规模小，施放方法简单，污染范围很小。主要由特工去秘密污染敌方水源、食物或饲料。

1710 年，俄国与瑞典的战争中，俄国军队利用死于瘟疫的尸体造成瑞典军队暴发传染病。1763 年，北美洲爆发了英法殖民战争，当时正在美国俄亥俄地区进攻印第安部落的一位英国上校使用计谋，把从医院拿来的天花病人用过的毯子和手帕送给两位敌对的印第安部落首领。几个月后，天花便在俄亥俄地区的印第安部落中流行起来。

生物武器的首次大规模使用始于第一次世界大战。主要研制者是当时最富有侵略性，而且细菌学和工业水平发展较高的德国。当时马匹是主要的交通工具，德国在第一次世界大战中用马鼻疽杆菌感染敌国的几千头牲畜。

2. 第二阶段是 20 世纪 30～70 年代　这个阶段的特点是生物战剂种类增多、生产规模扩大，主要施放方式是用飞机布洒带有生物战剂的媒介物，扩大攻击的范围。

这一时期是历史上使用生物武器最多的年代，主要研制者先是德国和日本，后来是英国和美国。生物战剂主要是细菌，但种类增多，后期美国开始研究病毒战剂。施放方法以施放带生物战剂的媒介昆虫为主，后期开始应用气溶胶撒布。运载工具主要是飞机，污染面积显著增大。

1937—1945 年，日本侵略者在中国哈尔滨市附近建立了一个代号为"731 部队"的生物武器实验室及多个类似机构，对中国军民进行惨无人道的细菌生物战。短短几年时间，"731 部队"建立起生物武器生产线，生产能力达到每个月生产炭疽菌 200kg、霍乱菌 500kg、伤寒菌 500kg、鼠疫苗 250kg。仅在 1939—1942 年就生产炭疽杆菌等生物战剂达到 10 余 t。1940 年，日本用飞机在我国东北播撒感染了淋巴肺鼠疫的虱子和谷粒，当地老鼠在吃了这些谷粒的同时也感染了淋巴肺鼠疫，随后，老鼠又把感染了病菌的虱子传给当地的居民，从而造成了淋巴肺鼠疫的大流行。侵华日军使用细菌武器杀害的中国军民超过 300 万人。

20 世纪 40～60 年代，美国开展了进攻性生物武器研究计划。50 年代以美国为首的联合国军队在朝鲜和中国东北使用生物武器，在朝鲜战争期间，美国生物武器计划进一步扩大，开发出了针对农作物的生物武器。20 世纪 60 年代，是美国攻击性生物武器研究和发展的黄金岁月，能安全地进行大规模病原微生物的发酵，可以大规模进行细菌、病毒、立克次体培养以及它们的代谢产物（毒素）的提纯、浓缩。技术的发展使液态和固态制剂的稳定性得以保证，并发展出多种多样的生物武器。1970 年，美国总统尼克松宣布放弃生产、研制和使用进攻性生物武器，只进行对生化武器防御措施的研究。

同时像前苏联、英国、德国等国也开始研制生物武器及其防护措施，在研制试验中不断地发生事故。1971 年，前苏联 Aralk 市（现哈萨克斯坦）发生了一次不同寻常的天花暴发事件。有关信息表明，这次天花事件极可能是由 Vozrozhdeniye 岛生物战剂试验场进行生物武器试验所造成的。

1971 年 12 月，第 26 届联合国大会讨论通过了《禁止发展、生产、储存细菌（生物）、毒素武器与销毁此类武器的公约》（简称《禁止生物武器公约》），但生物武器对人类的威胁并没有因为公约的制定而消除，反而在冷战后加大了。

3. 第三阶段是始于 20 世纪 70 年代中期至现今　这一阶段特征是生物技术的迅速发展，特别是 DNA 重组技术的广泛应用，新的生物剂大量研发和生产，生物武器进入基因武器的阶段，再次引起国际社会的重视。

1978 年 9 月 7 日，一位保加利亚流亡者——乔治·马克维奇在伦敦等候公共汽车时被人用沾有蓖麻毒素的钢珠（附在雨伞末端）刺伤，几天后死亡。这是全球第一例明确使用生物武器的恐怖事件。

1979 年 4 月底，位于前苏联斯维尔德洛夫斯克市（Sverdlovsk）奇卡洛夫区附近的代号为国防部"19 部"的微生物与病毒研究所不慎发生爆炸，仅 1 周时间，该区居民中就有几百人因感染炭疽而死亡，20 年后当地报纸才披露了事件真相。1988 年，前苏联全俄应用病毒学联合中心发生了一起事故。Nikolai Ustinov 在研究马尔堡病毒战剂时，因注射器刺穿手上的双层保护手套并刺破了手指，发生感染并最终死亡。这株马尔堡病毒被命名为 Variant U 株，它具有非常好的空气传播效果。只要有 1～5 个病毒颗粒吸进猴肺，就几乎使猴子出现瘫痪、出血和死亡，效果十分理想，而普通的武器级炭疽则需要大约 8 000 个孢子吸入肺部才能达到理想的感染和致死效果。到 1991 年马尔堡病毒 Variant U 株作为生物武器，准备大规模生产。但是最终由于苏联解体，叶利钦总统宣布俄罗斯终止生物武器研究而没有成为前苏联战略生物武器库的一部分。

1984 年，Rajneeshees 教徒在美国俄勒冈州的一家餐馆制造了用鼠伤寒沙门氏菌故意污染色拉的事件；1984 年，恐怖组织用肉毒毒素污染罐装橘汁导致美军两艘潜水艇和 Bangor潜水艇基地人员的肉毒中毒和死亡的事件；1990—1993 年，奥姆真理教信徒在日本四度释放炭疽芽孢，1995 年 3 月，该恐怖组织在东京地铁释放化学毒剂沙林，同时在东京等至少 8个地方散布炭疽杆菌气溶胶和肉毒毒素，警方搜查发现他们正在进行一项生物武器研究计划，研究的病原体有炭疽杆菌、Q 热贝氏柯克斯体和肉毒毒素，并在生物武器库中发现了肉毒毒素和炭疽芽孢以及能发生气溶胶的喷洒罐。这些事件敲响了个人和组织能够进行生物恐怖的警钟。

1991 年，伊拉克军方装备了炭疽杆菌、肉毒毒素和黄曲霉毒素等生物武器。2001 年"9·11"事件后不久，美国有人通过邮件散播炭疽杆菌芽孢，这次事件涉及美国 9 个州。2001 年 10 月 14 日，美国将此事件称为生物恐怖。这是人类首次公开承认的生物恐怖袭击，是人类社会进入 21 世纪后发生的严重生物恐怖袭击事件。

（二）生物恐怖的基本概念

1. 生物恐怖　生物恐怖（bioterrorism）是利用生物剂对特定目标实施袭击的恐怖活动。生物暴力是指故意应用生物剂对人以及与人类生产生活密切相关的动物或植物发动袭击的行为。生物恐怖与生物战都属于生物暴力的范畴，它们之间既有区别又有联系，可以用图10-1 表示。但随着现代战争形式和手段的发展变化，它们之间的界限愈来愈模糊。生物剂、生物战剂、生物武器等若干概念是研究生物恐怖防御的前提和基础。生物恐怖与生物战之间密不可分，因此，在本书中也包括了部分生物战的内容。

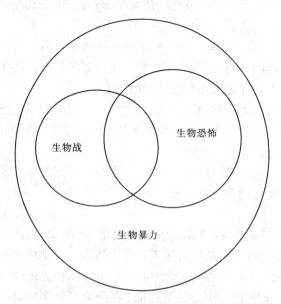

图 10-1　生物暴力、生物恐怖与生物战的关系示意图

（引自黄培堂，2005）

2. 生物剂　生物剂（biological agent）是指用于生物暴力活动的生物体及其产物或制品。实际上，生物体及其产物和制品对人类是有益的，可以满足人们正常生活以及健康保健的需要。这里的解释只是从另一个方面把用于破坏性活动的生物体及其产物或制品纳入生物剂的范畴。一般把对人有益或有害的所有生物体、生物体产物或制品统称为生物体及制剂，而生物剂专门指生物体及制剂中那些对人类社会有害的部分。生物体及制剂、生物剂与生物战剂是密切相关而又有较大区别的几个概念，它们的关系可用图 10-2 表示。

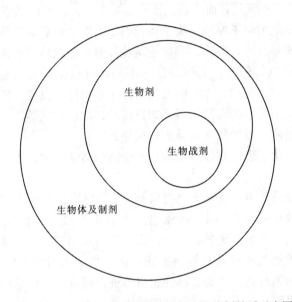

图 10-2　生物体及制剂、生物剂与生物战剂关系示意图
(引自黄培堂，2005)

3. 生物战剂　所谓生物战剂（biological warfare agent）是在战争中用以杀伤人、畜和破坏农作物的致病微生物、毒素和其他生物活性物质等的总称，旧称细菌战剂。按图 10-2 的概念，我们可以理解为生物剂用于战争的目的时，即为生物战剂。

4. 生物武器　以生物战剂杀死有生力量和毁坏动植物的武器统称为生物武器（biological weapon），旧称细菌武器，属于大规模杀伤性武器。生物武器由生物战剂、施放装置及运载工具三部分组成。其杀伤破坏作用靠的是生物战剂；施放装置是把生物战剂分散成为有杀伤作用的气溶胶发生器或昆虫布撒器等，也是把生物战剂通过运载工具运送到目标区的容器，包括炮弹、航空炸弹、火箭弹、导弹弹头和航空布撒器、喷雾器等；运载工具包括火炮、飞机、导弹等。

此外，生物武器与化学武器不同。通常生物武器是指能繁殖的生物体或其代谢产物，它们侵入人体后，以几何级数的速度繁殖，最后致人死亡。而化学武器是以化学方法制造、不能繁殖的物质。化学武器是一类对人体有毒害的物质（如毒素），与人的皮肤接触或被吸入身体后才会致命。化学武器不能像生物武器一样以传染的方式在人群中扩散。因此，生物武器远比化学武器可怕得多。

（三）生物恐怖的主要特点和袭击方式

1. 主要特点　生物恐怖与生物战相比，在生物剂的施放方法和袭击的效果上有所不同。生物恐怖是以生物剂作为袭击手段，施放手段隐蔽，其目的在于使社会不安定、造成恐慌等。而生物战重点以生物战剂作为武器使用，既针对敌对战场也针对社会人群，以大规模杀伤人员等为袭击目标，面积效应大。

要发动生物恐怖袭击，必须具备 3 个条件：易感目标、有能力袭击的个人或组织以及要实施这样一次恐怖袭击的目的。可能的生物恐怖袭击者有国家、恐怖组织、有组织犯罪集团、个体和公司等。恐怖分子选择利用生物武器袭击，主要是生物武器有如下优势：①生物武器廉价。如造成对 1 000m² 50％目标的伤害，利用常规武器要花费 2 000 美元，核武器需 800 美元，化学武器需 600 美元，而生物武器只需要 1 美元。②对敏感人群的致死致残作用大。③依靠自身的繁殖能力可不断地感染个体及周围人群，发病症状隐匿，有时类似疾病暴发。④现有条件下快速检测比较困难。⑤对建筑物等非生命物体没有破坏作用。

但生物武器也有缺点，包括：①如果使用不当，对攻击者自身也有影响甚至有危险。②对天气的依赖性比较大，例如，无风的天气条件下效率低；温度、阳光极大地影响传染病原体的作用。③效果的不可预测因素较多，如投放量、接触方式等。④潜伏期相对较长，不利于战术要求，短时间内不能使战斗人员丧失战斗力。

和核与辐射恐怖、化学恐怖和爆炸恐怖等其他恐怖活动相比，生物恐怖有其自身的特殊性，其主要特点如下：

(1) 有传染性，隐蔽性强，效果出现时间长。生物恐怖袭击常选用活的病原体，传染性强。另外，生物剂所致疾病都有一定的潜伏期，往往和自然暴发的疾病容易混淆，不易鉴别，隐蔽性较强。生物剂气溶胶无色、无味，在短期内很难察觉。正常人在只含有 10 个/L 生物剂颗粒的空气中呼吸几秒钟就有被感染的可能。当生物剂作为生物恐怖袭击工具使用时，可以通过气溶胶污染食品、水源、媒介昆虫等进行释放，释放地点难以查找。

生物恐怖与其他恐怖形式不同，在典型的恐怖事件中，一般现场就能发现发生恐怖事件的证据，但是生物恐怖活动一般不会立即产生可见的恐怖事件特征，发生生物恐怖袭击的第一个证据可能是出现疾病。因此，发生生物恐怖袭击事件后需要几天甚至几周才会出现结果，并且这时也很难立即确定是否因为故意施放生物剂导致疾病的暴发。

(2) 生物专一性。生物剂只使人、畜和农作物等生物致病，对于没有生命的其他生活资料、生产资料以及武器装备等一般没有破坏作用。

(3) 生产容易，成本低廉，施放简单。首先，许多生物剂可以从自然界或者受害者身体上分离得到。其次，许多生物剂对生产条件要求很低，用普通的微生物培养方法就可以获得发动恐怖袭击所需要的足够数量。第三，在市场上就可以买到微生物大量培养所需原料和生产设备；加之现代高效发酵培养技术的发展，使生物剂生产成本比较低廉。第四，生物剂的释放方式多样，释放途径广泛，受到的限制因素少，施放简单。如美国炭疽事件袭击的主要方式是邮寄含炭疽芽孢的邮件。邮件中的炭疽芽孢高度浓缩、粒子大小均一、低静电、经处理后不易结块，能长时间在空气中飘散，杀伤力已达武器级生物战剂的水平。炭疽事件发生至今肇事者仍然不明。但从炭疽粉末的纯度、加工水平看，肇事者应有相当高水平的处置技术、深厚的科学素养和相当高级的实验条件设备。

(4) 作用面积大，危害时间长，影响效应广泛，损失巨大。生物恐怖袭击的作用效果较长，对经济发展、社会稳定和人心稳定产生巨大影响，造成人们的巨大心理压力，达到"不战而屈人之兵"的目的。当生物剂以气溶胶的形式施放时，其所造成的面积效应较大。生物剂气溶胶可随空气流动并进入一切不密闭或装有低效空气过滤设备的工事、车辆、舰艇和建筑物的内部，对环境造成的污染难以彻底消除，被污染的环境极易成为疫源地，造成长远的影响和巨大损失。

目前人类所掌握的武器中，面积效应最大的不是氢弹和原子弹，而是生物武器。据世界卫生组织（world health organization，WHO）推算，一架战略轰炸机使用不同种类的武器袭击无防护人群，各自的杀伤面积分别是：100 万 t 当量的核武器为 300km^2；15t 神经性化学毒剂为 60 km^2；10t 生物剂可达到 10 万 km^2。据预测，在人口密度为 3 000～10 000 人/km^2 的大城市用飞机等航空器播撒 100kg 炭疽杆菌芽孢将导致 130 万～300 万人死亡，地区毁灭性等于甚至超过一枚氢弹的威力，一颗百万吨级氢弹爆炸造成的死亡人数也只有 50 万～200 万（表 10-1）。

表 10-1　不同弹头攻击大城市造成人员伤亡情况

（引自黄培堂，2005）

弹头类型	致死人数	伤员人数
传统弹头（1tTNT 高爆炸药）	6	13
化学武器弹头（300kg 沙林）	200～3 000	200～3 000
生物武器弹头（100kg 炭疽孢子）	130 000～3 000 000	
核武器（100 万 tTNT 当量）	570 000～1 900 000	570 000～1 900 000

2. 袭击方式　生物恐怖的袭击方式常因生物剂的释放方式而异。生物剂释放（biological agent release）就是传染性微生物或毒素传播造成机体发病或中毒的过程。当生物剂被有意作为生物恐怖武器投放时，它与疾病的天然传播（吸入、摄取或经皮肤吸收）具有同样的侵入途径。生物剂最可能是通过气溶胶的形式被使用，另外污染食品、水源等也是重要的袭击途径。

（1）气溶胶污染空气。生物剂气溶胶（biological aerosol）的吸入就是将传染性或毒性颗粒悬浮在空气中，并伴随着自然呼吸在肺泡里沉积的过程。其危险程度主要决定于吸入颗粒的肺部保有量。20μm 小滴的生物剂气溶胶就可以影响上呼吸道，但这类大小的颗粒通过呼吸道时一般被过滤掉，仅仅只有 0.5～5μm 更小的微粒才能够有效到达肺泡。气溶胶传输系统往往是产生看不见的雾，含在直径 0.5～10μm 的颗粒或小滴中，能够在空气中悬浮很长时间。通过呼吸吸入途径传播比通过口服途径获得传染所需的剂量低，潜伏期短。

利用气溶胶形式进行生物恐怖袭击时，最可能的袭击方式是通过建筑物通风管道系统实施。目前许多建筑物是封闭的，内部复杂的通风管道系统很容易使生物剂在建筑物内迅速大范围扩散。另外，生物剂气溶胶攻击期间，食物和水的供应可能会受到污染，导致疾病。完整的皮肤对大多数（但不是全部）生物剂具有天然的屏障作用。然而，当黏膜和皮肤有伤口时，生物剂很容易通过这道屏障，造成机体发病。

（2）污染食品和水。饮用水、食品、药物可被扩散的传染剂或毒素直接污染。这种攻击方法适合对付有限的目标，如军队营地或基地的水和食品的供应。过滤和足够的氯化处理可显著减少水中污染物的危害。

（3）媒介传播。通过受感染的天然（或非天然）节肢动物宿主，如蚊子、蜱或跳蚤等病原体传播媒介的大量繁殖，并且通过饲喂被传染动物受感染的血或人工制造的生物剂而使它们感染。

（4）其他方式。

①二次污染：生物剂的生物存活、毒素活性的长期存在以及当通过气溶胶扩散时，吸附有微小生物的灰尘粒子等被污染物体表面存在着二次污染的危险性。引起污染的颗粒会吸附在人员或衣服表面而再次产生程度稍低的暴露危险。

②人与人传播：已证实某些潜在生物剂能够在人与人之间发生传播。人体很容易成为污染剂的扩散源（如鼠疫或天花）。

从已有的文献来看，对生物恐怖的解释主要是指使用致病性微生物或毒素等进行恐怖袭击，造成（烈性）传染病等疫情的暴发、流行，导致人群失能和死亡，引发社会动荡。其使用方式包括散布病原体气溶胶，污染水源、空气和食品，散布带菌昆虫等。生物恐怖袭击不仅针对人，而且也可能针对其他目标。而实际上，针对养殖、种植业等农业的恐怖袭击形势也日益严峻，不可忽视。研究生物恐怖的发生、发展和危害规律，制订出预防措施，有助于做好应对准备工作，防止其发生或使发生后所造成的损失减少到最低。

二、生 物 剂

（一）生物剂的分类

能使人致病的潜在生物病原很多，生物剂按形态和病理作用可分为细菌类、病毒类、真菌类和毒素类。

1. 细菌类　细菌类包括细菌、立克次体和衣原体。主要有炭疽杆菌、鼠疫杆菌、霍乱弧菌、土拉杆菌、布鲁菌等，这些曾是细菌战的主体。常常用抗生素对其所致的疾病进行治疗。

2. 病毒类　病毒分为动物病毒、植物病毒和细菌病毒。很多病毒可开发成为生物剂，如黄热病病毒及脑炎病毒。抗生素对其所致疾病一般没有效果，但抗病毒的药物有效。

3. 真菌类　真菌种类多，分布广，在已发现的数千种真菌中，对人类有致病性的仅有100 余种，而引起常见真菌病的只有十几种。真菌病对许多抗菌药敏感。

4. 毒素类　一类产生于或来自于活的植物、动物或微生物的有毒物质。有些毒素也可以通过化学方法生产或改变。毒素可以用特异的抗血清进行治疗。

原虫也可用作生物剂，如阿米巴、隐孢子虫、兰伯贾第虫，它们可在水中长期寄生，也可被投放攻击人类，造成腹泻等症状。

此外，按对人员的伤害程度，生物剂可分为两类：①失能性生物剂。死亡率小于 10%，主要使人员暂时丧失战斗力，如布鲁菌、委内瑞拉马脑炎病毒等。②致死性生物战剂。使人员患上严重疾病，死亡率大于 10%，如鼠疫杆菌、黄热病病毒等。

按所致疾病的传染性，生物剂可分为两类：①传染性生物剂。传播速度快，能持续一定的时间，如鼠疫杆菌、天花病毒。②非传染性生物剂。只感染接触者，没有传染性。如肉毒毒素。

按潜伏期的长短，生物剂可分为两类：①长潜伏期生物剂。有些生物剂进入机体要经过较长的时间才能发病，如布鲁菌的潜伏期为 1～3 周，甚至有长达数月之久的，Q 热立克次体的潜伏期为 2～4 周。②短潜伏期生物剂。有些生物战剂的潜伏期只有 1～3d，如流感病毒、霍乱弧菌等，有些仅数小时，如葡萄球菌肠毒素 A、肉毒毒素等。

1972 年，联合国大会通过的《禁止生物武器公约》列出了主要生物剂的清单。51 种生物剂被列入监控和核查清单，其中包括人类病原体及毒素 37 种，动物病原体 6 种和植物病原体 8 种。在 37 种人类病原体中包括病毒 15 种、细菌 10 种、原生生物 1 种、生物毒素 11 种（表 10-2）。几种常见生物剂的特性见表 10-3。

表 10-2　人、动植物病原体及毒素清单

（引自黄培堂，2005）

病毒

刚果-克里米亚出血热病毒	东方马脑炎病毒	埃博拉病毒
重型天花病毒	胡宁病毒	拉沙热病毒
委内瑞拉马脑炎病毒	马尔堡病毒	裂谷热病毒
蜱传脑炎病毒	辛农伯病毒	马丘波病毒
西方马脑炎病毒	黄热病病毒	猴痘病毒

细菌

土拉热弗朗西斯菌	羊布鲁菌	猪布鲁菌
鼻疽假单胞菌	炭疽芽孢杆菌	类鼻疽假单胞菌
鼠疫耶尔森菌	伯氏考克斯体	普氏立克次体
立氏立克次体		

原生生物

福氏耐格原虫		

动物病原体

非洲猪瘟病毒	非洲马瘟病毒	蓝舌病病毒
口蹄疫病毒	新城疫病毒	牛瘟病毒

植物病原体

非洲刺盘孢致病变种	松座囊菌	解淀粉欧文菌
烟草霜霉病菌	茄罗氏斯顿氏菌	甘蔗斐济病菌
印度腥草粉菌	白纹黄草孢菌	

毒素

细菌毒素（肉毒毒素　产气荚膜梭菌毒素　葡萄球菌肠毒素　志贺氏菌毒素）

藻毒素（变性毒素　西加毒素　石房蛤毒素）

真菌毒素（单端胞毒素）

植物毒素（相思豆毒素　蓖麻毒蛋白）

动物毒素（银环蛇毒素）

　　从用途及对象来说，用于生物恐怖袭击的生物剂有针对人的生物剂、针对动物的生物剂和针对植物的生物剂。各国都制定了对本国有潜在危害或者本国已经存在、需要严格控制传播的传染病和动植物危害的病原体名单。这些名单都是经过专家对各个方面的危害进行评估后确定并由国家发布的，具有很强的科学性和权威性。从生物恐怖角度考虑，这些病原体都有可能被当作生物恐怖袭击的武器。

　　美国疾病预防控制中心（centers for disease control and prevention，CDC）根据本国生物防御的需要，于 1998 年将可能的生物剂按其危险程度分为 3 类（表 10-4）。

　　根据生物剂的致病性、播散容易程度、人与人间的传播特性、感染后致死率对卫生系统

造成影响的严重程度等多种因素考虑，美、俄等国认为生物恐怖袭击中最可能使用的大约有10种，即：经典生物剂中的炭疽杆菌、鼠疫杆菌、天花病毒、委内瑞拉马脑炎病毒、出血热病毒、肉毒毒素、Q热贝氏柯克斯体；常见病原体中的霍乱弧菌、痢疾志贺氏菌、大肠杆菌O157和沙门氏菌等。

表 10-3　几种常见生物剂的特性
(引自马文丽，2005)

特性＼种类	人到人的传播性	感染剂量（气溶胶）	潜伏期	病程	致死性	病原体存在的时间	疫苗效率（气溶胶暴露）
炭疽芽孢杆菌	无	8 000～50 000个芽孢	1～6d	3～5d（如不治疗通常是致命的）	高	很稳定。芽孢在土壤中可以存活40年以上	在猴体内2个剂量的接种能保护200～500 LD_{50}感染剂量
布鲁菌	无	10～100个菌	5～60d（通常1～2个月）	数周至数月	不治疗的<5%	很稳定	无疫苗
类鼻疽假单胞菌	低	低（假定的）通过气溶胶感染，10～14d		败血症时，7～10d死亡	>50%	很稳定	无疫苗
鼠疫耶尔森菌（肺型）	高	100～500个菌	2～3d	1～6d（通常是致命的）	除非在12～24h内治疗，否则死亡率高	在土壤中可存活1年以上，在活组织中可存活270d	在猴体内3个剂量的接种能保护118 LD_{50}感染剂量
土拉热弗朗西斯菌	不	10～50个菌	2～10d（平均3～5d）	>2周	如果不治疗，死亡率中等	在潮湿的土壤中或其他介质中存活数月	对1～10 LD_{50}感染剂量有80%的保护率
伯氏考克斯体	很少见	1～10个	10～40d	2～14d	很低	在木板和沙地中存活数月	在豚鼠体内，对3 500 LD_{50}感染剂量有94%的保护率
天花病毒	高	假定低（10～100个）	7～17d（平均12d）	4周	高到中等	很稳定	在灵长类中大剂量接种有保护作用
委内瑞拉马脑炎病毒	低	10～100个	2～6d	数天至数周	低	相对不稳定	在金黄地鼠中TC-83疫苗能保护30～500 LD_{50}的攻击
病毒性出血热病毒	中等	1～10个	4～21d	在7～16d之间死亡	扎伊尔株致死率高，苏丹株致死率中等	相对不稳定	无疫苗

（续）

特性　种类	人到人的传播性	感染剂量（气溶胶）	潜伏期	病程	致死性	病原体存在的时间	疫苗效率（气溶胶暴露）
肉毒毒素	无	A型 LD_{50} 0.001μg/kg	1~5d	在24~72h内死亡，如果不死则病情持续数月	没有呼吸支持，致死率高	在不流动的水和食物中，可存活数月	在灵长类中接种3个剂量的疫苗，对25~250 LD_{50} 剂量的攻击有100%的保护效率
葡萄球菌肠毒素B	无	0.03μg/人，失能	吸入后3~12h	数小时	<1%	抗冻	无疫苗
蓖麻毒素	无	在小鼠体内，LD_{50} 为 3~5μg/kg	18~24h	几天。如果食入，在10~12d死亡	高	稳定	无疫苗
单端孢烯菌毒素	无	中等	2~4h	数天至数月	中等	在室温下，其活性保持数年	无疫苗

表 10 - 4　美国 CDC 对生物剂分类

生物剂种类	主要特性	主要的病原体
A类生物剂	容易在人与人之间散播或传播；能够对多数民众的健康产生冲击而导致高的致死性；可能引起民众恐慌和社会分裂；需要为公共卫生准备采取特别的行动	重型天花病毒（天花）、炭疽芽孢杆菌（炭疽）、鼠疫耶尔森菌（鼠疫）、肉毒杆菌毒素（肉毒毒素中毒）、土拉热弗朗西斯菌（土拉热）、出血热病毒［丝状病毒、埃博拉病毒（埃博拉出血热）、马尔堡病毒（马尔堡出血热）］、沙粒病毒［拉沙病毒（拉沙热）、胡宁病毒（阿根廷出血热）］及其相关病毒
B类生物剂	不很容易散播的；引起中等发病率和低致死性的；需要特别加强联邦疾病控制中心诊断能力以及加强疾病监察	贝氏柯克斯体（Q热）、布鲁菌属（布鲁菌病）、鼻疽菌（鼻疽）、甲病毒［委内瑞拉马脑炎病毒（委内瑞拉马脑炎）、东部和西部马脑炎病毒（东部和西部马脑炎）］、蓖麻毒素、产气荚膜杆菌的ε毒素、葡萄球菌肠毒素B 还包括依赖于食物生存的和水生的病原体。这些病原体包括但不限于：沙门氏菌属、痢疾志贺氏菌、大肠杆菌O157：H7、霍乱弧菌、小球隐孢子虫
C类生物剂	新出现的、可以在未来造成公众传播的病原；容易生产和散播；具有高发病率和致死性以及产生重大健康冲击；对于C类生物剂的准备，需要进行必要的研究来提高发现、诊断、治疗和预防疾病的能力	Nipah病毒、汉坦病毒、蜱传出血热病毒、蜱传脑炎病毒、黄热病毒、多药耐药结核菌

（二）生物剂的发展趋势

随着生物技术的发展，新的生物剂将不断增多。这既包括因分离培养技术的发展而出现的新生物剂种类，也包括因分子生物学和遗传工程技术发展和人类基因组、微生物基因组等进展而研制的重组基因武器，还有因合成技术的发展而出现的生物活性肽等生物剂。另外转基因生物和基因敲除技术的滥用也增加了研发新型生物剂的危险。

生物剂的未来发展趋势是：

1. 新的生物剂将不断增多　首先，病毒类生物剂的数量将进一步增加。其次，利用基因重组技术可能获得具有新特性的致病微生物，对人的致病力更强，对环境的抵抗力更大。此外，通过基因工程技术，多种生物毒素和一些人工合成的生物活性肽也有可能成为新的生物剂。

2. 生物剂的运载系统和布洒系统将进一步改善　随着微电子工业及新材料等方面不断改进，适用于施放生物剂的各种低空飞行导弹及气溶胶布洒器等的性能将进一步提高。使生物剂气溶胶中小于 $5\mu m$ 的粒子比例提高，覆盖面积将进一步扩大，从而提高生物武器的杀伤效率。

3. 气象因素对生物剂气溶胶的影响规律进一步阐明　由于中长期天气预报精度的提高，气象因素对生物剂气溶胶的影响规律得到进一步阐明，并做出更加精确的定量估算，对于生物剂的应用及其效率的提高都将产生重大的影响。

4. 基因武器　基因武器是一种新型的生物武器，也称遗传工程武器、DNA 武器，它是通过基因重组而制造出来的新型生物武器。根据其原理、作用的不同，可分为三类。

①致病或抗药的微生物：随着基因组学的进展，肺结核、麻风病、霍乱等病菌的完整基因序列已经发表，鼠疫杆菌等的基因组测序工作也将完成，这些天然的细菌和病毒都可能通过基因重组而被改造成易存储、便携、毒性更大的生物武器。如改变细菌或病毒的某些结构，使不致病的成为可致病的，或者使疫苗或药物预防和救治失去原来的效用。如在一些本来不致病的微生物体内转入致病基因（毒蜘蛛、蛇毒的毒力基因等），从而制造出新型的生物剂。据报告，转基因山羊乳汁中能分泌胰岛素或蛛丝蛋白。通过转基因植物反应器可以生产大量的生物调节剂和毒素蛋白，而不必再使用专门的机械设备。

②攻击人类的转基因动物：只要研究出一种攻击人类的物种基因，便可以将这种基因转接到同类的其他物种上，其繁育的后代也将具有攻击性而成为基因工程动物。如将南美杀人蜂、食人蚁的基因测序，然后把它们的残忍基因转到普通的蜜蜂和蚂蚁身上，再不断把这些带有新基因的蜜蜂、蚂蚁进行克隆，这些转基因的蜜蜂、蚂蚁、黄蜂或蚊子便可以成为大批量的基因工程动物。如转基因蚊子有可能通过其唾液生产和分泌高效的生物调节剂或毒素蛋白，在叮人的过程中就可以分泌这类蛋白使人中毒，一个人也许只要被几只转基因蚊子叮咬就会遭到感染。

③种族基因武器：随着人类基因组图谱的完成，有可能被用来研制攻击特定基因组成的种族或人群的种族基因武器。如降低其出生率或提高其婴儿夭折率，或是抑制这个种族体内的某种抗体，提高他们感染病菌的机会。种族基因武器可以无声无息地消灭某些民族。如伊拉克研究的骆驼痘病毒主要存在于阿拉伯国家，阿拉伯人已有免疫力，西方专家认为这是伊拉克研究的人种战剂，它将导致北美洲和欧洲人致病或死亡，阿拉伯人则安然无恙。此外，可以修饰已有的农业病原体并开发出新的针对农业或具有破坏功能的生物剂。这类生物剂的特殊性能包括下列方面：

（1）定向构建，释放后可以预测结果。

（2）攻击后的临床表现，可能与自然暴发的疾病特征难以区别、难以检测。

（3）开发以前不被医学界认识的生物剂，可以使这种生物剂所致疾病难以诊断和治疗。

（4）可以突破已有生物剂的疫苗防护和治疗措施。

（5）能够基于遗传结构和培养特性被构建，成为专门针对特殊人群的生物剂。

（6）致绝育、致瘤或致衰弱的生物剂，效果时间比较长。

（三）生物剂的基本特征

生物剂主要通过以下 3 种机制产生杀伤或破坏作用：①利用微生物感染宿主，在宿主体内繁殖使宿主发病，从而造成宿主的死亡或残疾。这种微生物可以是野生型的，也可以是利用基因工程改造的，后者的危害更大，后果更可怕。②微生物产生的生物活性物质如生物毒素，作用于人体可产生和病原微生物类似的效果。另外还有一些可干扰生物正常行为的物质，如激素、神经肽、细胞因子等。③某些人工仿制的，能作用于特定目标的物质，如种族基因武器。

1. 袭击人的生物剂的特征　已有生产、储存的或用作生物武器的病原微生物及其产物种类成为生物恐怖袭击的首选。袭击人的生物剂一般具有下列特征：

（1）自我繁殖能力强，致病剂量小。在一定条件下，生物剂有自我繁殖能力，只要极少量生物剂进入机体，就能迅速大量繁殖引起疾病。故生物战剂的致病剂量远比化学战剂小，有人推算人只要吸入一个活的 Q 热立克次体就能发病。

（2）传染性。生物剂进入人体后不但能在体内迅速繁殖引起疾病，有些还不断向外界排出，在周围人群中传播、蔓延。有些生物剂可通过媒介生物主动攻击人、畜，并长期保持传染性。这种一次施放可以造成长期危害的特点，也是任何其他武器所不具备的特点。

（3）缺乏有效的预防和治疗措施。生物剂的主要施放方式是气溶胶，人的感官不易发现，到目前为止还没有一种准确、灵敏、快速的侦察仪器可用。早期难以检测或鉴定，往往要在大批病人出现时才能发现。发现病人以后，治疗也比较困难，因为作为生物剂的细菌大部分是进行基因重组的，对抗生素具有抗药性的菌株。平时治疗有特效的抗生素对这些生物剂无效或治疗效果很差，对于大部分病毒类生物剂目前还没有疗效较好的药物。

（4）稳定性较差。生物剂是活的致病微生物或有生物活性的毒素，即使经真空冷冻处理，储存在低温条件下，仍在不断衰亡。因此，生物剂的储存时间短，低温储存的成本也较高。生物剂使用受到许多条件的限制，如晴朗的白天、降雨、大风等情况都不宜使用。

（5）目的性极强。可以先通过对己方进行病原体预防的普遍性接种疫苗预防，然后有目的地对敌方施放相应的病原体。

2. 农业生物恐怖袭击的特征　根据农业领域的生产特点以及发动生物恐怖袭击的目的、目标、生物剂的选择和施放方式等综合分析，可以把农业生物恐怖袭击的特征归纳如下：

（1）一般对人体无害。除少数人畜共患病的病原体，大多数农业生物恐怖袭击所用的生物剂一般对人无害。

（2）妨碍武器化的特殊技术难题少。对农作物实施生物恐怖袭击需要农业喷雾器和大量的生物剂储备，而这些东西在市场获得并不困难。袭击目的越小，所需要的设备和储备就越少，而且不一定需要进入目标国家和地区就可释放。

（3）袭击目标的安全性较低。种子、肥料和杀虫剂可以作为农作物病原体的传播途径，通过污染进口的种子或肥料就可造成大量疫情爆发点。农场和牧场基本没有安全防护措施。如果以一个国家或一个地区的大量动物为袭击目标，则生物剂的施放相对更简单容易。

（4）袭击者需要越过的道德障碍比较低。人在实施生物恐怖活动和生物战争时有一个天然心理障碍。但针对农作物和动物的生物袭击，人的心理反应要轻，惩罚定罪也要轻一些。但造成的社会危害和经济损失并不小。

（5）隐蔽性强。如果把生物恐怖袭击的目的作为一个长期的战略性目标，达到甚至是合法不合理的巨大危害，那么生物入侵是一种战略方式的选择。如澳大利亚的兔子泛滥成灾就是一个非常典型的例子。

（6）一般可能有疫情背景，难以迅速与自然暴发的疫情区别开。

有下列情况的国家或地区容易遭受农业生物恐怖袭击。高密度、品种单一、大面积的农业；动物和植物的病原体和害虫状况不很严重；严重依赖国内几种农产品，或者主要的农业输出国；国家遭受严重动荡，或者成为国际恐怖活动目标，或者周围有正在发展生物武器计划的邻国；薄弱的植物和动物流行病学基础。

3. 基因武器的特征　基因武器有以下几个特点：①预防和治疗更加困难。没有有效的预防制剂或特异性治疗方法。②检测或鉴定困难。③感染剂量用量小或毒力高。④容易生产、储存稳定。⑤更易造成恐慌。生物武器的一个重要特点是容易造成恐怖心理，基因武器更是如此。⑥没有立即杀伤作用，结果难以预测。生物剂进入人体后经过一定时间的潜伏期才能发病，由于转基因技术的不确定性、转基因失活或沉默现象，基因武器的潜伏期长短和效果无法预测。

三、生物恐怖的危害

（一）生物恐怖的潜在危害

1. 生物恐怖正日益威胁着国际和平和人类安全　近年来，许多国际恐怖势力把生物剂作为恐怖袭击的一个重要手段，并加大对这方面的研究。据报道，阿富汗"基地"组织一直在秘密研制生物武器，2001年11月在其营地发现了一个蓖麻毒素实验室及相关技术资料。俄罗斯在车臣一恐怖嫌犯分子家里发现了蓖麻毒素原料，格鲁吉亚在靠近车臣的潘杰西山谷发现了数名制造蓖麻毒素的恐怖专家。由此可见，国际生物恐怖形势十分严峻，生物恐怖正日益威胁着国际和平和人类安全。

20世纪，国际社会为禁止生物武器进行了不懈的努力，《禁止生物武器公约》起到一定的限制作用，也取得了一些进展。然而由于没有履约核查的有效机制，加之核查议定书谈判的搁置，有些国家保留有发展生物武器的计划，有些国家具备研制和发展生物武器的能力。联合国对伊拉克的核查证实伊拉克曾研制生产了多种生物武器。伊拉克研究的生物战剂范围广，包括细菌、病毒、真菌、毒素，有失能性剂也有致死性剂，有攻击人的生物战剂，也有攻击植物的生物战剂。伊拉克主要生产肉毒毒素和炭疽杆菌，两者合计占生产生物战剂总量的97%以上。1988—1991年，伊拉克共进行了16次现场试验（表10-5）。除表中列出的生物战剂外，联合国特别调查委员会认为伊拉克还研制了无人驾驶飞机空中喷洒系统、直升机空中喷洒系统、集束炸弹及地雷等。虽然伊拉克试验了多种生物武器，但只承认规模生产和部署了侯赛因导弹和R-400航空炸弹，共生产和部署了25枚侯赛因导弹，其中装填肉毒毒素的 16 枚，装填炭疽杆菌的 5 枚，装填黄曲霉毒素的 4 枚；生产了 200 枚 R-400 航空炸弹，装填了 157 枚，同样装填了以上 3 种生物战剂。1991 年 1 月，海湾战争中，伊拉克对这两种武器进行了部署，对多国部队产生了一定的威慑作用。

表 10-5　伊拉克生物武器现场试验情况

(引自黄培堂，2005)

时　间	武　器	数量（枚）	战　剂	数量（L）	试验类型
1988.2	圆柱容器	2	枯草芽孢杆菌	70	静态
1988.3	LD250 航弹	2	肉毒毒素	120	静态
1988.3	LD250 航弹	2	枯草芽孢杆菌	120	静态
1988.4	LD250 航弹	2	肉毒毒素	120	静态
1988.4	LD250 航弹	2	枯草芽孢杆菌	120	静态
1989.12	122 火箭弹	1	小麦黑穗	7	静态
1989.12	122 火箭弹	7	肉毒毒素	49	静态
1989.12	122 火箭弹	5	枯草芽孢杆菌	35	静态
1989.12	122 火箭弹	5	黄曲霉毒素	35	静态
1989.12	122 火箭弹	—	枯草芽孢杆菌	—	静态
1990.5	122 火箭弹	40	肉毒毒素	280	动态
1990.5	122 火箭弹	40	枯草芽孢杆菌	280	动态
1990.5	122 火箭弹	40	黄曲霉毒素	280	动态
1990.8	R-400 航弹	2	枯草芽孢杆菌	170	静态
1990.12	155 炮弹	4	蓖麻毒素	10	静态
1991.1	空投容器	1	枯草芽孢杆菌	1 000	动态

据报道，目前全世界大约有 15 个国家和地区可能拥有生物武器研究发展计划，这些国家和地区大多处于不稳定的热点地区。近年来，在美国发现利用生物技术研发新型的生物剂，如 2003 年 7 月，美国调查人员在一名计算机工程师的家里发现了大量有关毒素的文献，并查获了约 3g 蓖麻毒素粉末，其数量可以使 7 500 人死亡。2003 年 10 月，美国南卡罗来纳州一个邮局发现了装有少量蓖麻毒素的恐吓信。

2. 生物技术的发展增加了生物恐怖的威胁　生物技术是一把双刃剑，既可以极大地造福人类，但是也隐含着滥用、谬用的危险。首先，生物技术将使传统生物剂的性能进一步增强，可以人为制造出新的微生物、毒素和生物剂。据报道，前苏联利用基因工程改造出血热病毒和鼠疫杆菌，使其对多种抗生素产生抗性，现有疫苗失去作用；俄罗斯将炭疽芽孢杆菌的毒力因子导入蜡样芽孢杆菌，构建成具炭疽样致病能力的重组细菌。同时，大规模发酵培养、表达和纯化技术的发展使得生物剂的大规模制备更加容易，在技术层次上进一步增加了生物恐怖的威胁。第二，生物技术使基因武器成为可能。如基因工程动物、人种族基因武器等。第三，生物技术提高了生物剂的生产能力。例如，一个博士水平的高级专业人员和十几个助手，不超过 10 万美元的设备和材料，在一个小屋中就可以建立生产炭疽杆菌生物武器的工厂。

3. 生物恐怖工具多样化增加了生物恐怖的威胁 相对于核武器和化学武器，随着微电子工业及新材料的不断改进，生物武器或生物剂研制技术要求越来越低，设备及试剂的商业化程度高，施放简便，隐蔽性强，难防护，是较理想的实施恐怖的手段。

微囊颗粒技术使药物和疫苗的储存和释放时免受环境中有害物质的伤害，提高储藏能力和存活率。还有一些微囊技术的研究是专门增强生物剂气溶胶的扩散能力。所有这些技术都可以间接应用于提高生物剂的武器化、储存和扩散。

随着新型生物剂的研制，更高级的生物剂投放技术也将同时开发出来。携带并表达外源基因载体的使用，尤其是病毒载体，允许专门投放核酸类的生物剂。基因工程病毒载体具有把外源基因高度特异地转移到特殊靶细胞的能力。另外，包括液体或其他非胶质载体等技术，将可能开发出一种具有微囊化、自保护、穿透和向特殊靶细胞释放 DNA 类生物剂，并且不会被宿主免疫系统识别的载体。这类隐蔽释放的生物剂将对当前的医学应对措施提出巨大挑战。

(二) 生物恐怖对人员的危害

生物恐怖袭击将造成大量的人员伤亡。WHO 在 1970 年发表的《化学武器和生物武器的健康危害》中提出一个生物战剂攻击推算模型（表 10-6）。模型假设生物战剂攻击发达国家一个有 100 万人口的城市，并且在人口稠密区，没有良好的人员疏散条件。该模型假设 50kg 含有 10×10^{15} 个病原体的生物战剂干粉以与风向有合适角度的方式在 2km 直线距离范围内进行撒播；假设生物战剂是通过飞机施放的，以委内瑞拉马脑炎病毒为例，在 5~7min 内生物战剂可以有效扩散 1km，大约 6 万人将暴露于生物剂，2 万人失去行动能力，其中大约有 200 人死亡。而炭疽杆菌施放后其生命力可以保持至少 2h、传播至少 20km，大约使 18 万人暴露，其中 3 万人失去行动能力，9.5 万人死亡。

因受许多因素的影响，使用生物战剂进行攻击时，实际所造成的人员伤亡情况变化较大。这些因素包括生物战剂的特性，如浓度、颗粒大小、稳定性和病原体存活率等；释放时的环境因素，如日照、风向风速、温度、雨雾等；释放时人员活动情况，如高活动、睡眠等。WHO 也对在上风向 2km 航空播撒 50kg 生物战剂对一个 50 万人口的城市进行攻击时，可能造成的人员伤亡情况进行了估计预测（表 10-7）。总体而言，生物剂袭击所导致的人员伤亡情况是很严重的。

表 10-6 WHO 对一个 100 万人口、没有良好的人员疏散的城市
进行生物战剂攻击造成伤亡情况的理论预测

（引自黄培堂，2005）

生物战剂	危险人数	死亡人数	失能人数
炭疽杆菌	180 000	95 000	30 000
布鲁氏菌	100 000	400	79 600
普氏立克次体	100 000	15 000	50 000
鼠疫杆菌	100 000	44 000	36 000
Q 热贝氏柯克斯体	180 000	150	124 850
土拉菌	180 000	30 000	95 000
委内瑞拉马脑炎病毒	60 000	200	19 800

表 10 - 7　WHO 对一个上风向 2km、50 万人口的城市进行
生物战剂攻击造成伤亡情况的理论预测

（引自黄培堂，2005）

生物战剂	下风向传播距离（km）	死亡人数	失能人数
裂谷热病毒	1	400	35 000
蜱传脑炎病毒	1	9 500	35 000
立克次体	5	19 000	85 000
布鲁氏菌	10	500	125 000
Q 热贝氏柯克斯体	＞20	150	125 000
土拉菌	＞20	30 000	125 000
炭疽杆菌	＞20	95 000	125 000

（三）生物恐怖造成的经济损失

生物恐怖袭击的危害除人员伤亡外，另外一个重大危害就是恐怖袭击所造成的经济损失。生物恐怖袭击的后果决定于所用生物剂种类、使用方法、扩散效果、暴露人群的数量、人群的免疫水平、暴露后的处理效率及治疗情况，以及潜在的二次扩散等多方面的因素。依据国外的经验，对生物恐怖袭击后经济损失估算要建立切实可行的量化标准或模型，采取有效的防范措施很重要，但这方面的研究报道很少，自 20 世纪 90 年代以来，目前只有美国、加拿大等少数国家开展了对城市居民发动生物恐怖袭击所造成的经济损失量化的研究。

美国国家疾病控制与预防中心 Arnold F. Kaufmann 等于 1997 年建立模型，以 3 个典型的生物剂（炭疽杆菌、山羊布鲁氏菌、土拉菌）为对象，分析发生生物恐怖袭击事件后各种费用情况。一次生物恐怖袭击所造成的经济影响随生物剂种类不同而不同，从每 10 万人暴露于布鲁菌的 4.777 亿美元变化为每 10 万人暴露于炭疽的 262 亿美元，这是最小的估计（表 10 - 8）。作者用所有直接影响因素做最低经济影响方面的估计，不包括许多其他方面的因素（如人长期患病、动物患病等），若考虑这些因素会进一步加大生物恐怖袭击造成的经济损失。

表 10 - 8　生物恐怖袭击造成人员暴露后无预防措施的费用情况（单位：百万美元）

（引自黄培堂，2005）

	炭疽杆菌	土拉热	布鲁菌症
直接费用			
医学：基本估计			
医院	194.1	445.8	170.3
门诊	2.0	11.5	48.9
医学：上限估计			
医院	237.1	543.3	211.7
门诊	4.4	18.5	78.3
失去创造价值的能力			
患病			
医院	21.6	50.9	18.8

（续）

	炭疽杆菌	土拉热	布鲁菌症
门诊	0.7	3.9	15.0
死亡			
3%打折率	25 985.7	4 891.2	326.5
5%打折率	17 889.3	3 367.3	224.7
合计费用			
基本估计			
3%打折率	26 204.1	5 402.4	579.4
5%打折率	18 107.7	3 878.4	477.7
上限费用			
3%打折率	26 249.7	5 507.9	650.1
5%打折率	18 153.1	3 983.9	548.4

1998 年，加拿大卫生部的疾病控制中心实验室的 Ronald St. John 等参照 Arnold F. Kaufmann 等人的模型，以炭疽杆菌和肉毒杆菌气溶胶袭击加拿大为模拟对象，研究了生物恐怖袭击对加拿大可能造成的最低经济损失。设想加拿大城市郊区附近的 10 万居民在上述每种生物剂中分别暴露 1 个感染剂量，时间为 2h，炭疽杆菌可能为每 10 万人暴露带来损失 64 亿美元，肉毒杆菌可能为每 10 万人暴露带来损失 86 亿美元。如果没有有效的袭击事件后果处理计划，那么预计暴露于炭疽杆菌死亡人员为 32 875 人，暴露于肉毒杆菌死亡人员为 3 万人。依据上述模型初步估计，我国城市居民遭受上述生物剂的恐怖袭击后可能造成的经济损失为每 10 万人暴露于布鲁菌损失 4 亿元人民币，每 10 万人暴露于炭疽杆菌损失 100 亿元人民币。

对炭疽杆菌来说，同样数量的人暴露同一个生物剂，使用同一个模型的情况下，为什么不同国家的评估数据相差那么大。主要原因是不同国家经济发展不同，人员预期收入的估计和医疗费用相差较大。研究还表明，对生物恐怖袭击提前做好应对计划和准备工作等干预措施，能够减少发病率、死亡率以及经济损失。干预措施启动越早（袭击事件发生后的前 3d 启动干预措施），对保护民众的健康和经济利益作用越大。

（四）生物恐怖对农业的危害

农业生物恐怖袭击就是袭击农业生产和食品供应系统，包括农场和食品生产地的生产和食物供应、销售、服务整个供应链。

由于农业涉及区域大、环节多，很难有效及时地进行监控，遭受生物恐怖袭击的薄弱环节很多。主要包括：①食品生产、运输和存放过程。此过程环节多、地理跨度大，保障安全的花费也大。②产品来源多样，基本混合存放。如果来源于某个地方或环节的产品受病原污染，很容易导致污染迅速扩大，甚至大范围污染。③食品的进出口。国际贸易日趋广泛，易遭受恐怖袭击，迫切需要加强国际安全监控。④许多发达国家的农业特别是单一作物制。大量栽培单一品种的农作物，高密度饲养自然杂交的动物品种，更易遭受基因武器的袭击。

农业生物恐怖袭击所造成的损失主要决定于生物恐怖袭击的类型和实施的范围。可能的损失包括：民众食用污染的食物造成身体损害和收入的减少；食品的生产减产、检疫和隔离销毁所造成的损失；因消费者消费信心损害对农业生产单位、食品加工业和进出口业等部门所造成的损失；食品生产、运输、存放和销售渠道因为消除污染所造成的损失；上述行业人员因遭受恐怖袭击所受到的收入损失。

此外，还有间接影响的损失。一个国家或地区暴发大规模的动植物疫情后，除影响其产品市场及国际贸易之外，还造成许多其他方面的损失，如加工运输行业的税收以及投资者的心理恐慌和为消灭疫情所采取的许多临时性限制措施等。

目前还没有农业生物恐怖袭击案例所造成损失的完整研究，但是国际上许多国家，尤其是西方发达国家一批主要从事农业经济和数量经济学研究的人员，对农业生物恐怖袭击所造成的潜在损失进行量化研究，研究的对象基本都是农业和畜牧业疫情，如口蹄疫、疯牛病等。美国密歇根州立大学农业经济系的 David B. Schweikhardt 博士 2003 年对过去几年发生的与农业生产和食品污染有关事件所造成的经济损失进行了研究估计（表 10-9）。

表 10-9 与农业生产和食品污染有关事件所造成的经济损失评估

(引自黄培堂，2005)

事　件	影　响
1973—1974 年密歇根州家畜饲料被污染事件	屠宰了 3 万头牛、4 500 头猪、150 万只鸡，损失 2.15 亿美元，还不包括消费者和养殖人员的健康损失
1999 年比利时家畜饲料二噁英污染事件	屠宰了 5 万头猪和 330 万只鸡，损失 8.5 亿美元，还不包括消费者和养殖人员的健康损失
1984 年美国俄勒冈州饭店食物被宗教分子故意污染	因沙门氏菌污染使 751 人中毒，不包括消费者的健康损失
1970 年以色列出口的橙子被恐怖分子故意污染	出口欧洲的橙子减少 40%
因为美国食物供应含有 5 种主要的食源性病原体而每年导致的损失	因为医疗花费、丧失劳动力和早死而造成 69 亿美元损失
英国牛制品业暴发疯牛病	到 2001 年 8 月患病动物 177 812 头，给英国经济造成 58 亿美元损失
英国暴发口蹄疫	超过 300 万头家畜被传染，对英国经济造成 36 亿～116 亿美元的损失
中国台湾暴发口蹄疫	屠宰了 385 万头猪
美国加利福尼亚州畜牧业出现疑似疯牛病	给美国经济造成 40 亿～130 亿美元损失
智利葡萄检测出氰化物	1989 年给智利葡萄业出口造成损失 2 亿美元
美国家禽业暴发外来性新城疫	在 3 个州有超过 300 万只禽类被宰杀

（五）生物恐怖对环境的危害

生物恐怖袭击后对环境所造成的污染难以彻底消除。由于病原体在自然环境下繁殖快、扩散范围大，部分病原微生物还形成休眠孢子，大大增强了病原菌对环境和消毒剂的抵抗力。毒素经过常规的物理、化学消毒后，再经过一段时间自然界的净化作用（如阳光照射、高温、雨水、化学反应以及微生物的分解等）就基本失去活性，作用时间一般不会很长。但是，彻底消除传染性病原体就比较困难。

由于病原体污染土地以及地表植被等，很难彻底消毒。如果被污染的是河流、水源、土壤，给病原体提供了非常好的生存条件，这样的环境可能成为使用禁区和疫源地，造成长远的巨大损失。此外，大型建筑物、大型交通工具（火车、飞机、轮船等）等狭缝多，一般的物理、化学消毒不可能彻底消毒干净，对安全使用造成巨大威胁，最终可能被弃而不用。

（六）生物恐怖对社会及人们心理的影响

生物恐怖袭击不仅给目标区域造成巨大人员伤亡和经济损失，而且会对人们的心理、社会机制及对社会发展造成巨大影响，即软毁伤（soft damage）。尤其是对于人口集中、信息网络发达的城市来说，一旦成灾，伤亡重，社会问题多，经济损失大，间接损失可能比直接损失超出上百倍。软毁伤社会效应后期特点比较显著。目前还没有一个数据说明生物恐怖袭击的间接损失有多大，但从 2002 年年底至 2003 年上半年发生的突发公共卫生事件 SARS 可以看出，中国的 SARS 流行起源于广东河源，后来扩散到广州，造成市民抢购抗病毒药物，囤积粮食和食盐，普通的板蓝根冲剂价格从十几元增至上百元。后来市场逐步恢复正常，各种媒体信息的产生、传播对于这种局面的形成和缓和起到了一定的作用。

美国炭疽事件尽管只是以邮件为主要袭击方式，没有采用其他更为极端的播散方式，仅使用了一个经典的细菌战剂——炭疽杆菌，最终只发病 22 人，死亡 5 人，但其引起的社会动荡和资源消耗却远远胜过一次中等灾害。事件发生后，美国政府启动了应对生物恐怖处置系统，进行了一系列应对处置活动，直至 2002 年上半年，事件才得以平息。

生物恐怖作为一种灾源，所产生的社会效应包括：①社会经济滞后效应。给社会带来安全顾虑，影响人们的正常生活；影响许多行业的正常运转，造成经济受损，影响国民经济的发展；对政府出现信任危机或者能力危机等。②医学遗传后效应。传染病、遗传病、精神病引起的精神疑虑和恐惧；传染病、遗传病、精神病对个体和群体素质的影响。③生态环境后效应。当今的人类是生活在一个平衡的、安全放心的、各取所需的生态环境中，而一旦发生生物恐怖袭击，这一切都成为不可能，对工农业生产、生态平衡等造成长期影响。

生物恐怖袭击产生的社会心理效应包括对个体、群体及社会产生一种超强刺激，引起许多不良现象，如恐惧、疑虑、意志崩溃、抑郁、烦躁、恶心、失眠等，而且这些心理活动作用时间长、影响范围广、传播性强、心理负担重。恐怖分子可能作为恐慌的制造者和造谣者，专门传播生物剂袭击的谣言。这种情况下，在可能发生了生物恐怖袭击的地区及时控制恐慌和谣言，进行心理治疗很重要。

四、生物恐怖的防御

（一）生物恐怖的防御原则和程序

防御生物恐怖袭击首先要建立预警处置系统，提高预警处置能力。继美国出现炭疽事件后，各国政府均采取了紧急措施。如美国有较完善的应对生物恐怖机构。中国也将建立一个完备的反生物恐怖应急系统，制定《生物恐怖紧急应对与控制预案》。在全球共同打击恐怖主义的行动中，成立了 WHO 全球疾病暴发警报和反应网（The Global Outbreak Alert and Response Network）连接着全球超过 70 个独立的信息和诊断网，共同构成关于全球疾病暴发的最新资料。对所有已知的传染性疾病，WHO 均有一个标准的处理和控制程序。

其次发生生物恐怖袭击后，及时采取有效的处置工作对于减少人员伤亡和经济损失、消除进一步扩散的危险、避免社会混乱等十分关键。与处理一件偶然的或突发公共卫生事件相比，生物恐怖因其特殊性而加大了处置难度，这样就迫切需要提前有针对性地做好恐怖分子利用某些生物剂实施恐怖活动的处置预案及相应物资准备。在实际处置过程中，要将已有的处置预案和现场实际情况相结合，采取适当的处置原则和程序，只有这样才能使损失减少到最低程度。某些情况下，隔离病人、限制感染以及提供准确的公共信息是最有效的措施。生物袭击紧急处置原则可以概括为：以最大限度地减少和消除袭击的危害和影响为目的，以高效救护伤病员和防止疫情扩散为重点，采取尽早介入和就地就近处置的方式，尽快建立以指挥体系为中心的事件处置救援队伍，尽快建立以伤病员救护为中心的医疗、抢险、运输、隔离、防疫等物资保障基础。保护现场，获取证据；准确评估，降低危险；彻底消毒，减少污染；及时施救，减少伤亡；管理信息，减少恐慌；严密监测，防止蔓延；总结经验教训，提高处置能力。由于生物恐怖袭击事件涉及生物剂的类型多，发生地点多，影响范围大，不同的生物恐怖袭击事件处置程序可能也不完全相同。

（二）生物恐怖袭击的处置

1. 流行病学调查　生物恐怖袭击可以说是人为的瘟疫，生物恐怖袭击中的流行病学问题主要是传染病的流行病学问题。但是在流行过程方面，生物剂所致的传染病与通常的传染病虽有其共同特点，但也有不同之处，在进行流行病学调查时必须加以注意。

（1）生物剂所致传染病特点。

①流行过程异常：一是传染源难以追查，生物剂引起的传染病是通过由人工撒布气溶胶和媒介昆虫造成感染的结果，最初的传染源很难找到。二是传播途径反常，在正常情况下，每一种传染病都有其特定的主要传播途径，这是病原体与宿主在长期进化过程中形成的生态学特点。例如，肉毒杆菌毒素经食物感染，落基山斑疹热经蜱感染。但生物剂以气溶胶经呼吸道感染，改变了传染病传播途径，给诊断和防治增加了困难，是生物恐怖袭击的一个重要特征。三是人群免疫水平低，生物恐怖袭击者为了增强生物武器的杀伤威力，多方提高生物剂的毒力，例如，将类鼻疽杆菌在小鼠脑内传代，连续传几代后，可提高毒力约 10 万倍。同时生物恐怖袭击加重了人们心理负担，使免疫力降低。

②流行特征异常：一是地区分布异常，一般情况下，某些自然疫源性传染疾病，由于病原体、宿主和环境等生态学特点的制约，有严格的地区分布界限。如东方马脑炎、委内瑞拉马脑炎等通常只见于美洲。上述这些疾病如在我国发生，而又找不到传染源时，则应考虑可能是生物恐怖袭击。二是流行季节异常，通常虫媒传染病只发生在春秋季昆虫活动的季节；肠道传染病只发生在夏秋季节。而生物恐怖袭击引发的传染病没有季节变化。三是职业分布异常，某些传染病由于暴露于病原体的机会不同，往往有职业性的特点，例如，皮毛厂工人和畜牧业者容易感染炭疽和布鲁菌病。但生物恐怖袭施放带有病原体的昆虫、杂物，特别是施放生物剂气溶胶，可使任何人感染得病，找不到职业特点。四是流行形式异常，通常除通过食物和水源污染引起暴发流行外，一般病例都是逐步增多，然后达到高峰的。生物恐怖袭击施放生物剂气溶胶，污染区人群同时受到感染，在短期内达到高峰，呈现暴发流行。

（2）生物恐怖袭击流行病学调查的内容。

①本底资料的调查：一是自然地理资料，如地形、气候、水文、土壤和植被以及动物等。二是经济地理资料，包括地方行政、居民情况、工农业生产、交通运输状况等。三是医学地理资料，包括卫生行政组织、医疗卫生实力、医学教育、药材供应以及卫生状况等。四是主要疾病流行概况，包括烈性传染病、自然疫源性疾病、虫媒传染病、呼吸道疾病、肠道传染病等。五是医学昆虫动物，包括与疾病有关的蚊、蝇、蚤、蜱、螨、啮齿动物、食虫动物的种类分布、季节消长等资料。

②可疑迹象调查：包括空情、地情、虫情、疫情等。

2. 防疫措施　生物恐怖袭击可能出现两种情况。其一是较早侦察出所使用的细菌，发现着弹点（点源）或喷洒线（线源），即生物剂的污染区；其二是未发现攻击线源，但引起传染病，出现生物剂所致疾病的疫区。有时虽然发现生物恐怖袭击，但由于处理不及时或不完全，仍可发生由生物剂引起的疾病，污染区与疫区同时出现。生物剂的种类不同，其地区范围也有所不同。如烈性传染病的疫区要划大些。如果生物剂所引起的疾病在人与人之间传染性不大，如炭疽、类鼻疽，疫区只包括病人住过的房间和工作的车间。如果生物剂是毒素，就不存在疫区。

污染区和疫区处理是使暴露于生物剂的人员不发病或少发病，并使疾病不外传。为此要对污染区和疫区进行封锁和检疫。

（1）污染区和疫区的处理。

①封锁：如果污染区不是机要部门、交通要道和枢纽、人群聚居处。在划定污染区范围以后，当即插上标记，禁止人员进入和通行。封锁时间为气溶胶云团的危害时间，白天（晴天）为 2h，夜间（阴天的白天）为 8h。这是根据微生物气溶胶污染空气的自净时间计算的；如果按表面污染的自净，时间就要长一些。必要时应对污染表面进行消毒后再解除封锁。

如果污染区是交通要道、枢纽和人群聚居处，则应在通往外面的路口建立检疫站，进行封锁。凡出入污染区的人员都应有预防接种的证明书（已知生物剂种类并进行过特意性接种）。对出入人员应进行洗消，对于无检出疫苗证明书的人进行疫苗接种。同时，对所有可能暴露于生物剂气溶胶的人进行检疫。这种污染区的封锁时间应以生物剂所致疾病的最长潜伏期为准。到期未发现病人，即可解除封锁。

②隔离：除污染区内出现大量病人，可以将疫区划在整个污染区以外，一般还是以患者生活、活动的地方作为处理范围。在疫区内对患者要进行隔离。隔离的目的在于防止病人将该病传给他人，特别是易感者。期限是生物剂所引起疾病的最长传染期。隔离分为四个级别。

a. 严格隔离　为防止高度接触传染性或高毒性的感染通过空气或接触传播，患者要在单间内隔离。进入病房内的人要穿隔离衣，戴口罩、手套。病房内要有特殊的通风系统，如有可能最好使房间或病床密闭罩内的空气对周围成负压。肺鼠疫患者应使用此类级别的隔离。

b. 接触隔离　对主要通过接触传播而传染性和严重性稍差的传染病使用这一级的隔离，对病人最好进行单间隔离，但同一病原体、同一疾病的患者可以共住一间房间。

c. 呼吸道隔离　为防止在短距离内通过空气传播，也要有一个单独房间，但该房间可以同时收容同一病种的患者。

d. 肠道隔离　疾病可由接触者粪便而传播时，应按这一级隔离。如果患者个人卫生差，应单间病房隔离。

③检疫：在污染区内检疫是对暴露于生物剂的人限制其活动的措施；在疫区内检疫是对传染病接触者限制其活动的措施。二者都是为了预防直接或间接暴露于生物剂的人在潜伏期内传播该病给其他人员。

检疫可分为两类：一是完全（绝对）检疫。对于上述暴露于生物剂或暴露于生物剂所引起疾病的人，限制其活动。时间为该生物剂所致疾病的最长潜伏期。目的在于防止未暴露者受到已暴露者的污染。对后者要进行留验。二是不完全检疫。对接触生物剂和患者的人的活动仅进行部分限制，并对他们个人采取医学观察与监督，以便及时发现患者。时间也是该病的最长潜伏期。

（2）生物剂的洗消。生物剂的洗消（biological decontamination）即指用物理或化学方法杀灭或清除污染的生物剂达到无害化的处理。当发生生物恐怖袭击时，除对污染区加强平时的预防性消毒和对疫区采取相应的消毒措施外，对一切污染对象必须进行适当的洗消处理，以防止疾病的发生与传播。实质上，洗消也就是针对生物剂的一种特殊消毒处理。

①洗消时期：一般认为应尽量采取封锁使生物剂自净的办法。只观察到一些可疑迹象，未能作出是否使用生物剂的初步判断，可只采用医学观察与暂时封锁措施，一般不进行洗消。能初步判定已施放生物剂时，对污染人员进行局部处理，并暂时封锁可疑污染区。

②洗消范围：洗消的重点应放在污染严重或重要的经济地区、人员、装备与物品。洗消地域的大小，处理对象的多少等，根据污染现场的实际情况确定。尽可能按照微生物学检验与流行病学调查结果划定洗消范围。如果条件不具备，可参照气象条件、污染情况和地区。

③洗消药物：包括消毒剂，可灭活生物剂。清洗剂，有助于将生物剂从污染表面清除；辅助剂，对消毒药液起增效、防冻或抗沉淀的作用。

④洗消设备：从使用上可分为喷洒洗消装置、淋浴设备以及便携式洗消器等。

⑤洗消对象：包括人员的卫生处理、用具和餐具的消毒、食物和饮水消毒、房屋和室外地面消毒、敌投昆虫与其他媒介物的消毒等。

3. 防护措施

（1）集体防护。按照有关食品制作和水纯化的安全标准，确保食品和水供应避免受到污染或破坏。使用标准的消毒方法和垃圾处理方法，有效预防自然发生的微生物扩散。啮齿动物和节肢动物的有效控制也是卫生防护重点。

装备有空气过滤装置，提供正压的专门加固或未加固的庇护所能够为处于生物剂污染环境中的人群提供集体防护。空气阀可以确保向庇护所中输入没有被污染的空气。受害者和被污染的人员必须在进入集体防护所前进行消毒。在没有专门建筑条件的情况下，大多数建筑物可以通过封闭裂缝和进出通道，并且对已有的通气系统加上过滤装置等加固处理用作庇护所。当没有良好的集体防御场所，而条件又允许时，可利用地形、地物进行防护。

①迅速转移到生物剂气溶胶云团或污染区的上风向。

②在黄昏、夜晚、黎明或阴天等气候条件下，地面空气温度低于上层空气温度或与之相同，垂直气流稳定，生物剂气溶胶云团多贴地面移动，此时应到高处待蔽。

③树林可阻留部分生物剂，因此应到树林下风向处。生物剂气溶胶在林内不易扩散，滞留较久，因此不要停留在林内。

（2）个人防护。生物恐怖袭击是突发事件，平时有意识地做一些个人防护准备工作。生物恐怖袭击过程中，生物剂施放后可能需要几天才能出现症状。如果发生了生物恐怖袭击，个人应该像应对暴发流感或其他疾病时那样做好应对工作，迅速采取防护措施以有效减少受到的危害。首先家里平时就要准备充足的水、手电、胶布和食物等。在流行病暴发期间，一般需要呆在家1~3周。家里可以储备一些常用的相关药物，以便应急时使用。把当地医院以及所在地卫生部门的电话号码放在显眼的位置，以便及时咨询或求得指导。其次，如果室外发生生物恐怖袭击，要尽力避免大人及孩子与暴露人员发生接触并隔离在家。如果可能要尽快关闭通风系统、门窗，缝隙可以用胶布封住，迅速电话报警或打其他救助电话，等待救援。

在疾病流行期做好自我保护措施，强调严格隔离措施，可有效防止疾病扩散流行。应该重视个人卫生措施，例如，经常用肥皂和水充分冲洗，有规律地换穿可洗涤的衣服，使用没被污染的卫生间和公共厕所（尽量使用脚踩式），便后洗手。

　　在直接遭受生物剂气溶胶攻击时，或事后进入污染区时，必须及时穿戴好个人防护用品。个人防护用品可分为呼吸道防护用品与人体表面防护用品两类。防毒面具、口罩、衣服、手套和靴子能够防护通过气溶胶途径传播的生物剂袭击，当前使用的装有标准的核化生（nuclear and biological and chemical，NBC）过滤罐的防毒面具可以保护呼吸系统免遭粒径（中间直径）＞$1.0\sim1.5\mu m$ 颗粒的侵害。用于防护化学战剂的个人防护装备（personal protective equipment，PPE）也可用于防护生物剂。甚至用高质量的一般布衣进行覆盖也可以对暴露在外的皮肤提供保护。为防止生物剂经眼结膜侵入，可戴装备的或自制的防毒眼镜。

　　（3）免疫防护。预防接种是预防控制传染病和生物剂攻击的一项有效的重要防护措施。现在已有一些针对生物剂所致疾病的疫苗和抗血清（表 10 - 10）。20 世纪有效的计划免疫，已使全球许多国家免受或极大程度减轻了多种严重甚至致命性疾病的困扰，但是，针对人为的、恶意的病原体撒播，疫苗的应用价值尚未明确。

表 10 - 10　主要生物剂所致疾病的疫苗预防

（引自马文丽，2005）

传染病	疫 苗	接种方法	免疫形成时间（d）	免疫力维持时间（年）
鼠疫	鼠疫干燥活疫苗	皮肤划痕或皮下注射	10	0.5
炭疽	炭疽干燥活疫苗	皮肤划痕	2～14	1
土拉热菌病	土拉热干燥活疫苗	皮肤划痕	14～21	5
布鲁菌病	布鲁干燥活疫苗	皮肤划痕，1次接种	14～21	1
霍乱	霍乱疫苗	皮下接种 2 次，初次 0.5mL，间隔 7～10d 后接种 1.0mL	7	0.5
肉毒中毒	精制吸附甲乙二联肉毒类毒素	皮下接种 2 次，初次 0.5mL，60d 后再接种 0.5mL	20	2～3
Q 热	Q 热疫苗	皮下接种 3 次，分别为 0.25mL、0.5mL、1.0mL，间隔 7d	7～14	1
斑疹伤寒	斑疹伤寒疫苗	皮下接种 3 次，分别为 0.5mL、1.0mL、1.0mL，间隔 5～10d	14	1
黄热病	黄热病毒活疫苗	皮下接种 1 次，0.5mL	14	10
天花	痘苗	皮肤划痕法	14～21	3
委内瑞拉脑炎	委内瑞拉马脑炎病毒灭活疫苗	皮下接种 2 次，每次 2mL，间隔 7d	14～28	0.5
东部马脑炎	东部马脑炎病毒灭活疫苗	皮下接种 2 次，每次 2mL，间隔 7d	14～28	0.5
西部马脑炎	西部马脑炎病毒灭活疫苗	皮下接种 2 次，每次 2mL，间隔 7d	14～28	0.5
森林脑炎	森林脑炎病毒灭活疫苗	皮下接种 2 次，剂量分别为 2.0mL、3.0mL，间隔 7～10d	14～21	3
流行性出血热	流行性出血热病毒灭活Ⅰ型疫苗	皮下或皮内接种 3 次，时间分别为第 1 天、第 7 天、第 21 天，180d 后加强 1 次，每次剂量为 1.0mL	21	1

免疫接种方法以皮肤划痕法和皮下注射法较为普遍。为了适应大量人群的疫苗接种，皮下接种可用无针头注射器进行。这种方法操作简便、速度快，由 2～3 人组成接种小组，每小时可注射 600～800 人。此外，气雾免疫法也是一种简便、快速、无痛的接种方法，而且对某些微生物的气溶胶攻击有较好的保护作用，用于鼠疫、布氏杆菌病、野兔热、炭疽、流感、麻疹等活疫苗和一些类毒素的接种。但此法用量不易控制，有时不良反应率较高。

对某些生物剂而言，唯一有效的治疗措施可能就是特异的抗血清。在某些情况下，可以考虑使用免疫球蛋白产品进行被动免疫预防。最近在免疫预防制品研究方面的进展（如人单克隆抗体，去特异性的马或牛血清）使这一选择在技术上更具吸引力。

（4）药物预防。初步确定发生生物剂袭击，并判明污染区及疫区之后，在进行侦察、检验、消毒、杀虫、灭鼠、接种的期间，可开展药物预防。现在已有一些针对生物战剂所致疾病的药物（表 10 - 11）。

在进行群众性药物预防时，由于费用大、可能有毒性反应或产生抗药性及双重感染等，因此必须在医生的指导和监督下，有组织、有计划地进行，对用药的种类、剂量、反应及效果应做详细的记录。

表 10 - 11　几种生物剂感染疾病的药物预防

(引自马文丽，2005)

病名	药物	用法	成人剂量	用药时间
鼠疫	四环素	口服	每日 4 次，每次 500mg	7d
	强力霉素	口服	每日 2 次，每次 100mg	7d
	环丙沙星	口服	每日 2 次，每次 500mg	7d
	磺胺嘧啶	口服	每日 4 次，每次 4g	第 1 天
炭疽	四环素	口服	每日 4 次，每次 2g	5～6d
	青霉素	肌肉注射	每日 160 万 U，分 2 次注射	5～6d
	环丙沙星	口服	每日 2 次，每次 500mg，并开始接种疫苗	连续 4 周
	强力霉素	口服	每日 2 次，每次 200mg，并开始接种疫苗	连续 4 周
土拉菌病	链霉素	肌肉注射	每日 1 次，每次 1g	7d
	四环素	口服	每日 4 次，每次 500mg	14d
	强力霉素	口服	每日 2 次，每次 100mg	14d
霍乱	四环素	口服	每日 4 次，每次 1g	5d
	强力霉素	口服	第 1 天 200mg，以后每日 100mg	3d
	呋喃唑酮	口服	每日 2 次，每次 200mg	4d
Q 热	氯霉素	口服	每日 4 次，每次 0.5g	5～7d
	强力霉素	口服	暴露前 8～12d 开始，每日 2 次，每次 50mg	连续 5d
落基山斑疹热	氯霉素	口服	每日 4 次，每次 0.5g	5～7d
	强力霉素	口服	暴露前 8～12d 开始，每日 2 次，每次 50mg	连续 5d
鸟疫	四环素	口服	每日 4 次，每次 0.5g	12d
布鲁菌病	强力霉素＋利福平	口服	每日强力霉素（200mg）＋利福平（750mg）	
天花	甲靛半硫脲	口服	每日 2 次，每次 3g，间隔 12h	3d
拉沙热	三氮唑核苷	静脉注射和口服	病程早期做 10d 治疗，每天 60mg/kg，连续 4d，以后每天 30mg/kg 口服	10d

（续）

病名	药物	用法	成人剂量	用药时间
其他病毒病	干扰素	静脉注射	实验研究对有些病毒病有效，但临床使用剂量需摸索和视具体情况而定	
	免疫血清	静脉注射	实验研究对部分病毒病有效，但临床使用剂量需摸索和视具体情况而定	
肉毒中毒	A 型和 B 型抗血清	肌肉注射	各 5 万 U，在发病后 24h 内注入，必要时 6h 后重复注射	

4. 大规模受害者的处理　对大规模受害人员提供的基本医护方法与对单个人员的处理方法有很大不同。

（1）设施。如果在生物恐怖袭击中保护设施已被摧毁，大多数平民受害人员可在家中进行护理，军队受害人员则通过部队医护人员护理比送到医院会更好。如果不是在典型的大规模伤害发生的情况下，很少有受害人员需要外科手术室进行治疗。

（2）设备。对绝大部分病人而言不需要特殊的设备，如 X 射线机、氧气治疗或者外科设备。生物毒素是一个例外，如引起呼吸麻痹，应使用呼吸机等高级设备。

（3）护理水平。如果生物剂引起疾病导致的死亡很少（如委内瑞拉马脑炎，Q 热），可以按照局部的水平给予有效的医疗护理。如果需要使用抗生素（如土拉热），建议调集和大规模使用这种药物。对于像黄热病这类疾病，由于具有高死亡率并且没有有效的特殊治疗方法，建议推广使用由非医疗人员提供的一般性支持护理。

（4）生物剂的持续效应。虽然受到生物剂袭击而患病的许多人员需要过一段时间才能得到医学评价，但是所有人员不可能同时成为受害者，但使用生物毒素袭击是一个例外。就那些受到生物剂感染的人员在潜伏期内能够继续拥有活动能力。但在病因学诊断确定之前，不可能使受害者恢复工作能力。

（5）合理使用医护人员。在事件处置后的相对稳定期，照顾几百个病人可能只需要一个医生和几个辅助人员，但是考虑到恐怖事件给当事人造成的恐怖，受伤害人员可能很难积极配合医护人员的处理，最好能适当多加派医护人员。毕竟绝大多数生物剂是具有传染性的，进入现场的医护人员不能盲目过多，否则可能无谓地增加了医护人员染病的威胁。

（6）心理治疗。生物剂袭击的情况下，医疗护理的任务之一是减少受害地区所有人员的心理恐慌，并对疾病的原因、致病过程、结果预测相当准确地进行描述。如果不能提供这种保证，那么病人心理上反应所产生的问题比疾病本身还要大。

5. 污染残留物的处理　在现场和治疗过程中，污染的残留物都要认真处理。那些负责处置受生物剂污染残留物的人员必须认识到潜在的二次传播的危害。根据北大西洋公约组织（north atlantic treaty organization，NATO）程序，尸体应该被掩埋起来，直到实施最后的消毒措施。掩埋几天时间可以通过自然的化学和微生物分解作用，以减少或消除毒素、病毒和不形成孢子的细菌的后续危害。已有证据表明，被形成孢子的细菌污染残留物仅仅通过完全焚化就能够彻底灭菌，考虑到后续扩散危险，应该使用能够使孢子形成减少到可接受水平的任何措施。

（三）常见生物剂简介及防护措施

1. 炭疽杆菌

（1）微生物学及流行病学特征。炭疽杆菌是需氧性、革兰氏阳性芽孢杆菌，不能运动。炭疽芽孢直径大约有 $1.0\mu m$。其孢子状态稳定、耐阳光，在土壤或水中可保持活性达数十年之久。炭疽杆菌易培养，常规实验室在 37℃ 的培养基中，芽孢生长迅速。

人类感染炭疽主要通过 3 种途径：吸入感染、皮肤感染和胃肠道感染。其中吸入型病例最危险，死亡率接近 100%，牛、羊、骆驼、骡等食草动物是其主要传染源。自然发生的吸入性炭疽病目前比较少见。皮肤性炭疽病最常见，主要是职业接触，如直接或间接接触病畜或染菌的皮、毛、肉等。屠宰、肉类加工和皮毛加工工人可能感染炭疽杆菌，又被称为工业性炭疽。尽管胃肠道炭疽病不常见，但在非洲和亚洲，因为吃了未熟透的污染了炭疽杆菌的肉类而突然暴发该病的事件一直存在。关于炭疽杆菌芽孢直接污染水和食物的资料很少。

普通人群普遍缺乏对炭疽杆菌的自然免疫力；一旦染上可能引起严重的胃肠道感染或呼吸道感染。炭疽一直被认为可用作生物武器。2001 年的邮件炭疽袭击只是许多攻击方法中的一种，通过吸入散布的孢子气溶胶是另外一种攻击手段。以烟雾剂形式释放的炭疽杆菌无色、无味，可以传播数千米远。

（2）发病机制和临床表现。炭疽杆菌能产生 3 种因子，即保护性抗原、致死因子和浮肿因子，后两者联合起来会形成 2 种毒素：致死毒素和浮肿毒素。保护性抗原帮助致死因子和浮肿因子分别结合到靶细胞膜上，继而穿过细胞膜进入细胞内。浮肿毒素损害体内中性粒细胞的功能，并影响体液的内环境而导致浮肿；致死性毒素导致肿瘤坏死因子 α 和白介素[1]β 因子的释放，在严重的炭疽感染中可以导致突然死亡。致死因子和浮肿因子作用的分子靶标目前仍未能阐明。除了这些致病因子外，炭疽杆菌有荚膜能够防止吞噬作用。炭疽杆菌的毒性既需要有抵抗吞噬作用的荚膜，又需要上述 3 种组成成分。除此之外，还需要足够数量的炭疽杆菌才能使接触者致病。

①肺炭疽：又称吸入性炭疽或呼吸道炭疽。潜伏期 1～7d，可长达 60d。有报道，吸入 8 000～50 000 个炭疽杆菌芽孢可导致吸入性炭疽。吸入性炭疽的早期诊断很困难。其临床症状有两个阶段。病人首先会出现一系列非特异性症状，包括发热、呼吸困难、咳嗽、头痛、呕吐、寒战、虚弱无力、腹痛和胸痛。实验室检查也都是非特异性的。这一阶段会持续数小时到数天。然后，有些病人会明显恢复正常，而有些病人则会进入到第二阶段。第二阶段是疾病的暴发阶段，会随着突然发热、呼吸困难、出汗和休克而出现。吸入的炭疽杆菌芽孢经吞噬细胞吞入后进入纵隔和支气管周围淋巴结，引起出血性纵隔炎。有高热，伴畏寒、咳嗽、胸痛、气急。胸部 X 射线照片检查见纵隔增宽、胸腔积液（以血性为主）、肺部浸润。可继发败血症或脑膜炎，病死率极高。

②皮肤炭疽：最多见，潜伏期 1～12d。一是皮肤溃疡，病变多见于面、颈、前臂等暴露部位，起初患病部位出现红斑、丘疹，继而形成水疱，疱液清，后变浊，2～3d 内迅速增长，中心坏死形成溃疡，周围红肿。数日后溃疡结痂，逐渐形成焦炭样黑色焦痂。病变以不化脓、无痛性为特点。焦痂 1～2 周内脱落，留下肉芽组织创面，后愈合成疤。二是恶性水肿，有的水肿可在溃疡周围组织显现较大范围的非凹陷性肿胀，面、颈部溃疡水肿可环绕颈部，压迫气管，或出现喉水肿，引起呼吸困难导致窒息。三是全身症状，常有发热、头痛、全身不适、淋巴结肿大或脾肿大等。除全身症状外还可能发生淋巴管炎和淋巴结病。

③胃肠道炭疽：潜伏期 1～7d。轻者如食物中毒，最初会有恶心、呕吐和身体不适，严

重者剧烈腹痛、呕吐、腹泻、血样便，常伴有出血性腹泻、急腹症或败血症。病死率较高。随着病情的迅速发展，在病人身体中还会有大量的腹水。晚期的感染症状与吸入性炭疽或皮肤炭疽出现的脓毒综合征相似。胃肠道炭疽的早期诊断很困难。在美国 2001 年的炭疽袭击事件中，没有确诊过胃肠道炭疽。

（3）炭疽病的诊断。由于对炭疽疾病进行实地检测的特异性和敏感性不太确定，以及估计人群接触感染的危险度非常困难，所以依赖环境检测来决定人群或个体是否接触炭疽杆菌是很复杂的。

使用胸部 X 光片或胸部 CT 扫描可能发现的异常现象对于诊断炭疽病是很重要的。尽管炭疽病不能导致典型的支气管肺炎，但它能导致上述提到的纵隔变宽、大范围的胸腔积液、坏死性肺炎等症状，结果是低氧血症和胸部显像异常，可与肺炎的临床症状相区别。

在 2001 年美国炭疽袭击事件中，全美共发生炭疽病例 23 例，其中皮肤炭疽 12 例、吸入性炭疽 11 例。11 例吸入性炭疽中有 5 例死亡。这些病例具有与以往不同的流行病学特征，称为生物恐怖相关炭疽（bioterrorism-related anthrax）。自然感染炭疽以皮肤炭疽为主，其他类型较少见；生物恐怖相关炭疽以皮肤炭疽和吸入性炭疽为主，其中吸入性炭疽发生率较高，合并败血症型多见，病死率高。首先发病的 10 例病人胸部 X 光片显示有异常现象，8 例病人 CT 扫描有异常，这些异常包括纵隔变宽和胸部有渗出物。早期有发热或脓毒症迹象的病人出现这样的症状是吸入性炭疽疾病的前兆。这些病人的症状、体征和重要的实验室数据如表 10 - 12 所示。

炭疽杆菌是革兰氏阳性杆菌，具有非溶血性、有包膜、对青霉素敏感的特征。使用免疫组织化学染色、荧光抗体染色及 PCR 等方法进行确诊。在吸入性炭疽感染的晚期，进行革兰氏染色可在外周血中检测到大量的细菌。最有效的微生物学检测方法是标准血培养，6～24h 内可以看到细菌生长。美国 2001 年的炭疽事件中，有 8 例病人在使用抗生素前进行血培养，检测结果都呈阳性。使用抗生素 1～2 个疗程后血培养可能呈现阴性，所以在使用抗生素治疗前获得血培养材料非常重要。

由于无明显的肺部病变，单纯痰培养物和革兰氏染色不太可能诊断出吸入性炭疽。在美国 2001 年炭疽袭击事件中，通过对痰培养物进行革兰氏染色检测炭疽感染疾病，只确定了一例吸入性炭疽疾病。如果怀疑是皮肤型炭疽，那么必须做革兰氏染色和体液培养。如果革兰氏染色阴性，或病人已经服用抗生素，就要取活组织进行检测，标本要送到可以进行免疫组织化学检测和 PCR 检测的实验室。最好取血液标本，确诊是吸入性炭疽或皮肤炭疽后立刻使用适当的抗生素。

在无法解释死亡原因时，尸体解剖是非常有用的方法。原本健康的成人出现胸部出血性、坏死性淋巴腺炎和出血性、坏死性纵隔炎，从本质上来说是吸入性炭疽的特异病征。如出现出血性脑膜炎就应该高度怀疑是炭疽杆菌感染。

表 10 - 12　美国 2001 年炭疽袭击事件中病人的症状、体征和实验室数据

（引自马文丽，2005）

症状（N=10）	例数
发热和寒战	10
出汗并经常浸透	7
疲劳、不适和昏睡	10

（续）

症状（$N=10$）	例数
咳嗽	9
恶心和呕吐	9
呼吸困难	8
胸部不适或侧肋疼痛	7
肌痛	6
头痛	5
意识混乱	4
腹痛	3
咽痛	2
流涕	1
体征	例数
发热>37.8℃	7
心动过速，心率>100 次/min	8
低血压，<14.7kPa（110mmHg）	1
实验室数据	例数
白细胞计算，中位数 9 800×10³ 个/mL，中性粒细胞含量>70%	7
转氨酶升高，SGOT 或 SPGT>40IU/L	8
低氧血症，肺动脉氧分压>4kPa（30mmHg），饱和度<94%	6
代谢性酸中毒，肌酐升高，>1.5mg/mL	2
胸部 X 光检测	例数
不正常状况	10
纵隔增宽	7
胸部浸润或有实变	7
胸膜有渗出物	8
胸部 CT 断层扫描检测	例数
不正常状况	8
纵隔淋巴结病，纵隔增宽	7
胸膜有渗出物	8
胸部浸润或有实变	6

（4）治疗及控制感染。炭疽疾病的治疗原则是：早期诊断，早期治疗；杀灭体内细菌，中和体内毒素；抗生素与抗血清联合使用；防止呼吸衰竭和并发炭疽脑膜炎。

①抗生素治疗，青霉素为首选的炭疽治疗药物，皮肤炭疽疗程 7~10d，肺炭疽和肠炭疽的疗程 2~3 周以上。值得注意的是，炭疽病对青霉素类抗生素很敏感。作为生物恐怖剂使用时，可能是抗青霉的变异株，因此治疗前应作过敏性试验，以便选择。使用青霉素，根据病情每 12h 注射 80 万~160 万 U。皮试阳性者，或者遇到耐药菌株时，应换用其他广谱抗生素，如先锋霉素 B、四环素、强力霉素、环丙沙星等。严重内脏型患者，可用青霉素

G 静脉滴注，用量为每 6h 200 万～400 万 U，体温正常后可改用普鲁卡因青霉素注射，最长维持一周。如有严重水肿及呼吸困难者，可给氧和注射异丙基去甲肾上腺素，同时按支持疗法采取其他措施。

在已鉴定炭疽杆菌为可疑病原体的情况下，建议使用环丙沙星作为首选药物进行预防。替代药物是强力霉素和阿莫西林。如果确认受到炭疽菌攻击，所有暴露者使用抗生素至少 4 周，直到所有暴露者都接受了 3 剂疫苗接种。在暴露后 6 个月内已接受 3 剂疫苗接种者应继续执行常规免疫方案。缺乏疫苗时，药物预防应至少持续 60d。一旦中断抗生素，患者应受到严密监视。如果出现临床体征，在病因学诊断期间应进行炭疽的传统治疗。最理想的做法是，中断抗生素之后，患者到有特别护理、治疗能力以及传染病顾问的固定医疗机构进行治疗。

②抗血清治疗：炭疽为毒素原性疾病，抗生素治疗虽能杀灭体内细菌但不能中和体内毒素，有时治疗后血液循环中细菌检测呈阴性，病情似有好转，但由于毒素的作用，病人可能突然病情恶化并最终死亡。因此，对严重水肿型及内脏型炭疽患者建议同时应用抗血清治疗，每天 80～100mL，分两次肌肉注射；抢救危重病人亦可用静脉输入，体温恢复正常时即停止使用。抗血清对中和体内毒素、消退严重水肿、降低持续高温、恢复心血管功能、缩短病程，均有抗生素起不到的效果。现有动物（马）抗炭疽血清，由于其对人是异种蛋白，可引起过敏反应，因此必须严格按说明书使用。在用药物预防的同时，应进行疫苗预防接种。

1999 年美国成立了炭疽生物防御工作组，在其推荐的炭疽生物防御意见书中提出了两种炭疽治疗方案（表 10 - 13、表 10 - 14），可供临床医学治疗参考。

表 10 - 13　吸入性炭疽急诊病人的治疗

（引自马文丽，2005）

患者对象		开始治疗	最佳治疗（敏感菌株）	疗程（d）
成人		环丙沙星，每 12h 400mg	青霉素 G，每 4h 400 万 U；强力霉素，每 12h 100mg	60
儿童		环丙沙星，20～30mg/（kg·d），每天 2 次，但不超过 1g	<12 岁，青霉素 G，每 6h 5 万 U ＞12 岁，青霉素 G，每 4h 400 万 U	60
孕妇		环丙沙星，每 12h 400mg	青霉素 G，每 4h 400 万 U；强力霉素，每 12h 100mg	60
免疫抑制患者	成人	环丙沙星，每 12h 400mg	青霉素 G，每 4h 400 万 U；强力霉素，每 12h 100mg	60
	儿童	环丙沙星，20～30mg/（kg·d），每天 2 次，但不超过 1g	<12 岁，青霉素 G，每 6h 5 万 U ＞12 岁，青霉素 G，每 4h 400 万 U	60

表 10 - 14　人群炭疽患者的治疗和暴露后的预防服药

（引自马文丽，2005）

患者对象	开始治疗	最佳治疗（敏感菌株）	疗程（d）
成人	环丙沙星，每 12h 500mg	羟氨苄青霉素，每 8h 500mg	60
儿童	环丙沙星，20～30mg/（kg·d），每天 2 次，但不超过 1g	体重>20kg，羟氨苄青霉素，每 8h 500mg 体重<20kg，羟氨苄青霉素，每 8h 400mg	60

（续）

患者对象		开始治疗	最佳治疗（敏感菌株）	疗程（d）
孕妇		环丙沙星，每 12h 500mg	羟氨苄青霉素，每 8h 500mg；强力霉素，每 12h 100mg	60
免疫抑制 患者	成人	环丙沙星，每 12h 500mg	羟氨苄青霉素，每 8h 500mg；强力霉素，每 12h 100mg	60
	儿童	环丙沙星，20～30mg/（kg·d），每天 2 次，但不超过 1g	体重＞20kg，羟氨苄青霉素，每 8h 500mg 体重＜20kg，羟氨苄青霉素，每 8h 400mg	60

③疫苗预防：可吸附炭疽疫苗（AVA）是美国研制的炭疽疫苗，是用一种不含细胞的无荚膜减毒炭疽杆菌过滤物制备的，这是一种灭活的去除培养细胞的产物，主要诱导免疫的抗原是保护性抗原（protective antigen，PA）。其免疫方案是第 0、2、4 周，然后是第 6、12、18 个月皮下注射，共 6 针，1 年后加强免疫。在磨坊工人中进行的人体效价试验表明，这种疫苗对皮肤性炭疽病具有保护性。尚无足够的资料了解其对吸入性炭疽病的功效。美国国防部（DOD）于 1997 年 12 月 15 日宣布为所有的美国现役军人和预备役军人接种 AVA，截止到 2000 年 4 月 12 日，共 425 976 人接种了 1 620 793 剂浓缩 AVA。但仍有一些服役人员由于担心疫苗的安全性及有效性而拒绝接种炭疽疫苗。美国医学协会最近报道，AVA疫苗对于抵抗吸入性炭疽是有效的，如果给予适当的抗生素进行治疗，使用 AVA 疫苗可以防止疾病的进一步恶化。此外，前苏联研究的 СТИ－СТИП 活菌苗亦已广泛使用。

④控制感染：没有数据显示炭疽病人之间会互相传播，美国 2001 年炭疽袭击后也未出现人与人之间的传播。虽然建议对各种类型的炭疽感染者进行隔离治疗，但不需要使用高效的空气过滤器或其他防止空气传播的方法，也不需要对与病人有接触的人群（如家里的亲戚、朋友、同事）进行免疫或采取预防措施，除非检查确定他们在炭疽袭击中通过呼吸道或皮肤表面感染过炭疽杆菌。医院经常使用消毒剂（如次氯酸盐等）清除皮肤表面，控制感染是很有效的。

埋葬或火化死于炭疽感染的人对预防疾病的进一步传播很重要，建议最好采用火葬的方式处理尸体。对尸体进行防腐处理有很大的危险。如果进行尸体解剖，所有使用的设备和材料都应该高压灭菌或烧毁。美国 CDC 对炭疽感染病人死后的处理有专门的要求。

2. 天花病毒 天花是由正痘病毒属天花病毒引起的，正痘病毒属的牛痘、猴痘均可引起人类感染。1980 年，WHO 宣布已消灭天花，并批准设在亚特兰大的美国 CDC 和设在俄罗斯莫斯科的国家病毒和生物技术研究中心两处保存天花病毒，但世界上秘密储存点仍然存在。尽管天花已在全球范围内消灭，并且可以接种疫苗，但天花病毒潜在的武器化仍将是人类的威胁。这种威胁可能是由于该病毒具有通过气溶胶感染的特性、大规模生产相对容易以及日益增多的痘病毒易感人群。

天花疫苗（牛痘病毒）常用划痕途径免疫。在暴露于武器化天花病毒或与天花患者接触后最好在 7d 内接种天花疫苗，可能防止发病或减轻病情。接种后 5～7d，接种部位通常会出现水疱，并在周围出现红斑和硬化，揭伤部位形成疤痕，并于 1～2 周后逐渐痊愈。

发育成熟的天花皮肤疹是独一无二的，但天花早期阶段的疹子可能被误认为是水痘。医院内二次传播天花感染的危害存在于从病人出现天花疹到结痂脱离这段时间内。对二次接触者，在暴露后应作为期 17d 的隔离。通常，牛痘免疫球蛋白可用于治疗接种天花疫苗后的并发症。有数据表明，在接触天花后的第一周内注射牛痘免疫球蛋白同时接种牛痘可能对预防天花暴露后感染有价值。在接触天花已过一周或更长时间的情况下，可同时执行两种治疗措施。

以下几种情况不适于接种痘苗：免疫抑制、HIV 感染、有湿疹史或目前正与有这几种情况的人员密切接触、妊娠期间。对确实有过天花接触史的人员在接触后进行接种并无绝对的禁忌。不过，在这种环境下的孕妇和湿疹病人可建议注射牛痘免疫球蛋白。

3. 鼠疫耶尔森菌　鼠疫耶尔森菌为肠杆菌属家族的一员，杆状、不能自主运动、非孢子结构、革兰氏阴性。在水、湿润的土壤和作物中可以存在数周。在冷冻条件下可以存在数月或数年，在 55℃暴露 15min 就会灭活。还可以在干痰、跳蚤的粪便和埋葬的尸体中生存，暴露在太阳光下数小时才会灭活。

鼠疫耶尔森菌是一种啮齿类动物（如大鼠、小鼠、地松鼠等）的人兽共患病，会引起鼠疫。生活在啮齿类动物身上的蚤将细菌传染到人身上而引起腹股沟淋巴结炎性鼠疫，也可转化成败血症型和（或）肺炎型鼠疫。在蓄意进行气溶胶散播后，肺炎型鼠疫是鼠疫的主要表现形式。所有的人群都是易感的。疾病治愈后会获得暂时性免疫力。

在"二战"期间，日本的"731"部队在中国的城市上空用飞机释放了感染鼠疫的跳蚤，并通过感染动物、媒介昆虫、气溶胶等方式残害中国人民。美国和前苏联开发了更为可靠和有效的方法使这些病菌气溶胶化。1995 年发现了鼠疫菌用于恐怖活动的潜在危险，肺炎型鼠疫的接触传染特性使其作为一种生物武器尤其危险。

如果接触了肺炎型鼠疫患者或者在鼠疫生物剂攻击区域内，应连续 7d 服用链霉素或磺胺类药物进行预防，如果处于暴露期间应加服 1 周。如果出现发热或者咳嗽症状，应该使用抗生素治疗，可以口服毒性较小的多西环素预防。对小鼠的实验证明，每天 2 次服用 500mg环丙沙星也是有效的。口服四环素或氯霉素都有效。接触腹股沟淋巴结炎性鼠疫的个体只需要观察症状一周。如果开始出现症状，应立刻开始抗生素治疗。肺鼠疫患者一定要采取隔离措施，防止疫情扩散。

到目前为止没有肺炎型鼠疫的疫苗可以应用。美国有一种获准的全细胞灭活疫苗（EV活苗）可以使用。这种疫苗对腹股沟淋巴结炎型鼠疫有效，但对气溶胶化的鼠疫耶尔森菌没有效果。现在，美国陆军传染病医学研究所（US army medical research institute of infectious disease，USAMRID）正在开发一种 F1-V 抗原（融合蛋白）疫苗。它可以使小鼠在 1 年内有效地抵御空气传染，现在正在进行灵长动物试验。

4. 委内瑞拉马脑炎病毒　委内瑞拉马脑炎（venezuela equine encephalitis，VEE）病毒是一种由蚊子传播的 α 病毒八聚体，流行于南美洲北部和特立尼达岛，并在中美洲、墨西哥和佛罗里达引发少数几例人脑炎。这些病毒可使人和马科动物（马、骡、驴）得重病。天然感染是被各种蚊子叮咬所致，马科动物是其繁殖宿主和蚊子感染源。一般认为，VEE 病毒粒子在环境中不稳定，80℃、30min 加热和标准消毒剂很容易将其灭活。

西部马脑炎（west equine encephalitis，WEE）病毒和东部马脑炎（east equine encephalitis，EEE）病毒类似于 VEE 病毒，临床上难以区分，而且它们有相似的传播方式和流行病学。VEE 的人感染性剂量仅为 10～100 个病毒粒，这是将 VEE 病毒作为有效生物剂的主要原因之一。目前尚无人对人或马对人直接传播的证据。

人们对 VEE 特性的了解程度远比 EEE 或 WEE 高。VEE 在储存和武器化操作过程中是相对稳定的。可通过相对不复杂而廉价的系统来大量生产，制剂类型可以是干的或湿的。这种 VEE病毒制剂可以通过气溶胶散布，也可通过感染后的蚊子散布，这种蚊子很可能终身传播病毒。

在自然发生地方性流行病时，马科动物总是先于人患上严重且常致命的脑炎（30%～

90％死亡率）。然而，通过生物剂气溶胶蓄意散布病毒很可能使人先发病或与马科动物一起发病。这样，生物恐怖袭击就不可能与天然流行病相混淆。一个更为可靠的鉴定生物恐怖袭击的方法是在 VEE 地理分布范围之外检测到它的存在。

动物试验表明，α干扰素和干扰素诱导剂对 VEE 暴露后的药物预防非常有效。目前尚无评价这些药物在人体中的预防效果的临床资料。目前尚无暴露前或暴露后免疫预防制剂。

有两株未获准的在研人用 VEE 疫苗。20 世纪 60 年代开发了第一株命名为 TC-83 的调查研究用疫苗，这是用细胞培养物繁殖生产的减毒活疫苗。这株疫苗并非对 VEE 复合体的所有血清型都有效，目前已获准用于马科动物，但对人而言是研发中疫苗。另一株命名为 C-84 的研发中疫苗曾用于人体试验，但未获得授权，是用福尔马林灭活的 TC-83 株制备的。这株疫苗并非用于初次免疫，而是用于对 TC-83 无反应者加强免疫。皮下接种，共 3次，间隔 2～4 周，或者直到可以检测出抗体反应，要求定期进行加强免疫。目前正在研究开发一种重组 VEE 疫苗。

5. 病毒性出血热　病毒性出血热（viral hemorrhagic fever，VHF）是由分属于 4 个病毒科的 RNA 病毒引起的一组互不相同的疾病。沙粒病毒科包括阿根廷出血热、玻利维亚出血热、委内瑞拉出血热和拉沙热的病原体。布尼安病毒科包括汉坦病毒属的所有成员、内罗病毒属的刚果-克里米亚出血热病毒以及白蛉病毒属的裂谷热病毒。丝状病毒科包括埃博拉病毒和马尔堡病毒。黄病毒科包括登革热病毒和黄热病毒。这些病毒的传播方式多种多样，有些病毒可能通过呼吸传播。尽管尚无证据表明这些病毒可以武器化，但所有 VHF 病原体（除登革热病毒）在实验室都是通过气溶胶传播的。由于这些病毒的气溶胶感染性以及某些病毒的高度致命性，恐怖分子可能将它们用作生物剂。

通过皮肤或皮肤黏膜接触 VHF 可疑者血液、体液、分泌物或排泄物的人员应立即用肥皂清洗接触过的皮肤表面。黏膜应用大量清水或盐水冲洗。个人密切接触或医务人员暴露于VHF 患者（特别是拉沙热、刚果-克里米亚出血热和丝状病毒病）的血液或分泌物后，应监视其症状、发热和其他潜伏期体征。高危接触（直接接触体液）刚果-克里米亚出血热病人者可以口服病毒唑预防。建议高危接触拉沙热患者的人也使用类似的接触后预防措施。但患者在停药之后，应防止病情反弹或贫血等药物有害副反应。

黄热病减毒活疫苗是唯一已获准人群免疫的疫苗。阿根廷出血热疫苗是尚在研究中的一种减毒活疫苗，南美洲的动物试验和现场试验都证明该疫苗对玻利维亚出血热也有保护力。裂谷热灭活疫苗和减毒活疫苗，以牛痘病毒为载体的汉坦病毒疫苗目前尚在研究中。

6. Q 热贝氏柯克斯体　Q 热是一种由贝氏柯克斯体引起的人兽共患病。自然界中的病原携带者为绵羊、黄牛、山羊、犬、猫和鸟类，在胎盘组织内能高浓度积累。感染动物不会发病，但会在机体的胎盘组织和体液内（包括血液、尿液、粪便）大量产生并脱落。发现于1937 年的贝氏柯克斯体是一种立克次体生物，对热和干燥不敏感，可以通过空气高效传播。吸入病菌即可产生临床症状。人类由于吸入被致病菌污染的空气而感染。Q 热贝氏柯克斯体作为生物剂将会产生与自然界中类似的疾病。鉴于这些特性，Q 热贝氏柯克斯体可被用作一种能够使人失能的生物剂。

在暴露后的 8～12d 内，口服四环素或多西环素 5～7d。但有时药物预防效果不大，仅会延迟病症的发生。研发中的灭活完整细胞疫苗可以对危险人群有效免疫。注射一次灭活的贝氏柯克斯体可以提供对自然界中 Q 热的完整保护作用，使超过 95％的免疫者在暴露于被污染的空气中时得到保护，持续保护至少 5 年。接种这类疫苗后曾发现严重的局部反应，注射部位脓肿甚至坏死。一般采用福尔马林灭活的全细胞疫苗进行皮内试验，以检测敏感性或免疫个体差异。

7. 肉毒毒素 肉毒毒素是由厌氧性梭状芽孢菌产生的，有 7 个血清型（A、B、C_1、C_2、D、E、F），属于神经毒。中毒症状为神经肌肉麻痹而导致呼吸衰竭直至死亡。在 7 种血清型肉毒毒素中，以 A 型肉毒毒素对人类的毒性最大。其毒性比 VX 和沙林这两种老牌的有机磷酸酯神经毒气分别强 1.5 万倍和 1.0 万倍。

肉毒毒素分子质量约 15×10^4 u 的蛋白质。肉毒毒素以单位重量计毒性最强，每千克体重小鼠的 ID_{50} 仅需 0.001μg。在空气中，12h 内毒素即失去毒性；阳光照射下，1~3h 可灭活；80℃作用 30min 或 100℃作用几分钟可破坏毒素。在水中，暴露于 3mg/L 氯 20min 可使毒素灭活率大于 99.7%，0.4mg/L 自由氯（free available chorine，FAC）作用 20min 可使 84% 的毒素灭活。但干粉毒素十分稳定。工业发酵可产生大量的毒素用作生物剂。

肉毒毒素可通过气溶胶给予或者用于污染食物、水源，同时也可造成伤口中毒。潜伏期随中毒剂量的增大而缩短。以气溶胶的方式来散播肉毒毒素是可行的，有几个国家和恐怖组织已将它武器化。美国在旧的侵略性生物武器计划中曾将肉毒毒素武器化。1995 年联合国得到的证据表明，伊拉克已生产了近 100 000 L 肉毒毒素。日本的奥姆真理教信徒于 1995 年在东京地铁发动沙林攻击前曾将肉毒毒素武器化，并且好几次企图在东京散播。

美军已研制了一种用于预防肉毒毒素中毒的七价类毒素，并已试用于人体，保护效果较好。免疫程序是 0 周、2 周、12 周各免疫一次，一年后加强免疫。3 次注射后，可诱导出足够的抗体，制成吸附类毒素后可置于 2~8℃保存，干粉类毒素可保存多年，效力稳定。对于有可能暴露于肉毒毒素气溶胶的高危人群应推荐使用该类毒素。若已中毒或已出现症状可立即用抗毒素（马血清）治疗，效果良好。

总之，生物技术的滥用、谬用及生物恐怖工具多样化增加了生物恐怖的威胁，生物恐怖正日益威胁着国际和平和人类安全。生物恐怖袭击不仅造成巨大人员伤亡和经济损失，还会对人们的心理、社会机制及社会发展造成巨大影响。生物恐怖袭击的防御原则是减少人员伤亡和经济损失、消除扩散的危险、避免社会混乱。处置程序包括流行病学调查、防疫措施、防护措施、大规模受害者的处理和污染残留物的处理等。

◆ 思考题

1. 名词解释

生物恐怖 生物剂 生物战剂 生物武器 生物剂释放 基因武器 生物剂气溶胶 软毁伤

2. 试比较生物暴力、生物恐怖与生物战的关系，生物体及制剂、生物剂与生物战剂关系。

3. 生物剂的未来发展趋势是什么？

4. 什么是基因武器？有哪些特点？

5. 简述生物恐怖的主要特点和袭击途径。

6. 简述生物恐怖的危害。

7. 简述生物恐怖防御的基本原则和处置程序。

8. 简述人类感染炭疽病菌的 3 种途径，并分别说明其临床表现。

9. 简述炭疽病的诊断及治疗措施。

主 要 参 考 文 献

曹坳程，郭美霞，蒋红云，等．1998．抗除草剂作物对未来化学农药发展的影响．生物技术通报（4）：22-25.

陈丙卿．2001．现代食品卫生学．北京：人民卫生出版社.

陈福生．2004．食品安全检测与现代生物技术．北京：化学工业出版社.

陈红兵，高金燕．2001．转基因动物性食品研究进展．中国乳品工业，4：46-48.

陈君如，译．2003．转基因食品．北京：人民卫生出版社.

陈俊红．2004．美国转基因食品安全管理体系．中国食物与营养，8：17-19.

陈俊红．2004．日本转基因食品安全管理体系．中国食物与营养，1：20-23.

陈梁鸿，王新望，张文俊，等．1999．抗除草剂草甘膦 EPSPs 基因在小麦中的转化．遗传学报，26（3）：239-243.

陈绍荣，杨弘远．2000．花粉-雌蕊的相互作用机制．植物生理学通讯，36（4）：356-360.

陈小勇．1998．我国主要农作物转基因逃逸生态风险的初步评价．农村生态环境，14（4）：289-299.

程焉平．2003．抗除草剂转基因作物的研究及其安全性．吉林农业科学，28（4）：23-28.

段发平，刘厚淳．2001．转 Bar 基因水稻的应用现状与前景．世界农业，12：34-35.

樊龙江，周雪平．2001．转基因作物安全性争论与事实．北京：中国农业出版社.

付仲文，汪其怀，李宁，等．2006．农业转基因生物安全评价申报资料要求，农业生物技术学报，14（6）：1 002-1 004.

傅容昭，孙勇如，贾士荣．1994．植物遗传转化技术手册．北京：中国科学技术出版社.

顾宝根．2000．生物技术对未来农药的影响．世界农业（2）：27-29.

顾祖维．2005．转基因食品是安全性及其毒理学评价．毒理学杂志，9（1）：9-11.

国家环保总局．2000．中国国家生物安全框架．北京：中国环境科学出版社.

国务院发展研究中心．2002．发达国家管理转基因生物安全的几种模式．中国农业信息快讯.

何计国，甄润英．2003．食品卫生学．北京：中国农业大学出版社.

胡适宜．1987．被子植物胚胎学．北京：高等教育出版社.

贾士荣．1997．生物技术与食品安全性．生物技术通报，1：4-9.

贾士荣．1997．转基因植物食品标记基因的安全性评价．中国农业科学，30（2）：1-15.

贾士荣．1999．转基因植物安全性争论及其对策．生物技术通报（6）：1-7.

贾士荣，郭三堆，安道昌．2001．转基因棉花．北京：科学出版社.

寇娅丽，石磊．2006．转基因植物中使用抗生素基因作为标记的安全性评价．中国抗生素杂志，31（10）：577-580.

李博，陈家宽，沃金森 A. R.．1998．植物竞争研究进展．植物学通报，15（4）：18-29.

李宁，汪其怀，付仲文．2005．美国转基因生物安全管理考察报告．农业科技管理，24（5）：12-17.

李晓农，刘瑞爽，李晓霓，等．2005．完善我国的转基因生物安全法规体系．中国卫生法制，13（5）：14.

李哲敏．2002．我国农业转基因生物安全发展现状与对策．食品安全（5）：7-9.

林祥明，朱洲．2004．美国转基因生物安全法规体系的形成与发展．世界农业（5）：14-17.

刘保林，黄琳，何登峰．2007．浅议转基因动物性食品．肉类研究，6：7-8.

刘标，许崇任．2003．转基因植物对传粉蜂类影响的研究进展．生态学报，23（5）：946－955.

刘达成．2004．转基因动物和转基因技术的发展与未来．中国生物信息网．

刘谦，朱鑫泉．2001．生物安全．北京：科学出版社．

刘远．2005．我国转基因农业的发展及市场前景分析．江苏商论，10：147.

吕相征，刘秀梅．2003．转基因食品的致敏性评估．中国食品卫生杂志，15（3）：238－242.

马骏，高必达，万方浩，等．转 *Bt* 基因抗虫棉的生态风险及治理对策．应用生态学报，14（3）：443－446.

马逊风．2002．食品安全与生态风险．北京：化学工业出版社．

孟金陵，刘定富，罗鹏，等．1995．植物生殖遗传学．北京：科学出版社．

潘良文．2001．进口转基因抗草甘膦油菜籽和大豆中 *CP*4－*EPSPS* 基因的检测比较研究．生物技术通讯，12
　　（3）：175－177.

钱迎倩，田彦，魏伟．1998．转基因植物的生态风险评价．植物生态学报，22（4）：289－299.

钱迎倩，魏伟，田彦，等．1999．转基因作物在生产中的应用及某些潜在问题．应用与环境生物学报，5
　　（4）：423－427.

桑卫国，马克平，魏伟．2000．国内外生物技术安全管理机制，8（4）：413－414.

沈立荣，张传溪，程家安．2001．抗昆虫蝎毒素及其转基因技术的研究与应用进展．昆虫知识，38（5）：
　　321－325.

宋小玲，皇甫超河，强胜．2007．抗草丁膦和抗草甘膦转基因油菜的抗性基因向野芥菜的流动，植物生态学
　　报，31（4）：729－737.

宋小玲，强胜，刘琳莉，等．2002．通过转 *Bar* 基因水稻与稗草（*Echinochloa crusgalli* var *mitis*）杂交的
　　亲和性研究评价基因漂移．中国农业科学，35（10）：1 228－1 231.

宋小玲，强胜，刘琳莉，等．2002．药用野生稻和转 *Bar* 基因水稻花粉杂交的基因漂移研究．南京农业大学
　　学报，25（3）：5－8.

宋小玲，强胜，徐言宏，等．2002．稗类植物的开花生物学特性．植物资源与环境学报，11（3）：12－15.

王洪兴，陈欣，唐建军，等．2002．释放后的转抗病虫基因作物对土壤生物群落的影响．生物多样性，10
　　（2）：232－237.

王庆贵．2001．转基因食品概况．中国标准化，11：12－13.

王正鹏，张树珍．2007．转基因动物食品的安全性．安徽农业科学，35（19）：5 868－5 869.

王忠华，舒庆尧，叶庆富，等．2001．转基因植物外源基因逃逸的途径．植物学通报，18（2）：137－142.

吴惠仙，白素英，金煜．2008．转基因动物的应用及问题安全．畜牧兽医科技信息，2：4－5.

吴永宁．2003．现代食品安全科学．北京：化学工业出版社．

夏敬源，崔金杰．1999．转 *Bt* 基因抗虫棉在害虫综合治理中的作用研究．棉花学报，11：257－264.

徐茂军．2003．转基因食品致过敏性评价．中国预防医学杂志，27（2）：23－25.

闫新甫．2003．转基因植物．北京：科学出版社．

杨昌举．2001．实质等同性：转基因食品安全性评估的基本原则．食品科学，22（9）：95－98.

殷丽君．2002．转基因食品．北京：化学工业出版社．

曾北危．2004．转基因生物安全．北京：化学工业出版社．

张宝红，丰嵘．2000．棉花的抗虫性与抗虫棉．北京：中国农业科技出版社．

张贺，王承利．2008．转基因动物研究进展．动物医学进展，29（7）：59－62.

张谨．2004．生物安全问题及我们的对策．社会科学（9）：67.

张然．2005．转基因动物应用的研究现状与发展前景．中国生物工程杂志，25（8）：16－24.

张晓鹏．2006．转基因动物的食用安全性评价．国外医学卫生学分册，33（4）：250－253.

中华人民共和国卫生部．2002．转基因食品卫生管理办法．中国食品卫生杂志，14（4）：56－58.

朱守一．1999．生物安全与防止污染．北京：化学工业出版社．

朱小甫．2007．转基因动物乳腺生物反应器研究进展．畜牧兽医杂志，26（3）：50－52.

James C. Global review of commercialized transgenic crops: 2000. ISAAA Briefs No. 21-2000, ISAAA: Ithaca, NY. USA, 2000b.

Lai L. 2006. Generation of cloned transgenic pigs rich in omega-3fatty acids. Nature Biotechnology, 24 (4): 435-436.

Mazur B, Krebbers E, Tingey S. 1999. Gene discovery and product development for grain quality traits. Science, 285: 372-375.

Zermann D H, Doggweiler W R. 2005. Central autonomic innervationof the kidney. What can we learn from a transneuronal tracing study in an animal model. Urol, 17 (3): 1033-1038.